JN110098

図解
ディジタル回路入門

中村 次男［著］
Nakamura Tsugio

まえがき

今日，コンピュータは様々な分野で使われており，今後の社会においてもコンピュータの存在はより大きなものとなっていくことでしょう．高級言語でのプログラミングによって，ハードウェアの知識はほとんどなくてもコンピュータを使うことができますが，プログラムされた処理を実行するのはディジタル回路で構成されたハードウェアです．そのため効率的なシステムを構築しようとするにはハードウェアに関する知識が必要です．

このところインターネットや電子商取引といったことが身の回りに氾濫しています．それらに共通したものがディジタル技術であり，特に情報処理分野での比重はますます大きくなってきています．

本書はこれから初めてディジタル回路を学ぼうとする人の教科書を目的とした入門書です．特に重要な基礎となるディジタル情報と数体系，四則演算法や基本論理演算素子の種類と使い方，論理の展開法およびフリップフロップの機能などについて第1章から第4章で，できるだけ詳細な説明に心掛け，多くの演習問題を通してポイントを解説しました．第5章からは応用回路技術としてディジタル符号変換法，情報の選択/分配/比較/けた移動の方法，加減算法および時計や制御用タイミングパルス回路としてなどに使われる計数回路について，その基本設計法と市販ICの紹介および使い方について解説しました．全般にわたり，詳細な説明と多くの演習問題による解説に心掛けました．しかし，説明にも限りがありますので，必要に応じて前に戻り，確認しながら先に進むようにしてください．

ディジタル回路の基本素子であるゲートやフリップフロップは，トランジスタで構成されていますが，本書はこれからディジタル回路を学ぼうとする人向けの入門書であるため，トランジスタ回路レベルでの等価回路は割愛し，ゲートレベルでの解説にとどめました．また，それらのゲート素子はTTLやCMOSなどのプロセスで集積（IC）化されていますが，本書では主にTTLを対象に解説してあります．

ディジタル回路にたずさわる際に必要なファン・イン/ファン・アウト，異種IC間のインタフェース，遅延や動作タイミングによるグリッチ（ハザード），オープンコレクタおよびノイズ対策などに関しては拙著『ディジタル回路設計法―ワンチップ化の実例集』，『ディジタル回路の基礎』（日本理工出版会）やその他専門書を参考にして下さい．

ところで，これまでは設計した回路を市販のゲートICなどで構成し，ボード上に実現するのが通常の手段でした．近年，ハードウェアの低価格化が進んでいます．パソコン上で回路動作をシミュレーションし，ユーザの手元で集積化（ワンチップ化）することのできるプログラマブルロジックデバイス（programmable logic device）によって，比較的安価でオリジナルなICを実現できるようになってきました．ディジタル社会の今日，またディジタルICの多品種少量生産化にともない，産業界からもディジタル回路設計やLSI設計に関する基礎的な教育の必要性が求められてきています．回路の設計からシミュレーション，そしてワンチップ化による実動作の確認という実践的教育を授業に取り入れている大学や高専も現われてきています．本書がディジタル技術修得の一助となれば幸いです．

本書の執筆に際し，編集上で（株）日本理工出版会の海和豊氏をはじめ出版社の方々に多大な御協力をいただいたことに心から感謝の意を表します．

1999年2月

中村 次男

目　次

第1章　ディジタル信号

第2章　基本論理素子

第3章 論理代数と論理圧縮

第4章 フリップフロップ

第5章 符号変換回路

第6章　選択回路

第7章　比較回路

第8章　算術演算回路

第9章　シフトレジスタ

第10章　カウンタ

第1章
ディジタル信号

自然界は温度，湿度，重量，圧力，速度，……など，すべて連続的な量のアナログの世界です．そのため電子回路ではアナログ量を扱うアナログ回路が用いられてきました．ところが“0”と“1”だけの組合せからなるディジタル量を扱うディジタル化が近年，急速に進んでいます．スーパーコンピュータ，パーソナルコンピュータ，マイクロコンピュータおよびゲーム用コンピュータや文書処理用のワードプロセッサなどの各種コンピュータ，その他電話機，オーディオ機器といったホームエレクトロニクス分野，インターネットなどのデータ通信分野，玩具など，身のまわりの多くの電気・電子機器には，ディジタル回路が組み込まれています．

この章では，なぜディジタル処理なのか？　ディジタル処理で扱うディジタル量，数体系，四則演算法および情報のコード化について解説します．

1・1　ディジタル回路で扱う信号

アナログ時計とディジタル時計や重さを表示する計測器（**図1・1**）など，数や量を表す方式が指針か数字かでアナログ方式とディジタル方式と表現していますが，その相違点は次のようになります．

アナログ（analogue；類似物，相似体）は連続的に変化する量で，前述したようにわれわれが日常接している物理量のことです．これをアナログ量といい，その量を電圧や電流などで表した信号を**アナログ信号**といいます．例えば，ある物理量の変化を電圧の変化に変換（回転速度検出用のタコメータ，集音マイクなど）したアナログ信号が**図1・2**のようであったとします．時間とともに変化する電圧値を示したものであるので，任意の点（瞬間）の値は信号としての意味（情報）を持っています．例えば，時間 2.0〔秒〕の点の電圧値は 20.15〔V〕で，2.1〔秒〕の点では 20.23〔V〕というようにです（小数点第2位まで表した場合）．

これに対して**ディジタル**（digital；指）は 0，1，2，3，……と指で数えるような整数倍の不連続に変化する量です．このディジタル量は“0”と“1”といった2種類の状態だけで表した**ディジタル信号**によって，数値や文字，記号といったすべての情報を表現します．ア

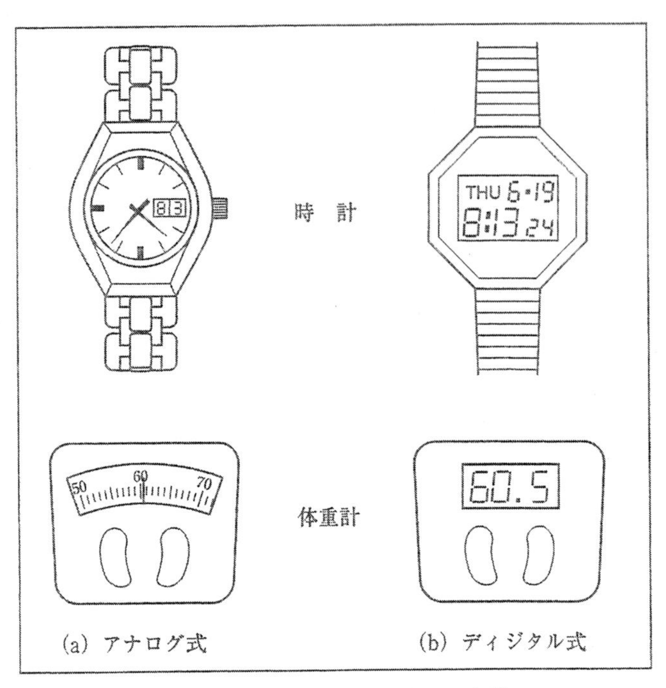

図1･1　アナログとディジタル表示

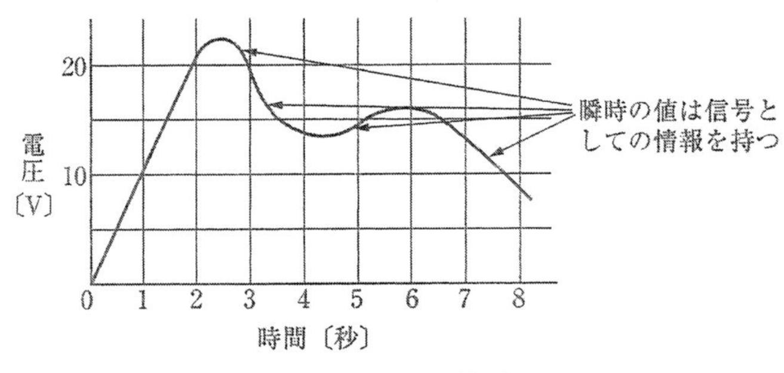

図1･2　アナログ信号

ナログにおける量的な比例関係にはなく，ディジタル信号は“0”と“1”の数値の組合せによる論理的な関係でディジタル量を表します（**図1･3**）.

図1･3で示したようなディジタル信号は，実際には“0”か“1”かを判定する**しきい値**

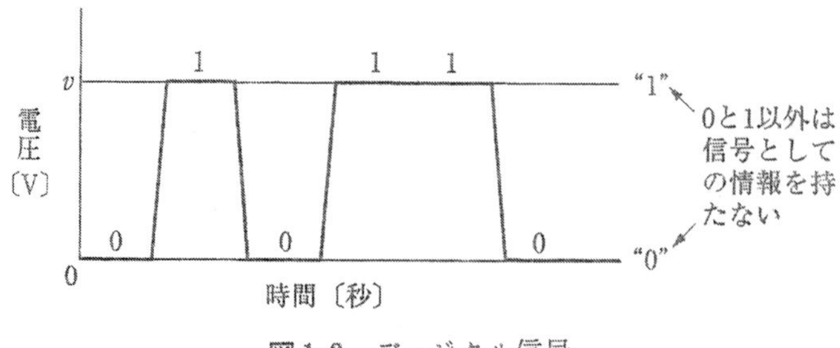

図1･3　ディジタル信号

(threshold level) が設定してあって，そのしきい値より大きい信号はすべて“1”，小さい信号はすべて“0”として扱います．これによりアナログ回路のような電位レベルの微調整が不要になり，温度変化による設定値の変化（ドリフト）の影響が少なく，**電子部品（素子）の実現が容易で安定した回路**が保てます．何といっても“0”と“1”だけという論理の単純化が大きな利点として挙げられます．

以上のような特徴を考慮すればディジタル化の傾向が理解できることと思います．

ところで時計はゼンマイ方式から最近ではクォーツ（quartz）に代りました．クォーツ時計は水晶振動子のもつ固有振動を基準クロック（32.768 kHz）として用い，分周回路，カウンタ回路（第**10**章参照），データの切換回路（第**6**章参照），比較回路（第**7**章参照）および符号変換回路（第**5**章参照）などで構成されたディジタル回路から成っています．したがって，指針表示方式のアナログ時計といわれていても，実は表示だけがアナログ方式のディジタル時計なのです．

1·2　ディジタル回路の数体系

前節**1·1**で解説したように，ディジタル化の利点は扱う信号が“0”か“1”かのどちらかであるということから回路の安定性，信頼性向上が期待でき，また回路素子数が少なくてすむことによる経済性と実現容易性にあります．このように**ディジタル回路は“0”と“1”だけの2値論理**，つまり**2進数**で実現されているため，2進法を習得する必要があります．われわれは主に10進法で生活してきました．今まで2進法などには出会ったことがなく，その必要性は感じられないと思うかもしれませんが，前述したように，身のまわりの電気・電子機器はほとんどがこのような2進法で成り立っているのです．数値も文字も記号もすべての情報が“0”と“1”の組合せで構成されます．

10進数は1けたが0～9の10通りの情報を扱うのに対し，2進数では“0”と“1”の2通りの情報しか1けたでは表せません．そのため2進法では同じ数値に対して，どうしてもけた数が多くなってしまいます．そこで表現だけは8進数と16進数が用いられています．この節では**2進数を基準**に8進数，10進数および16進数について解説します．また，われわれが日常使い慣れている10進数表現に2進数表現を近づけたBCDコードやデータのコード化についても解説します．

1　2 進 数

2進数（binary number）について解説する前に，使い慣れている10進数の意味について考えてみましょう．10進数“1998”を例とすると1位の位は8，10の位は9，100の位も9，そして1000の位は1であるので次のように表現できます．

各けたの係数

$$10\text{進数 } 1\,998 = 1\times 1\,000 + 9\times 100 + 9\times 10 + 8\times 1$$

1 000 の位　100 の位　10 の位　1 の位

$$= 1\times 10^3 + 9\times 10^2 + 9\times 10^1 + 8\times 10^0$$

各位は10の0乗から3乗になっていることに注目して下さい．10進の1 998だから10の何乗であり，1 998は4けただから0，1，2，3乗なのです．この場合，10を**基数**（radix または base）そして10^0，10^1，10^2，10^3，……を**重み**（weight）といいます．これは他の数体系でも同じことです．例えば，nけたの2進数の場合，基数が2で重みは2^0，2^1，2^2，2^3，……，2^{n-1}になります．

具体的な例として2進数“1011011”は7けた（$n=7$）で基数は2なので，以下のように示されます．

$$2\text{進数 } 1011011 = 1\times 2^6 + 0\times 2^5 + 1\times 2^4 + 1\times 2^3 + 0\times 2^2 + 1\times 2^1 + 1\times 2^0$$

2進数は係数が“0”と“1”だけなので“0”の係数の場合，その重みとの積は“0”になるため，**1の係数の重みの総和**になります．したがって上の例は

各けたの1の係数の重み

$$\begin{aligned} 2\text{進数 } 1011011 &= 2^6 + 2^4 + 2^3 + 2^1 + 2^0 \\ &= 64 + 16 + 8 + 2 + 1 \\ &= 91 \end{aligned}$$

つまり2進数1011011は10進数に換算すると“91”になります．

10進数は1けたが9で一杯になり，その1つ上はけた上りして10になりますが，2進数の場合は同様に1けたは1で一杯になり，次の2でけた上りして10（10進の2に相当）になります．そこで単に“1011”とした場合，2進数と10進数を区別するため一般に，以下のような表現が用いられています．

2進数 1011 ⟶ $(1011)_2$　または　1011_2

10進数 1011 ⟶ $(1011)_{10}$　または　1011_{10}

本書では以下，(　　) の右下に基数を書く表現法とします．なお，$(1011)_{10}$の場合は「センジュウイチ」といいますが，$(1011)_2$の場合は「イチゼロイチイチ」といいます．また，2進数のけた（binary digit）は**ビット**（**bit**）と呼び，最上位けたを**MSB**（Most Significant Bit）および最下位けたを**LSB**（Least Significant Bit）といいます．例えば，$(1010)_2$の場合，「4ビットの2進数イチゼロイチゼロのMSBはイチでLSBはゼロ，10進数に換算するとジュウ（$2^3+2^1=10$）になる」というような言い方をします．

2　8 進 数

8進数（octal numbers）は基数が8なので重みは8の何乗になり，1けたは0～7の8通りの情報をもちます．したがって7よりも1つ上の数は8進数では10（$(8)_{10}$に相当）と表現します．例えば $(5027)_8$ は基数が8で4けたなので，重みは 8^0 ～ 8^3 になり，以下のように表されます．

$$(5027)_8 = 5\times8^3+0\times8^2+2\times8^1+7\times8^0$$

2進数の場合は係数が“0”と“1”だけなので，1の係数の重みの総和で求められたのですが，8進数では係数は0～7なので各係数と重みの積の総和になります．

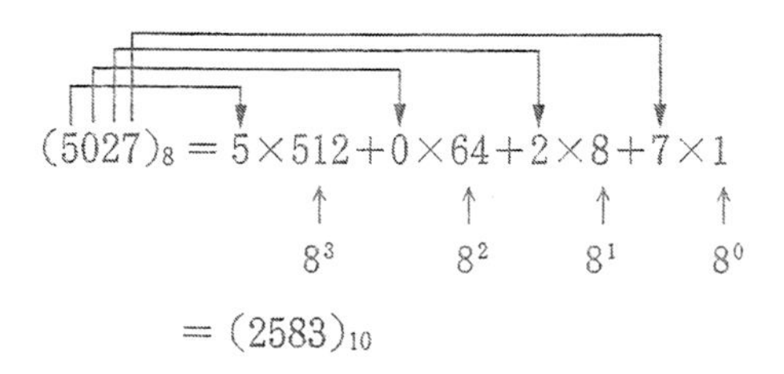

基数が2の場合はその重みは倍々で比較的簡単に求められますが，基数が8ではその重みはけた数が多くなると容易ではありません．**付録に2，8，16のべき乗**を参考までに載せておきました．

3　16 進 数

どの数体系に関しても基本的な考え方は同じです．**16進数**（hexadecimal numbers）は同様に基数が16なので重みは16の何乗になります．また1けたは0～15の16通りの情報をもちますが，そのうち10～15は2けたになってしまうため**A～Fの記号**で表します．

10進数 →	0	1	2	3	4	5	6	7	8	9	10	11	12	13	14	15
16進数 →	0	1	2	3	4	5	6	7	8	9	A	B	C	D	E	F
	同じ										A～Fの記号で表す					

他の数体系と同様に，16進数ではFの1つ上の数（10進の16に相当）はけた上りして $(10)_{16}$ になります．

例えば $(5\,\mathrm{FC})_{16}$ は基数が16で3けたなので重みは 16^0 ～ 16^2 で次のように表されます．

$$(5\,\mathrm{FC})_{16} = 5\times16^2+15\times16^1+12\times16^0$$

（15 = F，12 = C）

$$= 5\times256+15\times16+12\times1$$

$$= (1532)_{10}$$

4 小数表現

正の整数に対する2，8，10および16進数について解説してきましたが，小数についても10進の場合と同じです．例えば $(0.528)_{10}$ は正の整数の場合と同様に次のような意味を持っています．

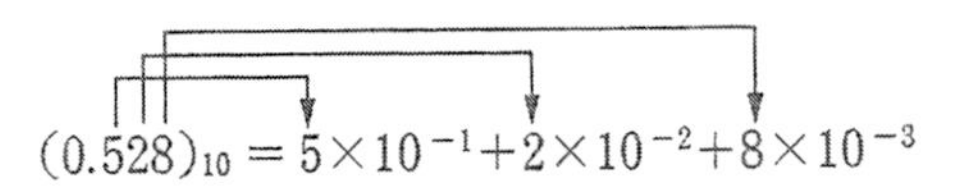

$$(0.528)_{10}=5\times10^{-1}+2\times10^{-2}+8\times10^{-3}$$

つまり，10進なので基数は10で小数点第1位から順に 10^{-1}，10^{-2}，10^{-3}，…… という重みが付くのです．したがって，2，8，16進における小数は同様に以下のようになります．

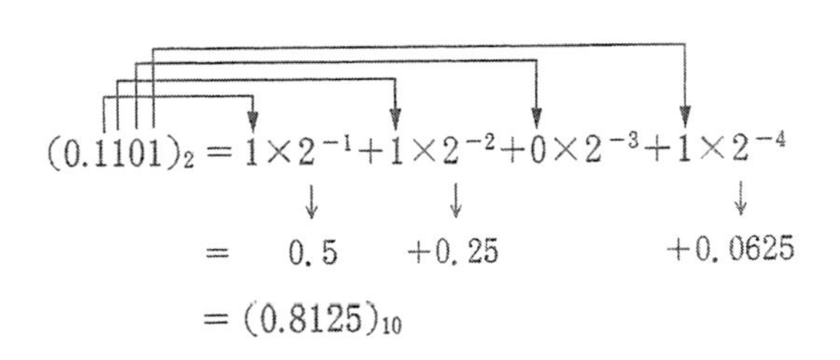

$$\begin{aligned}(0.1101)_2&=1\times2^{-1}+1\times2^{-2}+0\times2^{-3}+1\times2^{-4}\\&=0.5+0.25+0.0625\\&=(0.8125)_{10}\end{aligned}$$

$$\begin{aligned}(0.627)_8&=6\times8^{-1}+2\times8^{-2}+7\times8^{-3}\\&=6\times0.125+2\times0.015625+7\times0.001953125\\&=(0.7949218)_{10}\end{aligned}$$

$$\begin{aligned}(0.B9)_{16}&=11\times16^{-1}+9\times16^{-2}\\&=11\times0.0625+9\times0.00390625\\&=(0.7226562)_{10}\end{aligned}$$

1・3 各種数体系間の基数変換法

数体系の各けたの重みは整数部は基数倍で，小数部は基数分の1倍になっています．2進数の各けたの重みを**図1・4**に示します．

2，8および16進数から10進数への変換は各数体系の係数とその重みの積との総和により求めることができました．

今度は10進数を他の数体系に変換する方法と2，8および16進数間の基数変換法について解説します．

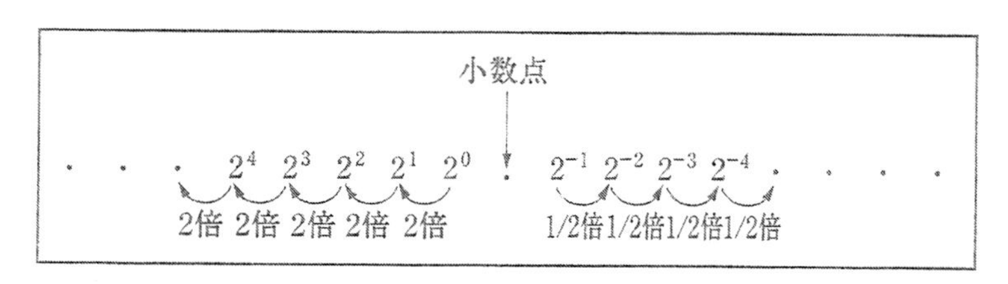

図 1･4　2 進数の各けたの重み

1　10 進数から他の数体系への変換

図 1･4 で示すように整数部は基数倍，小数部は基数分の 1 倍の関係に各けたの重みはなっているので，整数と小数に分けて変換します．つまり**整数部は逆に基数で割り（基数分の 1 倍），小数部は基数倍する**ことによって変換することができます．

10 進数 19.6875 を例に，2 進数に変換する方法を説明します．まず，整数 19 を求める基数の 2 で順次割っていき，その時々の余りが 2 進の各けたの係数になります．この場合，最後のけたは 2 で割った回数が最も多くなる（次数が高い）ので，最後の余りが最上位けた（MSB）になります．結果の並び順に注意して下さい．この手順を**図 1･5** に示します．通常，割算の商は被除数の上部に書きますが，さらにその商に対する割算を繰り返すと，下から上方に書いていくことになり書きづらいので，商を被除数の下に書き，上から下方に向って書くように示してあります．

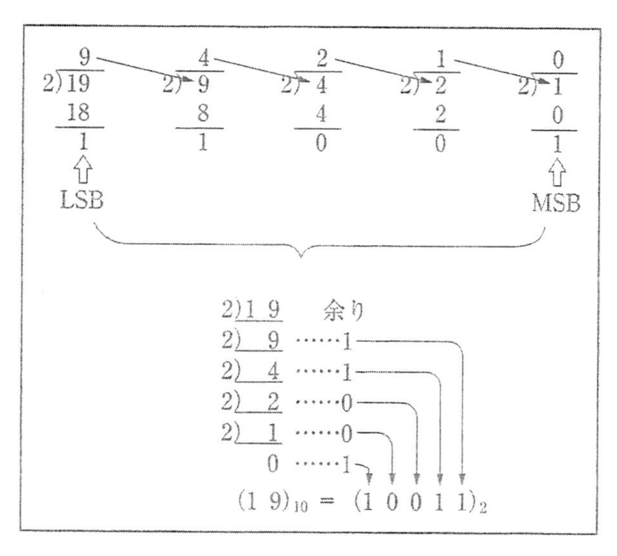

図 1･5　10 進数 19 の 2 進変換手順

次に小数部 $(0.6875)_{10}$ を 2 進数に変換します．整数部とは逆に 2 倍し，1 の位へのけた上げがあったら 1，なければ 0 としてそのけたの係数が求まります．その重みは最後にいくほど次数は高くなるので，小数点第 1 位から順に求まることになります（**図 1･6**）．

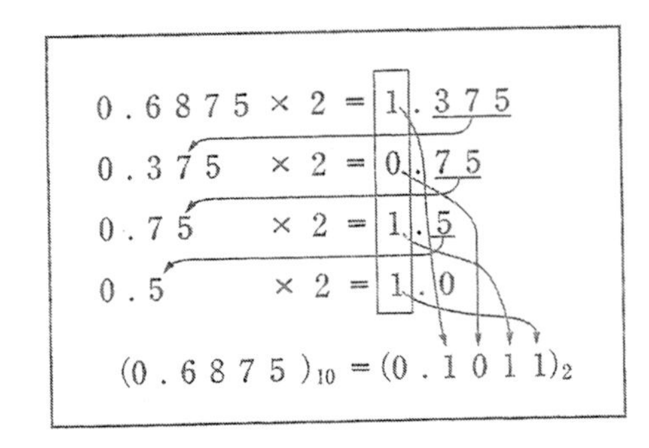

図1･6　10進数0.6875の2進変換手順

以上の結果から，整数部と小数部を合わせて

$$(19.6875)_{10} = (10011.1011)_2$$

が求まります．検算してみましょう．

$$(1\ 0\ 0\ 1\ 1\ .\ 1\ 0\ 1\ 1)_2$$

$$2^4 \quad +2^1+2^0+2^{-1}+2^{-3}+2^{-4}$$

$$= 16+2+1+0.5+0.125+0.0625$$

$$= (19.6875)_{10}$$ ←―― 正しいことを示しています．

ところで図1･6の小数部の変換例では最後に小数がゼロになり，以後2倍を繰り返してもゼロなので変換終了を意味したのですが，すべてそのようになるかというと，実はむしろゼロにならない場合が多いのです．例えば $(0.2)_{10}$ を同様な手順によって2進数に変換してみます．

$$0.2\times2 = 0.4$$
$$0.4\times2 = 0.8$$
$$0.8\times2 = 1.6$$
$$0.6\times2 = 1.2$$
$$0.2\times2 = 0.4$$

最初の結果と同じ

このように5回目の段階で最初の状態に戻ってしまっています．したがってこの先どこまで繰り返しても同じパターンの繰返しになることがわかります．

$$(0.2)_{10} = 0.\underbrace{0011}\ \underbrace{0011}\ \underbrace{0011}\cdots\cdots$$

このパターンの繰返し

つまり $(0.2)_{10}$ は**2進数では正確に表すことができない**ということです．そのため，電卓やコンピュータではこのような誤差を修正する工夫をして計算結果を得ています．整数部に関してはこのような誤差を生じることはなく，すべて変換が可能です．

8進数と16進数への変換は2進数への変換の場合と同じで，整数部は8で割っていくか，16で割っていき，それぞれ余りを求めていき，それぞれの余りが各けたの係数になります．ただ2進のように係数が“0”と“1”だけというような単純ではなく，計算はめんどうになります．

10進の“1998”を8進数と16進数に変換する手順を**図1·7**に示します．

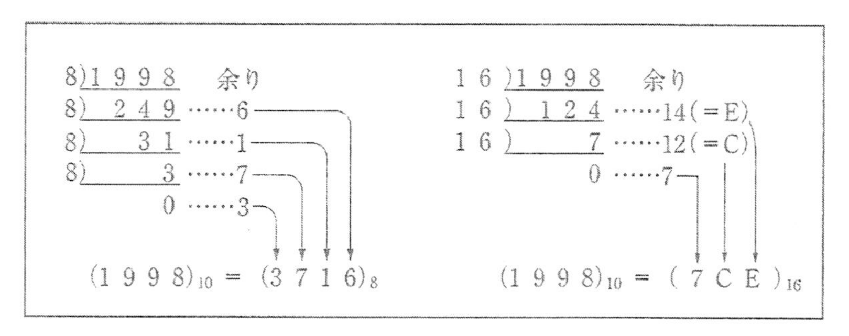

図1·7　10進数1998の8進と16進数変換

小数の場合も2進変換と同様に基数倍し，整数部へのけた上げがそのけたの係数になります．10進数0.671875を8進数と16進数に変換する手順を図1·8に示します．

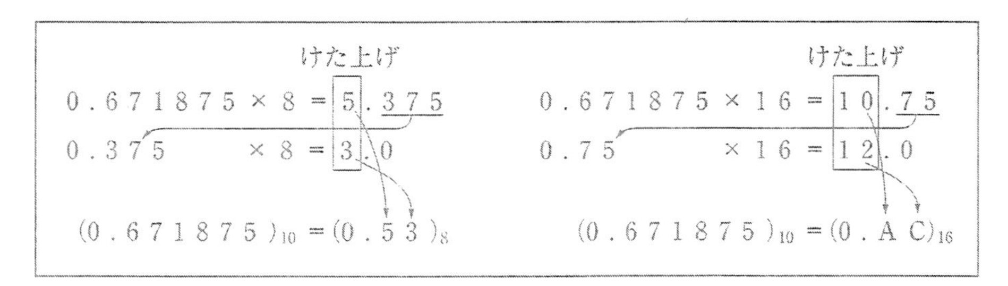

図1·8　10進小数の8進と16進変換例

2　2，8，16進数間の変換

8は2の3乗，16は2の4乗であるため，**8進数1けたは2進3ビット**，**16進数1けたは2進4ビット**で表すことができ，それらの相互変換は簡単に行えます．2進数を8と16進数に変換するには**図1·9**（a）のように小数点を基準に3ビットずつ区切って8進数変換に，4ビットずつ区切って16進数に変換します．逆に8進数を2進数に変換するには，**8進数の各けたを3ビットの2進数に置き換え**ます．さらに16進数に変換するには，2進数変換後図1·9（a）のように**小数点を基準にして4ビットずつ区切**って，16進に変換することができます（図1·9（b））．このようにいったん2進数に変換後，他の基数に変換したほうが，直接変換するよりは簡単です．

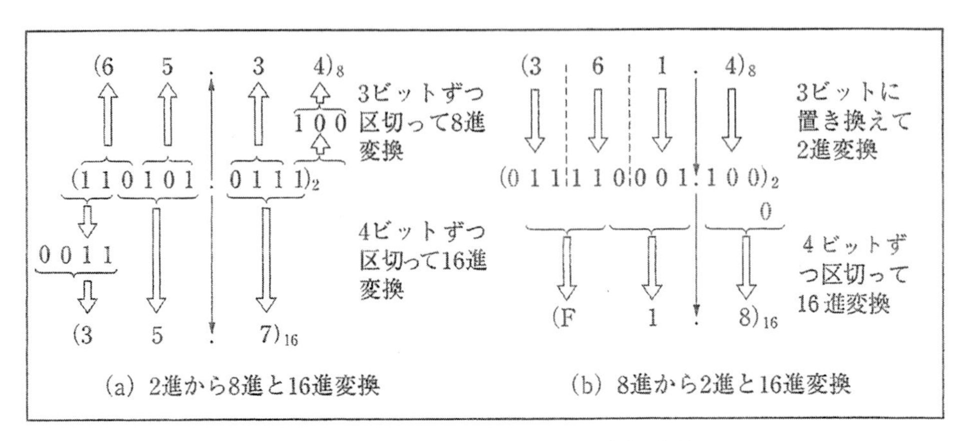

図1・9 2進，8進，16進数間の変換手順

10 進数を直接 8 進や 16 進数に変換するよりは一度 2 進数に変換後，以上のように 8 進や 16 進数に変換したほうが簡単に行えます．基数変換のまとめとして各数体系の対応を表 1・1 に示します．

表1・1 各数体系の対応

(a) 小 数

2 進 数	8進数	16進数	10 進 数
0.000000000	0.000	0.000	0.000000000
0.000000001	0.001	0.008	0.001953125
0.000000010	0.002	0.010	0.003906250
0.000000011	0.003	0.018	0.005859375
≀	≀	≀	≀
0.000010000	0.020	0.080	0.031250000
0.000010001	0.021	0.088	0.033203125
0.000010010	0.022	0.090	0.035156250
0.000010011	0.023	0.098	0.037109375
≀	≀	≀	≀
0.000100000	0.040	0.100	0.062500000
0.000100001	0.041	0.108	0.064453125
0.000100010	0.042	0.110	0.066406250
0.000100011	0.043	0.118	0.068359375
≀	≀	≀	≀
0.010100001	0.241	0.508	0.314453125
0.010100010	0.242	0.510	0.316406250
0.010100011	0.243	0.518	0.318359375

(b) 整 数

2 進 数	8進数	16進数	10進数
1	1	1	1
10	2	2	2
11	3	3	3
100	4	4	4
101	5	5	5
110	6	6	6
111	7	7	7
1000	10	8	8
1001	11	9	9
1010	12	A	10
1011	13	B	11
1100	14	C	12
1101	15	D	13
1110	16	E	14
1111	17	F	15
10000	20	10	16
≀	≀	≀	≀
100000	40	20	32
≀	≀	≀	≀
1000000	100	40	64

1·4　2進数の四則演算

これまでは10進数の四則演算を行ってきて，電卓やパソコンなどの計算機にも10進で入力し，計算結果も10進で得られるので，2進の四則演算法を理解する必要性が感じられないかもしれません．しかし，いろいろな情報を処理するディジタル回路はすべて2進であり，10進ではありません．入力された10進数を2進数に変換し，2進演算後，10進数に変換して出力しているので，あたかも10進数をそのまま演算しているかのように見えるのです．しかし，基数変換と同様にけた上げ，けた借りの考え方はすべて同じであり，本質的には10進数と変りはありません．

10進数は1けたが0～9なので$(10)_{10}$でけた上げし，けた借りは上位けたから$(10)_{10}$を借りてきます．2進数も同様に1けたが0,1なので**2でけた上げ**し，けた借りは**上位けたから2を借り**てきます．2進数の1けた同士の組合せは4通りしかありませんので，10進に比べて簡単です．

1 加　算

1けた（1ビット）同士の加算は以下の4通りで，1＋1が2でけた上げし，10になります（10進数が10でけた上げし，10になるのと同じ）．

```
    0        0        1        1
+)  0    +)  1    +)  0    +)  1
-----    -----    -----    ------
    0        1        1       1 0
                              ↑
                              └── けた上げ（carry）
```

10進加算54＋19＝73を2進数で行うと次のようになります．

```
                  1 1   1 1   ………けた上げ
   54  ──→          1 1 0 1 1 0
+) 19  ──→  +)        1 0 0 1 1
-------     ---------------------
   73  ──→        1 0 0 1 0 0 1
(10進加算)        (2進加算)
```

2 減　算

4通りの基本減算のうち0－1＝－1の場合，2進数ではすべての情報を“0”と“1”だけで表現するので，マイナス（－）という記号は存在しません．10進の場合と同様に“0”から“1”は引けないので上位けたから，2進なので2を借りてきて2－1＝1となります．その上位けたは下位けたに1を貸したことになるので1になります．その結果，“－1”は

“11”として表現します．

“−1”を“11”と表したのは減算結果を2ビットで表現した場合で，3ビット以上のけたはどこまでも“1”が続きます．例えば，4ビットで表現した“−1”は“1111”になります．この結果から**正の値はMSBが“0”**，**負の値はMSBが“1”**になることがわかります．

ところで“−1”を2ビットで表現した“11”と10進の3に相当する$(11)_2$との区別をどうするのかということについては**1·5**節の負数表現で解説します．

```
     0          0          1          1
−)   0     −)   1     −)   0     −)   1
 ─────      ─────      ─────      ─────
    0 0        1 1        0 1        0 0
               ↑
               └── けた借り（borrow）
```

小数も10進数の場合と同様に，小数点を合わせて減算します．

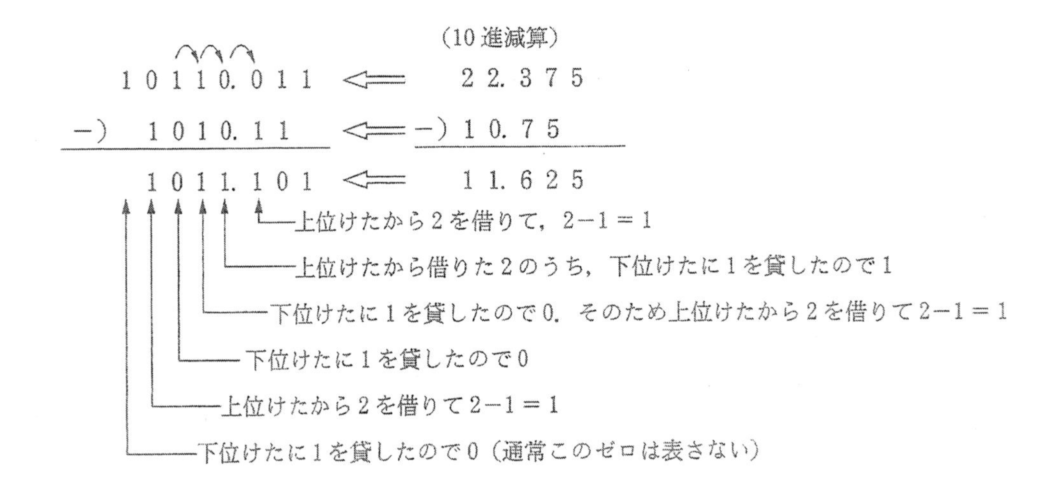

3 乗　算

10進の場合と全く同じで，九九に相当する基本乗算の組合せは以下の4通りになり，2進のほうがはるかに簡単です．

```
    0        0        1        1
×) 0     ×) 1     ×) 0     ×) 1
 ────     ────     ────     ────
    0        0        0        1
```

小数の場合も，10進数と同様に位取りして積を得ます．

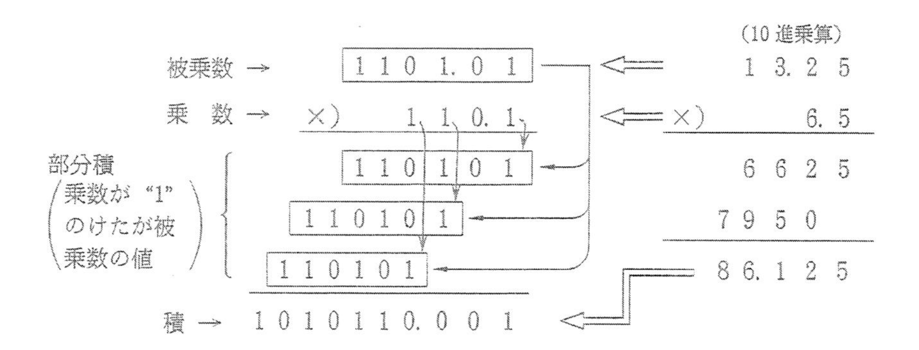

2進数では各けたが"0"と"1"だけなので，乗数の0のけたの部分積は0で，1のけたの部分積は被乗数の値そのものになります．つまり**乗数1のけたの部分積の総和で積**が求まります．

4 除　算

基本除算の組合せはやはり4通りですが"0"で割る，つまり除数が"0"の除算結果は無限大となってしまうため，除算に関しては0÷1＝0と1÷1＝1の2通りになります．小数の場合も10進と同様に位取りして，商を得ますが，割り切れない場合はやはり小数点以下適当なところでやめるか，余り（剰余）として表します．

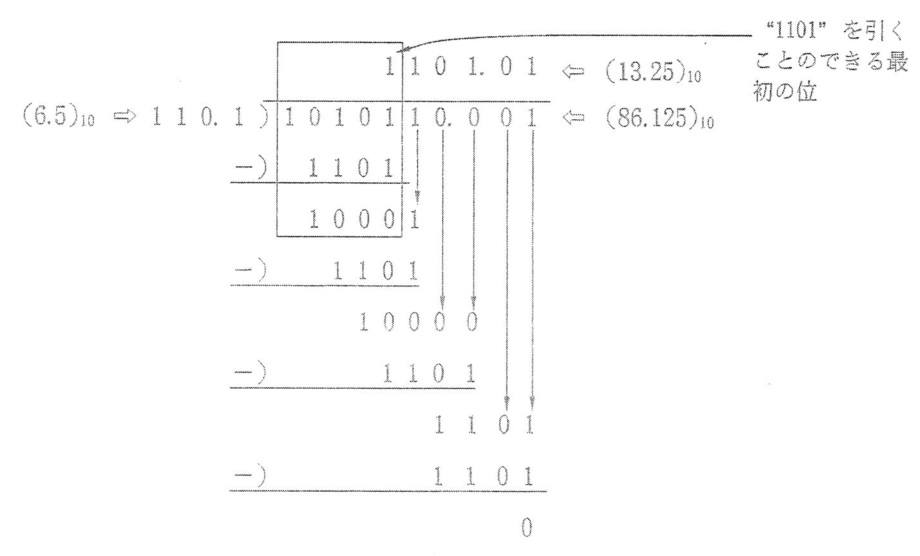

例えば10進除算では18÷5＝3.6と割り切れますが，1·3 1 項で説明したように10進の0.6は2進数では正確に表現できません．そのため**10進では割り切れても2進除算では割り切れない**ということが起こります．

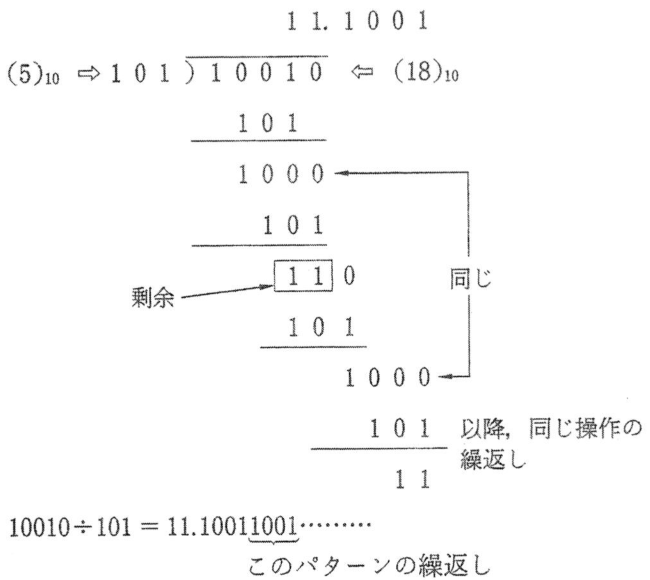

または

= 11 余り 11（3 余り 3）

1·5 2進数の負数表現

これまではほとんど正の整数と小数だけを扱ってきましたが，次に負数の表現法について解説します．すでに述べたようにディジタル回路では“0”と“1”だけで数値や文字といったすべての情報を表します．したがって，マイナスやプラスの符号を用いて正，負の値を表現することはできません．そこで，数値データに正，負を表す**符号けた**を付加することを考えてみます．この符号けたが“0”なら正，“1”なら負と決めます．例えば，4 ビットで構成した数値データ $(0011)_2$ に対して，次のように正，負を表します．

符号けた → 00011 $(+3)_{10}$

符号けた → 10011 $(-3)_{10}$

このように MSB を符号けたとして絶対値に付加して用いれば正，負の数値を表現することができます．しかし，この表現法で演算を行うと以下のように正しい結果が得られません．

```
     0 0 1 1 0  ⇐ (+6)10
  +) 1 0 0 1 1  ⇐ (−3)10
  ─────────────
     1 1 0 0 1  ⇐ (−9)10
```

以上のように 6−3 が 3 ではなく −9 になってしまいます．そこで符号けたの扱い方は同じですが，数値データは絶対値に対してではなく，**補数**（complement）を用いた方法が使われています．この補数には 1 の補数と 2 の補数表現があります．

1　1 の補数と 2 の補数

補数とは，ある基準となる数から引いた残りの数をいいます．これは負数を表現するのに用いることができます．言い換えると基数 N の数 n とその補数 C との関係は $n+C=N$ で表され，n の N に対する補数 C，あるいは単に n の N の補数 C といいます．例えば，10 進数の 6 の 10 の補数は 4 になります．

そこで 2 進数 n の 1 の補数とは，$n+C=1$ の関係にあるので n が 0 なら C は 1，n が 1 なら C は 0 です．このことから，2 進数の各けたの“0”と“1”を入れ替える（反転する）と**1 の補数**（one's complement）になることがわかります．例えば，$(00101101)_2$ の 1 の補数は各ビットを反転して以下のように得られます．

```
0 0 1 0 1 1 0 1  ← 原数
↓ ↓ ↓ ↓ ↓ ↓ ↓ ↓     各ビットを反転
1 1 0 1 0 0 1 0  ← 原数の 1 の補数
```

次に，2 進数 n の**2 の補数**（two's complement）は同様に，$n+C=(10)_2$ であるので n が 0 では補数 C は 10，n が 1 なら C は 01 です．これは n の 1 の補数に 1 を加えた関係になっています．

n	1 の補数			2 の補数
0	1	+1	=	10
1	0	+1	=	01
	↑	↑		↑
	1 の補数に	1 を加えると		2 の補数

原数 $(00110100)_2$ の 2 の補数の作り方を以下に示します．

```
    0 0 1 1 0 1 0 0  ← 原数
    ↓ ↓ ↓ ↓ ↓ ↓ ↓ ↓
    1 1 0 0 1 0 1 1  ← 原数を反転して 1 の補数を得る
+)                1  ← 1 を加える
─────────────────────
    1 1 0 0 1 1 0 0  ← 原数の 2 の補数
```

2 進数では負数を表すのに以上の 1 の補数と 2 の補数が用いられます．

数値 4 ビットに符号ビットを MSB に付加した 5 ビットの負数表現を**表 1·2** に示します．

表1･2 補数による負数表現

10進数	2進数	10進数	1の補数	2の補数
0	0 0000	− 0 (0)	11111	00000
1	0 0001	− 1	11110	11111
2	0 0010	− 2	11101	11110
3	0 0011	− 3	11100	11101
4	0 0100	− 4	11011	11100
5	0 0101	− 5	11010	11011
6	0 0110	− 6	11001	11010
7	0 0111	− 7	11000	11001
8	0 1000	− 8	10111	11000
9	0 1001	− 9	10110	10111
10	0 1010	−10	10101	10110
11	0 1011	−11	10100	10101
12	0 1100	−12	10011	10100
13	0 1101	−13	10010	10011
14	0 1110	−14	10001	10010
15	0 1111	−15	10000	10001
		−16		10000

表1･2の5ビットの例からもわかるように，**正の数はMSBの符号ビットが"0"で負数では"1"**になります．負を表す補数は$(0)_{10}$のとき1の補数では全けたのビットが"1"になり，2の補数では"0"になります．また数値nビット（符号ビットを除く）に対し，1の補数では0～$-(2^n-1)$までの表現範囲に対し，2の補数では0～-2^nまで表現でき，1の補数表現よりも1つ多く表現することが可能です．

ところで，先に2の補数は1の補数に1を加えた関係にあると説明しましたが，実はもっと簡単に2つの補数を得る方法があります．表1･2の原数である2進数と2の補数の対応を再度検討してみると次のような関係にあります．$(12)_{10}=(01100)_2$を例に説明します．

2進数のLSBからMSBの方向に見ていき，最初の"1"までは補数も同じで，それ以後補数は原数をMSBまで反転した関係にあります．

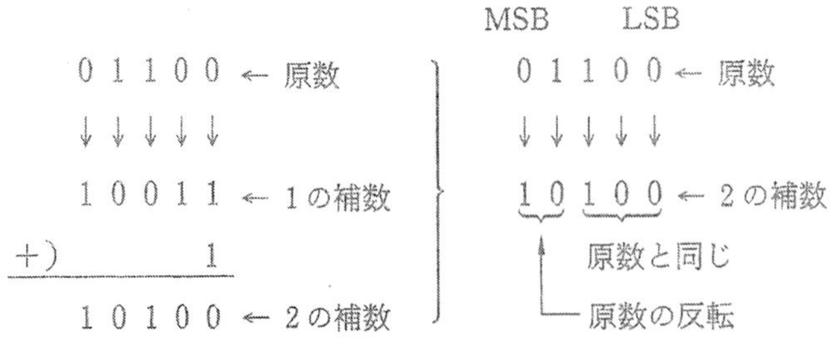

```
                                   MSB    LSB
   0 1 1 0 0 ← 原数                 0 1 1 0 0 ← 原数
   ↓ ↓ ↓ ↓ ↓                        ↓ ↓ ↓ ↓ ↓
   1 0 0 1 1 ← 1の補数              1 0 1 0 0 ← 2の補数
+)         1                        └┬┘ └──┬──┘
─────────────                        ↑      原数と同じ
   1 0 1 0 0 ← 2の補数               └── 原数の反転
```

したがって，1の補数に1を加えるという加算を行わずに簡単に2の補数を得ることができます．1の補数に対しては9の補数，2の補数に対しては10の補数が10進演算（BCD·加算：BCDコード（1·6参照））では同様に用いられています．

2　補数を用いた減算

補数は負数を表現するため，補数との加算によって減算結果が得られます．このことは**減算には減算器がなくても加算器で実現できる**ことを意味しています．乗算と除算はそれぞれ加算と減算の繰返し演算であり，すべての演算は四則演算に展開できます．つまり加算器だけですべての演算が可能になります．

簡単なために，10進の8−5を数値4ビットに符号ビットをMSBに付加し，5ビットで表現した場合の直接減算，1の補数を用いた減算および2の補数を用いた減算法を**図1·10**に示します．このように差が正になる場合は，**1の補数を用いた**ときは1だけ不足していたので，5ビット同士の加算で6ビット目へ**けた上げ**（MSBからオーバフロー）した“1”を**LSBにまわして加算**します．このまわしたけた上げを**エンドアラウンドキャリ（循環けた上げ**：End Around Carry；**EAC**）といいます．**2の補数を用いた場合は**すでに“1”を1の補数に加えた状態であるので，**けた上げの“1”は無視（捨てる）**します．

1の補数を用いた場合はこのように2回の加算が必要ですが，2の補数を用いた場合は1回の加算ですみます．

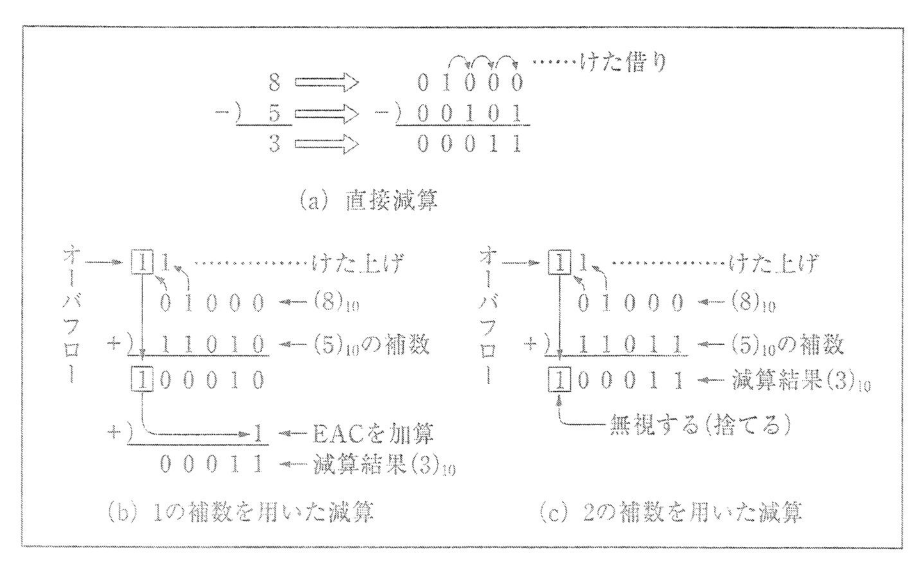

図1·10　直接減算と補数を用いた減算

次に，5−8 = −3のように結果が負になる場合は以下のように共にけた上げ（オーバフロー）は生じず，**結果は補数**で得られます．当然，結果の補数に対してさらに補数をとれば絶対値が得られます．

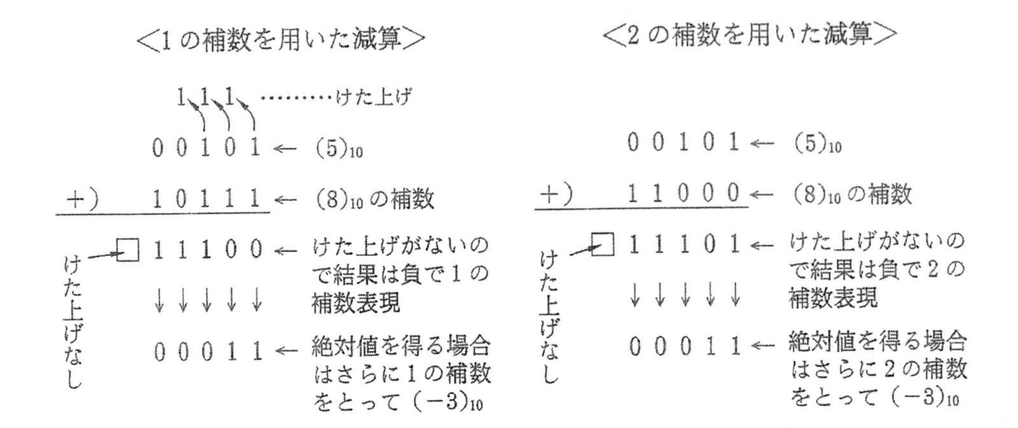

1・6　情報のコード化

これまでは数値に対する表現と扱い方について解説してきました．しかし，計算機その他ディジタル装置では，数値だけではなくアルファベット，日本語および「？　＊　＋　－　／　：」などの特殊文字という情報を扱います．これらの情報はすでに説明してあるように“0”と“1”だけの組合せであるディジタル量で扱われます．その組合せ方は異なった機種でも共通に使えるように標準化されています．

1　2進化10進数（BCDコード）

今日ではパーソナルコンピュータで処理される1データのビット数（ワード：word）は16ビットから32ビットになってきています．10進数に慣れているわれわれには2進数のけた数が増えるに従って10進数との対応がわかりにくくなります．そこで，2進数と10進数との対応を容易にするために工夫されたのがBCDコードです．

これは**10進数の各けたを4ビットで表したもの**です．4ビットでは0000～1111まで16通りの表現能力がありますが，10進の1つのけたは0～9なので，16進に相当するA～Fを使わないコードであるため表現の効率は低下します．10進数の各けたに対する4ビットはそれぞれ8，4，2，1の重みをもち，**2進化10進数**（Binary Coded Decimal；BCD），一般にBCDコードと呼ばれています．

BCDコードの例を**表1・3**に示します．

$(1\ 2\ 3)_{10}$

0001 0010 0011　← BCDコード

表1・3 BCD コードの例

10 進数	BCD コード	10 進数	BCD コード
0	0000	20	0010 0000
1	0001	21	0010 0001
2	0010	22	0010 0010
3	0011	≀	≀
4	0100	99	1001 1001
5	0101	100	0001 0000 0000
6	0110	101	0001 0000 0001
7	0111	≀	≀
8	1000	1900	0001 1001 0000 0000
9	1001	≀	≀
10	0001 0000	2048	0010 0000 0100 1000
11	0001 0001		
12	0001 0010		

以上のように，BCD コードは各けた 4 ビットの重みが 8，4，2，1 であることから**8421 コード**とも呼ばれています．

その他数値コードには 8421 コードに 3 を加えた**3 増しコード**（excess 3 code）があり，これは 9 の補数演算用に，重みをもたない**グレイコード**（gray code）は計測分野で用いられていますが，ここでは省略します．

2 データのコード化

これまで数値に関する表現法について解説してきましたが，情報としてはその他に文字や記号が含まれ，これらもすべて“0”と“1”の組合せからなるコードで表現されなければなりません．

代表的な 7 ビットコードに**アスキー**（American Standard Code for Information Interchange；**ASCII**）**コード**があります（**表 1・4** 参照）．アスキーコードは情報交換用に開発されたコードで，小型コンピュータではデータ通信時によく使用されています．例えば，数値“0”は“0110000”（＝30 H：H は 16 進を意味します），“9”は“0111001”（＝39 H），文字“A”は“1000001”（＝41 H），“Z”は“1011010”（＝5 AH），“a”は“1100001”（＝61 H），“z”は“1111010”（＝7 AH）で表されます．つまり，16 進で表すと 0～9 は 30 H～39 H，A～Z は 41 H～5 AH，a～z は 61 H～7 AH とそれぞれ順に並んでコード化されています．NUL（00H）～US（1 FH）および DEL（7 FH）は主に通信制御に必要な**制御コード**です．

大型コンピュータ用には 8 ビットコードの**EBCDIC**（Extended Binary Coded Decimal Interchange Code）**コード**があります．

仮名文字用としては**JIS 7 ビット**および**8 ビットコード**があります．**表 1・5** に JIS 8 ビットコードを示します．00 H～7 FH の 128 情報は ASCII コードと同じです．1 ビット多い分，さらに 128 情報を表現できカタカナをコード化してありますが，大部分が未定義です．しかし，日本語には漢字やひら仮名もあります．数千から数万という漢字や単語には 16 ビットの**漢字コード**が使われています．

表1·4　ASCII コード

				b_7	0	0	0	0	1	1	1	1
				b_6	0	0	1	1	0	0	1	1
				b_5	0	1	0	1	0	1	0	1
b_4	b_3	b_2	b_1	行＼列	0	1	2	3	4	5	6	7
0	0	0	0	0	NUL	DLE	SP	0	@	P	`	p
0	0	0	1	1	SOH	DC 1	!	1	A	Q	a	q
0	0	1	0	2	STX	DC 2	″	2	B	R	b	r
0	0	1	1	3	ETX	DC 3	#	3	C	S	c	s
0	1	0	0	4	EOT	DC 4	$	4	D	T	d	t
0	1	0	1	5	ENQ	NAK	%	5	E	U	e	u
0	1	1	0	6	ACK	SYN	&	6	F	V	f	v
0	1	1	1	7	BEL	ETB	′	7	G	W	g	w
1	0	0	0	8	BS	CAN	(	8	H	X	h	x
1	0	0	1	9	HT	EM	)	9	I	Y	i	y
1	0	1	0	A	LF	SUB	*	:	J	Z	j	z
1	0	1	1	B	VT	ESC	+	;	K	[	k	{
1	1	0	0	C	FF	FS	,	<	L	＼	l	|
1	1	0	1	D	CR	GS	−	=	M	]	m	}
1	1	1	0	E	SO	RS	.	>	N	^	n	—
1	1	1	1	F	SI	US	／	?	O	−	o	DEL

表1·5 JIS8ビットコード

				b_8	0	0	0	0	0	0	0	0	1	1	1	1	1	1	1	1
				b_7	0	0	0	0	1	1	1	1	0	0	0	0	1	1	1	1
				b_6	0	0	1	1	0	0	1	1	0	0	1	1	0	0	1	1
				b_5	0	1	0	1	0	1	0	1	0	1	0	1	0	1	0	1
b_4	b_3	b_2	b_1	行＼列	0	1	2	3	4	5	6	7	8	9	10	11	12	13	14	15
0	0	0	0	0	NUL	TC_7(DLE)	(SP)	0	@	P		p	↑	↑	未定義	ー	タ	ミ	↑	↑
0	0	0	1	1	TC_1(SOH)	DC_1	!	1	A	Q	a	q			。	ア	チ	ム		
0	0	1	0	2	TC_2(STX)	DC_2	″	2	B	R	b	r			「	イ	ツ	メ		
0	0	1	1	3	TC_3(ETX)	DC_3	#	3	C	S	c	s			」	ウ	テ	モ		
0	1	0	0	4	TC_4(EOT)	DC_4	$	4	D	T	d	t			、	エ	ト	ヤ		
0	1	0	1	5	TC_5(ENQ)	TC_8(NAK)	%	5	E	U	e	u	未	未	・	オ	ナ	ユ	未	未
0	1	1	0	6	TC_6(ACK)	TC_9(SYN)	&	6	F	V	f	v			ヲ	カ	ニ	ヨ		
0	1	1	1	7	BEL	TC_{10}(ETB)	′	7	G	W	g	w	定	定	ァ	キ	ヌ	ラ	定	定
1	0	0	0	8	FE_0(BS)	CAN	(	8	H	X	h	x			ィ	ク	ネ	リ		
1	0	0	1	9	FE_1(HT)	EM	)	9	I	Y	i	y	義	義	ゥ	ケ	ノ	ル	義	義
1	0	1	0	10	FE_2(LF)	SUB	*	:	J	Z	j	z			ェ	コ	ハ	レ		
1	0	1	1	11	FE_3(VT)	ESC	+	;	K	[	k	{			ォ	サ	ヒ	ロ		
1	1	0	0	12	FE_4(FF)	IS_4(FS)	,	<	L	¥	l	|			ャ	シ	フ	ワ		
1	1	0	1	13	FE_5(CR)	IS_3(GS)	−	=	M	]	m	}			ュ	ス	ヘ	ン		
1	1	1	0	14	SO	IS_2(RS)	.	>	N	^	n	—			ョ	セ	ホ	゛		↓
1	1	1	1	15	SI	IS_1(US)	/	?	O	_	o	DEL	↓	↓	ッ	ソ	マ	゜	↓	未定義

第1章 演習問題

1. それぞれの数体系を10進数に変換しなさい.

(1) $(1011)_2$ (2) $(110100)_2$ (3) $(11111111)_2$ (4) $(53)_8$

(5) $(204)_8$ (6) $(7361)_8$ (7) $(18)_{16}$ (8) $(2FC)_{16}$

(9) $(D0BA)_{16}$ (10) $(101.001)_2$ (11) $(70.2)_8$ (12) $(F.0C)_{16}$

2. それぞれの10進数を2進数，8進数および16進数に変換しなさい.

(1) 24 (2) 263 (3) 1948

(4) 15.8125 (5) 49.625 (6) 13.6

3. 2進演算を行いなさい.

(1) 101＋11001 (2) 11011＋111111 (3) 101.101＋1101.01

(4) 11001－101 (5) 10110－1011 (6) 1001.1－11.01

(7) 11×1101 (8) 11101×110 (9) 10.1×0.11

(10) 110111÷101 (11) 111101.1÷110 (12) 1101÷11

4. それぞれ8ビットで表した2進数の1の補数および2の補数を作りなさい.

(1) 00000010 (2) 00101000 (3) 01001001

5. それぞれの10進減算を1の補数および2の補数を用いた2進による補数演算で求めなさい.

(1) 6－2 (2) 22－13 (3) 56－31

(4) 13－22 (5) 31－56 (6) 11－11

6. それぞれの10進数をBCDコードで示しなさい.

(1) 98 (2) 101.4 (3) 2095

7. それぞれのBCDコードを10進数で示しなさい.

(1) 01101000 (2) 0001011101000001 (3) 10000010.00000011

8. それぞれの記号をASCIIコードで示しなさい.

(1) & (2) { (3) ＝ (4) ? (5) ＋

9. それぞれの文字をJIS 8ビットコードで示しなさい.

(1) ナ (2) カ (3) N (4) 、 (5) 。

第 **2** 章

基本論理素子

第1章のディジタル回路に関する理論に基づいて論理演算を実行するのが**論理ゲート**（logic gate）です．その**論理回路**（logical circuit）を構成する基本的な論理素子としてはAND，ORおよびNOTの3種類の論理ゲートがあります．しかし，回路実現上の基本ゲートとしてはNANDとNORゲートで，すべての回路はNANDまたはNORゲートだけで構成可能です．それはNANDとNORゲートは他のゲートに容易に変換できるためです．その機能変換方法についても解説します．また，論理の展開に必要な正論理と負論理，四則演算や比較演算などに使用範囲の広いXORとXNORゲートについても解説します．

論理ゲートを表す論理記号はいろいろ使われていますが，本書では一般的な**MIL**（MILitary Standard）**記号**を用いています．

2･1　ANDゲート

"0"と"1"の2値論理である論理動作をスイッチのオン/オフで表すと直感的でわかりやすく表現することができます．ランプの点灯回路を示した**図2･1**ではスイッチAとBが直列に挿入されています．したがって，ランプが点灯するにはAとBがともにオンして閉じられたときだけです．言い換えると**スイッチAがオンでかつBがオンのとき，ランプが点灯します．**

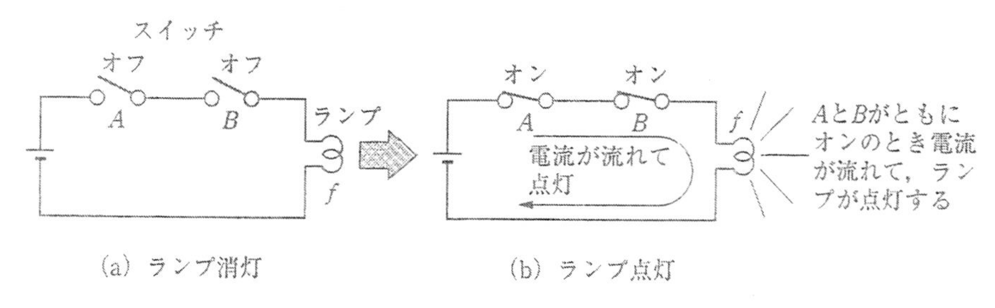

図2･1　AND機能のスイッチ回路

以上の動作を論理動作で表すと，2つの入力変数AとBがともに1のとき，出力fは1，つまり**Aが1でかつBが1のときfは1になる**ということで，この関係は

$$f = A \cdot B$$

という**論理式**で表します．この論理演算を**論理積**といい，その機能をもつ論理ゲートを **AND**（アンド）ゲートといいます．

入力 A と B のすべての組合せに対する出力の対応表を**真理値表**（truth table）といいます．AND ゲートの論理記号も含めて**図 2・2** に示します．

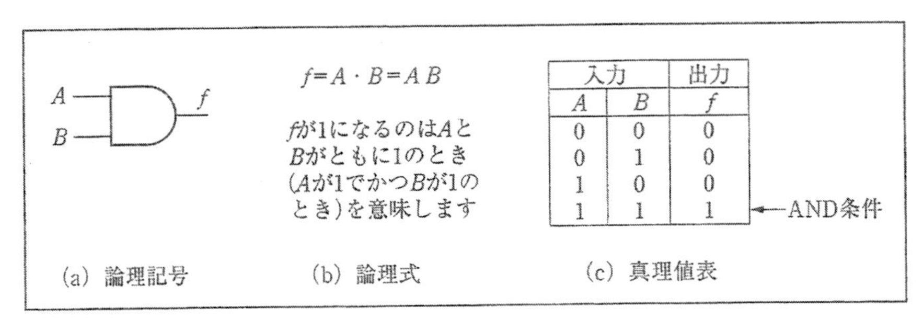

入力		出力
A	B	f
0	0	0
0	1	0
1	0	0
1	1	1

(a) 論理記号　(b) 論理式　(c) 真理値表

図 2・2　2 入力 AND ゲート

なお論理式の AND を意味する $f = A \cdot B$ の・（ドット）はしばしば省略して用いられます（$f = A \cdot B = AB$）．また，アンドの記号は“∩”や“∧”を用い $f = A \cap B = A \wedge B$ と表す場合もありますが，本書では“・”を用いた表現を使うことにします．

3 入力（3 変数）の AND ゲート機能はスイッチ回路で表せば 3 つのスイッチが直列に挿入された状態なので，3 つのスイッチがすべてオンしたとき，ランプが点灯します．したがって，AND の **3 入力変数を *A*，*B*，*C* とすれば *A*，*B*，*C* がすべて“1”のとき出力 *f* が“1”**になり，論理式は

$$f = A \cdot B \cdot C = ABC$$

で表されます．3 入力 AND ゲートの論理記号と真理値表を**図 2・3** に示します．

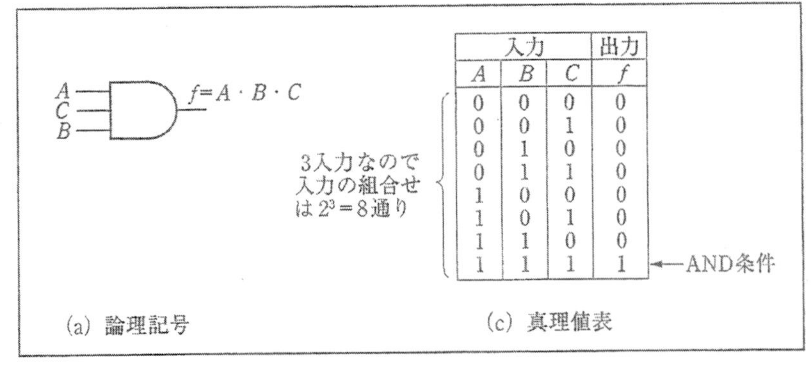

入力			出力
A	B	C	f
0	0	0	0
0	0	1	0
0	1	0	0
0	1	1	0
1	0	0	0
1	0	1	0
1	1	0	0
1	1	1	1

(a) 論理記号　(c) 真理値表

図 2・3　3 入力 AND ゲート

4入力以上の多入力ANDゲートも同様に，すべての入力が“1”のとき出力が“1”になりますが，論理記号は図2·4のように入力数に応じて，入力側を拡張して書きます．

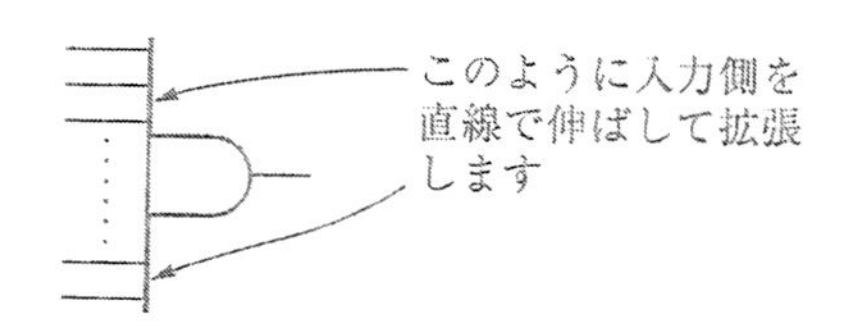

図2·4　多入力ANDゲートの論理記号

実用上は，各入力に時間的に変化する“1”または“0”のパターンを与え，その時々の入力に対する出力の状態が**タイミングチャート**（timing chart）という波形で表現されます．これはディジタル回路の設計・製作時の**CAD**（Computer Aided Design：コンピュータ支援設計）システムにおけるシミュレーション（simulation）や故障を発見して修理する（trouble shooting）際にオシロスコープで波形を観測する場合などに必要不可欠な要素であるので，タイミングチャートには是非，慣れておく必要があります．

図2·5に3入力ANDゲートのタイミングチャート例を示します．本来は使われている回路上で意味のあるパターンが与えられるわけですが，ここでは何用ということではないので図のように各入力に与えられた場合の例を示します．3入力ANDの論理式は

$$f = A \cdot B \cdot C$$

で，fが“1”になるのは入力A，B，Cがともに“1”（Aが1でかつBが1でかつCが1）のときであるので，fが“1”の箇所を求め，他は“0”として出力波形が得られます．

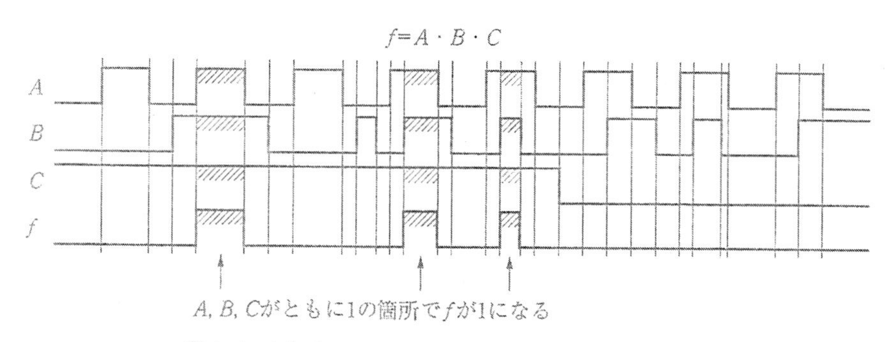

図2·5　3入力ANDゲートのタイミングチャート例

タイミングチャートは横軸の時間に対する入出力の関係を表した波形なので，時間の縦軸は各入力のタイミング差に誤解のないよう記入します．なお，“0”と“1”の2値論理のため，多少凹凸があっても支障がないので“0”と“1”のレベルを示す横の線は記入する必要はありません．

ところで図2·5の入力Cは左半分が“1”の期間はAとBのAND条件で出力が決まり，

Cが“0”の右半分ではAとBに無関係に出力fは“0”になります．このことから**ANDゲートは“1”でゲートが開き，“0”でゲートが閉じる**といいます（図**2·6**）．

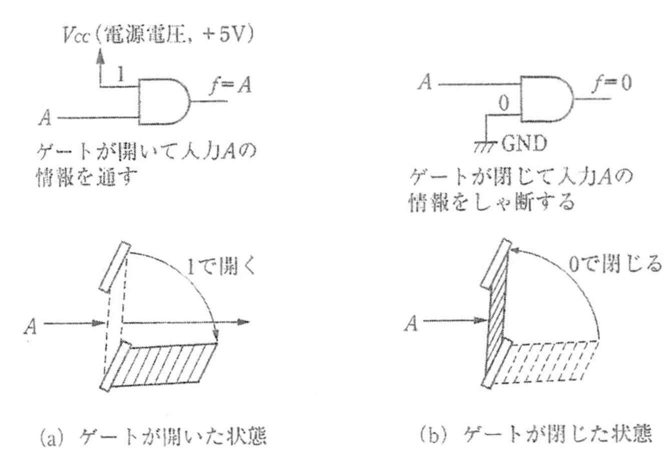

図2·6 ANDゲートの開閉

2·2 ORゲート

ランプの点灯回路に2個のスイッチを並列に接続した場合は図**2·7**に示すように，スイッチ**A** **または** **B** **のいずれかがオンしたときランプ** **f** **は点灯**します．

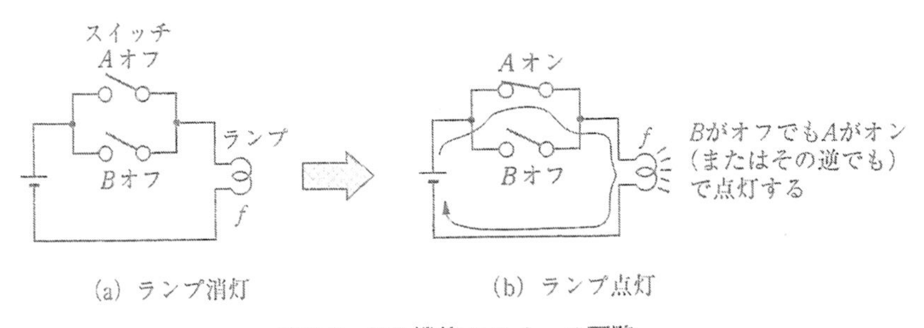

図2·7 OR機能のスイッチ回路

この動作は2つの入力変数**A** **または** **B** **が“1”のとき（入力にひとつでも“1”があると）出力** **f** **は**1になり，**論理式** $\boldsymbol{f=A+B}$（“$A\cup B$”や“$A\vee B$”と表現することもあります）で表します．この論理演算を**論理和**といい，その機能を有する論理ゲートをOR（オア）ゲートといいます．2入力ORゲートの論理記号，真理値表などを図**2·8**に示します．

3入力以上のORゲートは同様に，並列接続された3つ以上のスイッチが挿入された状態なので，ひとつ以上のスイッチオンでランプは点灯します．論理式は以下のようになります．

$$f=A+B+C+\cdots\cdots$$

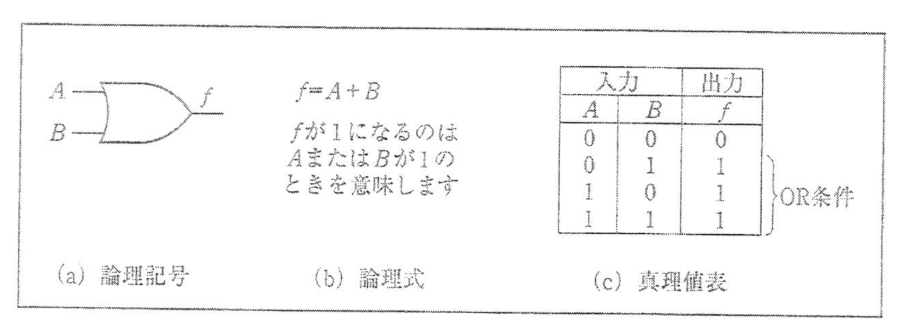

図2・8　2入力ORゲート

式はfが“1”になるのはAが“1”かまたはBが“1”かまたはCが1かまたは……のとき，つまりA，B，C……のうちひとつでも“1”があるとfは“1”になることを意味します．

多入力ORゲートの論理記号は**図2・9**のように，入力数に応じて入力側を拡張します．

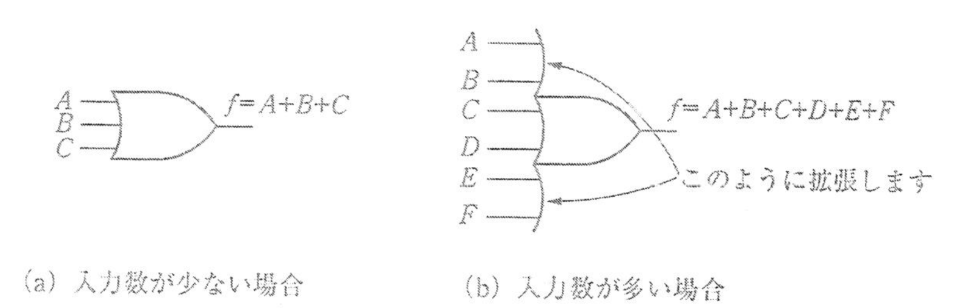

(a) 入力数が少ない場合　(b) 入力数が多い場合

図2・9　多入力ORゲートの論理記号

2入力ORゲートのタイミングチャート例を**図2・10**に示します．AとBのうち，どちらかが“1”でfは“1”になり，fが“0”になるのはAとBがともに“0”のときです．

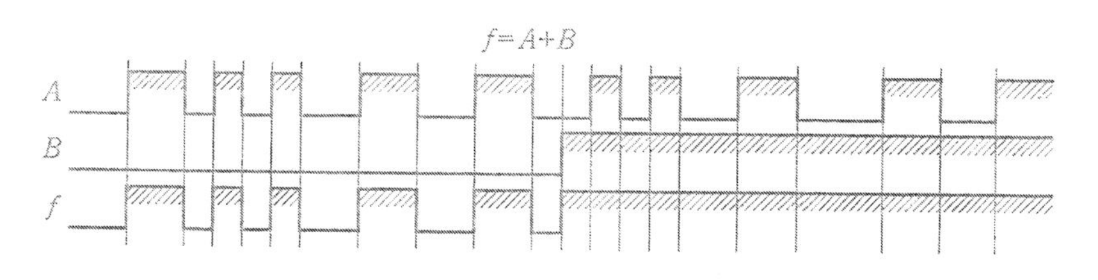

AかB，どちらかの1でfは1

図2・10　2入力ORゲートのタイミングチャート例

図2・10の例のようにBが“0”のとき（図の左半分），fにはAの情報が出力され，Bが“1”では（図の右半分）Aの状態に関係なくfは“1”になっています．したがって，**ORゲートは“0”でゲートが開き，“1”でゲートが閉じる動作をします**（**図2・11**）．これはANDゲートと逆の動作になります．

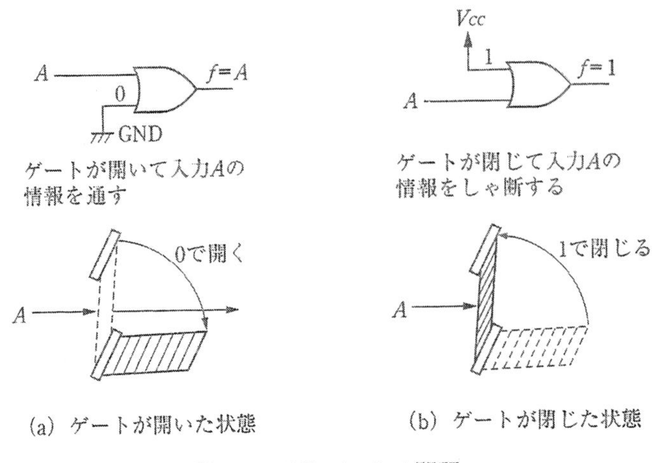

(a) ゲートが開いた状態　(b) ゲートが閉じた状態

図2・11 ORゲートの開閉

2・3 NOTゲート

入出力がそれぞれひとつのゲートで，**入力を反転（否定）して出力するゲート**です．2値論理であるため，反転した出力とは入力が“0”なら出力は“1”，入力が“1”なら出力は“0”になるということです．**インバータ**（inverter）とも呼ばれ，否定は変数の上に“－”（バー）を付け，入力 A の否定は $\overline{A}$（A バー）と表します．論理記号，真理値表およびタイミングチャート例を**図2・12**に示します．

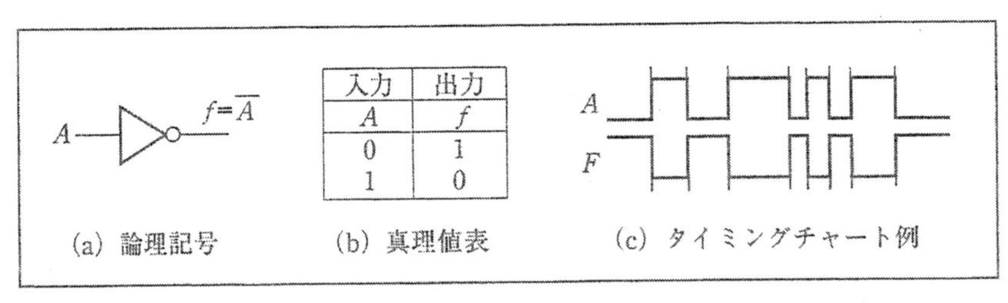

入力	出力
A	f
0	1
1	0

(a) 論理記号　(b) 真理値表　(c) タイミングチャート例

図2・12 NOTゲート

2・4 AND, OR, NOTの組合せ回路

基本論理素子であるAND，OR，NOTの3ゲートを組み合わせてディジタル回路は構成されます．重要なことは**回路の構成を表す論理式の意味をよく理解すること**です．**図2・13**の回路は A，B 2入力ANDの出力と C とのORゲート構成です．

ANDゲートの出力の論理式は $A \cdot B$ でその出力と C とのORなので，回路の出力 f は

$$f = A \cdot B + C$$

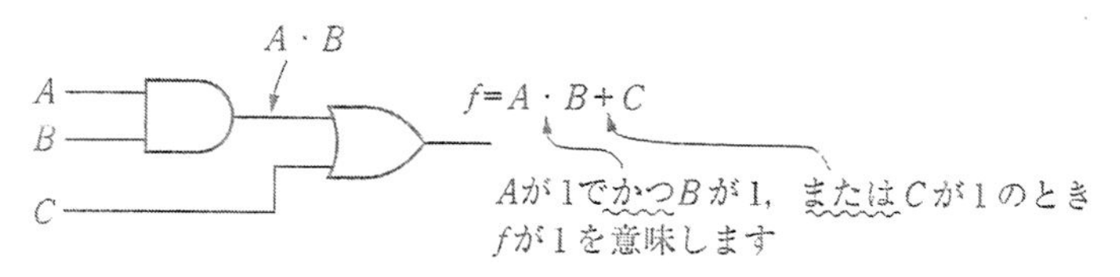

図 2･13　AND-OR 構成

という論理式で示されます．この式の意味は A と B がともに"1"かまたは C が"1"で f が"1"ということです．したがって，この回路に図 2･14 のようなパターンを入力 A，B，C に与えた場合の出力 f を求めるには，図のように論理式で示された条件が成立する箇所を捜して $f=1$ とします．当然，その条件以外はすべて"0"になります．

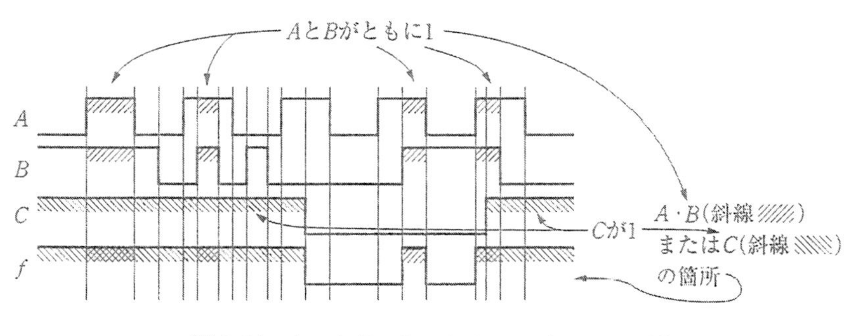

図 2･14　$f=A·B+C$ のタイミングチャート例

次に，図 2･15 の回路について，同様に考えてみます．

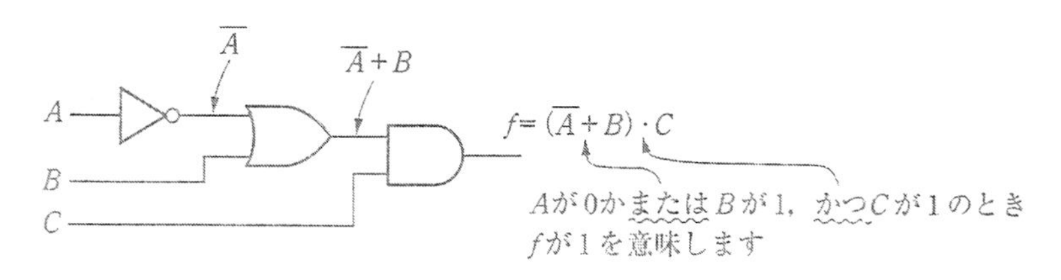

図 2･15　NOT-OR-AND 構成

各ゲートの出力の論理式は図のようになり，その結果の f の論理式は次のように示されます．

$$f=(\overline{A}+B)·C$$

この式の意味は次のようになります．f が"1"になるのは C が"1"でかつ，A が"0"か B が"1"のとき．このように $\overline{A}$ は A の否定なので A が"1"でない，つまり A が"0"ということになります．図 2･15 の各入力に図 2･16 のようなパターンを与えた場合，上述した f の論理式の条件箇所を求めた結果の f の波形は図のようになります．

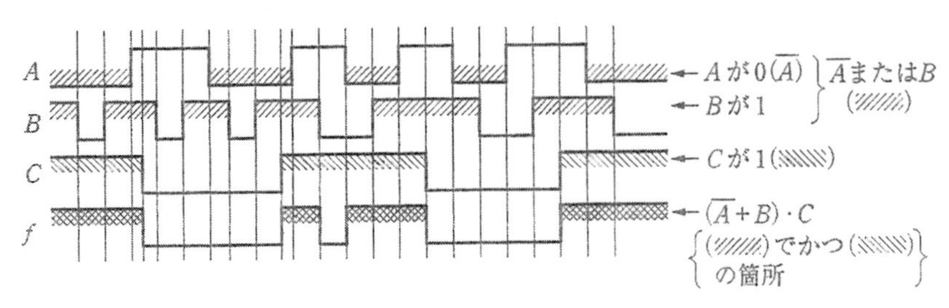

図2・16 $f=(\overline{A}+B)\cdot C$ のタイミングチャート例

2・5 NANDゲート

NAND（ナンド）ゲートとはNOT-AND，つまりANDの否定機能をもつゲートで，2入力NANDゲートの場合，入力をA，Bとすると出力fの論理式は

$$f=\overline{A\cdot B}$$

と$A\cdot B$のANDの式全体に否定の“－”（バー）がかかります．これから，式の意味はAとBがともに“1”でない（Aが“1”でかつBが“1”，でない）とき，fが1になるということです．言い換えると**AとBがともに“1”のときfが“0”**ということで通常，この言い方がNAND条件として扱われています．当然，真理値表はAND機能の否定になります．論理記号はANDゲートの出力に小丸を付けて表します（**図2・17**）．

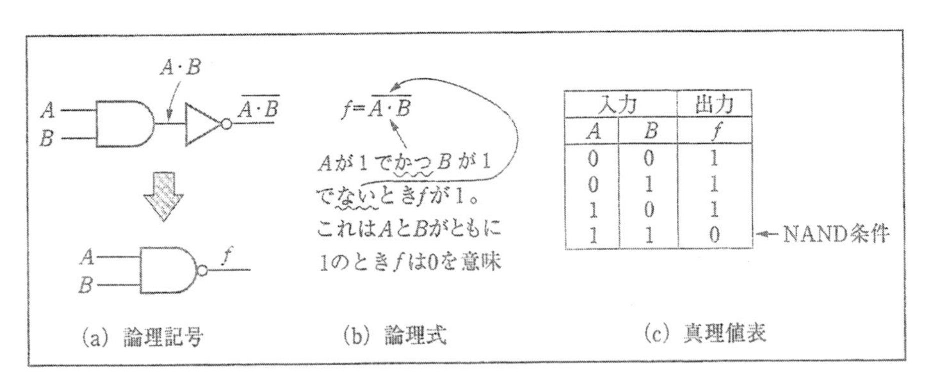

入力		出力
A	B	f
0	0	1
0	1	1
1	0	1
1	1	0

図2・17 2入力NANDゲート

図2・17（a）からANDとNOTゲートによってNANDゲートができているように見えますが，図はNOT-AND機能という意味を示したものです．実際は半導体で集積化（IC）して作られているゲートICは主構成素子がトランジスタであることからNOT機能が含まれ，製造上はNANDゲートを否定して（2値論理なので否定の否定，つまり2重否定は元の値になります）ANDゲートが作られます．そのため**実用的な基本ゲートはNANDゲート**と次に説明する**NORゲート**であり，回路の集積度を表すゲート数はNANDとNORを基

準に表されます．

3 入力以上の多入力 NAND ゲートは同様に

$$f=\overline{A\cdot B\cdot C\cdots\cdots}$$

という論理式で表され，全入力が“1”のとき f は“0”（A が“1”でかつ B が“1”でかつ C が“1”でかつ……が“1”，でないとき f が“1”）になります．3 入力 NAND ゲートのタイミングチャート例を図 2·18 に示します．

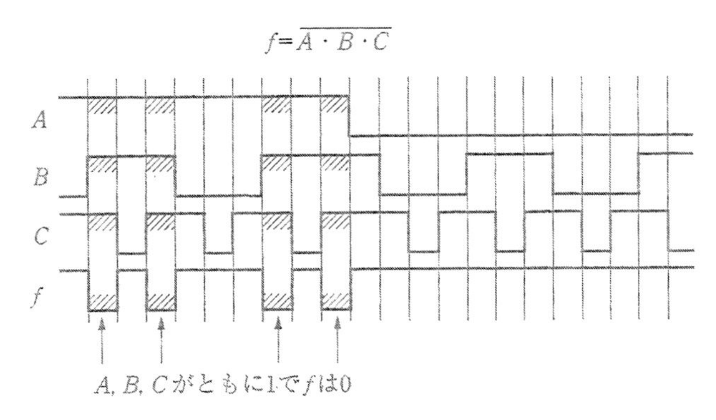

図 2·18　3 入力 NAND ゲートのタイミングチャート例

2·6 NOR ゲート

NOR（ノア）ゲートは NOT-OR 機能をもつゲートで，OR を否定した入出力関係になりますが，実際には NAND ゲートと同様，基本ゲートである NOR ゲートを否定して OR ゲートが作られています．論理式

$$f=\overline{A+B}$$

は A が“1”かまたは B が“1”，でないとき f が“1”を意味します．言い換えると**入力にひとつでも“1”があると出力 f は“0”**ということで，通常これが NOR 条件として扱われています（図 2·19）．

3 入力以上の多入力 NOR ゲートの論理式を次に示します．

$$f=\overline{A+B+C+\cdots\cdots}$$

式の意味は，入力にひとつでも“1”があると出力 f は“0”（A が“1”または B が“1”または C が“1”または…………が“1”，でないとき f は“1”）です．3 入力 NOR ゲートのタイミングチャート例を図 2·20 に示します．

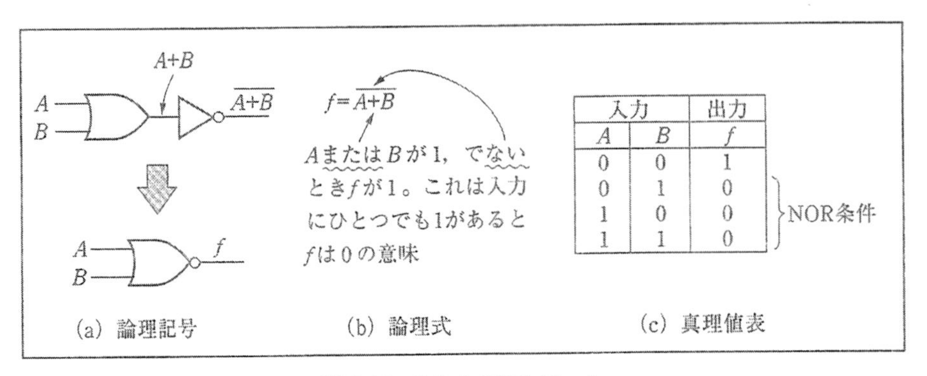

図2•19　2入力NORゲート

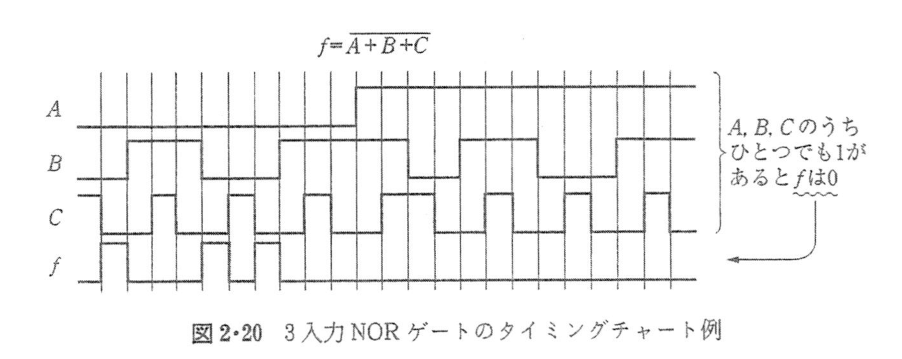

図2•20　3入力NORゲートのタイミングチャート例

図2•20で，入力Aの右半分は“1”でゲートを閉じた状態になっているので，入力BとCには関係なくfは“0”になります．左半分は逆にゲートが開いた状態なので，BとCの入力状態によって出力fが決まります．

2•7 XORゲートとXNORゲート

2入力XOR（エクスオア：exclusive OR）ゲートの動作は**図2•21**（c）に示すように，入力AとBがともに“1”のとき，出力fが“0”になり，この点だけがORゲートと異なります．XORゲートは**1の入力数が奇数個のとき出力が“1”になる機能をもち，排他的論理和**ゲートと呼ばれ，EXORとも言います．2入力XORゲートに関しては，入力AとBが不一致で出力fが“1”，言い換えるとAとBが一致（同じ値）でfが“0”になるゲートであると言えます．論理記号，論理式および真理値表を**図2•21**に示します．

ところで，真理値表からfが“1”になるのはAが“0”でかつBが“1”，つまりAが“1”でなくBが“1”のとき（これは$\overline{A}$とBのANDを意味します）かまたはAが“1”でかつBが“0”（これはAと$\overline{B}$のANDを意味します）のときであるので，AとBの排他的論理和$f=A\oplus B$は以下の式でも表せます（$\oplus$の記号は排他的論理和を表します）．

$$f=A\oplus B=\overline{A}\cdot B+A\cdot\overline{B}$$

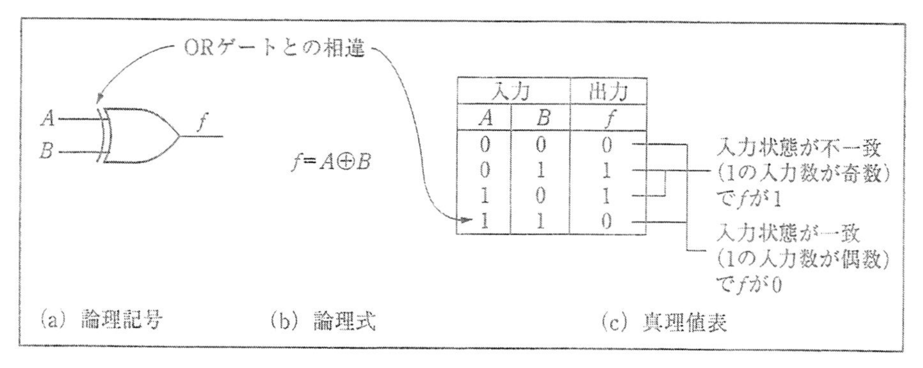

入力		出力
A	B	f
0	0	0
0	1	1
1	0	1
1	1	0

図2·21 2入力XORゲート

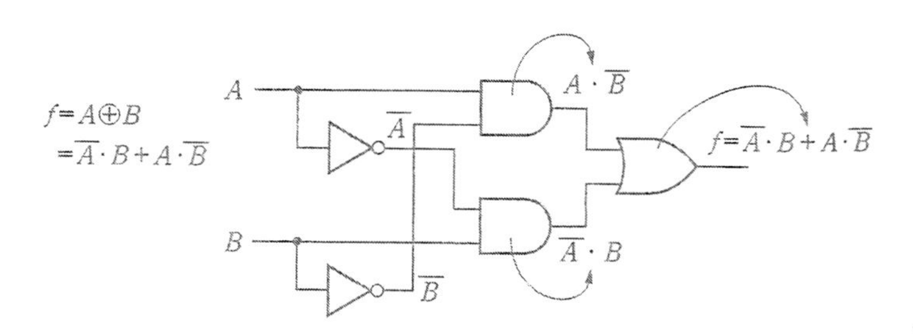

図2·22 2入力XORゲートの基本ゲート構成

したがって，XORゲートを基本ゲートのAND，ORおよびNOTゲートで構成すると**図2·22**になります．

3入力以上のXORゲートの論理式は以下のようになります．

$$f=A\oplus B\oplus C\oplus\cdots\cdots$$

fが"1"になるのは"1"である入力数が奇数個のときです．3入力XORゲートを**図2·23**に示します．

XORゲートの出力を否定したNOT-XORゲートがXNORゲートです．EXNORとも言います．2入力XNORゲートを**図2·24**に示します．

XNORゲートはXORの否定動作なので，"1"の入力数が奇数個で出力が"0"（偶数個で"1"）になります．2入力XNORゲートに関しては，入力が不一致で"0"（一致で"1"）になります．

このように，XORとXNORゲートは奇数/偶数個のビット数をチェックする回路（データ通信時のパリティチェックなど），情報の一致/不一致回路（第7章参照）および四則演算回路（第8章参照）など，いろいろな回路に使われる重要なゲートです．

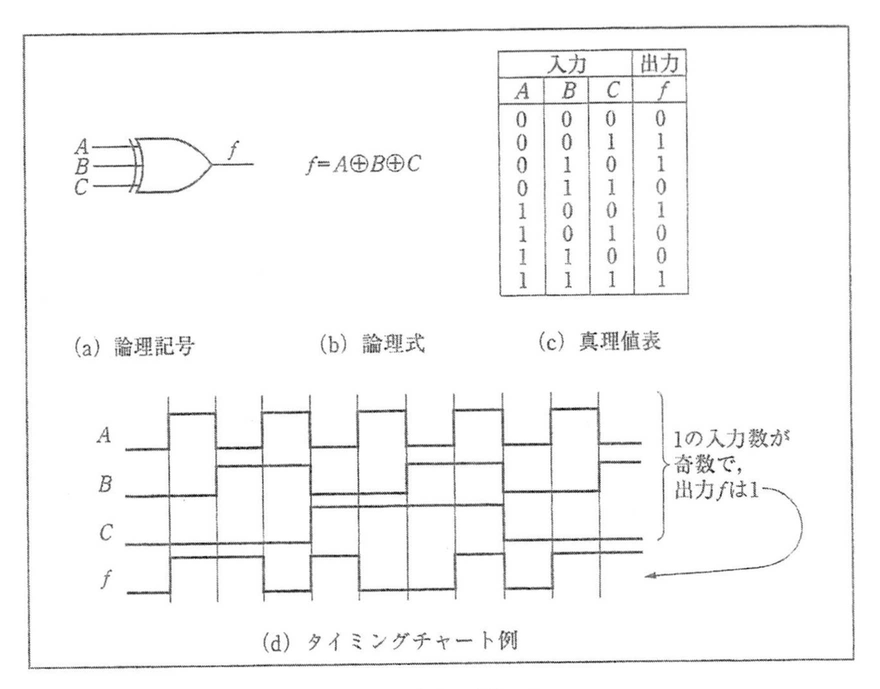

入力			出力
A	B	C	f
0	0	0	0
0	0	1	1
0	1	0	1
0	1	1	0
1	0	0	1
1	0	1	0
1	1	0	0
1	1	1	1

(a) 論理記号　(b) 論理式　(c) 真理値表

(d) タイミングチャート例

図2・23　3入力 XOR ゲート

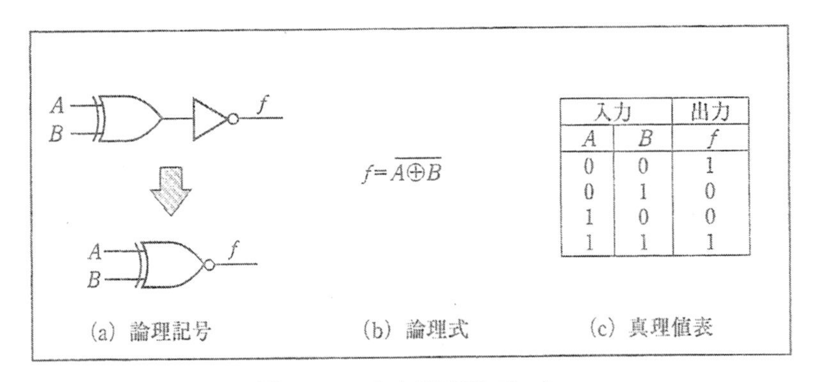

入力		出力
A	B	f
0	0	1
0	1	0
1	0	0
1	1	1

(a) 論理記号　(b) 論理式　(c) 真理値表

図2・24　2入力 XNOR ゲート

2・8 正論理と負論理

ディジタルは“0”と“1”の2値論理であり，その信号は電圧が高い（High）か低い（Low）かによって，“1”か“0”かを区別しています．通常はこれまで扱ってきたように，**Hを“1”に，Lを“0”に対応した表現法を正論理**（positive logic）といいます．逆に**Hを“0”に，Lを“1”に対応した表現法**も用いられ，これを**負論理**（negative logic）といいます．

例えば，2入力 AND ゲートの正論理と負論理の真理値表は**表2・1**のようになります．正論理では前述したように，入力 A と B がともに "1" で出力 f が "1" になる AND 機能を示しますが，負論理では A，B どちらかの "1" で f が "1" になります．これは OR 機能を示します．このように，**正論理か負論理かによって AND か OR の機能に変えて論理を組み立てることが可能**になります．このことは論理の展開に際して重要な手段となることを意味しています．

表 2・1　AND ゲートの正論理と負論理表現

(a)　正論理

入力		出力	
A	B	f	
0	0	0	
0	1	0	
1	0	0	
1	1	1	← AND 機能

(b)　負論理

入力		出力	
A	B	f	
1	1	1	OR 機能
1	0	1	OR 機能
0	1	1	OR 機能
0	0	0	

次に，実用面から正論理と負論理を解説しましょう．論理の展開には "1" を基準として考えるか，"0" を基準とするかにあるわけですが，要するに基準となる信号が入力にあるかどうか，その結果，出力が動作したかどうかということです．このような**信号がある状態や動作した状態をアクティブ**（active：活動的な，能動的な）な状態，そうでない状態を**非アクティブ**な状態といいます．ここで，"1" でアクティブな状態（アクティブ H）を正論理，"0" でアクティブな状態（アクティブ L）になるのが負論理というわけですが，表 2・1 の (a) は**表 2・2** に示すように，アクティブ状態を "0" とすると，A と B どちらかの "0" で f は "0" になる OR 機能を示しています．

表 2・2　AND ゲートのアクティブ状態による区別

入力		出力	
A	B	f	
0	0	0	どちらかの "0" 入力で "0"（アクティブ L）⇐ OR 機能
0	1	0	どちらかの "0" 入力で "0"（アクティブ L）⇐ OR 機能
1	0	0	どちらかの "0" 入力で "0"（アクティブ L）⇐ OR 機能
1	1	1	……ともに "1" の入力で "1"（アクティブ H）⇐ AND 機能

論理記号はアクティブ L のときは否定（インバート）を意味する小丸を付加します（当然，正論理では小丸は付きません）．2 入力 AND の論理式は論理記号から，$\overline{A}$ と $\overline{B}$ の OR で f が "0"，つまり $\overline{f}$ を意味するので

$$\overline{f}=\overline{A}+\overline{B}$$

になり，論理式からは f が "0"（$\overline{f}$）になるのは A が "0"（$\overline{A}$）か B が "0"（$\overline{B}$）であ

ることがわかります（**図 2・25**）．

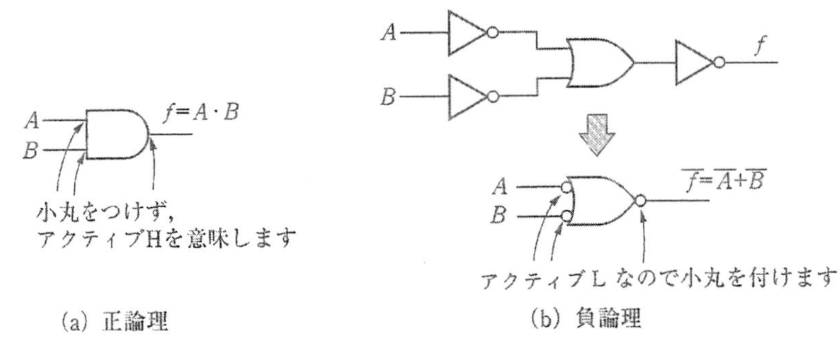

(a) 正論理　(b) 負論理

図 2・25 AND 機能の正論理と負論理の論理記号

正論理と負論理表現は以上の AND 機能のように，「ともに“1”の入力で出力が“1”になる」なら「出力が“0”になるのはどちらかが“0”のとき」と言い換え，それを AND と OR の基本ゲートで表現したものです．

次に，NAND と NOR ゲートについても同様に，2つの論理で表現してみます．NAND は入力 A と B がともに“1”で出力 f が“0”なので $\overline{f}=A \cdot B$ という論理式になります．その両辺を否定すると $\overline{\overline{f}}=\overline{A \cdot B}$ で，$\overline{\overline{f}}$ は2重否定なのでバーがないのと同じだから $f=\overline{A \cdot B}$ になります．逆に，f が“1”になるのは A または B が“0”のときなので $f=\overline{A}+\overline{B}$ という論理式で表されます．これを論理記号で表したのが**図 2・26** です．

NOR に関しても同様に，入力 A または B が“1”で出力 f が“0”（$\overline{f}=A+B$）なら，f が“1”になるのは A と B がともに“0”のとき（$f=\overline{A} \cdot \overline{B}$）です．これは正論理の OR 機能から負論理の AND 機能を意味しています（図 2・26）．

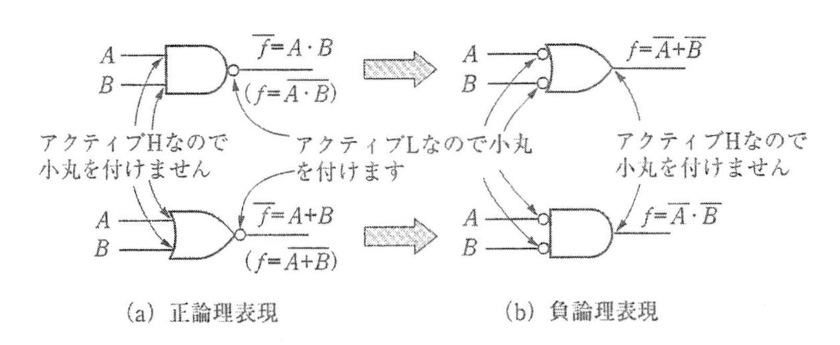

(a) 正論理表現　(b) 負論理表現

図 2・26 NAND と NOR の正論理と負論理表現

図 2・26 のように，NAND と NOR の論理式

$$f=\overline{A \cdot B}=\overline{A}+\overline{B}$$

$$f=\overline{A+B}=\overline{A} \cdot \overline{B}$$

は AND と OR の相互変換に重要な公式で**ド・モルガン**（de Morgan）**の定理**（第3章参照）

といい，とてもよく使われる公式です．

正論理と負論理の対応を図 2·27 に示します．

ゲート	正論理	負論理
AND	$f=A\cdot B$	$\overline{f}=\overline{A}+\overline{B}$ $(f=\overline{\overline{A}+\overline{B}})$
OR	$f=A+B$	$\overline{f}=\overline{A}\cdot\overline{B}$ $(f=\overline{\overline{A}\cdot\overline{B}})$
NOT	$\overline{f}=A$ $(f=\overline{A})$	$f=\overline{A}$
NAND	$\overline{f}=A\cdot B$ $(f=\overline{A\cdot B})$	$f=\overline{A}+\overline{B}$
NOR	$\overline{f}=A+B$ $(f=\overline{A+B})$	$f=\overline{A}\cdot\overline{B}$

〔注〕(　) 内は $\overline{f}$ の論理式の両辺を否定して，f の式で表したものです

図 2·27　基本ゲートの正論理と負論理表現

また，図 2·28 に示すように，入出力の小丸は否定を意味するため，NOT ゲートとの組合せ回路においては，基本ゲート以外の表現法も用いられています．これにより回路が簡素化され，回路構成や機能がわかり易くなります．同図 (a) の論理式は

$$f = A + \overline{B}$$

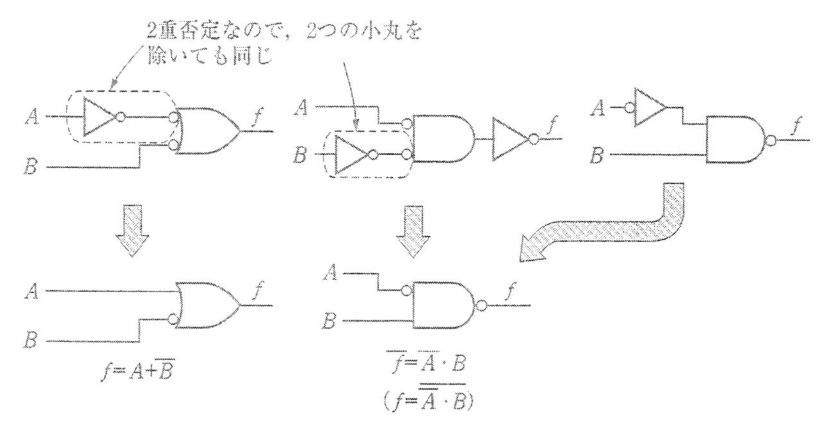

(a) NOT-NAND　　(b) NOT-NOR-NOTまたはNOT-NAND

図 2·28　基本ゲート以外の論理表現

であるので，fが“1”になるのはAが“1”かまたはBが“0”のときを意味します．

（b）は

$$\bar{f}=\bar{A}\cdot B$$

という論理式から，fが“0”になるのはAが“0”でかつBが“1”のとき（fが“1”になるのはAが“0”でかつBが“1”という状態でないとき）という意味が得られます．

同じ機能を表すのに正論理と負論理を用いるよりはどちらかに統一したほうがよいように感じられるかもしれません．しかし，前述したようにAND-ORの相互変換が可能になる点と**図2・29**で示す例のように，正論理と負論理を混在して回路を表現すると容易に論理式が導けるようになります．図（a）では正論理だけで表した回路であるため，入力側から順に各ゲートの出力を求めていかなければなりません．この場合，否定のバーが図のように多く論理式の中に含まれ，式の変形操作において誤りの原因になります．図（b）ではfの式を求めるため，出力端は小丸が付かない論理記号に置き換え，小丸のあるものどうし，な

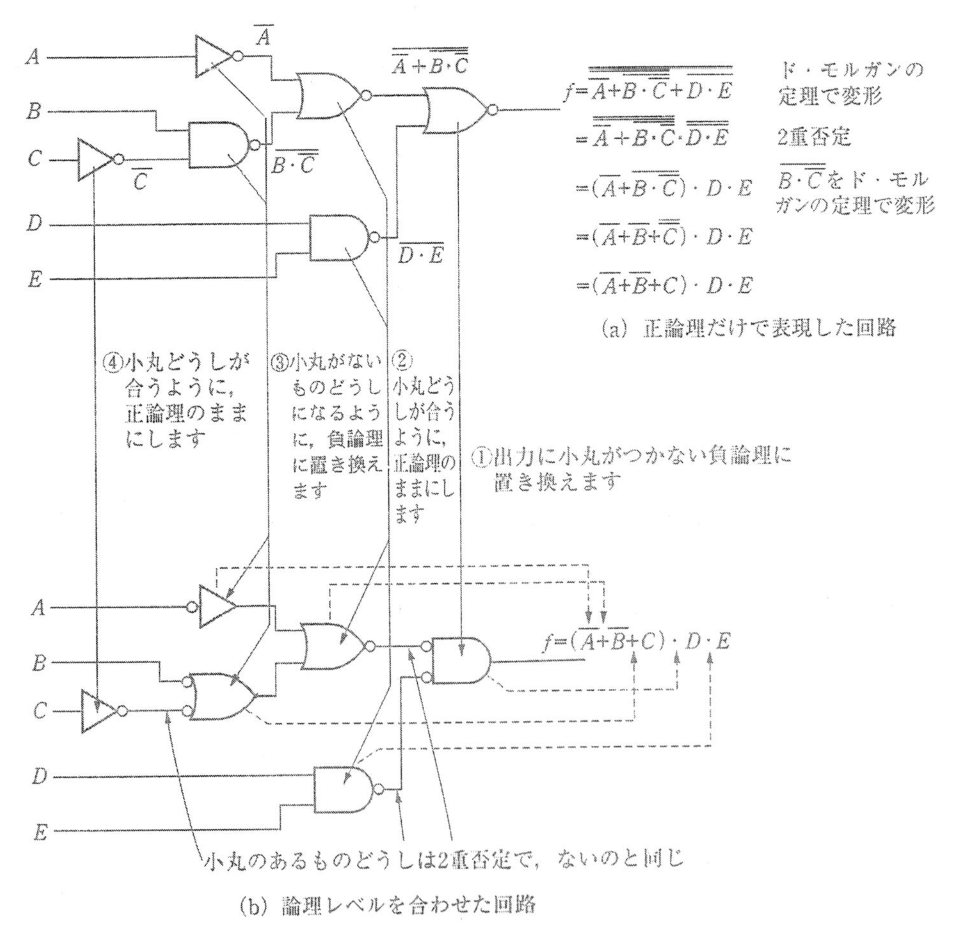

図2・29　正論理だけの回路と論理レベルを合わせた回路の比較

いものどうしになるように，つまり**論理レベルが合うように論理記号を出力端から入力端に向って置き換え**ていきます．その結果，小丸のあるものどうしは2重否定で小丸がないのと同じことなので，出力の論理式を簡単に得ることができるのです．

2・9 NANDとNORゲートの機能変換

NANDとNORゲートは容易に他のゲートに変換が可能であり，そのために実用的な基本ゲートとして使われています．特に**ゲートアレイ**（gate array）といったセミカスタムICで見られるようにNANDゲートがより広く使われています．他ゲートへの機能変換はド・モルガンの定理に基づいて容易に行うことができます．

1 NANDゲートからの変換

(1) NOTへの変換

NANDゲートは全入力が“1”で，出力が“0”になるという否定の機能から，余った入力をV_{CC}に接続（**プルアップ**（pull-up）するといいます）して“1”に固定し，ゲートを開いた状態にすることで実現できます（**図2・30**（a））．余った入力をひとつにまとめる方法（図（b））もありますが，そのゲートを駆動するゲートの駆動能力に注意する必要があります．それは駆動側から見れば入力数（負荷）が増えるということで，その分多くの電流を供給することになります．当然，いくらでも電流を流せるわけではなく，駆動できる入力数には制限があり，それ以下で使用しなければなりません．これは**ファン・イン/ファン・アウト**（fan-in/fan-out）と言って，ゲート内出力トランジスタの容量によって決まる出力側許容接続回路数（fan-out）とゲートの入力数（fan-in）のことです．要するに，**あるゲートの出力が最大何ゲートまで駆動できるか**を示すもので，その値はゲートの種類によって異なります．ゲートICの種類やファン・イン/ファン・アウトの算出法についてはトランジスタの範囲に及ぶため，本書では割愛します．必要なら拙著『ディジタル回路設計法』

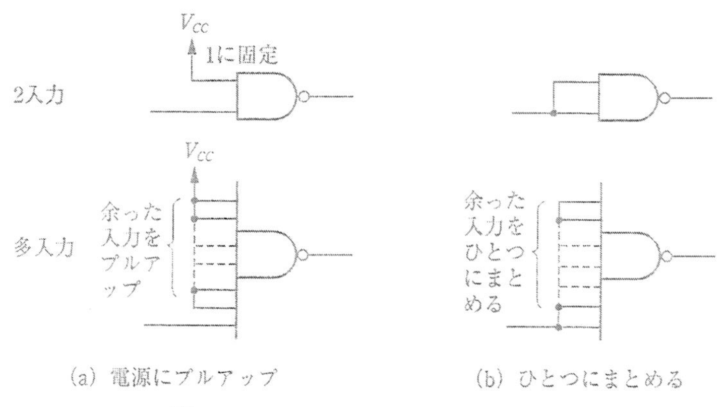

(a) 電源にプルアップ (b) ひとつにまとめる

図2・30 NANDゲートでNOTを作る

（日本理工出版会）や，その他の専門書を参考にしていただくことを望みます．

したがって，入力数が増える図（b）よりは図（a）が推奨されます．

(2)　ANDへの変換

入力AとBのANDの出力fは$f=A \cdot B$です．回路のゲート数を算出する場合，基本の2入力NANDとNORゲートおよびNOTゲートを1ゲートとして算出します．実際にはNANDの出力$f=\overline{A \cdot B}$を否定してANDゲートが作られており，2入力ANDゲートは2ゲートとして扱われます（図2･31）．

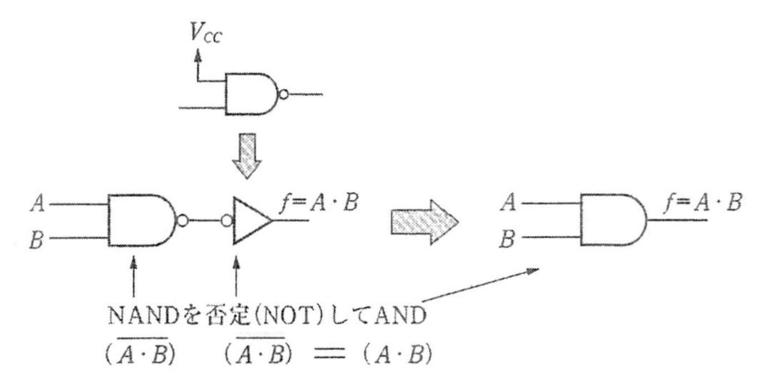

図2･31　NANDゲートでANDを作る

(3)　ORへの変換

以下の式で示すように，$f=A+B$のOR機能を表す論理式を2重否定し，ド・モルガンの定理によって変形した式から，$\overline{A}$と$\overline{B}$のNANDによって得られることがわかります（図2･32）．

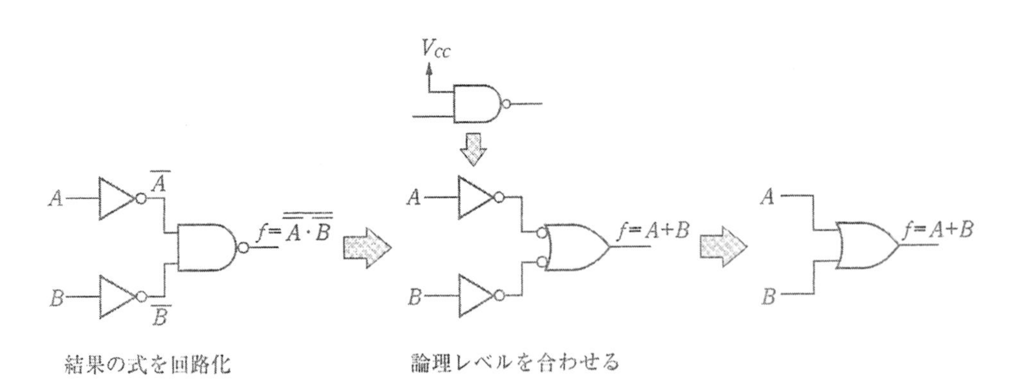

図2･32　NANDゲートでORを作る

$$f = A+B$$
$$= \overline{\overline{A+B}} \cdots\cdots 2重否定する$$

$=\overline{\overline{A}\cdot\overline{B}}$……2重否定の下の否定（バー）をド・モルガンの定理によって変形すると，式はAの否定とBの否定のNANDを意味しています．

(4)　NORへの変換

ORへの変換は3個のNANDゲートを用いて図2·32のようにして得られるので，NORは図2·32の出力を否定して得ることができます（**図2·33**）．

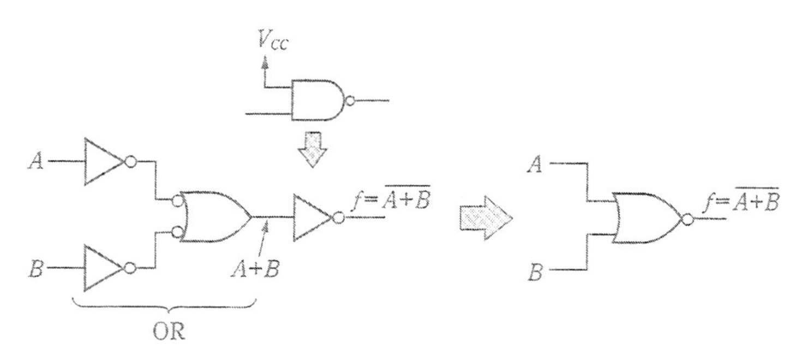

図2·33　NANDゲートでNORを作る

(5)　XORへの変換

2入力XORの論理式

$$f=A\oplus B=\overline{A}B+A\overline{B}\quad(\textbf{2·7}\text{参照})$$

を次式のように変形することにより，NANDゲート4個で構成することができます（図2·34）．

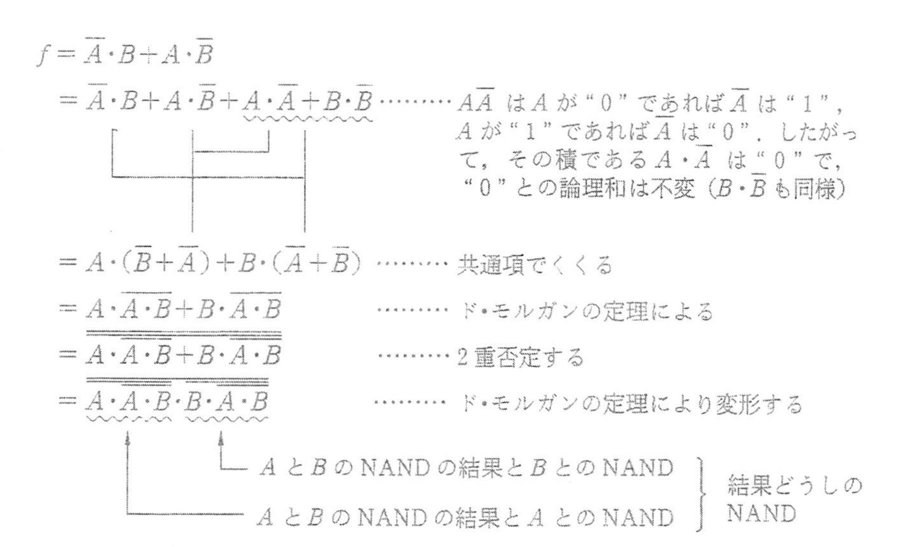

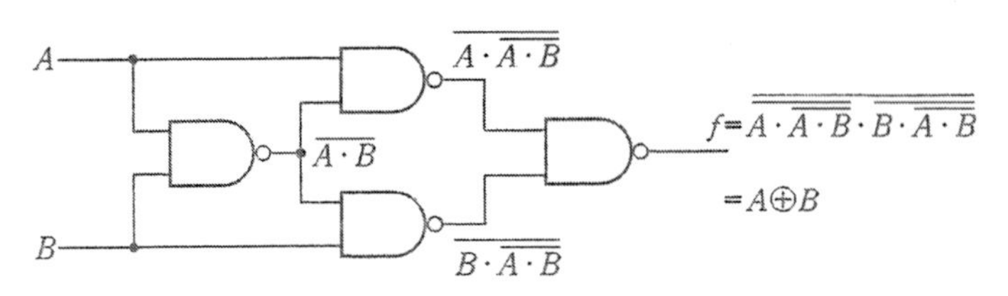

図2・34　NANDゲートでXORを作る

XNORは**図2・34**の出力を否定して作ることができます．以上のように，NANDゲートでNOT，AND，OR，NORの基本ゲートとさらにXORやXNORといったすべてのゲートを作ることができ，**NANDゲートだけで回路を構成することが可能**です．

2 NORゲートからの変換

(1) NOTへの変換

NORゲートは入力にひとつでも“1”があると出力が“0”になるという，NANDゲートと同様に，否定の機能をもっているので，余った入力をグランド（GND）に接続（**プルダウン**（pull-down）するといいます）して“0”に固定し，ゲートを開いた状態にすることによって容易にNOTを作ることができます．**図2・35**のように余った入力をひとつにまとめる方法もありますが，NANDゲートの場合で説明した（**2・9**の1（1）参照）ように，ファン・イン数が増えるため，電源にプルダウンするほうが推奨されます．

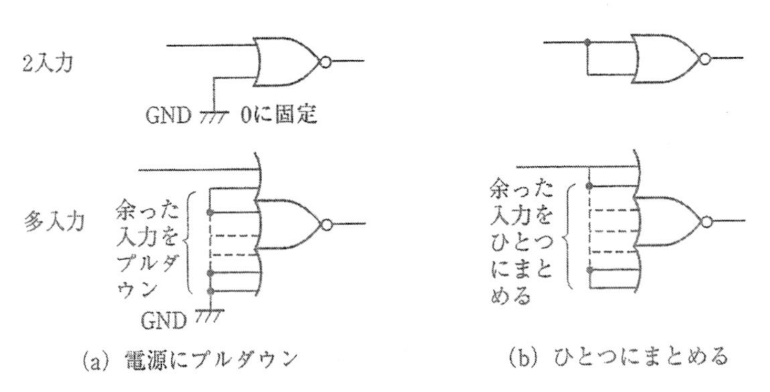

図2・35　NORゲートでNOTを作る

(2) ORへの変換

NORの出力$f=\overline{A+B}$を否定すると$f=\overline{\overline{A+B}}$で，2重否定になるので，結局$f=A+B$というORになります（**図2・36**）．

(3) ANDへの変換

ANDの論理式$f=A\cdot B$を2重否定し，ド・モルガンの定理で変形すると，$\overline{A}$と$\overline{B}$の

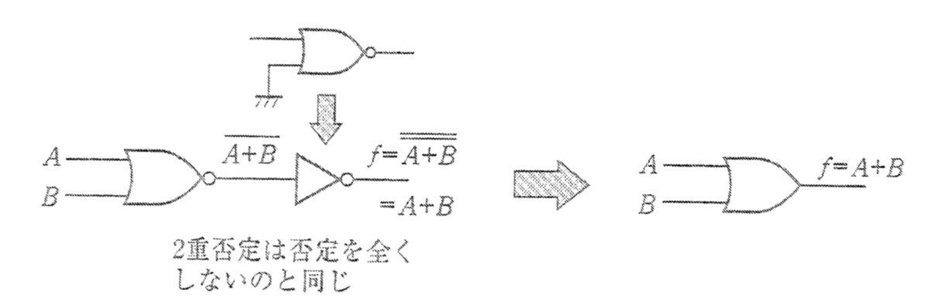

図2·36 NORゲートでORを作る

NOR構成でANDになることがわかります（図2·37）.

$f = A \cdot B$

$= \overline{\overline{A \cdot B}}$ ………2重否定する

$= \overline{\overline{A} + \overline{B}}$ ………2重否定の下のバーをド・モルガンの定理によって変形．結果の式はAの否定またはBの否定のNORを意味しています

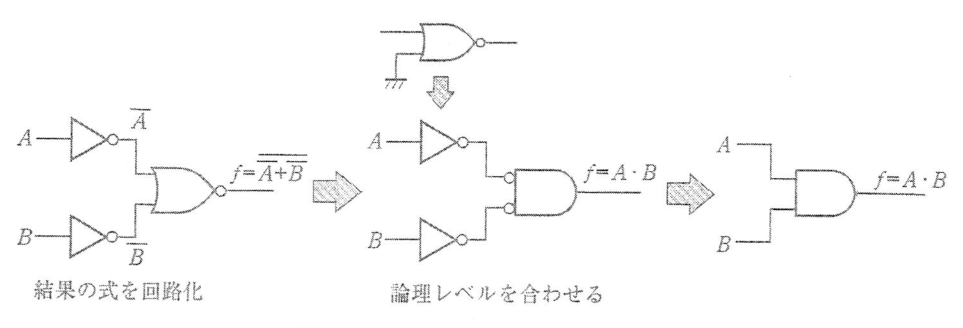

図2·37 NORゲートでANDを作る

(4) NANDへの変換

ANDを否定すればNANDになるので，図2·37の出力にNOT（NORで作る）を置いてNORゲート4個構成で実現できます（図2·38）.

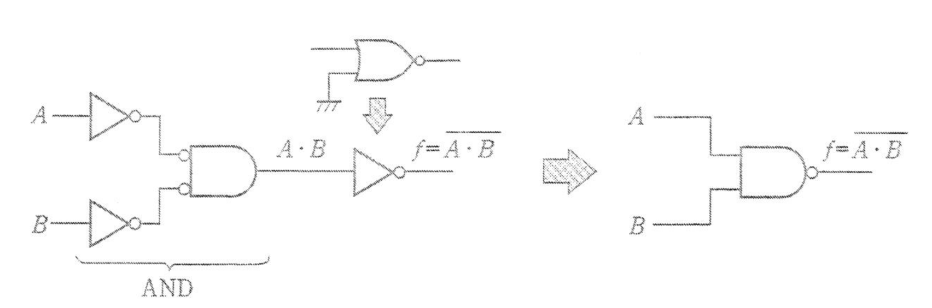

図2·38 NORゲートでNANDを作る

(5) XORへの変換

2・7 の図2・21 (c) で示したXORの真理値表から，fが"0"になる論理式$\bar{f}$を以下のように変形することにより，すべてNORだけの構成で実現できます（**図2・39**）.

$\bar{f}=\bar{A}\cdot\bar{B}+A\cdot B$ ………fが"0"になるのはAとBがともに"0"かともに"1"のとき

$\bar{\bar{f}}=\overline{\bar{A}\cdot\bar{B}+A\cdot B}$ ………両辺を否定すると，$\bar{\bar{f}}$は2重否定なのでfと同じ

ここで，ド・モルガンの定理

$$\overline{A+B}=\bar{A}\cdot\bar{B},\quad A\cdot B=\overline{\overline{A\cdot B}}=\overline{\bar{A}+\bar{B}}$$

より

$$f=\overline{\overline{A+B}+\overline{\bar{A}+\bar{B}}}$$

$\overline{\bar{A}+\bar{B}}$：$\bar{A}$と$\bar{B}$のNOR
$\overline{A+B}$：AとBのNOR
} 結果どうしのNOR

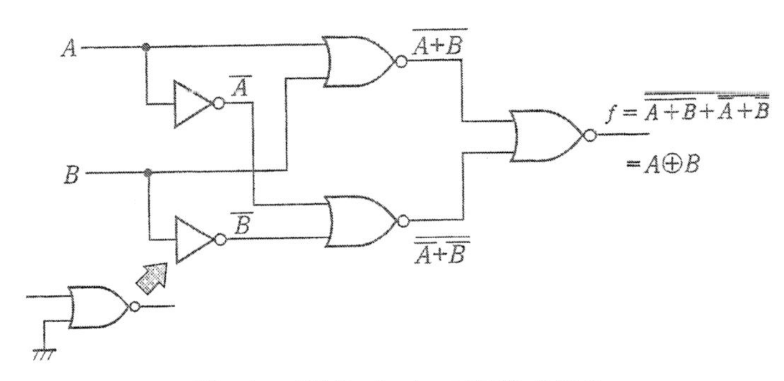

図2・39　NORゲートでXORを作る

XNORは図2・39の出力を否定して作ることができますが，第**3**章ブール代数の諸定理を用いてXNORの論理式を変形するとNORゲート4個で構成できます（第**3**章図3・8参照）．その XNORの出力を否定してXORができますが，結局図2・39と同様にゲート数は5になります.

以上のようにして，NANDゲートと同様に，NORゲートで，NOT，OR，AND，NANDの基本ゲートとさらに，XORとXNORも含めて，すべてのゲートを作ることができ，**NORゲートだけで回路構成が可能**になります.

3 多入力ゲート機能構成

いくつかのゲートを組み合わせて多入力ゲートを実現することができます．したがって，その**組合せ方はいろいろありますが**，2入力NANDまたは2入力NORゲートを基本に解説します.

(1) 多入力AND機能

ANDゲートどうしの接続で，簡単に多入力ANDが実現できます．例えば，図2·40に示すように2個の2入力ANDゲートの出力をさらにANDゲートを通すことによって，4入力AND機能が得られます（図(a)）．NANDゲートのANDへの変換は2·9の①(2)より，NANDゲートを否定して実現できますので，ANDゲートをNAND構成に置き換えて，2入力NANDゲート6個で実現できます．

また，NORゲートからANDへの変換は2·9の②(3)より，NORの両入力を否定することによって得られるので，AND部分をNORゲートに置き換えて，2入力NORゲート9個で実現できます（図(c)）．

5入力以上のAND機能も同様に，NANDやNORゲートに置き換えて実現できます．

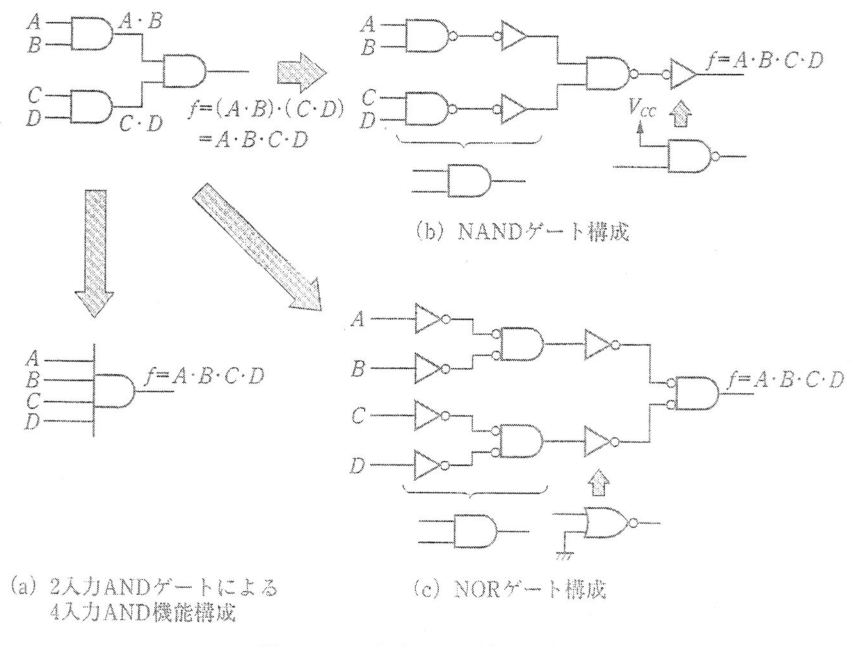

図2·40　4入力AND機能の構成

(2) 多入力OR機能

AとBのORと，CとDのOR，その結果どうしのORの出力fは

$$f = (A+B)+(C+D) = A+B+C+D$$

で，ANDの場合と同様，2入力ORゲート3個で4入力OR機能を構成することができます（図2·41(a)）．

NANDゲートからORへの変換は2·9の①(3)より，NANDの両入力を否定して得られるので，OR部分をNANDゲートに置き換えて，2入力NANDゲート9個構成で実現できます（図（b））.

NOR ゲートからの OR 変換は **2•9** の [2]（2）より，NOR の出力を否定して得られるので，OR 部分を NOR ゲートに置き換え，2 入力 NOR ゲート 6 個で構成できます（図（c））.

5 入力以上の OR 機能も同様な操作によって，NAND や NOR ゲートで構成できます.

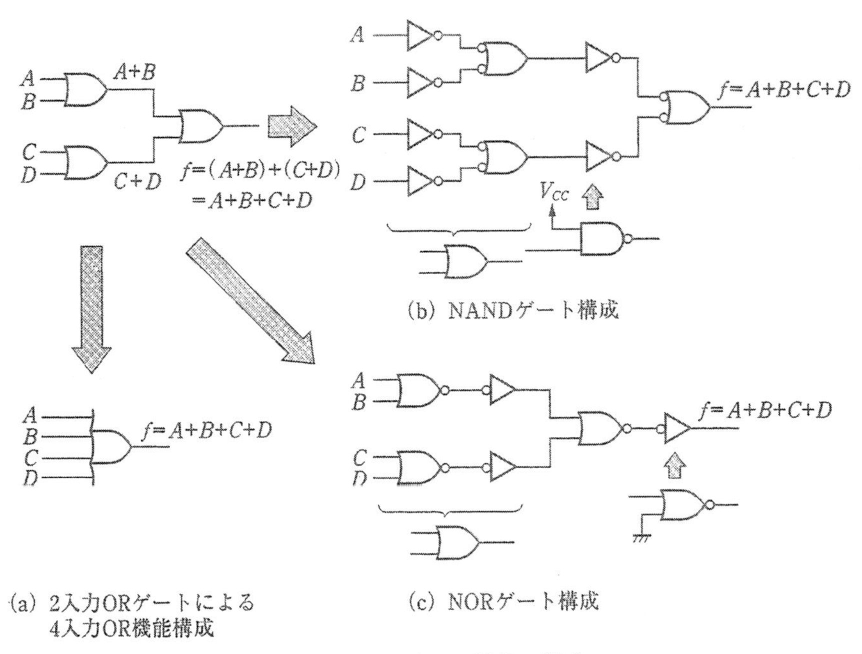

図 2•41 4 入力 OR 機能の構成

(3) 多入力 NAND と NOR 機能

2 入力 AND（OR）ゲート 3 個で，4 入力 AND（OR）機能が容易に得られます（図 2•40（a）と図 2•41（a））が，NAND や NOR では異なります.

例えば，**図 2•42** のように，NAND ゲート 3 個で構成した出力の論理式は

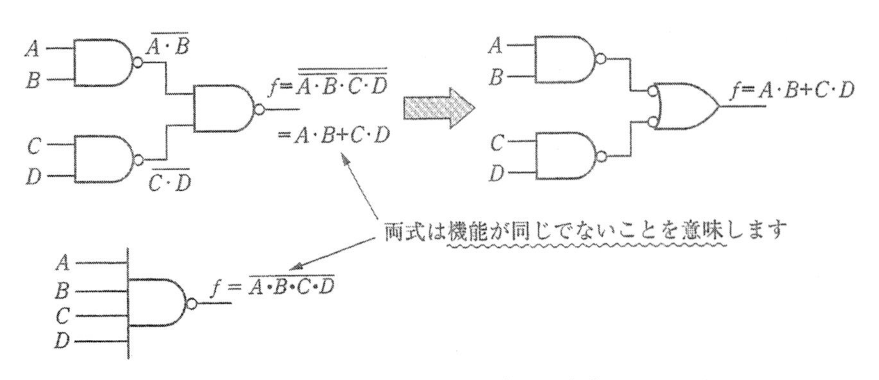

図 2•42 2 入力 NAND ゲート 3 個構成と 4 入力 NAND ゲート

$$f = \overline{\overline{A \cdot B} \cdot \overline{C \cdot D}}$$ ………ド・モルガンの定理より変形

$$= \overline{\overline{A \cdot B}} + \overline{\overline{C \cdot D}}$$ ………2重否定は元に戻る

$$= A \cdot B + C \cdot D$$

結果の$f = A \cdot B + C \cdot D$は4入力NANDの論理式$f = \overline{A \cdot B \cdot C \cdot D}$とは異なります．

NORについても同様で，NANDとNOR機能はANDとORのような単純構成では実現できません．結局，図2・40（b），（c）と図2・41（b），（c）の最終段のANDやORの出力を否定して，多入力NANDやOR機能を得ることになります．

第2章 演習問題

1. 入力 A と B の信号を2入力 AND ゲートに与えた場合と，2入力 OR ゲートに与えた場合のそれぞれの出力 f_{AND} と f_{OR} の波形を求めなさい．

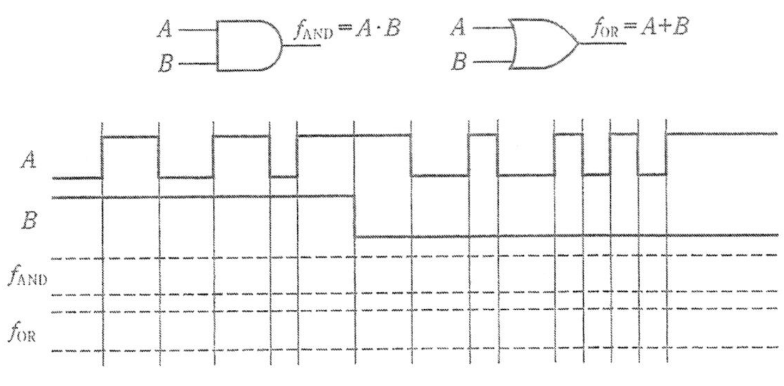

図2・43 2入力 AND と OR のタイミング

2. 4入力 AND と OR の入力 A，B，C および D に下図のような信号を与えた場合の出力 f_{AND} と f_{OR} の波形を求めなさい．

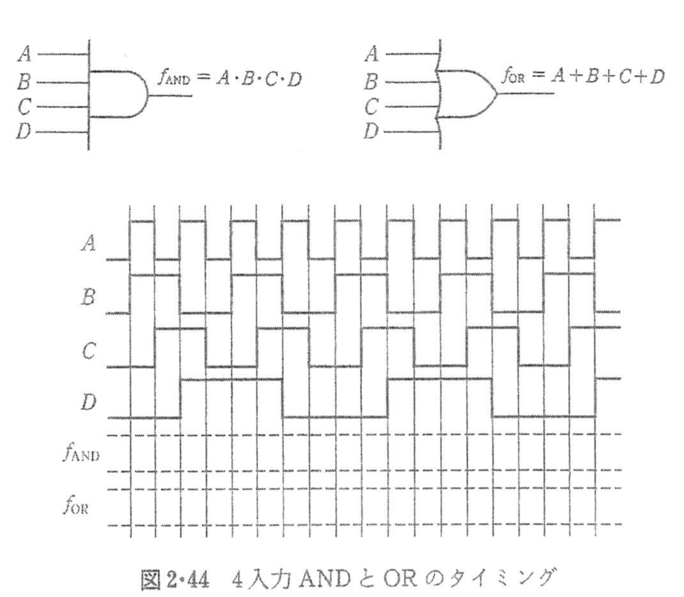

図2・44 4入力 AND と OR のタイミング

3. 図の論理式を導き，タイミング出力の波形を求めなさい．

(1)

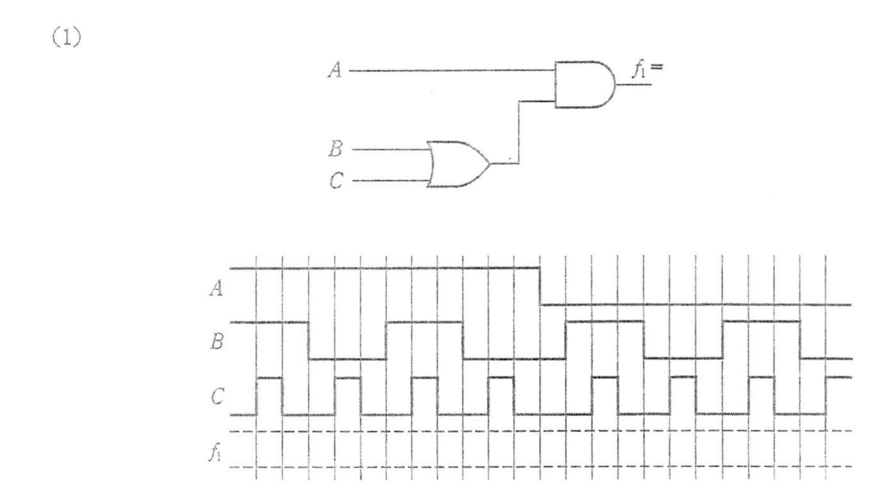

(2)

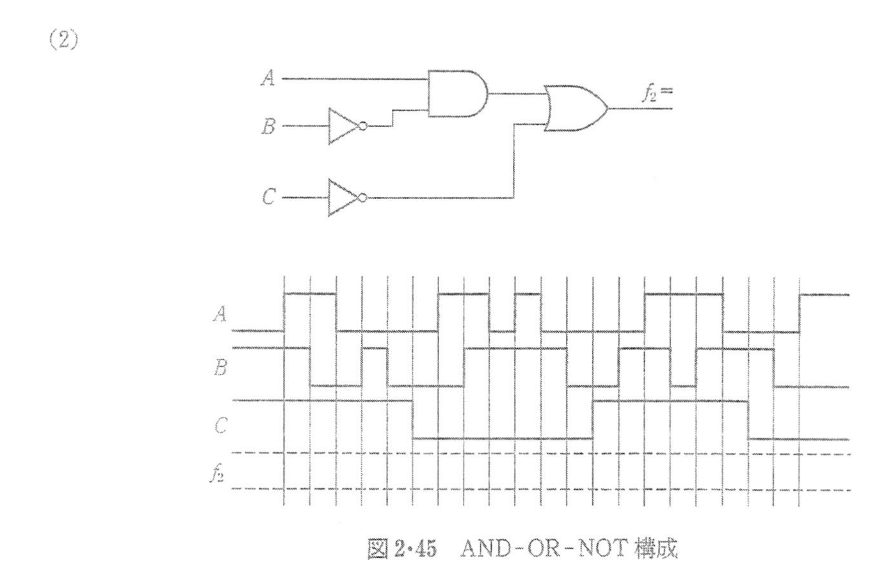

図2･45 AND-OR-NOT構成

4. 2つの入力AとBに下図のタイミングで信号をNANDゲート，NORゲート，XORゲートおよびXNORゲートに与えた場合，それぞれの出力f_{NAND}，f_{NOR}，f_{XOR}およびf_{XNOR}の波形を求めなさい．

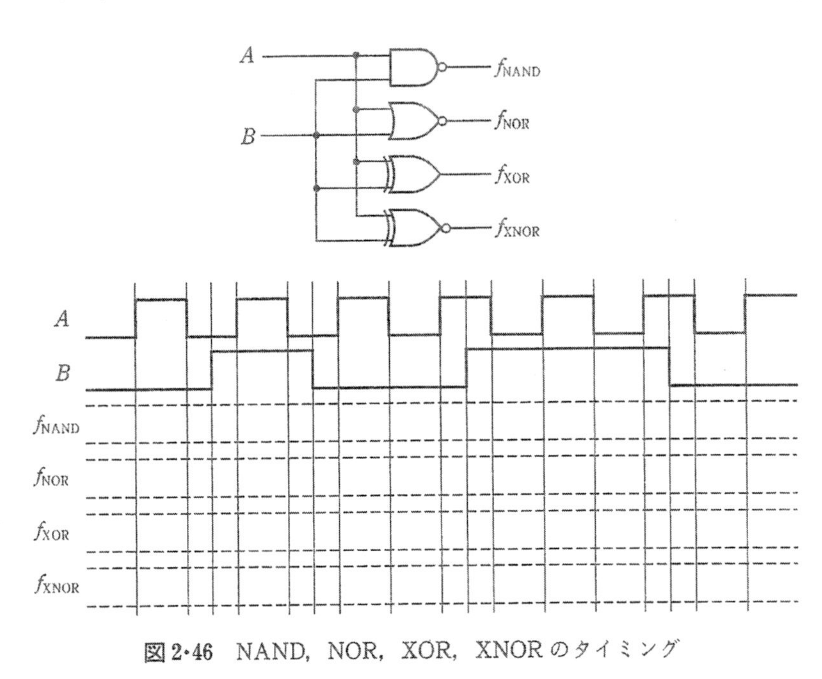

図2・46　NAND，NOR，XOR，XNORのタイミング

5. 各論理ゲートの論理式を示し，その出力波形を求めなさい．

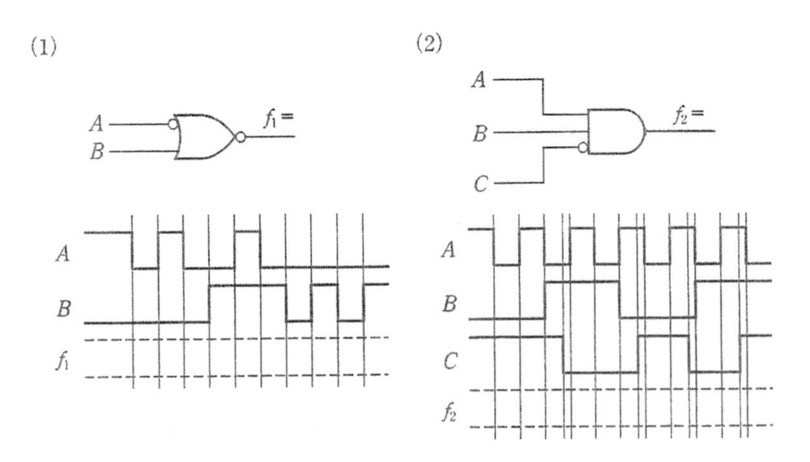

図2・47　論理表現

6. 各回路の論理式を導き，出力のタイミング波形を求めなさい．

(1)

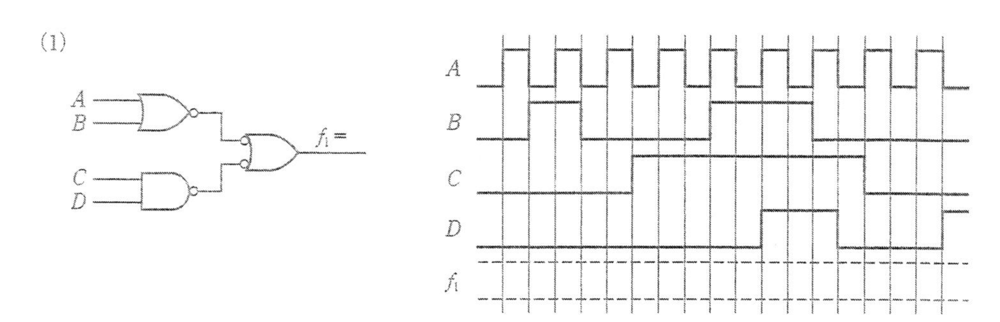

(2)

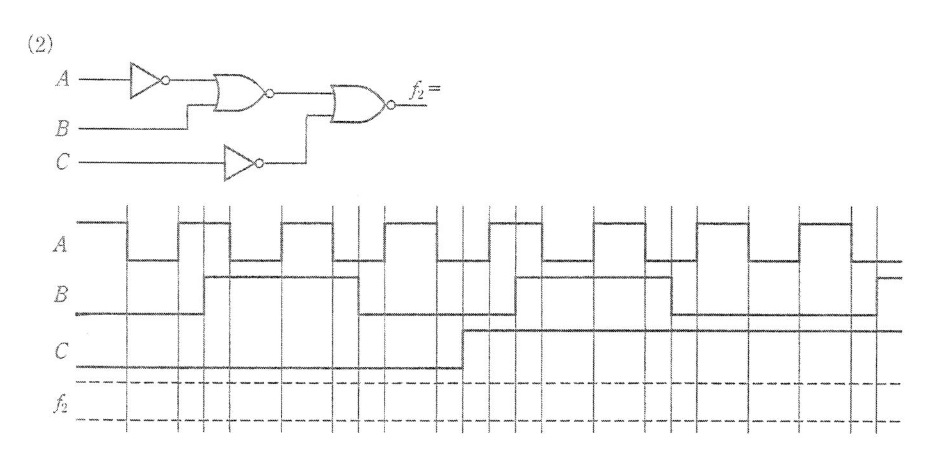

(3)

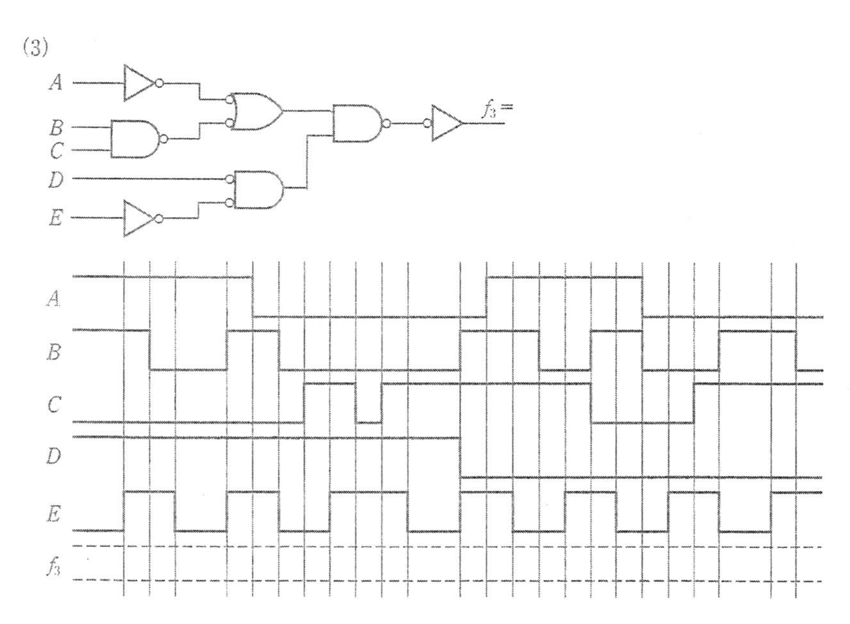

図 2·48 正論理と負論理表現

7. 次の論理式を NAND ゲートだけで回路構成しなさい.

(1) $f=A+\overline{B}+\overline{C}$　(2) $f=\overline{A}\cdot\overline{B}\cdot\overline{C}+A\cdot B\cdot\overline{C}+A\cdot\overline{B}\cdot C$

(3) $f=(A+B)\cdot(C+D)$　(4) $f=\overline{A}\cdot(\overline{B}+C\cdot D)+E$

8. 次の論理式を NOR ゲートだけで回路構成しなさい.

(1) $f=A\cdot\overline{B}\cdot\overline{C}$　(2) $f=(A+B)\cdot\overline{C}$

(3) $f=A\cdot B+C\cdot D$　(4) $f=\overline{A}\cdot B\cdot(\overline{C}+\overline{D})$

9. NAND および NOR ゲートだけで各機能を構成しなさい.

(1) 3 入力以下のゲートで 4 入力 NAND

(2) 4 入力以下のゲートで 5 入力 NOR

(3) 5 入力 AND

(4) 6 入力 OR

第3章

論理代数と論理圧縮

ディジタル回路は2つの状態だけの2値論理から成り立っており，その状態を“0”と“1”として扱い（第1章），論理変数を用いて回路を論理式で表す（第2章）ことを説明してきました．このように論理的な思考を数学的手法を用いて，回路の表現・解析を行う記号論理学が**論理代数**で，1947年数学者ブール（George Boole）によって考案されました．そのため**ブール代数**（Boolean algebra）とも呼ばれています．

回路図という2次元情報を論理代数式という文字情報で表現できるということは，コンピュータ処理がしやすいということです．今日では，ディジタル回路技術者にとってCAD（コンピュータ支援による設計：Computer-Aided Design）システムは不可欠な開発支援設備のひとつとなっています．論理代数で回路が表現できるということがまさに，電子回路のディジタル化傾向の大きな要因といえます．

この章では論理式の展開に用いられる標準形式，論理式の証明に有効な手段として用いられているフェン図，ブール代数の諸定理，論理式中に含まれた冗長な項を取り除く手法の論理圧縮化技法について解説します．

3・1　論理式とブール代数

基本論理素子はAND，OR，そしてNOTでした（第2章）．これらの論理積（・），論理和（+），否定（－）の組合せである論理式によって，あらゆる回路が表現されます．これがブール代数の基本演算です．

例えば，「3つの入力A，B，Cがあって，①すべての入力が“0”のとき，または，②Aが“1”でかつBとCが“0”のとき，または，③AとCが“1”でかつBが“0”のとき，出力fは“1”になる」という論理演算を考えます．最初の①の条件「すべての入力が“0”のとき」とはAが“0”でかつBが“0”でかつCが“0”ということであるので$\overline{A}\cdot\overline{B}\cdot\overline{C}$という各入力変数の否定の論理積演算で表されます．同様に，次の条件②は$A\cdot\overline{B}\cdot\overline{C}$，そして③の条件は$A\cdot\overline{B}\cdot C$になります．$f$が“1”になるのは①～③の条件の論理和を意味しているので，論理式fは次式で表されます．

$$f=\overline{A}\cdot\overline{B}\cdot\overline{C}+A\cdot\overline{B}\cdot\overline{C}+A\cdot\overline{B}\cdot C$$

1 最小項形式と最大項形式

3･1 節の例は A, B, C という3変数の入力に対する出力 f の論理式です．各変数の値は“0”と“1”という2つの値であるため，その組合せは“000”～“111”の8通り（2^3）になります．これを表にしたのが**表3･1**の真理値表で，A, B, C がそれぞれ“000”と“100”と“101”の3箇所（①～③）で f が“1”になり，その他の条件では当然 f は“0”です．**3･1** 節では f が“1”になる条件に着目して，

$$f=\overline{A}\cdot\overline{B}\cdot\overline{C}+A\cdot\overline{B}\cdot\overline{C}+A\cdot\overline{B}\cdot C$$

という f の論理式を導きました．このようにして表した論理式は**最小項形式**または各項を論理和で結んでいるので**加法標準形**といいます．

表3･1　真理値表（3･1節の例）

入力			出力	
A	B	C	f	
0	0	0	1	── ①
0	0	1	0	── ④
0	1	0	0	── ⑤
0	1	1	0	── ⑥
1	0	0	1	── ②
1	0	1	1	── ③
1	1	0	0	── ⑦
1	1	1	0	── ⑧

次に，f が“0”になる条件に着目すると④～⑧の5条件があります．④の条件は「A が“0”でかつ B が“0”でかつ C が“1”のとき」なので $\overline{A}\cdot\overline{B}\cdot C$，同様に以下⑧までの各論理和で f が“0”になるので，$\overline{f}$ の論理式が次のように表されます．

$$\overline{f}=\overline{A}\cdot\overline{B}\cdot C+\overline{A}\cdot B\cdot\overline{C}+\overline{A}\cdot B\cdot C+A\cdot B\cdot\overline{C}+A\cdot B\cdot C$$

両辺を否定すると，$\overline{\overline{f}}=f$ で f の論理式になり，右辺をド・モルガンの定理で変形すると，以下のように各項を論理積で結んだ形式になります．

$$\overline{\overline{f}}=\overline{\overline{A}\cdot\overline{B}\cdot C+\overline{A}\cdot B\cdot\overline{C}+\overline{A}\cdot B\cdot C+A\cdot B\cdot\overline{C}+A\cdot B\cdot C}\ \cdots\cdots\text{両辺を否定}$$

$$=(\overline{\overline{A}}+\overline{\overline{B}}+\overline{C})\cdot(\overline{\overline{A}}+\overline{B}+\overline{\overline{C}})\cdot(\overline{\overline{A}}+\overline{B}+\overline{C})\cdot(\overline{A}+\overline{B}+\overline{\overline{C}})\cdot(\overline{A}+\overline{B}+\overline{C})$$

$$f=(A+B+\overline{C})\cdot(A+\overline{B}+C)\cdot(A+\overline{B}+\overline{C})\cdot(\overline{A}+\overline{B}+C)\cdot(\overline{A}+\overline{B}+\overline{C})\ \cdots\cdots\text{2重否定は元の値}$$

この形式を**最大項形式**または**乗法標準形**といいます．当然，同じ真理値表から導いた両形式の f の式からは同じ結果が得られます．

最小項形式はAND-OR演算なため容易にNAND構成が可能です．一方，最大項形式はOR-AND演算であることからNOR構成向きであるといえます（**図3･1**）．

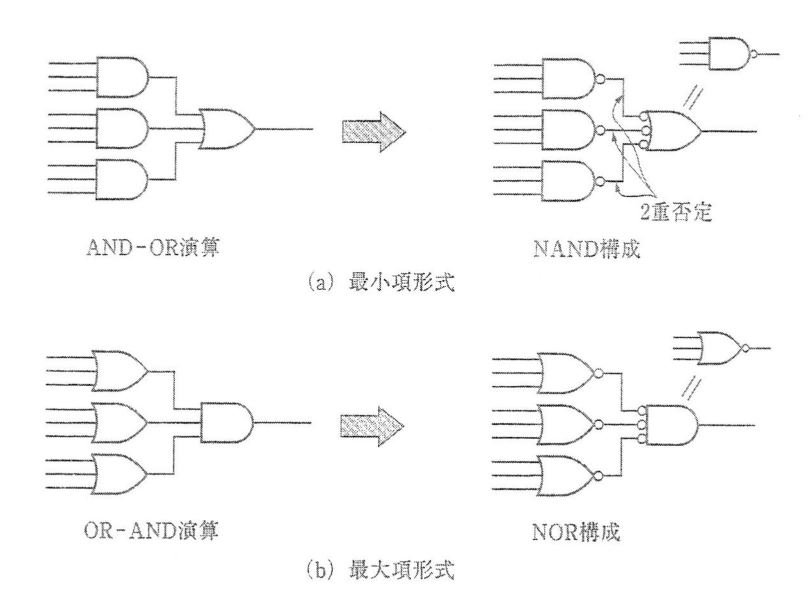

図3·1 最小項形式と最大項形式の回路化

実用的にはNANDゲートとNORゲートが基本ゲートですが（第2章），そのうちではNANDゲートの方がよく用いられています．したがって，本書ではNAND構成向きの最小項形式について以降解説していきます．

2 フェン図

ディジタル回路表現法の基となっているブール代数の諸定理の解説に入る前に，論理式の証明に有効な手段として用いられている**フェン図**（**ベン図**ともいいます：Venn diagram）の使い方を説明します．

フェン図は変数の範囲を四角形で表して，その中に円を描き，円の内側をその変数の“1”の領域，外側が“0”の領域として扱います．**図3·2**は1変数Aのフェン図を示したものです．円の内側がA，円の外側は$\overline{A}$の領域を表し，全体の領域$A+\overline{A}$である四角形の内側は“1”を意味します．

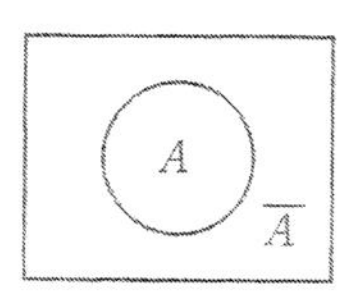

図3·2 1変数のフェン図

2変数のフェン図は四角内に2つの円を一部重ねて描きます（**図3·3**（a））．AとBの論理和$A+B$はAまたはBの領域であるので，図（b）で示す斜線の部分で示されます．論理積$A \cdot B$はAでありかつBである領域なので，AとBの円が重なった部分（c）の斜線で

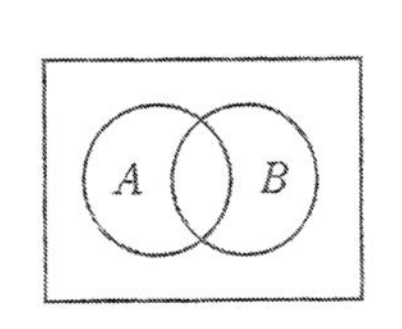

(a) 2つの変数の範囲

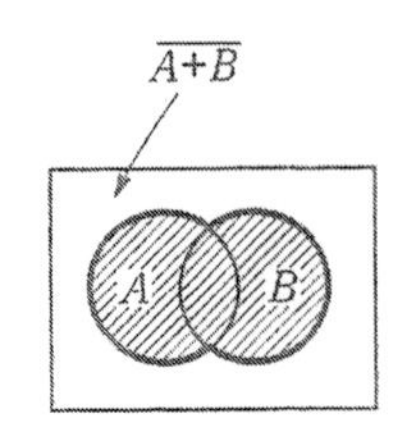

(b) 論理和($A+B$)の領域

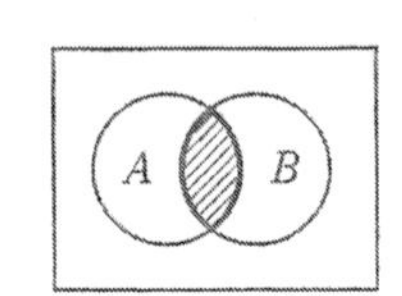

(c) 論理積($A \cdot B$)の領域

図3･3　2変数のフェン図

示されます．

次に，3変数のフェン図は四角内に3つの円を一部重ねて描きます．**図3･4**に示す3変数のフェン図の各領域①～⑧で，例えば①の領域はAの範囲にあり，かつBの範囲内でなく，かつCの範囲内でないので$A \cdot \overline{B} \cdot \overline{C}$の論理演算で示されます．④の領域は$A$の範囲内にあり，かつ$B$の範囲内にあり，かつ$C$の範囲外なので$A \cdot B \cdot \overline{C}$になります．⑦の領域は3変数の共通部分であるので$A \cdot B \cdot C$の論理積で表されます．

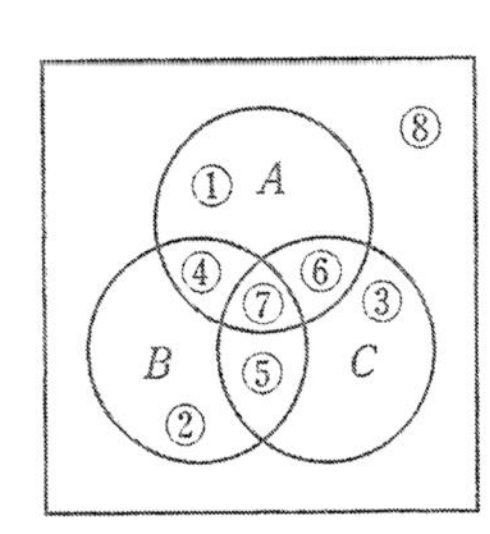

① $A \cdot \overline{B} \cdot \overline{C}$　　⑤ $\overline{A} \cdot B \cdot C$
② $\overline{A} \cdot B \cdot \overline{C}$　　⑥ $A \cdot \overline{B} \cdot C$
③ $\overline{A} \cdot \overline{B} \cdot C$　　⑦ $A \cdot B \cdot C$
④ $A \cdot B \cdot \overline{C}$　　⑧ $\overline{A} \cdot \overline{B} \cdot \overline{C}$

図3･4　3変数のフェン図

4変数以上も同様に，各変数の円を一部重ねて描くことになりますが，図が複雑化していくことによるデメリットにより，フェン図は3変数ぐらいまでしか使われません．論理式がどの領域をフェン図で示すかによって，ある論理式どうしが等しいかそうでないかを判断することができます．

3　ブール代数の諸定理

ブール代数では論理積，論理和および否定の3基本論理演算から基本となる重要な諸定理が導かれます．実はこれまで2重否定やド・モルガンの定理などを使ってきましたが，これらも諸定理の一部です．**表3･2**にまとめた諸定理は論理式の変形や次に解説する論理圧縮化において用いられるので，十分理解しておく必要があります．代数の定理といっても，一般数学の代数やアナログ技術で用いられる法則や定理のようなむずかしい内容ではありません．**2値論理特有の性質をまとめたものです．**

表3·2 ブール代数の諸定理

定理	定理名	公式	回路	備考
1	基本定理	$A+0=A$ $A\cdot 1=A$	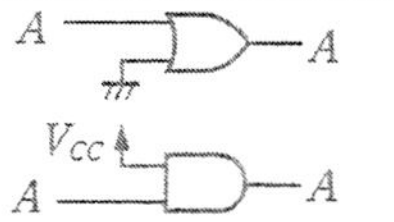	"0"との論理和と"1"との論理積は不変（ゲートが開いた状態）
		$A+1=1$ $A\cdot 0=0$	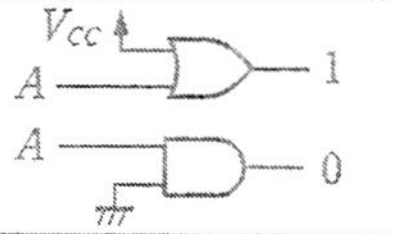	"1"との論理和は"1" "0"との論理積は"0"（ゲートが閉じた状態）
2	同一の定理	$A+A=A$ $A\cdot A=A$	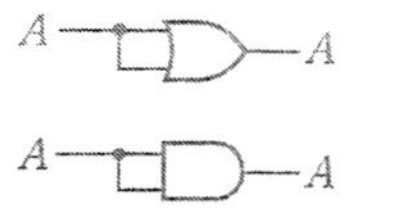	同じ変数どうしの論理和と論理積は変数そのもの
3	補元の定理	$A+\overline{A}=1$ $A\cdot\overline{A}=0$	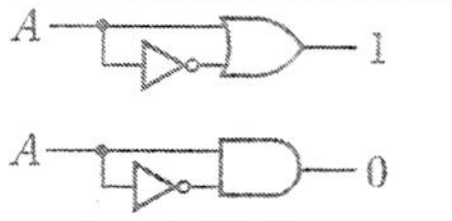	ある変数とその変数の否定との論理和は"1"，論理積は"0"
4	復元の定理	$\overline{\overline{A}}=A$	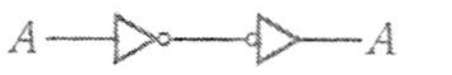	2重否定は元の値
5	交換の定理	$A+B=B+A$ $A\cdot B=B\cdot A$	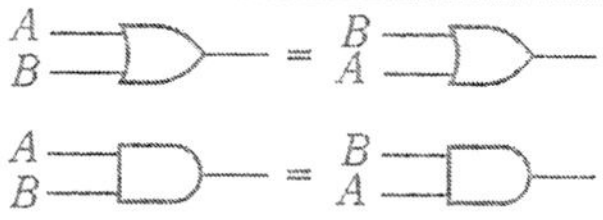	演算の順序に依存しない（変数名を入れ替えただけ）
6	結合の定理	$A+(B+C)$ $=(A+B)+C$ $A\cdot(B\cdot C)$ $=(A\cdot B)\cdot C$	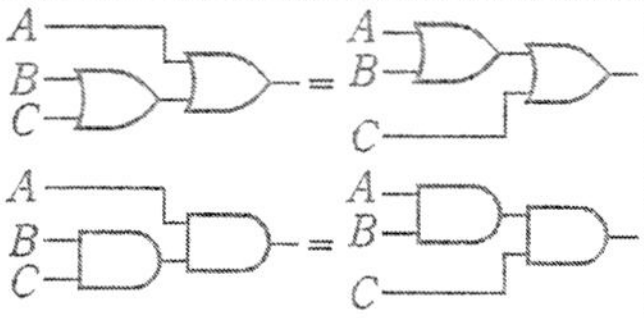	演算の順序に依存しない（それぞれ3入力ORと3入力AND）
7	分配の定理	$A\cdot(B+C)$ $=A\cdot B+A\cdot C$ $A+(B\cdot C)$ $=(A+B)\cdot(A+C)$	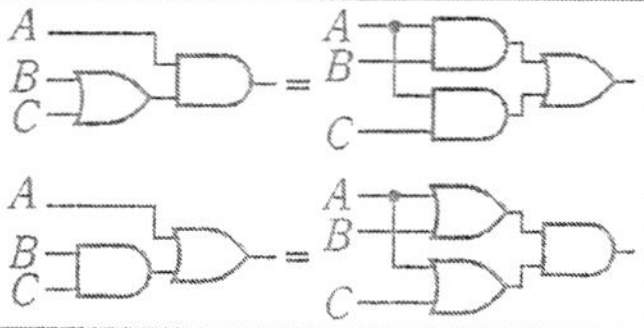	（ ）内の演算記号"+"および"・"で分配できる
8	ド・モルガンの定理	$\overline{A\cdot B}=\overline{A}+\overline{B}$ $\overline{A+B}=\overline{A}\cdot\overline{B}$	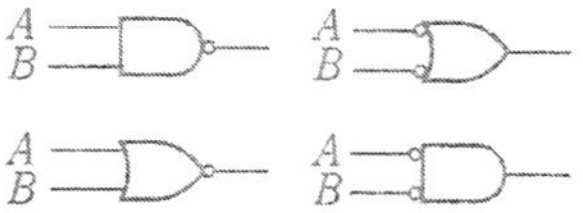	積の否定は否定の和 和の否定は否定の積
9	吸収の定理	$A+A\cdot B=A$ $A\cdot(A+B)=A$	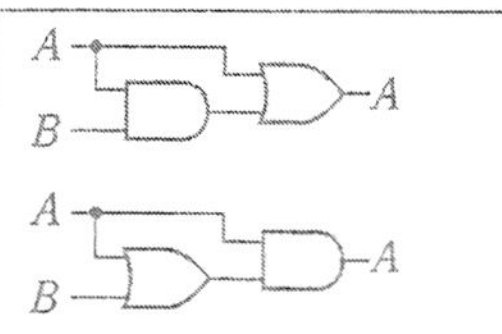	ある変数に対して，他変数と論理積の結果との論理和，および他変数と論理和の結果との論理積はある変数そのもの

定理1〜4は1変数 A の値が"0"と"1"について求めれば容易に証明できます．ブール代数の基本演算はすでに解説してありますが，再度以下に示します．

論理和	論理積	否定
$0+0=0$……①	$0 \cdot 0=0$……⑤	$\overline{0}=1$……⑨
$0+1=1$……②	$0 \cdot 1=0$……⑥	$\overline{1}=0$……⑩
$1+0=1$……③	$1 \cdot 0=0$……⑦	
$1+1=1$……④	$1 \cdot 1=1$……⑧	

定理1の基本定理

$A+0$ は A が“0”なら，$0+0=0$（①の条件）
　A が“1”なら，$1+0=1$（③の条件）　} 結果は A の値

$A \cdot 1$ は A が“0”なら，$0 \cdot 1=0$（⑥の条件）
　A が“1”なら，$1 \cdot 1=1$（⑧の条件）　} 結果は A の値

以上はORとANDのゲートが開いた状態です．

$A+1$ は A が“0”なら，$0+1=1$（②の条件）
　A が“1”なら，$1+1=1$（④の条件）　} 結局，A の値に関係なく“1”

$A \cdot 0$ は A が“0”なら，$0 \cdot 0=0$（⑤の条件）
　A が“1”なら，$1 \cdot 0=0$（⑦の条件）　} 結局，A の値に関係なく“0”

以上はORとANDゲートが閉じた状態です．

定理2の同一の定理も同様にして証明できます．

定理3の補元の定理は条件⑨と⑩より

$A+\overline{A}$ は A が“0”なら $\overline{A}$ は“1”なので，$0+1=1$（②）
　A が“1”なら $\overline{A}$ は“0”なので，$1+0=1$（③）
　結局，A の値に関係なく“1”．

$A \cdot \overline{A}$ は同様に，A が“0”なら，$0 \cdot 1=0$（⑥）
　A が“1”なら，$1 \cdot 0=0$（⑦）
　結局，A の値に関係なく“0”．

定理4の復元の定理

$\overline{\overline{A}}$ は A が“0”なら $\overline{A}$ は“1”，さらにその否定 $\overline{\overline{A}}$ は“0”
　A が“1”なら $\overline{A}$ は“0”，さらにその否定 $\overline{\overline{A}}$ は“1”
　2値論理なので2回否定すれば元の状態に戻ります．

定理5の交換の定理は変数名を入れ替えただけなので，当然同じ結果になります．

定理6の結合の定理はすべてが論理和または論理積である場合，演算の順序には依存しません．結局，3変数の論理和 $A+B+C$ と論理積 $A \cdot B \cdot C$ を求めることになります．

定理7の分配の定理

$A \cdot (B+C) = A \cdot B + A \cdot C$ は一般の代数と同じで，以降定理9まではブール代数特有の定理です．3変数なのでA，B，Cがすべて"0"からすべて"1"までの8通りに対して，各項の論理演算を求めていき，結果の左辺と右辺の状態が等しいかどうかで証明することができます．しかし，この方法では多くの手間がかかります．3·1の②項で説明したフェン図を用いると直感的で簡単に証明できます．

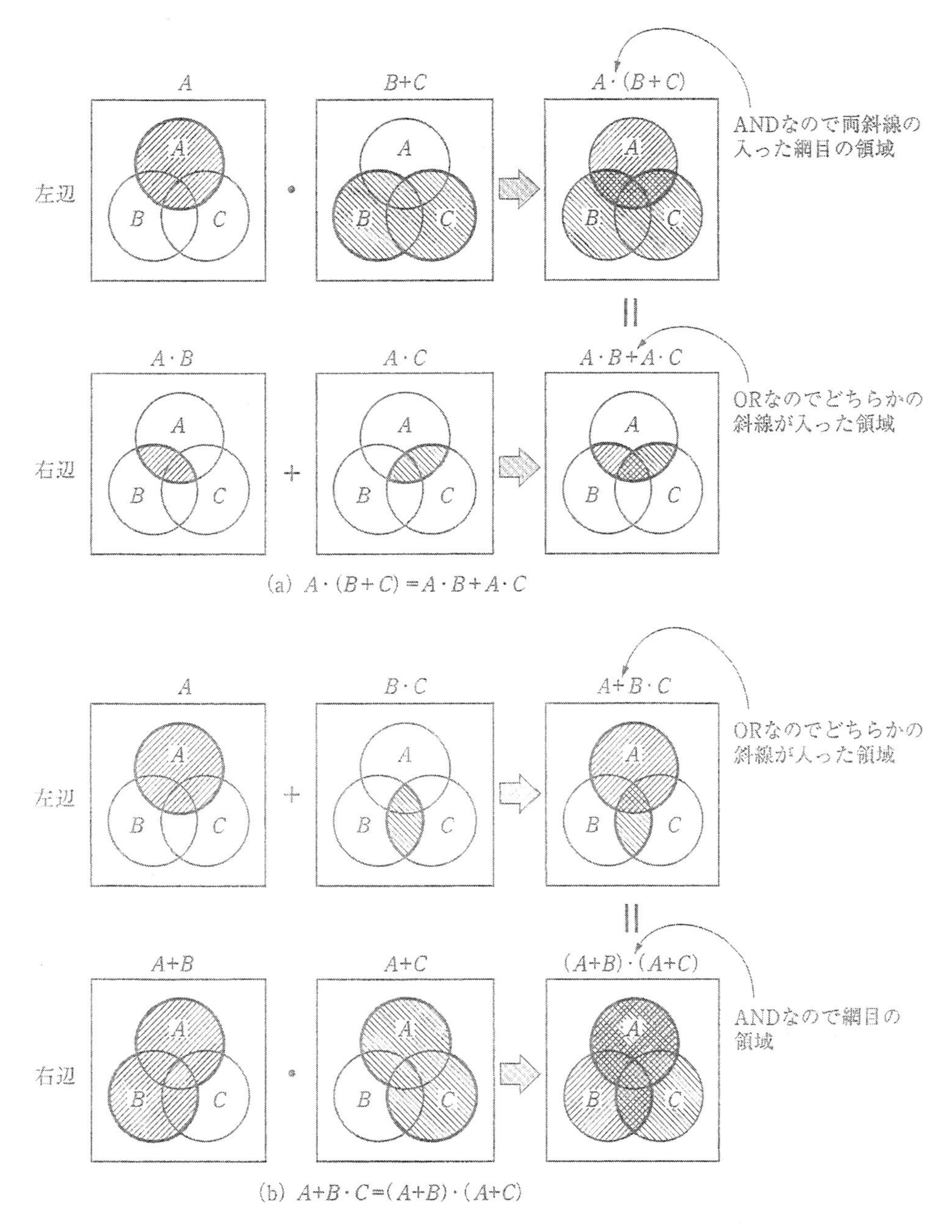

図3·5　分配の定理の証明

3変数なので3つの円が一部重なったフェン図を用意し，**図3･5**のようにして，**左辺と右辺の示す領域が同じ**なので，左辺と右辺は等しいことが証明できます．

定理8のド・モルガンの定理

2変数のフェン図を用いて，**図3･6**のようにして証明します．

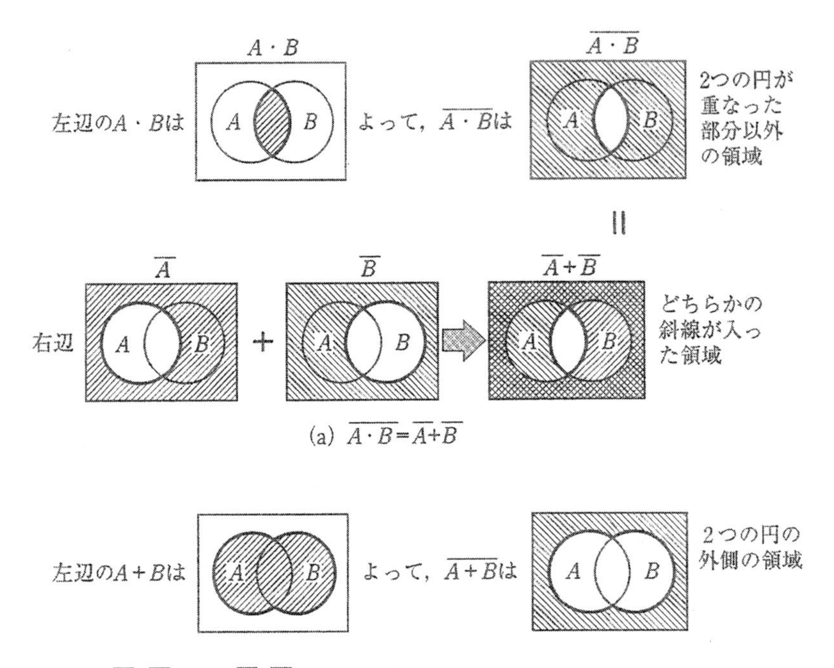

図3･6 ド・モルガンの定理の証明

定理9の吸収の定理

図3･7のフェン図で示すようにAそのものになります．

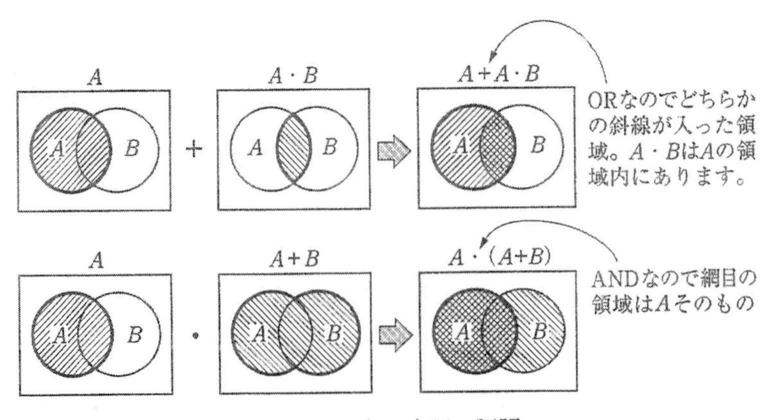

図3･7 吸収の定理の証明

以上のように，3変数以内であればフェン図は論理式の有効な証明手段として用いられています．また，ブール代数の諸定理で復元の定理以外を対の形で表したのは“0”と“1”，“＋”と“・”を入れ替えると互いの論理式になる関係にあることを示しています．

例えば，**補元の定理**　　**分配の定理**

$$A + \overline{A} = 1 \qquad A\cdot(B+C) = A\cdot B + A\cdot C$$

$$\updownarrow \quad \updownarrow \qquad \updownarrow \quad \updownarrow \qquad \updownarrow \quad \updownarrow \quad \updownarrow$$

$$A \cdot \overline{A} = 0 \qquad A+B\cdot C = (A+B)\cdot(A+C)$$

このような関係を**双対**（duality）といいます．

次に，ブール代数の諸定理を用いて論理式を変形し，目的とする機能を基本ゲートで得る例を示します．

2章2・9節でXORは2入力NANDゲート4個で構成できることを示しました（図2・34）．XNORは以下のように，ブール代数の諸定理を使って変形していくと2入力NOR4個で構成できます（図3・8）．

XNORは“1”の入力数が偶数で“1”，2入力の場合は一致で“1”を出力します．入力をA，Bとすると出力fは$f=\overline{A}\cdot\overline{B}+A\cdot B$．$f$が“0”になるのは不一致のときなので$\overline{f}=\overline{A}\cdot B+A\cdot\overline{B}$．その両辺を否定すると$\overline{\overline{f}}=f=\overline{\overline{A}\cdot B+A\cdot\overline{B}}$なので，

$$f=\overline{A}\cdot\overline{B}+A\cdot B=\overline{\overline{A}\cdot B+A\cdot\overline{B}}$$

次に，$\overline{A}\cdot B$を2重否定してド・モルガンの定理で変形します．

$$\overline{A}\cdot B=\overline{\overline{\overline{A}\cdot B}}=\overline{A+\overline{B}}$$

同様に，

$$A\cdot\overline{B}=\overline{\overline{A\cdot\overline{B}}}=\overline{\overline{A}+B}$$

ここで，$A+\overline{A}\cdot B$は分配の定理によって$A+B$になります．

$$A+\overline{A}\cdot B=\underbrace{(A+\overline{A})}_{1}\cdot(A+B)=A+B$$

1……補元の定理により“1”

したがって，$A+\overline{B}$はAをA，$\overline{B}$をBとして上式にあてはめると

$$A+\overline{B}=A+\overline{A}\cdot\overline{B}$$ ……$\overline{A}\cdot\overline{B}$はド・モルガンの定理により$\overline{A+B}$

$\overline{A}+B$はBをA，$\overline{A}$をBとして，同様に

$$\overline{A}+B=B+\overline{A}=B+\overline{B}\cdot\overline{A}$$

以上の結果をfに代入します．

$$f=\bar{A}\cdot\bar{B}+A\cdot B=\overline{\bar{A}\cdot B+A\cdot\bar{B}}=\overline{\overline{A+\bar{B}}+\overline{\bar{A}+B}}$$
$$=\overline{\overline{A+\bar{A}\cdot\bar{B}}+\overline{B+\bar{A}\cdot\bar{B}}}$$
$$=\overline{\underbrace{\overline{A+\overline{A+B}}}+\underbrace{\overline{B+\overline{A+B}}}}$$

A と B の NOR の結果と B との NOR
A と B の NOR の結果と A との NOR
} 結果どうしの NOR

結果の論理式はすべて NOR 構成を表しており，**図3・8** のように2入力 NOR ゲート4個で XNOR が構成できます．

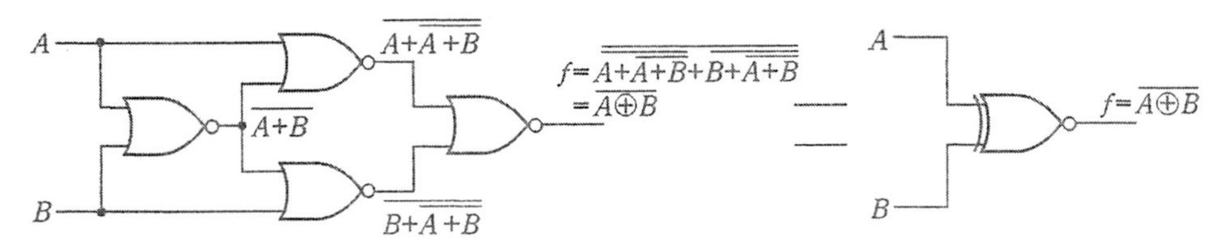

図3・8 XNOR の NOR 構成

3・2 論理圧縮

ディジタル回路設計は通常，次のような**手順**で進めていきます．いきなりゲートを配置していくのではなく，まずこれから設計しようとする機能を，(1) ブロック図で示し，入出力数を明らかにして，機能に応じた名称を決めます．次に，入出力関係を表した (2) 真理値表を作成し，真理値表から最小項形式または最大項形式の (3) 論理式を導いて，(4) 回路化します．この真理値表から論理式を導いた場合，無駄な部分である**冗長**な項が含まれていることが多く，そのまま回路化すると無駄なゲートが回路中に含まれてしまいます．同じ機能であれば**冗長な項を取り除いた簡潔な回路設計を行うことが設計者の技術**です．このような冗長な項を論理式から取り除くことを**論理圧縮**または**論理式の簡単化**といいます．この論理圧縮化技法にはいろいろありますが，ここではブール代数の諸定理による方法とカルノー図による方法を解説します．

1 ブール代数の諸定理による方法

3・1 節の例を前述の設計手順で回路化してみます．

(1) のブロック図は3入力1出力で**図3・9** に示します．入出力名はそれぞれ入力が A，B，C で出力が f でした（本来は設計する機能に応じた名称にします）．

(2) の真理値表は**3・1** の 1 項の表3・1 です．そこから導出される論理式は同項に示してあるように最小項形式と最大項形式ですが，ここでは一般的な最小項形式

$$f=\bar{A}\cdot\bar{B}\cdot\bar{C}+A\cdot\bar{B}\cdot\bar{C}+A\cdot\bar{B}\cdot C$$

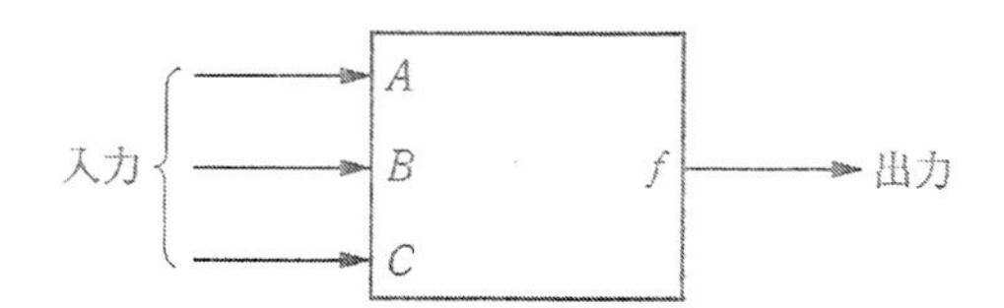

図3・9 3入力1出力のブロック図（3・1節の例）

について，論理圧縮を行ってみます．

同一の定理によって，同じ項の論理和は不変（$A+A+\cdots\cdots+A=A$）なので，$A\cdot\overline{B}\cdot\overline{C}$ の項を論理和に加えます．

$$f=\overline{A}\cdot\overline{B}\cdot\overline{C}+A\cdot\overline{B}\cdot\overline{C}+A\cdot\overline{B}\cdot C+A\cdot\overline{B}\cdot\overline{C}$$

$$=(\underbrace{\overline{A}+A}_{1})\cdot\overline{B}\cdot\overline{C}+A\cdot\overline{B}\cdot(\underbrace{\overline{C}+C}_{1})$$ ……分配の定理により同じ項でくくります

$$=\overline{B}\cdot\overline{C}+A\cdot\overline{B}$$ ← 補元の定理より

以上のように，元の論理式と結果の式を比較しても冗長な項が含まれ，論理圧縮化されたことがわかると思います．論理圧縮前と後の回路を比較してみれば一目瞭然です（図3・10）．

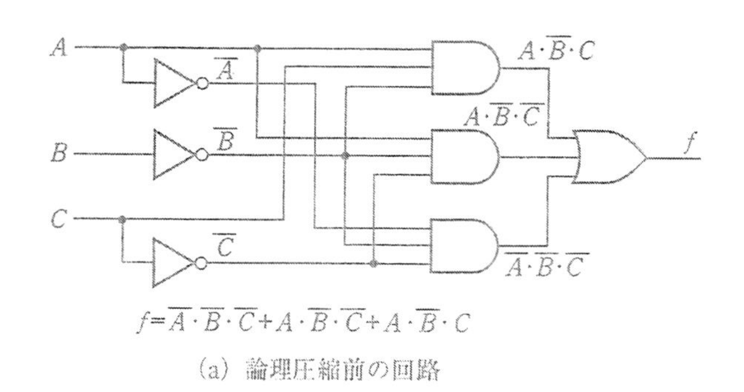

（a）論理圧縮前の回路

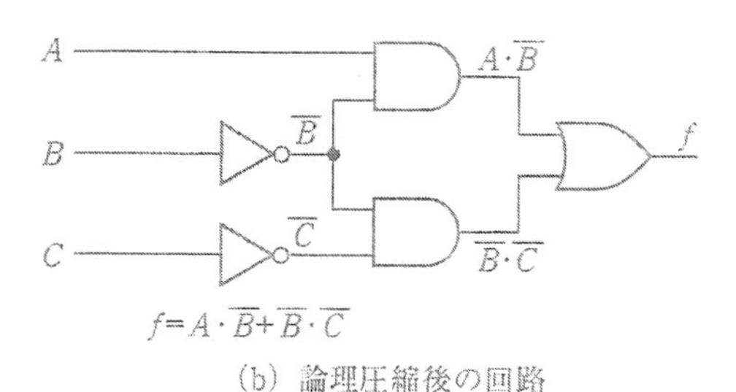

（b）論理圧縮後の回路

図3・10 論理圧縮前と後の回路の比較

以上のように，ブール代数の諸定理を用いて論理圧縮を行うことができますが，冗長な項が含まれているかどうか見分ける力と，どのように冗長な項を削除していくかといった技術が要求されます．その点，次のカルノー図を用いると冗長な項が含まれているのか否かの判断が一目でわかり，論理圧縮化が簡単に行えます．

2　カルノー図による手法

論理圧縮化手法には図式解法である**カルノー図**（Karnaugh map）**法**が最もよく使われています．カルノー図を用いると冗長な項が含まれているかどうか，またはさらに論理圧縮が必要なのかどうかの判断が簡単に得られます．まず，カルノー図の作り方を説明します．

最大項形式に基づいたカルノー図もありますが，ここでは**最小項形式用のカルノー図**について説明します．カルノー図は隣り合うすべての変数の状態がひとつずつ異なるように配列したもので，論理変数の組合せ数に応じたマス目を用意します．**それぞれのマス目は論理積の最小項**を表します．2変数の場合の組合せは$2^2=4$通りなので4個のマス目を用意し，**図3･11**のように“0”と“1”の部分を示します（図(a)）．この場合，入力AとBは逆でもかまいません．最小項のマス目の場所が異なるだけです．図(b)は入力Aの領域とBの領域を示したもので，$\overline{A}$と$\overline{B}$は残りの領域と決まっているので図の簡略化のため記入しません．

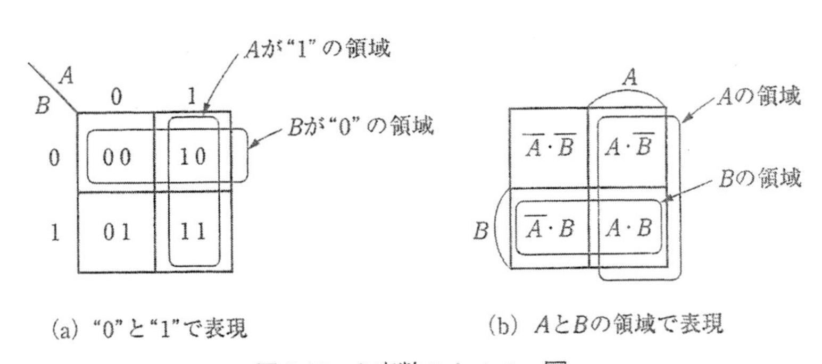

(a) “0”と“1”で表現　　(b) AとBの領域で表現

図3･11　2変数のカルノー図

3変数ではその組合せが$2^3=8$通りあるので8個のマス目を，4変数ではその倍の16個のマス目を用意します．そして，**隣りどうしが同じになるように“0”と“1”を配置**します．**図3･13**で00，01，10，11としないで，00，01，11，10にしたのはそのためです（**図3･12**）．

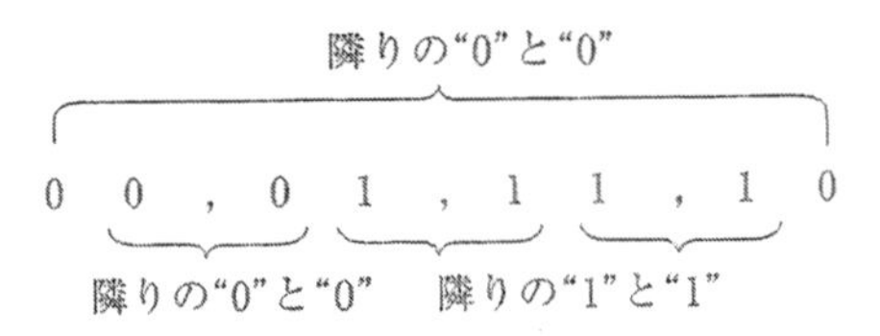

図3･12　隣りどうしが同じになるように2つのパターンを配置

2変数ではマス目が$2^2=4$個，3変数では8個そして4変数では16個と，ひとつ変数が増えるごとに2倍ずつマス目が増えます．したがって，5変数では$2^5=32$個のマス目を用意することになり，あまり変数が多いと大変な作業となってしまうため，カルノー図はせい

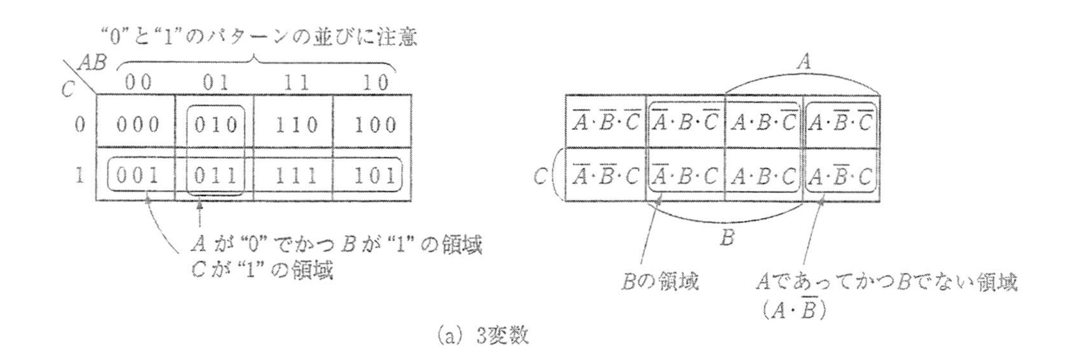

(a) 3変数

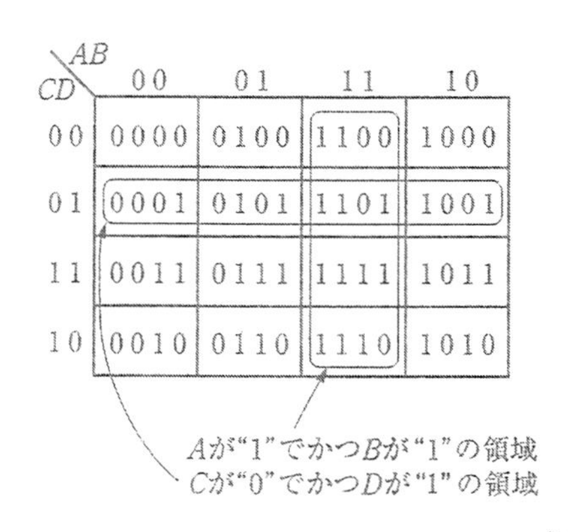

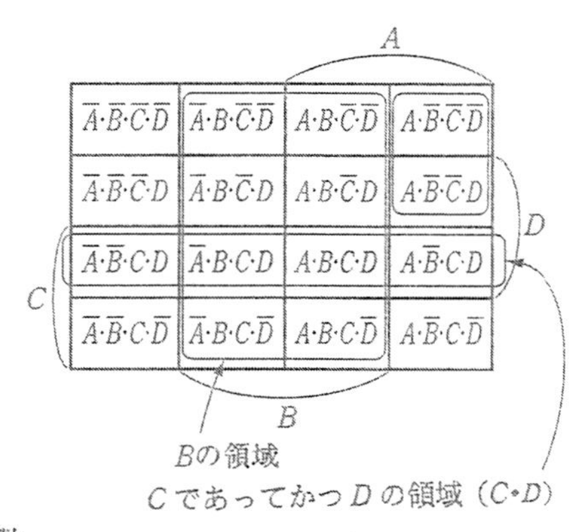

(b) 4変数

図3・13 3変数と4変数のカルノー図

ぜい4〜5変数位までしか使われません.

カルノー図の端に"0"や"1"を付けた表し方は真理値表からカルノー図を描く場合に適しており，一方，変数名を付けた表し方は論理式からカルノー図を描く場合に適しています.

次に，カルノー図を用いた論理圧縮化の手順を説明します.

(1) 論理式の各最小項に相当するマス目に"1"を記入します.

例えば，**3・1** の 1 項を例に挙げると f が"1"になるのは $\overline{A}\cdot\overline{B}\cdot\overline{C}$ または $A\cdot\overline{B}\cdot\overline{C}$ または $A\cdot\overline{B}\cdot C$ なので**図3・14** のようになります．当然，何も記入しないマス目は"0"です.

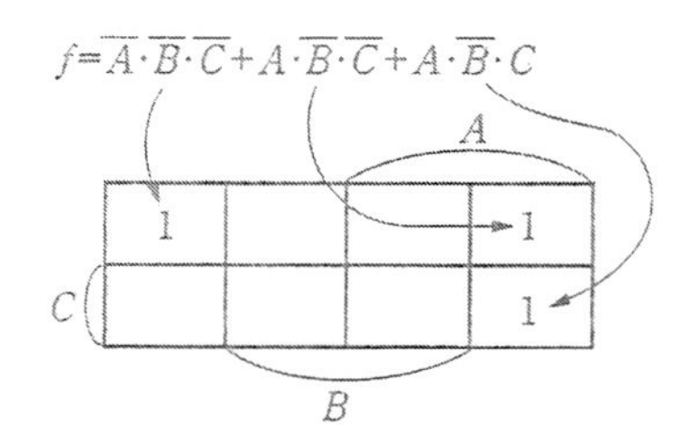

図3・14 マス目に"1"を記入

(2)　隣り合った“1”をループで囲みます.

ループ内の“1”の数は多いほど，つまり**大きなループほど論理圧縮がすすみます**．そのため，小さなループに分割してしまうと論理圧縮化は不十分に終ってしまいます．しかし，ループ内の“1”の数は2個，4個，8個，16個，……でなければなりません．マス目の端どうしは隣り合っています．ループがひとつもできない場合は冗長な項は含まれていないことを意味します．ループの作り方の例を**図3･15**に示します.

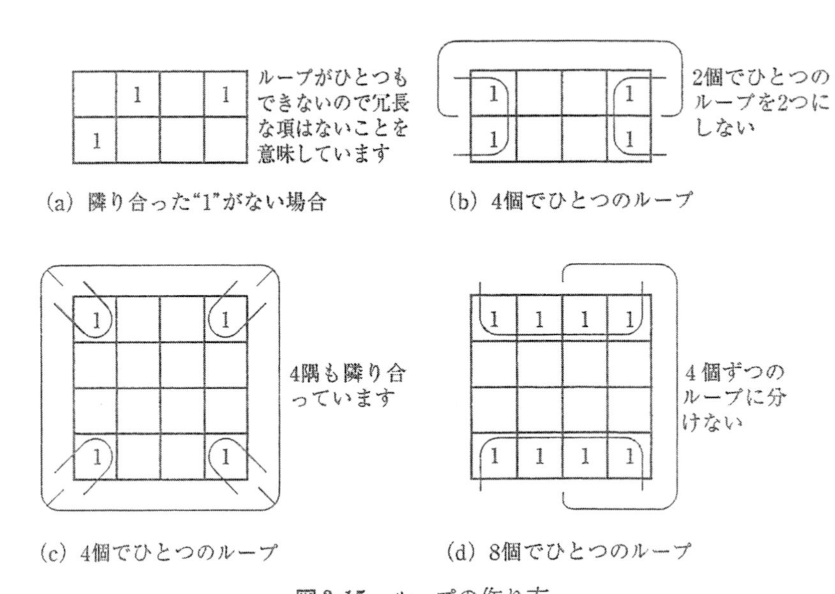

図3･15　ループの作り方

(3)　マス目の“1”は何回でも使えます.

“1”になる項を何度論理和しても論理は変わらない（同一の定理）ので，多重に“1”を使ってもかまいません．ただし，結果的に論理式が圧縮されるように用いなければなりません（**図3･16**）.

(4)　論理変数の削除

ループ内にある変数で，変数とその変数の否定が存在する場合はその変数を削除することができます．これは補元の定理によるもので，結局ループ内で共通の変数が残ることになります.

(5)　残った論理変数を論理和で結合します.

削除できずに残った論理変数の項を論理和で結びます（**図3･17**）.

(1)～(5) の論理圧縮化の結果を回路化します．ループの作り方が誤っていると論理圧縮化は不十分になってしまうので，よく練習をしておく必要があります.

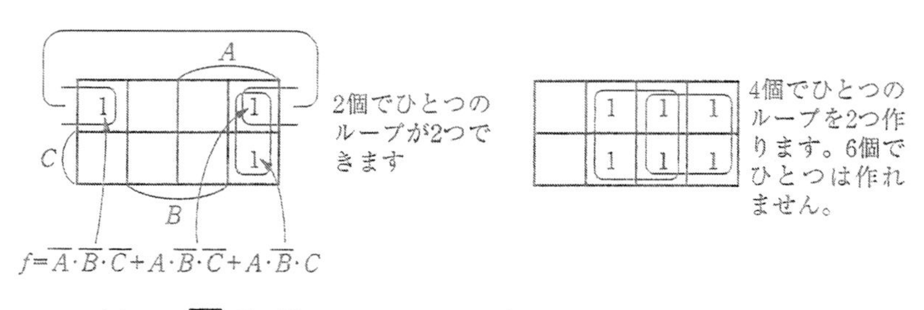

(a) 3·1 [1] 項の例　　(b) 隣り合った"1"が6個の場合

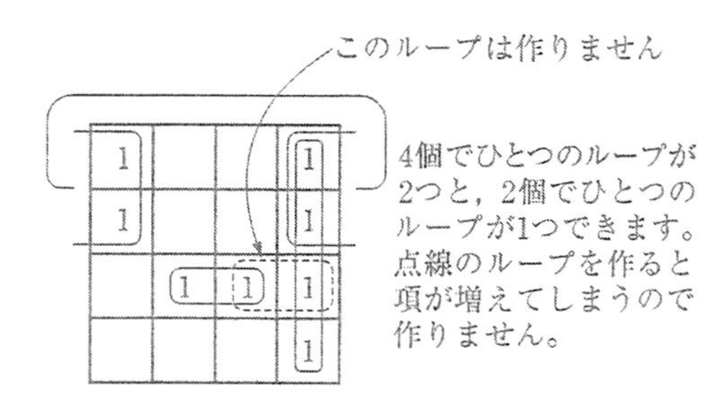

(c) 隣り合っていてもループとしない例

図3·16 "1"の多重使用例

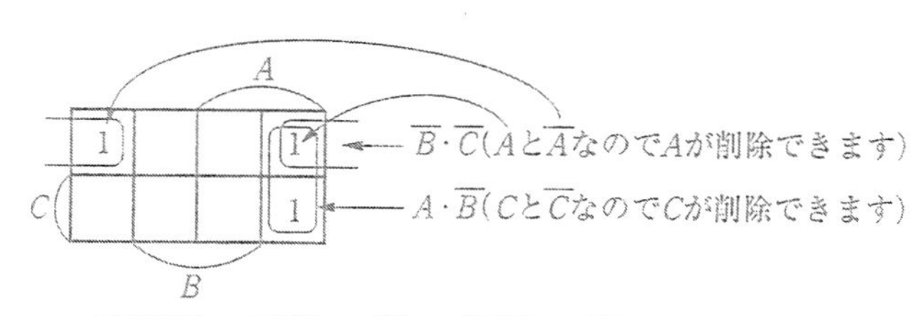

(a) 3·1 [1] 項の例

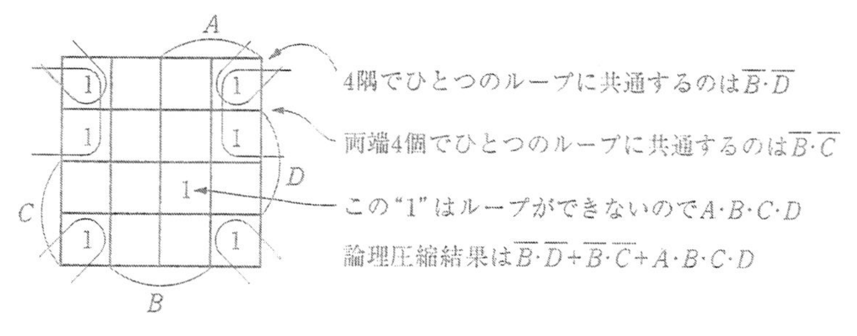

(b) 論理圧縮化の例

図3·17 論理変数の削除と論理圧縮の結果

3 冗長入力をもつカルノー図

例えば，BCDコード（第1章1·6の1項）は10進数1けたを2進数4ビットで表したもので，その入力変数名をD，C，B，Aとします．D，C，B，Aの組合せは“0000”～“1111”まで16通りありますが，BCDコードは10進の0～9までを4ビットで表したものであるため，“1010”～“1111”の6通りの組合せは存在しません．このような決してありえない組合せとか，“0”でも“1”でもどちらでもよいというような入力を**冗長入力**(don't care input）といいます．冗長入力は本質的には出力に影響しないので，ループ内では“1”，ループ外では“0”と論理圧縮がすすむ方向に扱うことができます．

BCDコードが1001（10進数の9）でfが“1”になる例を**図3·18**に示します．カルノー図中の冗長入力は“－”で示してあります．

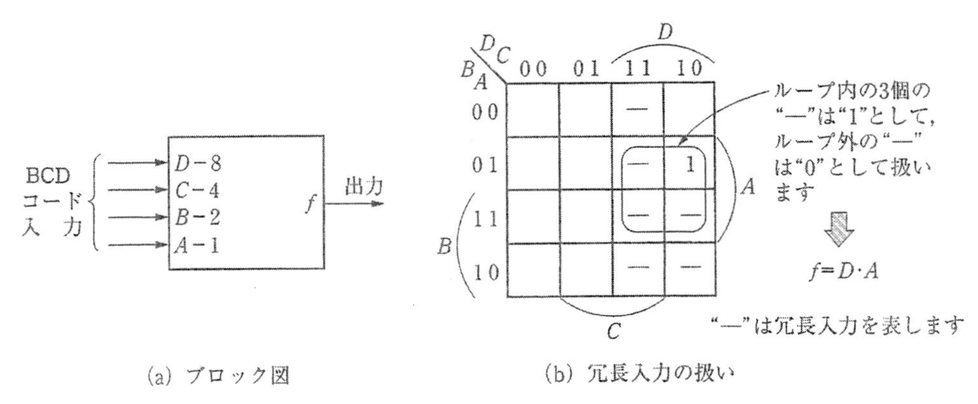

(a) ブロック図　　(b) 冗長入力の扱い

図3·18　冗長入力をもつカルノー図

第3章 演習問題

1. 次に述べる条件を論理式で示しなさい．

(1) 入力xとy，出力fについて．xが“0”でyが“1”のとき，またはxが“1”でyが“0”のときにfが“1”になる．

(2) 入力A，B，C，そして出力fについて．fが“1”になるのは3入力がともに“0”，またはAとCが“0”でBが“1”，またはAが“1”でCが“0”（Bは“0”でも“1”でもよい）のとき．

(3) 4入力A，B，C，D，そして出力fについて．fが“1”になるのはAとDが“1”でBとCが“0”，またはBとCがともに“0”，またはDが“1”のとき．

2. 等式を証明しなさい．

(1) $(A+B)\cdot(\overline{A}+\overline{B})=A\cdot\overline{B}+\overline{A}\cdot B$

(2) $A\cdot\overline{B}+B\cdot\overline{C}+C\cdot\overline{A}=\overline{A}\cdot B+\overline{B}\cdot C+\overline{C}\cdot A$

(3) $(A+B)\cdot(B+C)\cdot(C+A)=A\cdot B+B\cdot C+C\cdot A$

(4) $(A\cdot B+C\cdot D)\cdot(A\cdot B+C)\cdot(A\cdot B+D)=(A\cdot B+C)\cdot(A\cdot B+D)$

(5) $(A+B)\cdot(A+\overline{B})\cdot(\overline{A}+B)\cdot(\overline{A}+\overline{B})=0$

3. ブール代数の諸定理を用いて論理圧縮を行いなさい．

(1) $f=\overline{A}\cdot\overline{B}+\overline{A}\cdot B$

(2) $f=\overline{\overline{A}\cdot\overline{B}\cdot C+A\cdot B\cdot\overline{C}+A\cdot\overline{B}\cdot C+1}$

(3) $f=\overline{A}\cdot\overline{B}\cdot C+A\cdot\overline{B}\cdot\overline{C}+A\cdot\overline{B}\cdot C$

(4) $f=\overline{A}\cdot\overline{B}\cdot\overline{C}\cdot\overline{D}+\overline{A}\cdot\overline{B}\cdot C\cdot\overline{D}+A\cdot\overline{B}\cdot\overline{C}\cdot\overline{D}+A\cdot\overline{B}\cdot C\cdot D+A\cdot\overline{B}\cdot C\cdot\overline{D}$

(5) $f=(A+B\cdot C)\cdot(B\cdot C+\overline{B\cdot C})\cdot(A+B)\cdot(A+C)$

4. カルノー図を用いて論理圧縮を行いなさい．

(1) $f=\overline{A}\cdot\overline{B}+\overline{A}\cdot B+A\cdot\overline{B}$

(2) $f=\overline{A}\cdot\overline{B}\cdot\overline{C}+\overline{A}\cdot B\cdot C+A\cdot B\cdot\overline{C}+A\cdot\overline{B}\cdot C$

(3) $f=\overline{A}\cdot\overline{B}\cdot\overline{C}\cdot\overline{D}+\overline{A}\cdot B\cdot\overline{C}\cdot\overline{D}+\overline{A}\cdot B\cdot\overline{C}\cdot D+\overline{A}\cdot B\cdot C\cdot D+\overline{A}\cdot B\cdot C\cdot\overline{D}+A\cdot\overline{B}\cdot C\cdot\overline{D}$

(4) $f=\overline{A}\cdot B\cdot\overline{C}+\overline{A}\cdot B\cdot C+A\cdot\overline{B}\cdot C+\overline{A}\cdot\overline{B}$

(5) $f=\overline{A}\cdot B\cdot\overline{C}\cdot\overline{D}+\overline{A}\cdot B\cdot\overline{C}\cdot D+A\cdot B\cdot\overline{C}\cdot\overline{D}+A\cdot B\cdot\overline{C}\cdot D+B\cdot C$

5. 真理値表から論理式を導き，必要なら論理圧縮し，回路化しなさい．

(1)

入	力	出力
A	B	f
0	0	0
0	1	1
1	0	1
1	1	0

(2)

入	力		出力
A	B	C	f
0	0	0	0
0	0	1	1
0	1	0	0
0	1	1	0
1	0	0	0
1	0	1	1
1	1	0	1
1	1	1	1

(3)

入	力		出力	
A	B	C	f_0	f_1
0	0	0	1	0
0	0	1	1	1
0	1	0	1	0
0	1	1	0	0
1	0	0	0	1
1	0	1	0	0
1	1	0	0	0
1	1	1	0	1

(4)

入	力			出力
A	B	C	D	f
0	0	0	0	1
0	0	0	1	0
0	0	1	0	1
0	0	1	1	1
0	1	0	0	0
0	1	0	1	0
0	1	1	0	0
0	1	1	1	1

入	力			出力
A	B	C	D	f
1	0	0	0	1
1	0	0	1	0
1	0	1	0	1
1	0	1	1	1
1	1	0	0	0
1	1	0	1	0
1	1	1	0	0
1	1	1	1	1

6. 図3·19に示す回路に冗長な部分があれば，それを取り除いた回路を示しなさい．

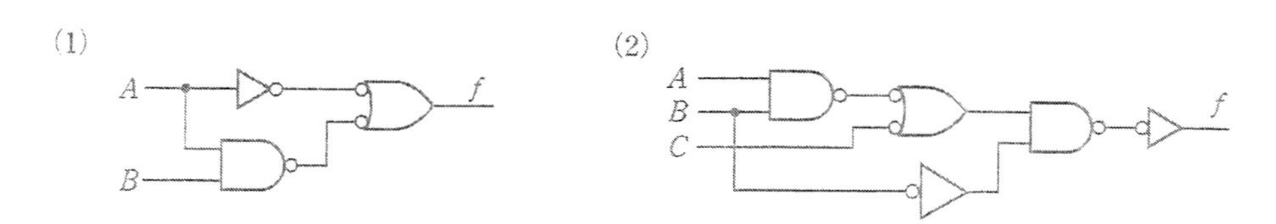

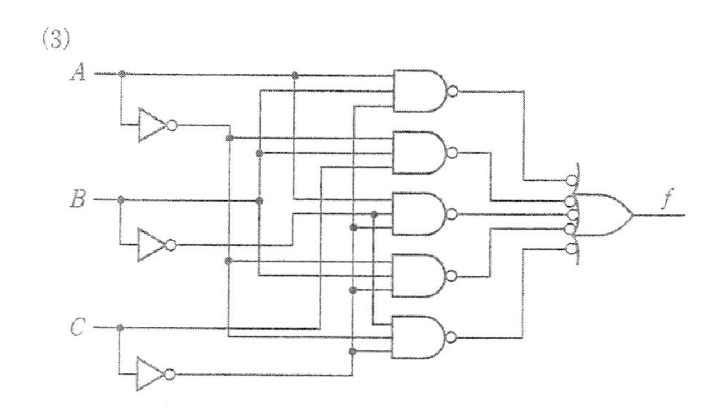

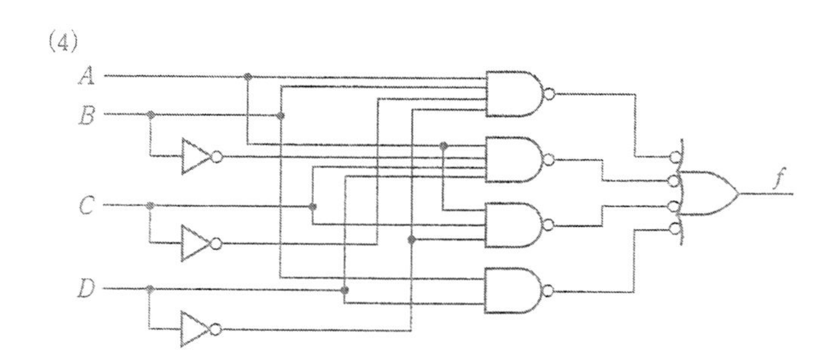

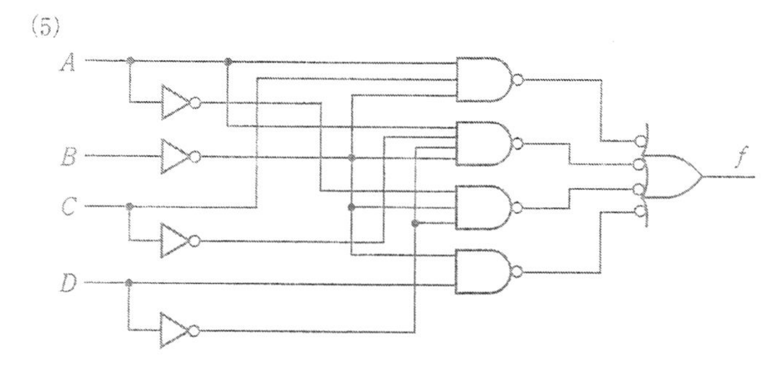

図3·19 回路図からの論理圧縮

第4章 フリップフロップ

ディジタル回路はNANDとNORゲートを基本とする基本論理素子で構成され(第2章)，AND，OR，NOTの基本論理演算で回路が表現，解析される（第3章）ことを解説しました．これら論理ゲートの組合せだけで構成した回路は入力があればただちに出力状態が決定されます（実際には回路自体の伝搬時間の遅れを生じます）．このような回路を**組合せ論理回路**（combinational logic circuits）といいます．それに対して，入力があってもただちに出力状態が決定するとは限らず，ある時間の経過後に決定される，つまり出力は過去に与えられた入力状態の時間的変化によって決まる回路を**順序論理回路**（sequential logic circuits）といいます．ディジタル回路は以上の2種類に大別されますが，実際には両回路を組み合わせて使われています．

順序回路の基本構成素子が**フリップフロップ**（flip-flop）です．略して**FF**とも呼ばれ記憶素子，シフトレジスタ(第9章)，カウンタ（第10章）その他制御回路などに広く使われています．フリップフロップはひとつの素子としてIC化されて使われていますが，もちろん基本ゲートであるNANDとNORゲートで構成されたものです．この章ではフリップフロップの種類とその機能について，基本ゲートで構成した回路を示して解説します．

4・1 *RS*–FF

フリップフロップ（以下FFといいます）は2つの安定状態をもった記憶素子で，通常Qとその否定$\overline{Q}$という互いに補数の関係にある相補出力を有します．FFには5種類あり，**最も基本的なFFが*RS*-FF**です．*RS*-FFはすべてのFF中に含まれ，その回路を示して機能を解説していきますので，基本となる*RS*-FFの動作・機能をよく理解することが重要です．

1 NAND構成*RS*-FF

RS-FFはS（Set）とR（Reset）の2つの入力とQ，$\overline{Q}$という出力をもったFFで***SR*-FF**ともいいます．NANDゲートで構成した*RS*-FFを**図4・1**に示します．図（a）に示すように，NANDゲートの出力が他方のNANDゲートの入力にそれぞれフィードバックさ

れています．正論理表現では入力データとフィードバックされた他方の出力が“1”のとき，そのゲートの出力が“0”，つまり2つのアクティブな入力状態から出力が決まります．一方，負論理表現ではどちらかの“0”で，つまりアクティブな入力がひとつでもあれば出力状態が決まります．そのため負論理表現が通常用いられます．この場合，アクティブL（ロー）なので論理記号の入力側には図（b）のように小丸が付きます．

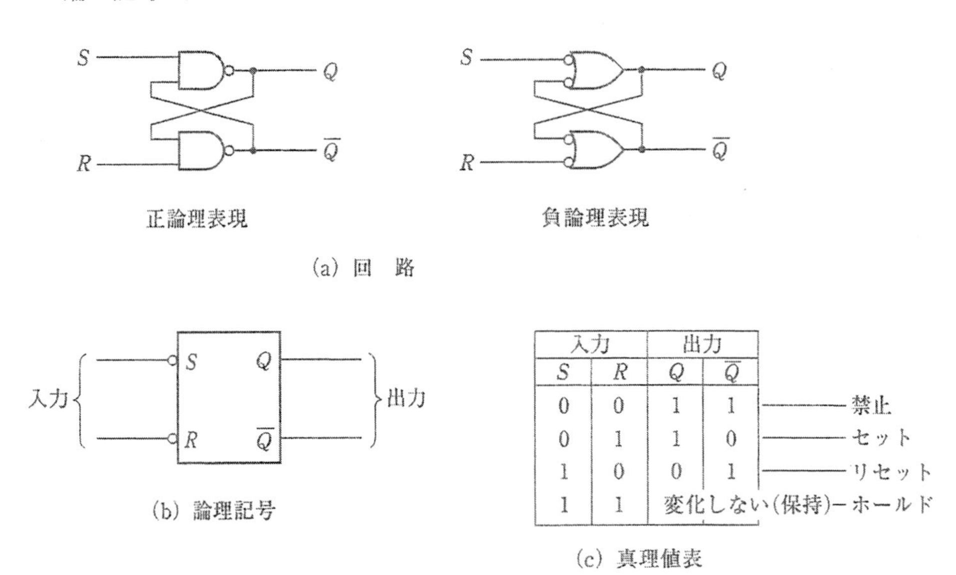

入力		出力	
S	R	Q	$\overline{Q}$
0	0	1	1
0	1	1	0
1	0	0	1
1	1	変化しない(保持)	

図4・1　NAND構成RS-FF

図（c）に示す4つの状態を**図4・2**の負論理表現で説明します．すでに説明してあるように，どちらかのアクティブLで出力が“1”になります．入力$S=0$，$R=1$では$S=0$により$Q=1$が決まります．したがってR側のゲートの入力はともに“1”で，アクティブな“0”がひとつもないので$\overline{Q}=0$になります．この動作は出力Qが“1”にセットされるので**セット状態**（図（a））といいます．逆に入力$S=1$，$R=0$ではRのアクティブ入力によって$\overline{Q}=1$が決まり，S側のゲートにはひとつもアクティブな入力が与えられないので$Q=0$になります．これはQが“0”にリセットされることから**リセット状態**（図（b））といいます．

次に，入力SとRが同じ値のときで，まず$S=1$，$R=1$の場合はともに非アクティブなので，出力Qと$\overline{Q}$によって決まります．例えば，$Q=1$，$\overline{Q}=0$であったとすれば$\overline{Q}$のアクティブな信号のフィードバックによって，S側のゲートが動作して$Q=1$，その結果R側のゲートはともに非アクティブな入力のため$\overline{Q}=0$であり，出力は変化しません．逆に出力$Q=0$，$\overline{Q}=1$であった場合でも同様です．つまり，前の状態を**保持**していることになるので**ホールド状態**（図（c））といいます．入力$S=0$，$R=0$では両ゲートがともにアクティブなので出力は$Q=1$，$\overline{Q}=1$になり，Qと$\overline{Q}$の関係を満足していないので**禁止状態**（図（d））といいます．

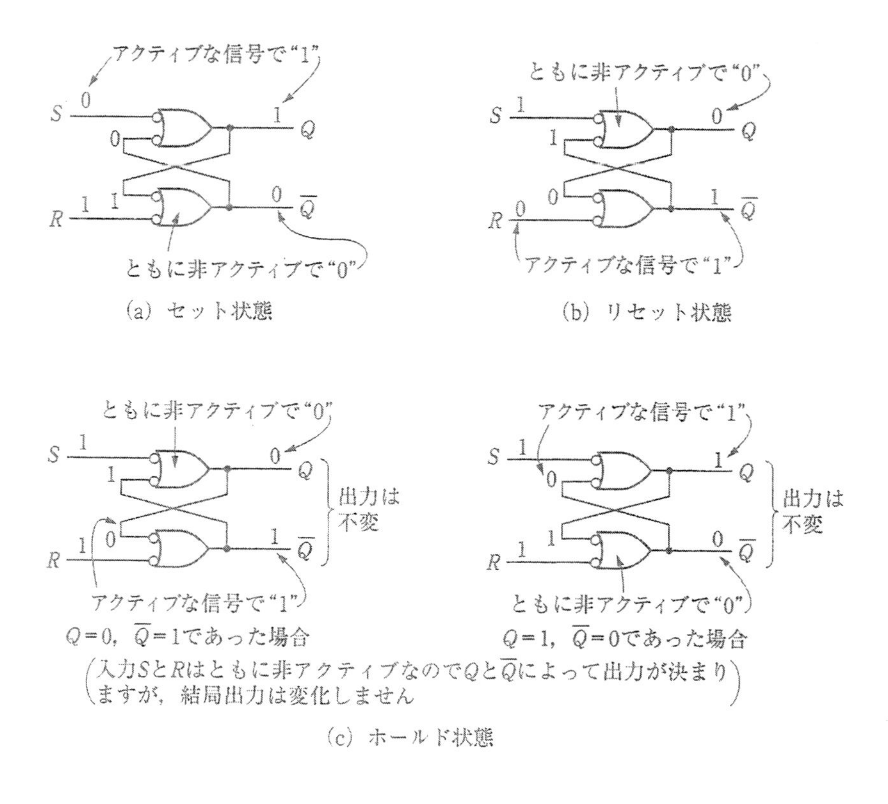

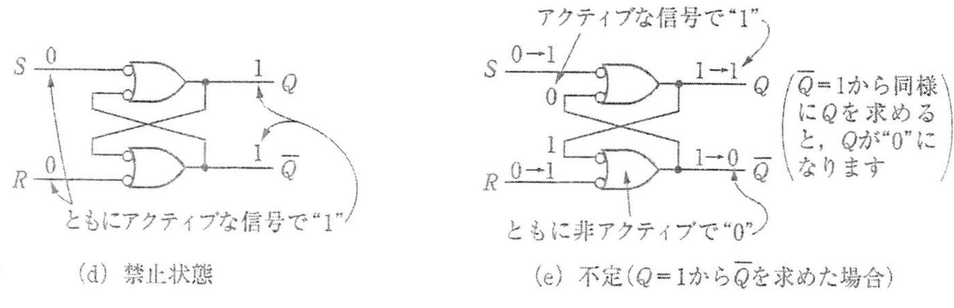

図4·2 NAND構成*RS*-FFの動作状態

禁止状態にすると次のような現象も生じます．入力SとRがともに"0"で出力Qと$\overline{Q}$がともに"1"という禁止状態から，入力SとRをともに"1"にしてホールド状態に変えた場合，出力Qと$\overline{Q}$がともに"1"で不変（保持）であるかどうかを考えてみます．入力SとRがともに"1"で非アクティブであることから出力はそのときのQと$\overline{Q}$によって決まります．$Q=1$であることから回路を追うとR側のゲートの入力はともに非アクティブであるので$\overline{Q}=0$になり，この$\overline{Q}$のアクティブな信号のフィードバックによってS側のゲートがアクティブ状態になって$Q=1$になります．つまり$Q=1$，$\overline{Q}=0$になります．ところが$\overline{Q}=1$であることから同様に回路を追えば$Q=0$，$\overline{Q}=1$になることがわかります．したがって，禁止状態の$Q=1$，$\overline{Q}=1$を保持することなく，出力はQと$\overline{Q}$の関係を維持しますが，どちらの出力が"1"になるかは**不定**（図(e)）です．

以上のような不定の状態は禁止状態の後にセット状態またはリセット状態にしてからホールド状態にすれば避けることができます．禁止状態といっても出力がQと$\overline{Q}$の関係を保たないということで，そこに接続される回路に問題がなければよいわけです．実際，禁止状態も使われていますが，不定状態を生じ得ることからも，禁止状態の使用は避けたほうがよいでしょう．

タイミングチャート例の**図4･3**で①～⑩の状態を順に説明します．①は$S=0$，$R=1$のセット状態なので$Q=1$，$\overline{Q}=0$．②はホールド状態なので出力は変化せず，③でリセット状態になりQ，$\overline{Q}$は“0”，“1”になります．④はSとRがともに“0”で禁止状態のため両出力が“1”になりますが，⑤はリセット状態なのでQ，$\overline{Q}$は“0”，“1”で不定にはなりません．⑥はホールド状態で⑤の出力状態を保持し，⑦のセット状態でQ，$\overline{Q}$が“1”，“0”に変わり，⑧で再び禁止状態で両出力は“1”になります．次の⑨でホールド状態になったときは両出力が“1”は保持できず，補数の関係にはなりますが“0”，“1”になるのか“1”，“0”になるのかは不定です．そのためタイミングチャートでは“ ╳ ”で示しておきました．⑩ではリセット状態なので$Q=0$，$\overline{Q}=1$になります．

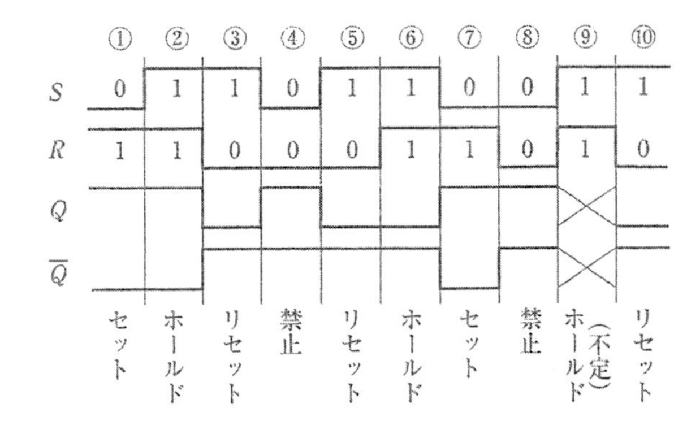

図4･3 NAND構成RS-FFのタイミングチャート例

2 NOR構成RS-FF

NOR構成のRS-FFを**図4･4**に示します．NORゲートはどちらかの入力“1”によって出力が“0”になることから図のように正論理で表現されます．したがって，NAND構成とは逆に入力はアクティブH（ハイ）で，図4･1（a）と比べSとRが逆になっている点に注目して下さい．入力$S=0$，$R=1$ではアクティブな信号$R=1$により$Q=0$が決まり，S側のゲートはともに非アクティブな入力なので$\overline{Q}=1$．入力$S=1$，$R=0$ではアクティブな$S=1$で$\overline{Q}=0$になり，R側のゲートはともに非アクティブな入力なので$Q=1$になります．前者は$R=1$のアクティブ状態，つまりリセット状態なので$Q=0$，$\overline{Q}=1$になっており，後者は$S=1$によるセット状態で$Q=1$，$\overline{Q}=0$になっています．

このようにセットとリセットの動作状態は，NAND構成のアクティブLに対してアクティブ H と逆なために，**入力 S と R は NAND 構成の場合とは逆**になります．入力 S と R がともに "1" のときはともにアクティブ入力により両出力は "0" で禁止状態になります．入力 S と R がともに "0" では NAND 構成の場合と同様に出力 Q と $\overline{Q}$ によって決まり，結局変化しないホールド状態です．禁止状態からホールド状態にした場合は不定になるのも同じです．

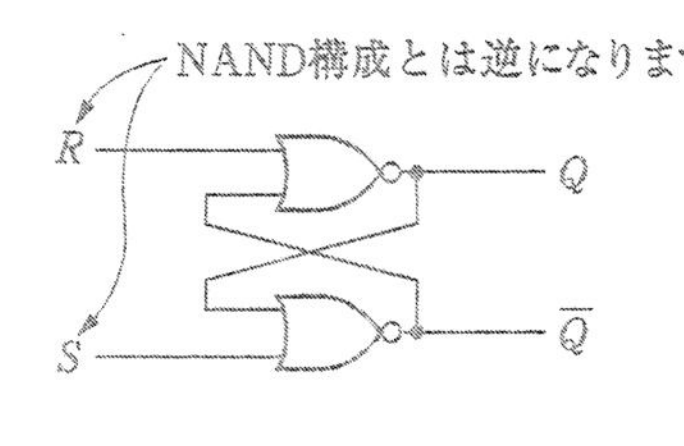

(a) 回路

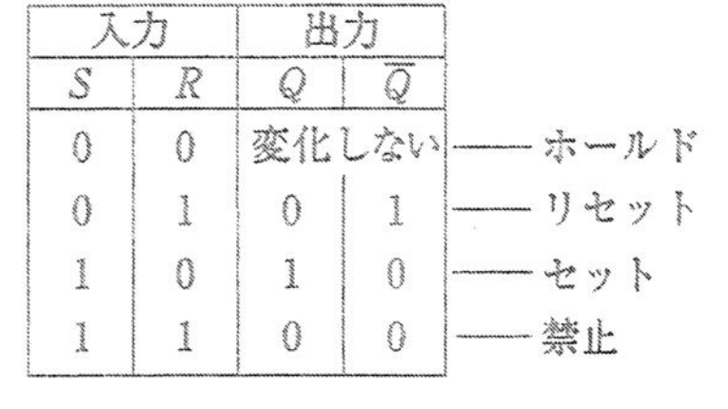

入力		出力		
S	R	Q	$\overline{Q}$	
0	0	変化しない		ホールド
0	1	0	1	リセット
1	0	1	0	セット
1	1	0	0	禁止

(b) 真理値表

図 4·4 NOR 構成 *RS*-FF

3 セット/リセット優先 *RS*-FF

RS-FF は入力 S と R にともにアクティブな信号を与えると出力は Q，$\overline{Q}$ の関係を保たない禁止状態になります．このような場合にセットまたはリセット状態になるようにしたのがセット優先/リセット優先 *RS*-FF です．**図 4·5** で示すように，アクティブな入力は "1" で，NOT ゲートの出力で他方の入力ゲートを閉じる構成にしてあります．

図 (a) のセット優先 *RS*-FF は $S=1$ により $Q=1$ が決まり，R 側のゲートは閉じるので R の値に関係なく $\overline{Q}=0$ とセット状態になります．図 (b) のリセット優先も同様に，R

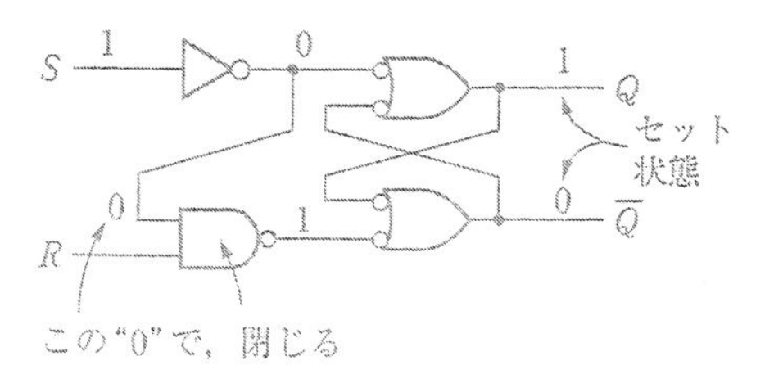

入力		出力		
S	R	Q	$\overline{Q}$	
0	0	変化しない		ホールド
0	1	0	1	リセット
1	0	1	0	セット
1	1	1	0	禁止でなくセット

(a) セット優先

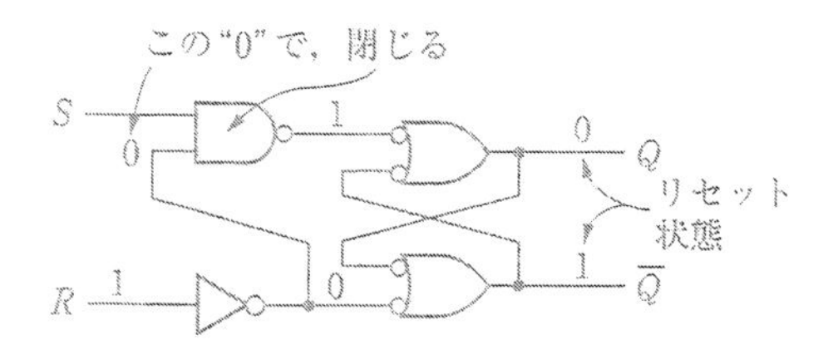

入力		出力		
S	R	Q	$\overline{Q}$	
0	0	変化しない		ホールド
0	1	0	1	リセット
1	0	1	0	セット
1	1	0	1	禁止でなくリセット

(b) リセット優先

図 4·5 セット/リセット優先 *RS*-FF

$=1$ によって $\overline{Q}=1$ が出力され，S の値には無関係に $Q=0$ となってリセット状態になります．

4 チャタリング防止回路

ディジタル装置に外部から押しボタンスイッチやトグルスイッチなどの機械式スイッチで ON-OFF の信号を与えることがよくあります．これらの機械式スイッチは接点から離れる瞬間と接点に接触した瞬間は流れていた電流のしゃ断，接触抵抗の変化やバネの力によるバウンドなどにより，スイッチの1回の ON-OFF 動作は不規則な ON-OFF を繰り返す現象を生じた後に安定することになります．この現象を**チャタリング**（chattering）といいます（図4･6）．

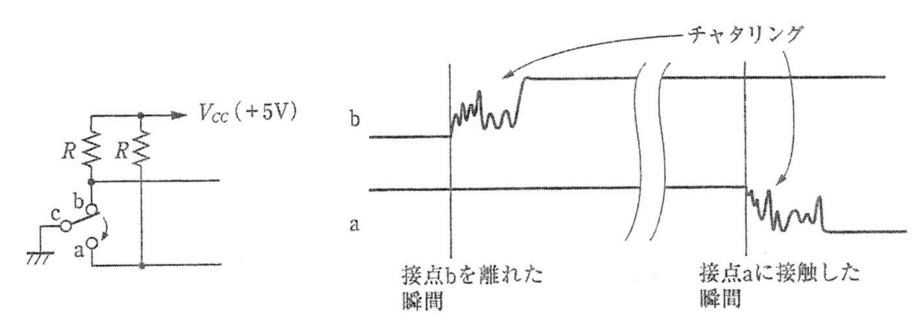

図4･6　機械式スイッチの ON-OFF 時に生じるチャタリング

つまり機械的なスイッチの1回の ON-OFF がチャタリングのために，不規則な ON-OFF として回路に入力されることを考慮しなければなりません．機械式リレーの接点も同様にチャタリングを生じます．このようなチャタリングは通常ミリ秒（ms）というわれわれ人間にとっては短時間ですが，ナノ秒（ns）のオーダで動作する論理ゲートにとっては十分に追随できる時間です．したがって，ディジタル回路はチャタリングの影響を十分受けることになるので，チャタリングを防止する回路が必要になります．チャタリングを防止する回路はいろいろありますが，図4･7のような *RS*-FF で簡単に実現できます．

チャタリングは図4･6に示すように不安定で不規則な信号ですが，ディジタル量としては，あるしきい値を超えたかどうかで“1”か“0”の判断をしています．このしきい値を**スレショルドレベル**（threshold level）といい，TTL では約1.4 V です．このスレショルドレベル値を上下する信号によって，不規則なディジタル量として *RS*-FF に与えられます．図4･7では説明しやすいようにチャタリング現象を不規則な“1”と“0”で示してあります．

接点bから接点aに切り換える場合を図4･7で説明します．スイッチが動作する前は接点bはアースされているため0 V で，抵抗 R で電源電圧 V_{CC} を割った値の電流が流れています．一方，接点aは R で V_{CC} にプルアップされた状態で電流は流れていないので電圧降下はなく，接点aには電圧 V_{CC}（+5 V）が現れています．したがって，*RS*-FF は $S=0$，

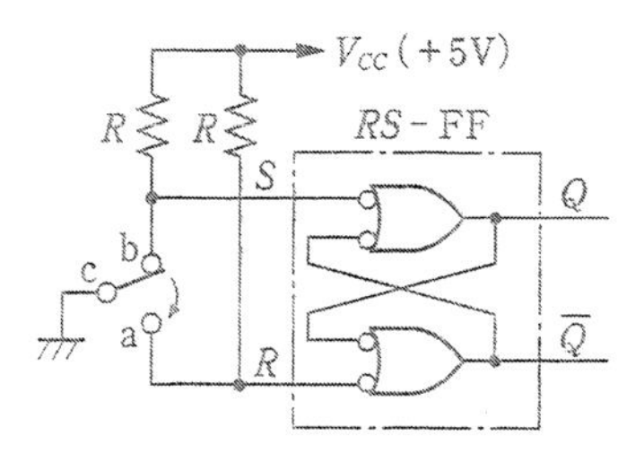

入力		出力		
S	R	Q	$\overline{Q}$	
0	0	1	1	禁止
0	1	1	0	セット ← 接点bを離れたとき
1	0	0	1	リセット ← 接点aに接触したとき
1	1	変化なし		ホールド ← 接点bを離れたとき／接点aに接触したとき

(a) 回路とRS-FFの真理値表

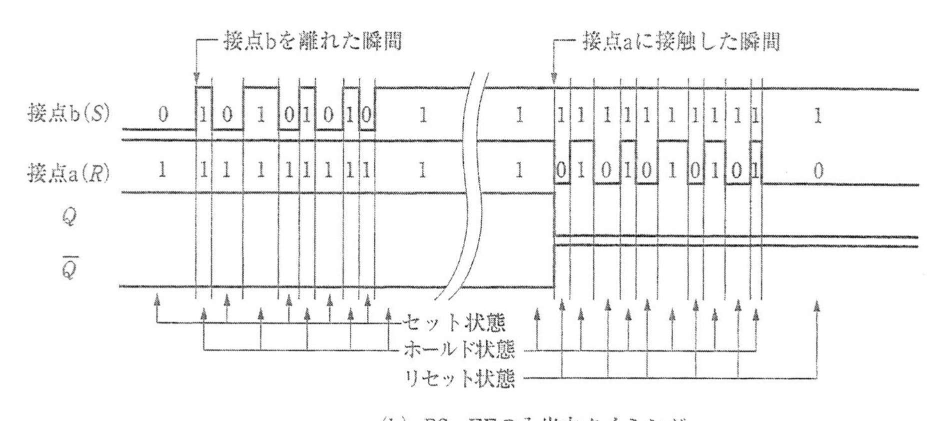

(b) RS-FFの入出力タイミング

図4・7 NAND構成RS-FFを用いたチャタリング防止回路

$R=1$のセット状態であるため$Q=1$, $\overline{Q}=0$になっています．スイッチを動作させると図のように，接点bを離れた瞬間にはチャタリングによって不規則な“1”と“0”が生じますが，$S=1$, $R=1$と$S=0$, $R=1$というホールド状態とセット状態が不規則に繰り返すことになります．これはセットしてそれをホールド（変化しない）することの繰返しなので，結局$Q=1$, $\overline{Q}=0$の出力状態は変化しません．そして，接点aに接触した瞬間はチャタリングによって図のように$S=1$, $R=0$と$S=1$, $R=1$，つまりリセット状態とホールド状態の繰返しなために，$Q=0$, $\overline{Q}=1$にリセットしてその状態をホールドします．したがって，接点aに接触してリセット状態に出力が変化した後は，チャタリング期間中，ホールドとリセット状態を繰り返すことになり，$Q=0$, $\overline{Q}=1$の出力状態は変化しません．接点aから接点bへの切換え動作時も同様に，出力にはチャタリングは現れず，チャタリングが防止されます．

4・2 フリップフロップのトリガ方式

RS-FFは入力SとRの変化によってただちに出力状態が決まります．コンピュータのシステムクロックのように，電子機器は通常基準となるクロックに歩調を合わせて処理が行われます．このようなクロックに歩調を合わせた動作を**同期式**（synchronous）といいます．したがってRS-FFは**非同期式**（asynchronous）のFFです．5種類のFFの中で非同期式はRS-FFだけです．

同期式FFは入力状態が変化しても出力にはただちに影響を与えず，クロックが与えられたときに，その入力状態によって出力が決まります．このように同期式FFのクロック入力は出力状態を決める引きがね的な役割をすることから**トリガ**（trigger）といいます．トリガ方式にはレベルトリガ，エッジトリガおよびパルストリガなどがあります．**図4・8**（a）はクロックが“1”の期間中トリガ状態にある**レベルトリガ方式**（level-triggered）で，真理値表のクロック（CK）には“⎍”の記号で表します．図（b）はエッジトリガ方式で，クロックの“0”から“1”への立上り時にトリガする**ポジティブエッジトリガ方式**（positive edge-triggered）と，逆にクロックの“1”から“0”への立下り時にトリガする**ネガティブエッジトリガ方式**（negative edge-triggered）があります．

論理記号のクロック入力にはポジティブエッジトリガ方式は“▷”で，ネガティブエッジトリガ方式は“○▷”で表し，真理値表にはそれぞれ“↑”と“↓”で表現しています．図（c）は**パルストリガ方式**（pulse triggered）で，データ入力から出力までにクロックの1パルス全体を必要とするもので，マスタスレーブ（master-slave）形のFFで用いられています．クロックの“1”のときに入力情報を取り込み，立下り時に出力する動作から論理記号のクロックは“○▷”で表し，真理値表のクロックには“⎍”で表しています．

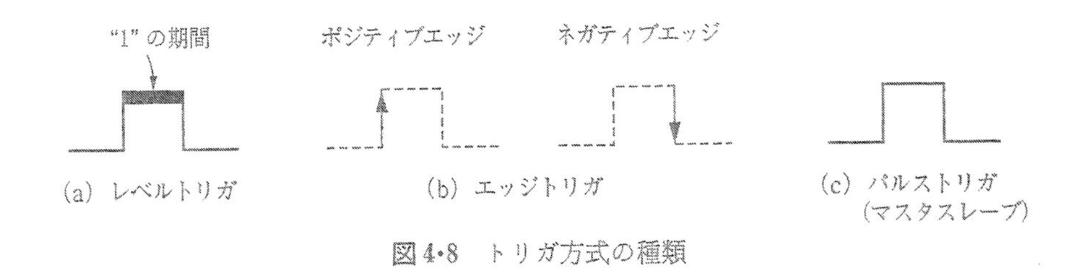

図4・8　トリガ方式の種類

4・3 RST-FF

非同期式のRS-FFに同期入力Tを付加して同期式にしたものがRST-FFで，**図4・9**に示します．

動作を図（b）の回路で説明します．クロック（トリガ）入力Tが“0”のときは，ゲート1と2のNANDゲートは閉じた状態なので，入力SとRに関係なくゲート3と4のRS-FFの入力はともに“1”になり，出力Q，$\overline{Q}$はホールド状態にあります．したがって，入力Tが“0”の期間はSとRがどのように変化しても，出力には影響を与えずQ，$\overline{Q}$は変化しません．入力Tが“1”になるとゲート1と2が開き，SとRの入力情報がRS-FFに与えられてQと$\overline{Q}$に出力されます．つまり，Tが“1”の期間中はゲート1と2は開いてトリガ状態にあるので，**レベルトリガ方式**のFFです．図（b）は論理レベルを合わせて表した回路なので，トリガ期間中は入力SとRの値がそのままQと$\overline{Q}$に出力されることが容易

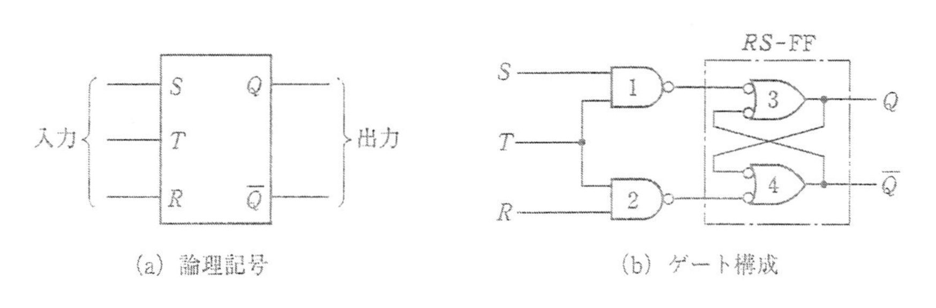

(a) 論理記号　　　　(b) ゲート構成

入力			出力		
S	R	T	Q	$\overline{Q}$	
0	0		変化しない		—ホールド
0	1	⎍	0	1	—リセット
1	0		1	0	—セット
1	1		1	1	—禁止

(c) 真理値表

図4・9　*RST*-FF の機能

に理解できると思います．ただし，入力 S と R がともに“0”のときは T が“1”であっても，ゲート1と2の出力はともに“1”となり *RS*-FF はホールド状態です（当然，出力 Q，$\overline{Q}$ がともに“0”にはなりませんね）．

タイミングチャート例を図**4・10**に示します．レベルトリガなので入力 T が“1”の期間の入力 S と R の値によって出力が影響します．したがって，T が“0”の①，③，⑤，⑦，⑨，⑪では S と R がどのように変化しても動作しません．①ではそれ以前の出力状態をホールドしています．出力 Q と $\overline{Q}$ のどちらかが“1”で他方が“0”です．図ではその情報が与えられていないので“ ╳ ”で示してあります．⑧で禁止状態のため出力 Q，$\overline{Q}$ がともに“1”になり，⑨で $T=0$ となってホールド状態になりますが，Q，$\overline{Q}$ がともに“1”はホー

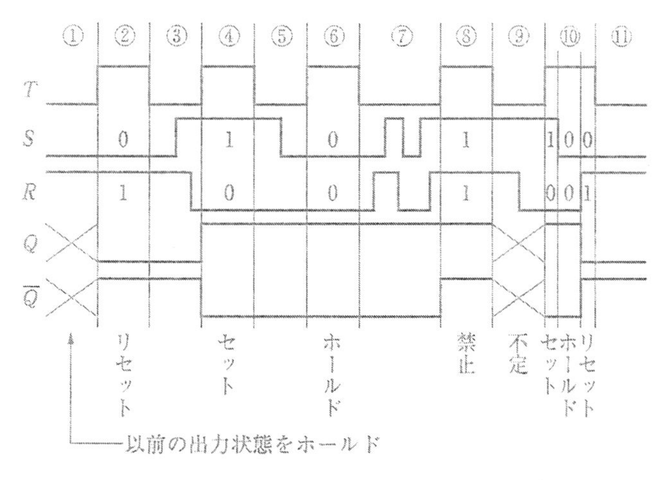

図4・10　*RST*-FF のタイミングチャート例

ルドできず，Qと$\overline{Q}$という補数の関係になります．その場合，どちらが“1”，“0”になるかは不定ですので“ ╳ ”で示してあります．⑩ではトリガ期間中に入力SとRが変化しているので，出力も影響を受けます．

4・4 D–FF

D-FF はひとつの入力Dをもち，Dの状態を最大1クロック遅れて出力することから**遅延フリップフロップ**（Delay FF）と呼ばれています．RST-FF に NOT ゲートを付加して構成したD-FF を**図4・11**に示します．

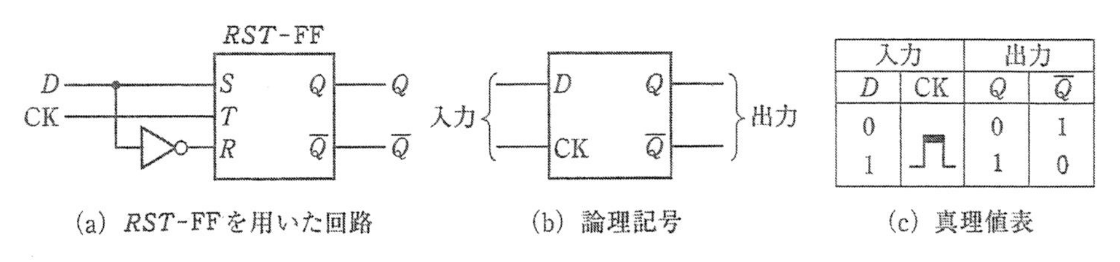

入力		出力	
D	CK	Q	$\overline{Q}$
0	⎍	0	1
1		1	0

(a) RST-FFを用いた回路　(b) 論理記号　(c) 真理値表

図4・11　RST-FFから構成したD-FF

RST-FF の入力RにはDの値が反転して与えられるため，SとRに同じ値が与えられることはなく，セットかリセットの状態だけの単純な動作です．入力Dが“1”であればRST-FF のSとRにはそれぞれ“1”と“0”が与えられるためセット状態で，出力Qと$\overline{Q}$はそれぞれ“1”，“0”になります．Dが“0”なら同様にリセット状態になるため$Q=0$，$\overline{Q}=1$です．したがって，入力Dの値がトリガされて出力Qに出力されます．

一般に広く使われているD-FF は**ポジティブエッジトリガタイプ**で 7474 という品名で市販されています．SN 7474 のピン配置図，内部回路および真理値表を**図4・12**に示します．図（a）で示すように 14 ピンの DIP（Dual In line Package）タイプに集積化された IC で，上から見た図を表しています．

論理記号に示してあるように，プリセット（preset : PR）とクリア（clear : CLR）というDと CK よりも優先度の高い入力があります．それぞれの入力には小丸が付いているのでアクティブ L を意味しています．したがって，入力 PR と CLR にアクティブな信号の“0”を与えると，入力 CK とDの状態には関係なくセットやリセット状態になります（ともにアクティブ状態では出力はともに“1”になります）．このように入力**PR と CLR は非同期入力**であって，非同期式RS-FF と全く同じ動作をします．したがって，この非同期入力がアクティブな状態では入力 CK とDが無視されD-FF としては動作しません．そのため，入力 PR または CLR を使わない場合はオープンのまま放置しておくと，雑音などによりプリセットまたはクリア機能が働くことになりかねません．未使用時は非アクティブ，この場合“1”（V_{CC}にプルアップ）に固定しておきます．

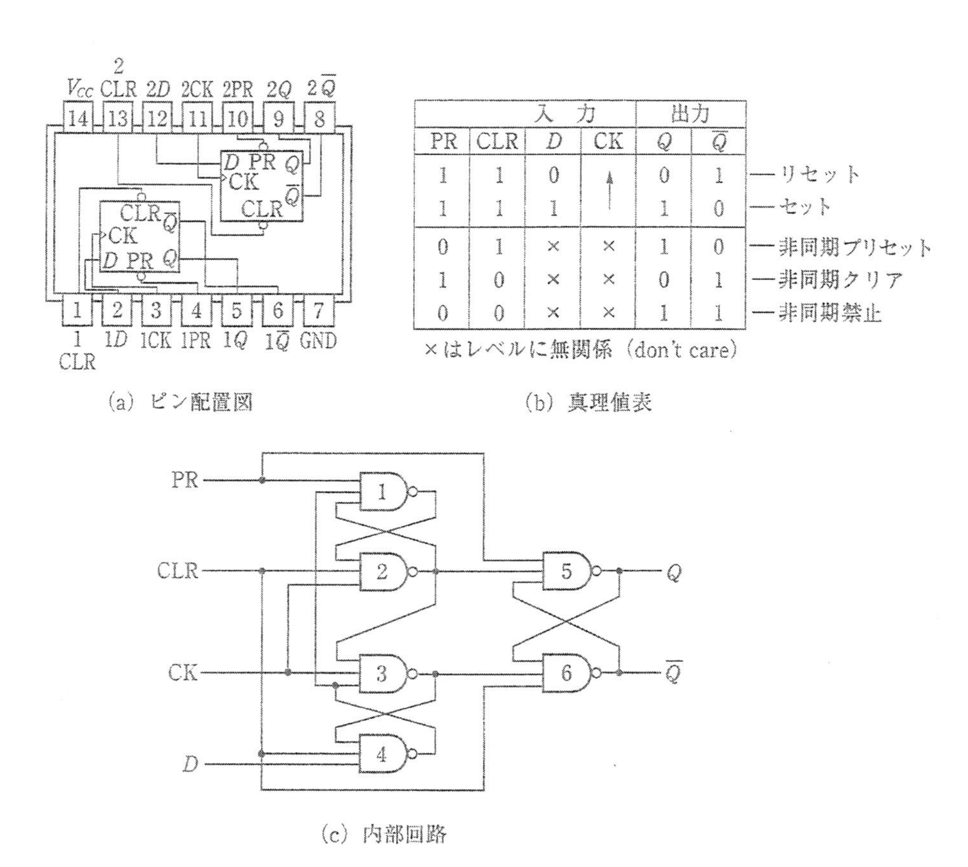

入力				出力		
PR	CLR	*D*	CK	*Q*	$\overline{Q}$	
1	1	0	↑	0	1	―リセット
1	1	1	↑	1	0	―セット
0	1	×	×	1	0	―非同期プリセット
1	0	×	×	0	1	―非同期クリア
0	0	×	×	1	1	―非同期禁止

×はレベルに無関係（don't care）

(a) ピン配置図　　(b) 真理値表

(c) 内部回路

図4·12　代表的なポジティブエッジタイプの*D*-FF（SN 7474）

図4·12（c）の回路で（b）の真理値表を説明します．**プリセット機能がアクティブ状態**，つまり入力PR＝0，CLR＝1の状態ではPRが“0”によってゲート1と5が閉じて，それらの出力は“1”で，出力$Q=1$になります．このとき入力CKが“1”であればゲート2のNAND条件が成立して，その出力は“0”になりゲート3を閉じます．CKが“0”であればゲート2と3を閉じ，それらの出力は“1”になります．つまりCKの値には無関係にゲート3の出力は“1”になります．このときゲート4の出力も当然ゲート1と3が閉じているためしゃ断され，入力*D*の情報はしゃ断されます．その結果，ゲート6の入力がすべて“1”になるため$\overline{Q}$が“0”，つまり出力*Q*と$\overline{Q}$は，“1”，“0”のセット状態になります．

クリア機能がアクティブ状態，入力PR＝1，CLR＝0ではCLRの“0”でゲート2，4，6が閉じます．この結果，入力*D*がゲート4でしゃ断され，ゲート6が閉じているため$\overline{Q}$は“1”になります．入力CKはゲート2でしゃ断され，ゲート3の出力はゲート6でしゃ断され，結局入力CKはしゃ断状態になります．そして，ゲート5の入力はすべて“1”になるため$Q=0$，つまり出力*Q*と$\overline{Q}$は，“0”，“1”とリセット状態になります．

このようにプリセットやクリア機能が働いた場合，内部状態もセットやリセット状態になるため，両機能を解除（入力PRとCLRをともに“1”に戻す）しても，出力*Q*と$\overline{Q}$はセットまたはリセット状態を維持することがわかると思います．**両機能がともにアクティブ状態**（PR ＝ 0，CLR ＝ 0）では，PR の“0”によってゲート 1 と 5 が，CLR の“0”でゲート 2，4，6 がそれぞれ閉じられ，入力 CK と D がしゃ断状態で Q と $\overline{Q}$ がともに“1”になります．

以上の動作から入力 PR と CLR はアクティブ L でクロックには無関係な非同期動作をすることがわかります．真理値表（図（b））では非同期動作時は入力 CK と D が無視されることから don't care の意味で“×”で示してあります．

次に，**D-FF としての同期動作**を図 4･13 で説明します．このときは当然，入力 PR と CLR はともに非アクティブ（“1”）な状態です．入力 CK が“0”のときはゲート 2 と 3 が閉じているため，それらのゲートの出力はともに“1”で，ゲート 5 と 6 で構成した RS-FF はホールド状態になっています．

入力 D が“1”であった場合は（図（a））ゲート 4 の出力が“0”になるためゲート 1 と 3 が閉じています．この状態で CK が“0”から“1”に立ち上った場合，ゲート 3 は閉じているためその出力は“1”のままですが，ゲート 2 の全入力が“1”になるためその出力が“0”となって，ゲート 5 と 6 の RS-FF はセット状態で，出力 Q と $\overline{Q}$ は“1”，“0”になります．また，ゲート 2 の出力が“0”になるとゲート 1 と 3 を閉じてしまうため，ゲート 4 の出力がしゃ断，つまり入力 D の情報がしゃ断されます．したがって，CK が“1”の期間に以後 D がどのように変化しても出力には影響しません．

入力 D が“0”であった場合は（図（b））ゲート 4 の出力は“1”でゲート 1 の NAND 条件が成立して，その出力が“0”となってゲート 2 を閉じた状態にあります．ここで入力 CK が“0”から“1”に立ち上るとゲート 3 の NAND 条件が成立して，その出力が“0”になり，ゲート 2 は閉じているので出力は“1”のままです．したがって，ゲート 5 と 6 の RS-FF はリセット状態なので出力 Q と $\overline{Q}$ は“0”，“1”になります．このときゲート 3 の出力“0”でゲート 4 を閉じるため，入力 D の情報はしゃ断され，以後 CK が“1”の期

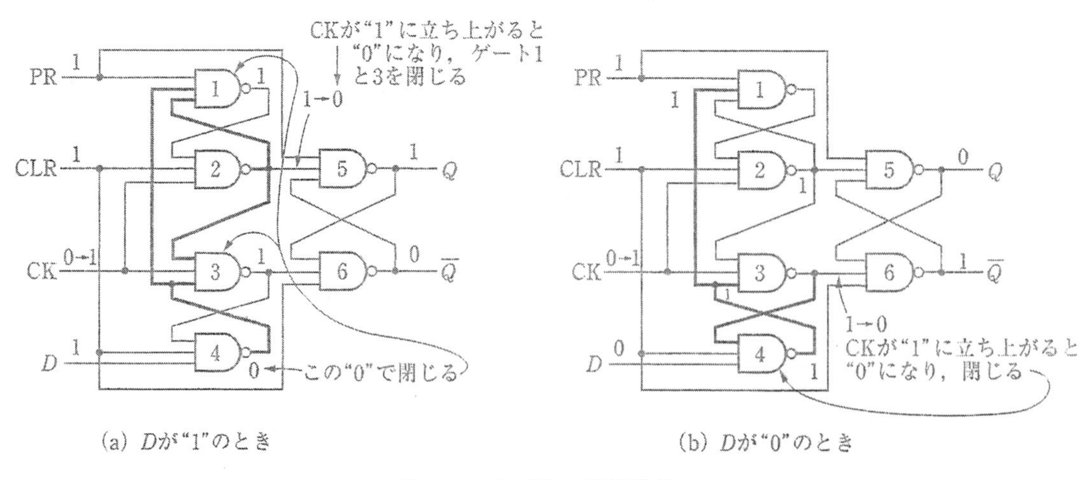

(a) Dが“1”のとき　　(b) Dが“0”のとき

図 4･13 D-FF の同期動作

間，D の変化は出力に影響しません．そして，入力CKが“0”になるとゲート2と3が閉じて，ゲート5と6の*RS*-FFはホールド状態になって，初めの状態に戻ります．したがって，トリガはCKが立ち上った瞬間だけなので**ポジティブエッジトリガ方式**です．

タイミングチャート例を**図4・14**に示します．図で①の期間は非同期プリセット状態なので入力CKと D に関係なく $Q=1$，$\overline{Q}=0$ の非同期セット状態です．入力PRが“1”になってその機能が解除されても出力は変化しません．②の期間は非同期入力が非アクティブなので，同期式*D*-FFとして動作します．したがって，入力CKの立上り時の D の値を Q に出力します．立上りエッジ以外での入力 D の変化は出力に影響しません．③の期間は非同期クリア状態なので，すぐに出力は $Q=0$，$\overline{Q}=1$ に非同期にリセットされます．④の期間では入力PRとCLRがともにアクティブ状態なので出力はともに“1”になります．⑤の期間は非同期プリセット状態で同様に出力 Q と $\overline{Q}$ は“1”，“0”になります．①，③，④，⑤の非同期入力がアクティブ状態では入力CKと D は無視された非同期動作になります．⑥の期間は非同期入力がともに“1”なので，同期式の*D*-FFとして動作します．FFとしての動作はセットとリセット状態だけのデータ入力 D をもつFFということで**データフリップフロップ**（Data FF）とも呼ばれています．

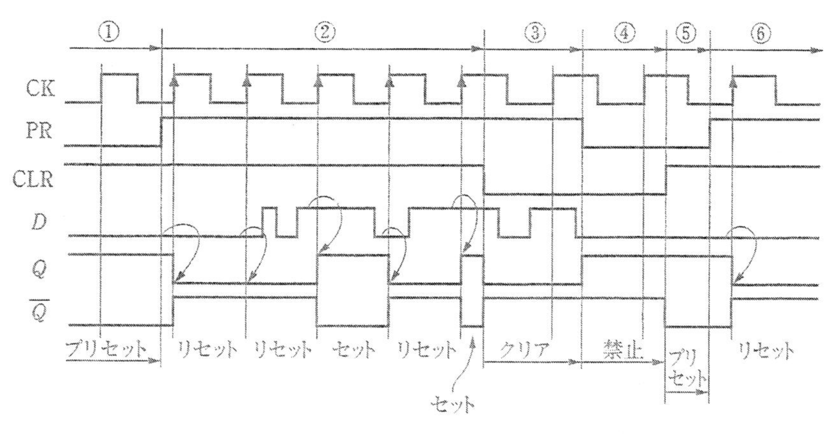

図4・14 *D*-FFのタイミングチャート例

4・5 JK-FF

JK-FFは J と K というデータ入力とクロック入力CKをもった同期式FFで，J と K がともに“1”のときはトリガされる前の状態の反転した出力になります．*RST*-FFの動作と似ていますが，禁止状態ではなく反転という動作が特徴です．トリガ方式はパルストリガとネガティブエッジトリガタイプがありますが，最も一般的な**パルストリガ方式**を**図4・15**に示します．

パルストリガ方式の*JK*-FFは，**マスタスレーブ**タイプと呼ばれ，その基本回路である図

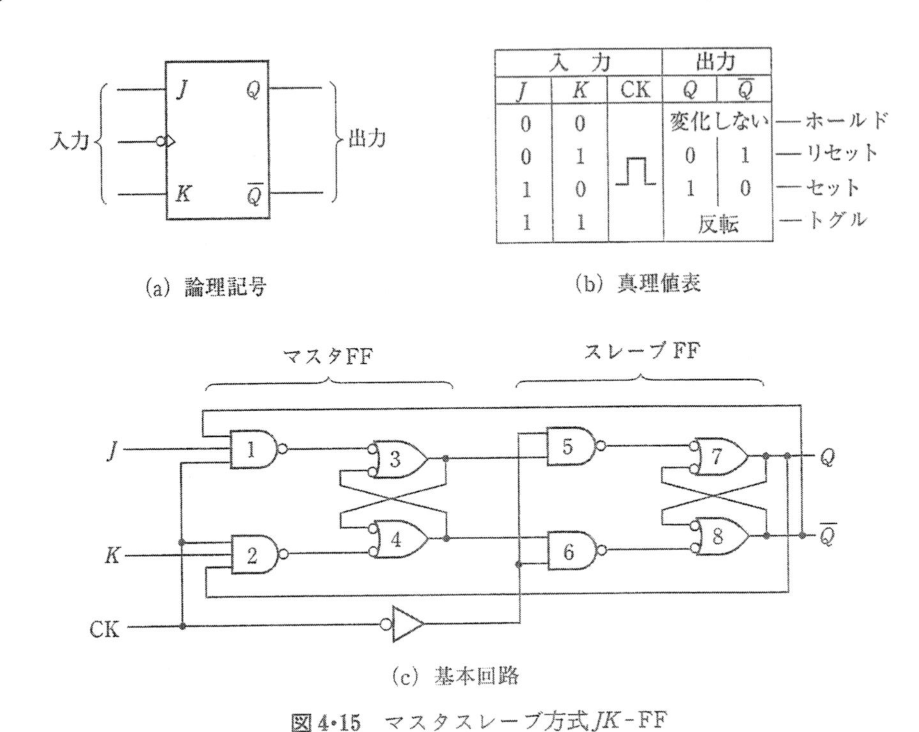

入　力			出力		
J	K	CK	Q	$\overline{Q}$	
0	0	⎍	変化しない		—ホールド
0	1		0	1	—リセット
1	0		1	0	—セット
1	1		反転		—トグル

(a) 論理記号　　(b) 真理値表

(c) 基本回路

図4・15　マスタスレーブ方式 JK-FF

(c) で動作を説明します．クロック入力 CK が "1" ではゲート 1 と 2 が開いてマスタ FF に J と K の入力情報が取り込まれます．このときゲート 5 と 6 は NOT ゲートを介しているので閉じており，出力 Q と $\overline{Q}$ はホールド状態で変化しません．入力 CK が "0" に立ち下ると，こんどはゲート 1 と 2 が閉じて J と K の入力情報のマスタ FF への取込みを禁止し，同時にゲート 5 と 6 が開くのでマスタ FF の内容がスレーブ FF にシフトして出力されます．このように，情報の入力から出力までにクロックパルスの 1 パルス全体を用い，結果として出力はクロックの立下りで変化することになります．

入力 $J=1$，$K=0$ で，そのときの出力が $Q=0$，$\overline{Q}=1$ であったときの動作を図 4・16 で説明します．$Q=0$，$\overline{Q}=1$ であったとすればスレーブ FF 内のゲート 7 と 8 で構成した

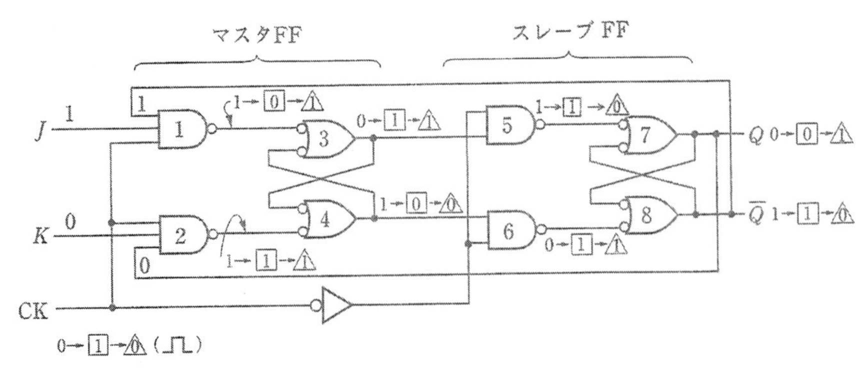

図4・16　セット状態の動作

RS-FF はリセット状態なので，その入力は図のように“1”（ゲート 5 の出力），“0”（ゲート 6 の出力）で，スレーブ FF にはマスタ FF の出力“0”（ゲート 3 の出力）と“1”（ゲート 4 の出力）が与えられています．入力 CK が“0”ではゲート 1 と 2 は閉じているのでマスタ FF はホールド状態で，ゲート 3 と 4 の出力“0”，“1”を保持し，このときゲート 5 と 6 が開いているので，スレーブ FF にマスタ FF の出力をシフトして出力 Q，$\overline{Q}$ は“0”，“1”になっています．そこで入力 CK が 0→[1] に立ち上るとゲート 1 と 2 が開いて J と K の情報がマスタ FF に取り込まれ，その出力であるゲート 3 と 4 の出力は“[1]”，“[0]”に変わります．このときゲート 5 と 6 は閉じているので，出力 Q，$\overline{Q}$ はまだ変化しません．そして，CK が [1]→ △0 に立ち下るとマスタ FF への J，K の入力をしゃ断し，スレーブ FF にマスタ FF の出力“△1”，“△0”をシフトして出力 Q，$\overline{Q}$ を“△1”，“△0”の**セット状態**にします．

続けて，入力 J と K をともに“1”にして，CK を 0→1→0 と 1 パルス与えた場合を追ってみます．図 4・16 で $J=K=1$ で，FF の各部は“△”の状態にあります．そこで，CK が“1”に立ち上るとゲート 2 の NAND 条件が成立して，その出力は“0”になりますが，ゲート 1 の出力は $\overline{Q}$ の“0”のために“1”のままです．したがって，マスタ FF の出力は“0”，“1”に変わります．スレーブ FF はゲート 5 と 6 が閉じるため，出力 Q，$\overline{Q}$ は変化しません．そして，CK が“0”に立ち下るとマスタ FF の出力“0”，“1”がスレーブ FF にシフトして，出力 Q，$\overline{Q}$ を“0”，“1”にします．これはトリガを与える前の状態を反転した動作で**トグル**（toggle）状態といいます．その他，ホールドとリセット状態も同様に回路を追うことによって容易に理解できます．

マスタスレーブ *JK*-FF は 7476 という品名で市販されています．図 4・17 に SN 7476 を示します．図（a）で示すように 16 ピンの DIP タイプに 2 回路集積されており，SN 7474 の *D*-FF と同じ非同期入力のプリセット（PR）とクリア（CLR）機能が付いています．非同期入力の機能は SN 7474 と全く同じで，同期入力の CK，J，K よりも優先度が高い入力で

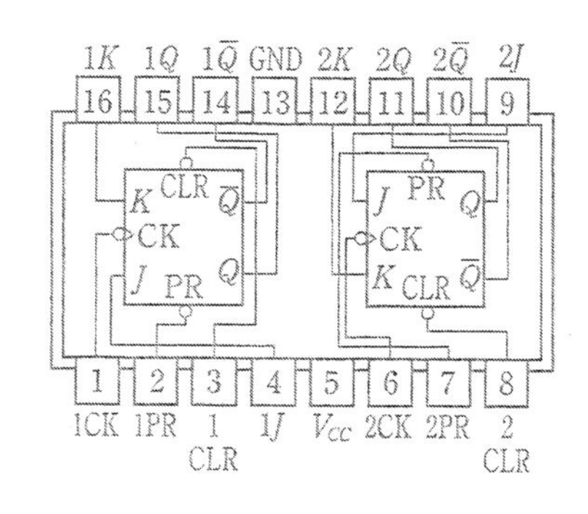

（a）ピン配置図

入　力					出力		
PR	CLR	J	K	CK	Q	$\overline{Q}$	
1	1	0	0		保	持	―ホールド
1	1	0	1		0	1	―リセット
1	1	1	0	⎍	1	0	―セット
1	1	1	1		反	転	―トグル
0	1	×	×	×	1	0	―非同期プリセット
1	0	×	×	×	0	1	―非同期クリア
0	0	×	×	×	1	1	―非同期禁止

×はレベルに無関係

（b）真理値表

図 4・17　マスタスレーブタイプの *JK*-FF（SN 7476）

す．内部回路は図4•15の基本回路とは少し異なり，トランジスタを含んだ回路になるため割愛します．

図4•18にタイミングチャート例を示します．①の期間は入力CLRがアクティブで非同期クリア状態なので，同期入力CK，J，Kには無関係に$Q=0$，$\overline{Q}=1$になります．②と④の期間は入力PRとCLRが非アクティブなので，入力JとK情報を取り込み，クロックに同期したJK-FFとして動作します．③の期間では入力PRがアクティブなのでPRが“0”になるのと同時に，非同期プリセット状態$Q=1$，$\overline{Q}=0$になります．⑤の期間は非同期クリア状態なので，入力CLRが“0”になるとただちに出力は$Q=0$，$\overline{Q}=1$になりますが，直前の④の期間が同じ出力状態なので，結果的には出力状態は不変です．⑥の期間で入力PRとCLRがともにアクティブ状態なので，非同期に出力Qと$\overline{Q}$がともに“1”になる禁止状態です．

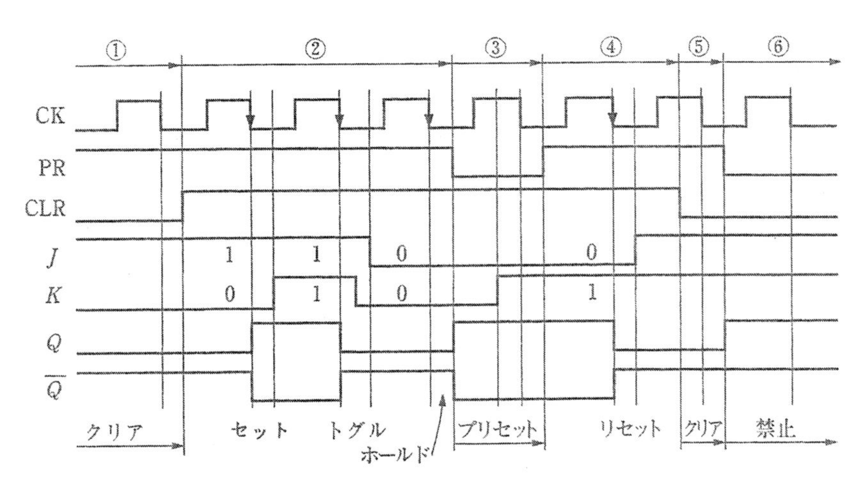

図4•18 JK-FFのタイミングチャート例

JK-FFには他にポジティブエッジトリガタイプの7470やネガティブエッジトリガタイプの74LS76や74LS112などが市販されています．

4•6 T-FF

T-FFは入力Tのクロックパルスによって反転動作するFFで，トリガ（Trigger）あるいはトグル（Toggle）FFと呼ばれており，JK-FFやD-FFから容易に作ることができます．JK-FFにはトグル状態があるので，図4•19のように入力JとKをともに“1”に設定すれば，クロックの立下りで反転動作をします．したがって，論理記号の入力Tには小丸を付けて表記します．

D-FFはクロックの立上りエッジで入力Dの値をQに出力するため，図4•20のようにQの反転した出力$\overline{Q}$をDに接続することによって，T-FFになります．この場合はクロッ

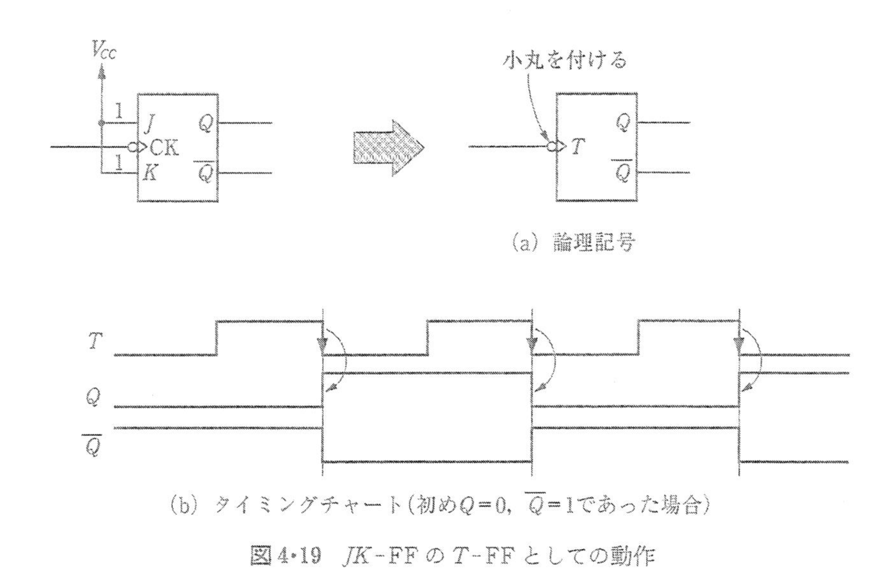

(a) 論理記号

(b) タイミングチャート（初め$Q=0$, $\overline{Q}=1$であった場合）

図4・19　*JK*-FF の *T*-FF としての動作

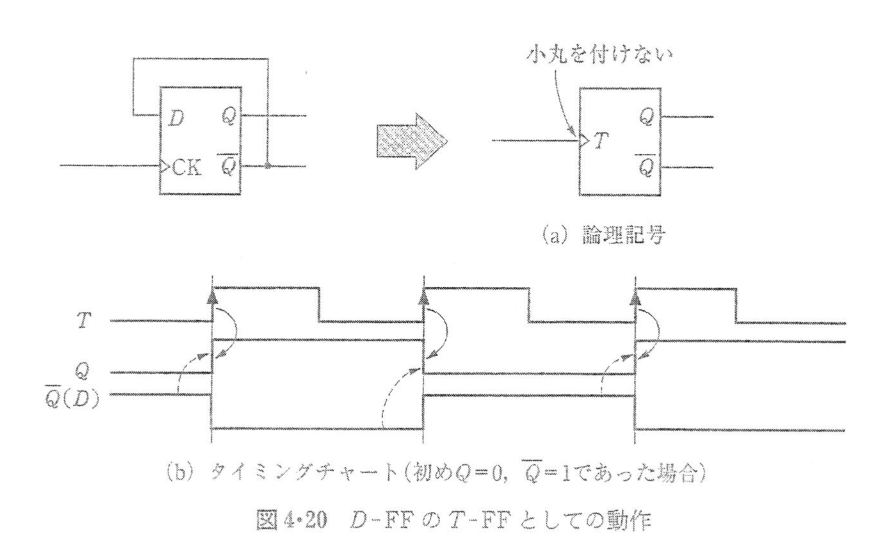

(a) 論理記号

(b) タイミングチャート（初め$Q=0$, $\overline{Q}=1$であった場合）

図4・20　*D*-FF の *T*-FF としての動作

クの立上りで出力が反転するので，論理記号の入力 *T* には小丸は付けません．

T-FF の出力は入力 *T* のパルスが2個で1パルスの動作をします．これは，クロックを1/2分周したことであり，バイナリ（2進）動作であることから，第10章のカウンタ回路の基本素子として使われます．

D-FF や *JK*-FF は図4・12と図4・17で示したように1パッケージに2回路入っており，あまったFFで，または使用品種を少なくするために他のFFに機能変換して使うようなこともよくあります．*D*-FF や *JK*-FF を *T*-FF に変換したように，他のすべてのFFに変換可能ですが，本書は入門書であり，素子の基本的な使い方までとして，機能変換法は割愛します．必要なら拙著『ディジタル回路の基礎』（日本理工出版会）その他専門書を参考にして下さい．

第4章　演習問題

1. NAND構成 *RS*-FF の入力に NOT ゲートを挿入した**図 4・21** の回路に，図のような入力信号を与えた場合の出力の波形を求めなさい．

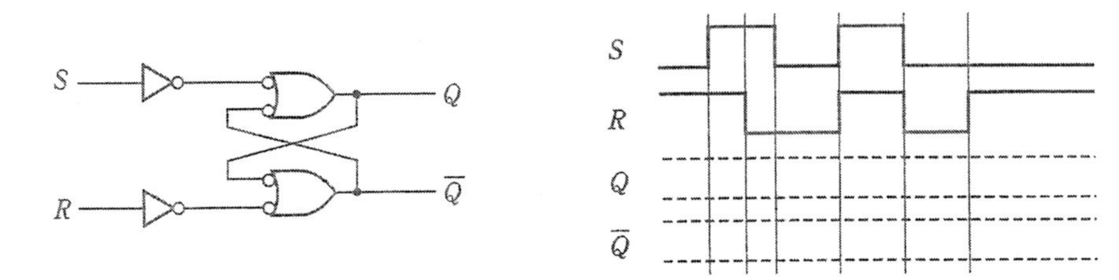

図 4・21　両入力に NOT ゲートを挿入した *RS*-FF

2. ディジタル回路は NAND または NOR ゲートですべての回路が構成できます．図 4・7 の NAND 構成チャタリング防止回路をそのまま NOR 構成とした場合，チャタリングは防止できるか検討しなさい．

3. NOR 構成 *RS*-FF によるチャタリング防止回路を設計しなさい．

4. *RST*-FF と *D*-FF を**図 4・22** のように構成した場合，各出力をタイミングチャートで示

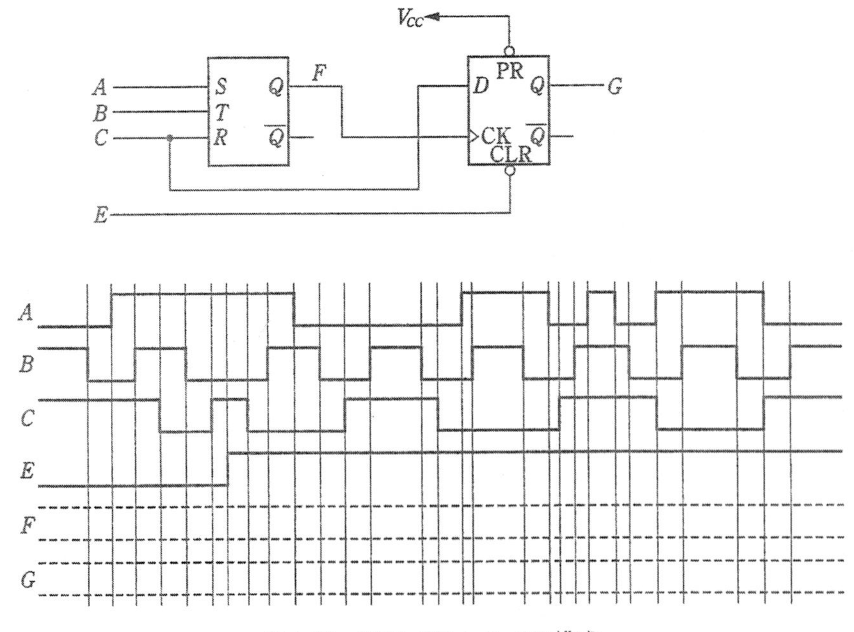

図 4・22　*RST*-FF と *D*-FF 構成

しなさい．

5. D-FF 2段構成の同期微分回路を図4・23に示します．Q_0，Q_1，OUTの各出力波形を求めなさい．

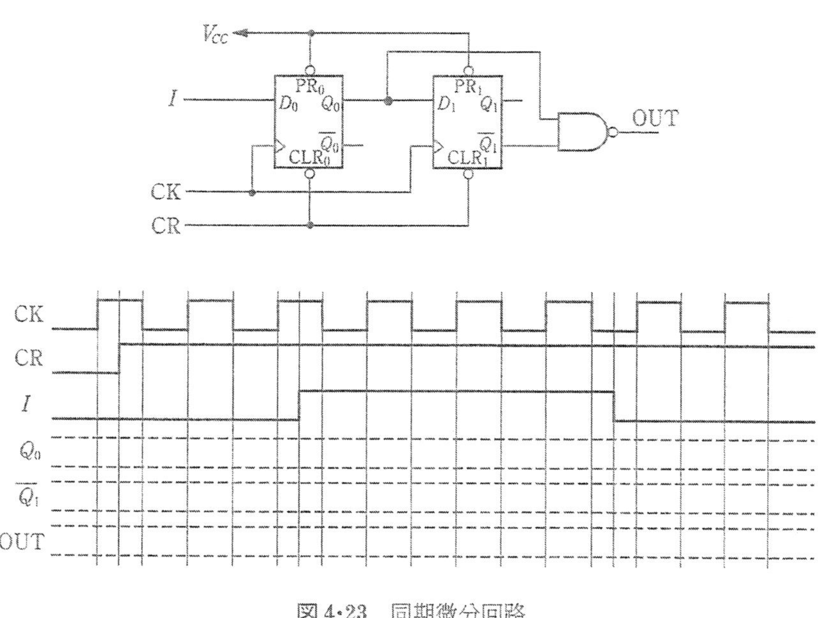

図4・23　同期微分回路

6. JK-FF 2段構成で前段のFFの動作を止める回路を図4・24に示します．各FFの出力Q_0，$\overline{Q_1}$の波形を求めなさい．

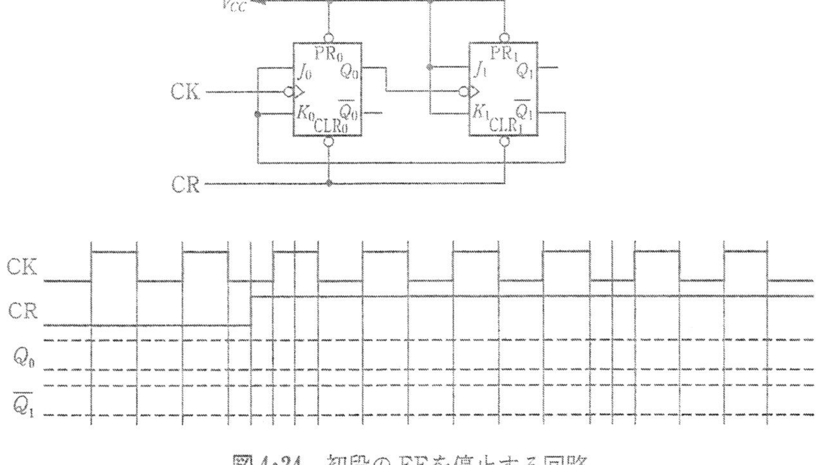

図4・24　初段のFFを停止する回路

7. D-FF とJK-FF 構成の回路を図4・25に示します．それぞれの FF の出力 Q_0, Q_1 の波形を求めなさい．

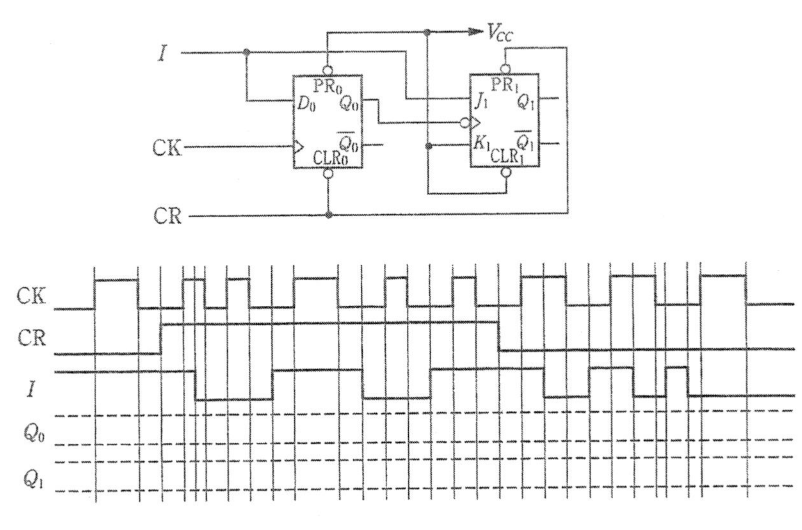

図4・25　D-FF とJK-FF 構成

第5章

符号変換回路

これまでディジタル回路で扱う信号情報（第1章），論理演算を実行する基本論理素子の種類（第2章），回路の表現・解析に必要な論理代数と論理圧縮法（第3章），そして順序回路の基本構成単位としてのフリップフロップの種類（第4章）について解説してきました．ディジタル回路技術に必要な基礎知識と実際に実行する回路素子の種類，機能および使い方が理解できたことと思います．この章からは以上の**基礎に基づいた応用回路技術**に入ります．できるだけ詳細な解説を心掛けますが，重複した説明にも限りがありますので，必要に応じて前章に戻り確認しながら先に進むようにして下さい．

これまで解説してきたように，ディジタル回路で扱う信号は"0"と"1"だけを扱うことができるにすぎません．この"0"と"1"の組合せによって2進符号，8進符号，10進符号，16進符号，BCD符号，……，などを用いますが，これらのビット列は人間にとっては理解しにくいものです．そこで人間の理解しやすい情報とディジタル回路で扱う情報の間には相互に変換するための**符号変換**（code converters）が必要になります．例えば，人間は日常10進数を使っていますが，ディジタル回路では直接10進数を処理することができません．そのためディジタル回路で扱えるBCDコードに変換する回路を用意することになります．

このような10進数をBCDコードにコード化する回路を**エンコーダ**（encoder：**符号器**）といいます．それとは逆に，2進符号を特別な符号に変換する回路を**デコーダ**（decoder：**復号器**）といいます．

本章ではエンコーダとデコーダについて，10進⇔BCDコードの変換回路の設計法や**MSI**（Medium Scale Integration：**中規模集積回路**）として市販されているそれぞれのICについて紹介します．

5·1 エンコーダ（符号器）

コンピュータへキーボードから10進数を入力したり，そのほかディジタルシステムにディジタルスイッチなどにより情報を入力する場合，BCDコードや2進符号に変換する回路がエンコーダです．

1　10進→BCDエンコーダの設計

10進数をBCDコードに変換する回路を設計してみましょう．ディジタル回路の設計手順は第3章3･2で解説してあるように，次の4ステップを順に進めていくことで容易に回路が設計できます．

(1)　ブロック図の作成

10進数の1けたは0～9なので10入力になります．それぞれの入力名をI_0～I_9とします．BCDコードは10進数の0～9に対応して“0000”～“1001”の4ビットで，その出力名をD，C，B，Aとします．

10入力4出力のブロック図を図5･1に示します．

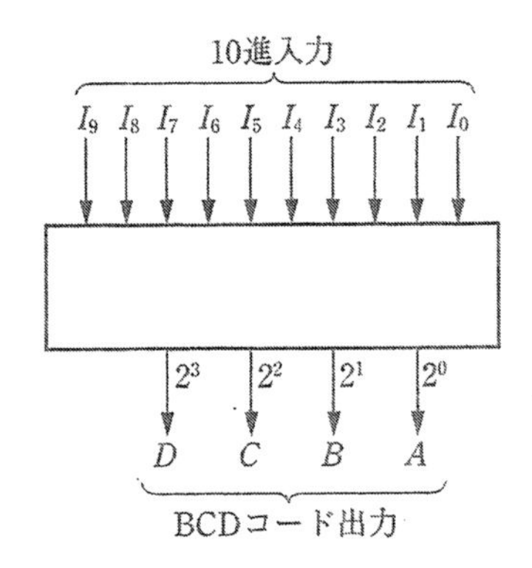

図5･1　10進→BCDエンコーダのブロック図

(2)　真理値表の作成

ブロック図の入出力には小丸が付かないアクティブHで考えてみます．したがって，入力I_0～I_9のうちどれかひとつの“1”で，それに相応したBCDコードが出力されます．例えば，I_0～I_9が“0000000001”ではI_9だけが“1”で10進の9を意味しているので，BCDコードD～Aのビット列は“1001”になります．BCDコードなので当然“1010”～“1111”のビット列は存在しません．真理値表を表5･1に示します．

(3)　論理式の導出

4出力なので各出力に対して論理式を真理値表から導きます．例えば，出力Dが“1”になるのは10進入力8と9のときなので，次式で表されます．

$$D=\overline{I_0}\cdot\overline{I_1}\cdot\overline{I_2}\cdot\overline{I_3}\cdot\overline{I_4}\cdot\overline{I_5}\cdot\overline{I_6}\cdot\overline{I_7}\cdot I_8\cdot\overline{I_9}+\overline{I_0}\cdot\overline{I_1}\cdot\overline{I_2}\cdot\overline{I_3}\cdot\overline{I_4}\cdot\overline{I_5}\cdot\overline{I_6}\cdot\overline{I_7}\cdot\overline{I_8}\cdot I_9$$

しかし，真理値表に示すように，入力には複数の“1”は存在することはないので，I_8が“1”なら他の入力はすべて“0”です．したがって，他の入力とのAND条件は考慮する必要はありません．各出力の論理式を以下に示します．

表5·1 10進→BCDエンコーダの真理値表

10 進 入 力										BCDコード出力			
I_0	I_1	I_2	I_3	I_4	I_5	I_6	I_7	I_8	I_9	D	C	B	A
1	0	0	0	0	0	0	0	0	0	0	0	0	0
0	1	0	0	0	0	0	0	0	0	0	0	0	1
0	0	1	0	0	0	0	0	0	0	0	0	1	0
0	0	0	1	0	0	0	0	0	0	0	0	1	1
0	0	0	0	1	0	0	0	0	0	0	1	0	0
0	0	0	0	0	1	0	0	0	0	0	1	0	1
0	0	0	0	0	0	1	0	0	0	0	1	1	0
0	0	0	0	0	0	0	1	0	0	0	1	1	1
0	0	0	0	0	0	0	0	1	0	1	0	0	0
0	0	0	0	0	0	0	0	0	1	1	0	0	1

$$D = I_8 + I_9$$
$$C = I_4 + I_5 + I_6 + I_7$$
$$B = I_2 + I_3 + I_6 + I_7$$
$$A = I_1 + I_3 + I_5 + I_7 + I_9$$

(4) 回 路 化

出力の論理式をそのまま回路化したのが**図5·2**です．入力I_0はどの論理式中にも含まれていないことに注目して下さい．

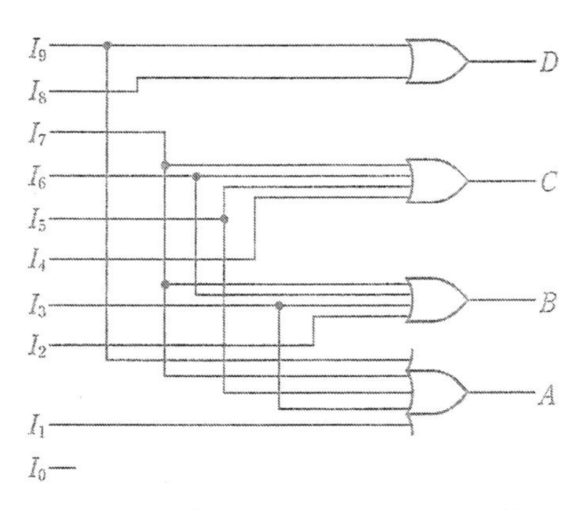

図5·2 10進→BCDエンコーダの回路

以上のような手順により，ほとんどのディジタル回路を設計することができます．設計に際しては，**使用状況や使用方法などを十分考慮した仕様**が求められます．前例では10進数の1けたをBCDに変換するエンコーダですから，当然10進の入力信号のうちアクティブな信号はひとつだけという仕様で設計しました．このエンコーダに入力される前にチェック機構があって，複数のアクティブな信号は与えられないという使用状況下であれば問題はありません．しかし，キーボードから直接入力するような場合は同時に複数の“1”が与えられます．この場合，同時に複数の“1”は存在しないという仕様で設計してあるので，図5•2の回路からは満足した出力が得られません．また“0”の入力条件は出力の論理式には含まれていないので10進の0の入力があったかどうかの判断回路が必要となる場合もあります．

同時に複数の入力を防ぐ機構には，信号に優先度を持たせることによって対処することができます．例えば，0〜9の信号のうち大きい入力値を優先し，その値より小さい入力値を無視する回路を図5•3に示します．

図は簡単なために4入力の例で示してあります．

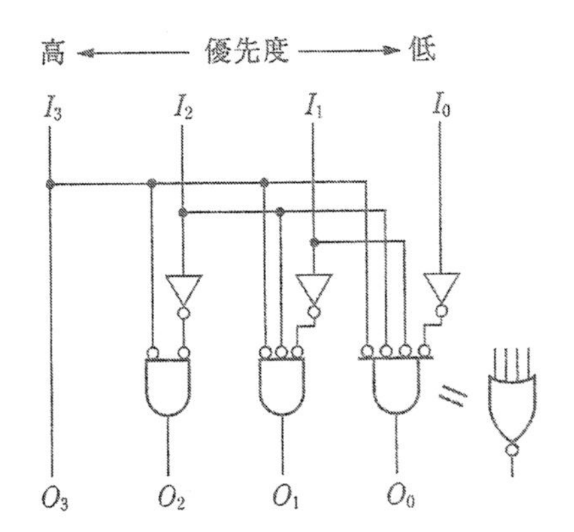

図5•3　4入力に優先度を持たせた回路（入出力アクティブH）

それぞれの出力の論理式を以下に示します．

$$O_3 = I_3, \qquad O_2 = \overline{I_3} \cdot I_2$$

$$O_1 = \overline{I_3} \cdot \overline{I_2} \cdot I_1, \quad O_0 = \overline{I_3} \cdot \overline{I_2} \cdot \overline{I_1} \cdot I_0$$

図で示すように，優先度の高い信号によって下位のゲートを閉じる構成になっています．最も優先度の高い入力I_3が“1”のとき，それよりも低い入力のゲートは論理式で示すように，すべて$\overline{I_3}$との論理積なため$I_2 \sim I_0$の信号はしゃ断され，出力$O_2 \sim O_0$はすべて“0”になります．最も優先度の低い入力I_0が取り込まれる条件は，O_0の論理式から入力$I_3 \sim I_1$がすべて“0”のとき，つまり入力$I_3 \sim I_1$がすべて非アクティブのときだけです．

真理値表を**表5•2**に示します．表中，×は“0”でも“1”でもよいdon't careを意味しています．

10進の0の入力があったかの判断が必ずしも必要とは限りませんが，10進入力0を含んだ回路を付加することにより対処できます．これは0〜9までの入力があったかどうかを判断する回路（次項②）で解説します．市販されているエンコーダには以上のような入力信号に優先度を持たせた機能を内蔵したものがあり，**プライオリティエンコーダ**（priority encoder）と呼んでいます．

表5·2　入力信号に優先度を持たせた回路（図5·3）の真理値表

入力				出力			
I_0	I_1	I_2	I_3	O_3	O_2	O_1	O_0
×	×	×	1	1	0	0	0
×	×	1	0	0	1	0	0
×	1	0	0	0	0	1	0
1	0	0	0	0	0	0	1

“×”は don't care

2　4進→2進エンコーダの設計

0～3の4進入力を2進数に変換するエンコーダ（4-line to 2-line encoders）を同様な手順で，今度は入出力アクティブLで設計してみます．

(1)　ブロック図

入力をI_3～I_0，2進出力は2ビット必要でB_1，B_0とします．4入力2出力のブロック図を図5·4に示します．

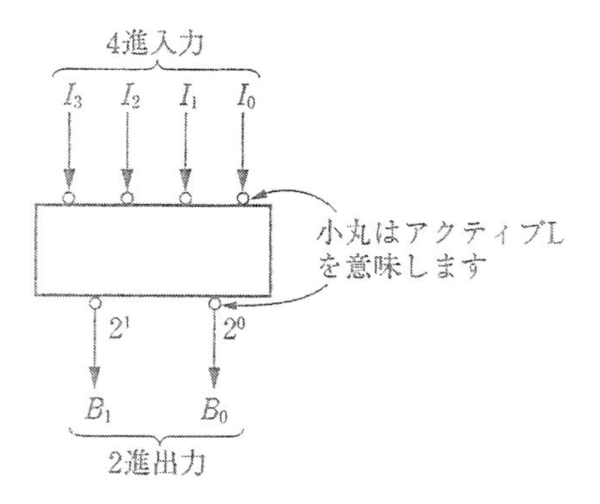

図5·4　4進→2進エンコーダのブロック図

(2)　真理値表

入出力がアクティブLなので，I_3～I_0のうちどれかひとつの“0”でそれに相応した出力がアクティブLで出力されます．例えば，I_3～I_0が“1011”ではI_2がアクティブなので2に相当した2進“10”の反転した“01”としてB_1，B_0に出力されます．真理値表を表5·3に示します．

表5·3　4進→2進エンコーダ（図5·4）の真理値表

入力				出力	
I_0	I_1	I_2	I_3	B_1	B_0
0	1	1	1	1	1
1	0	1	1	1	0
1	1	0	1	0	1
1	1	1	0	0	0

入出力アクティブLなので，アクティブHの場合と論理値が反転しています．

(3)　論理式の導出

アクティブLなので各出力が“0”になる論理式を以下に示します．

$$\overline{B_1}=\overline{I_2}+\overline{I_3},\quad \overline{B_0}=\overline{I_1}+\overline{I_3} \qquad \text{式 (1)}$$

両辺を2重否定して変形すると

$$\overline{\overline{B_1}}=B_1=\overline{\overline{I_2}+\overline{I_3}},\quad \overline{\overline{B_0}}=B_0=\overline{\overline{I_1}+\overline{I_3}} \qquad \text{式 (2)}$$

式（1）をド・モルガンの定理$\overline{A\cdot B}=\overline{A}+\overline{B}$で変形すると

$$\overline{B_1}=\overline{I_2\cdot I_3},\quad \overline{B_0}=\overline{I_1\cdot I_3}$$
$$B_1=\overline{\overline{I_2\cdot I_3}},\quad B_0=\overline{\overline{I_1\cdot I_3}} \qquad \text{式 (3)}$$

(4)　回路化

式（1）は例えばB_1は$\overline{I_2}$と$\overline{I_3}$のORで$\overline{B_1}$なので出力に小丸が付きます．つまり，ORの入出力に小丸が付いた論理記号になりますが，これは正論理で表すとANDになります．式（2）のB_1は$\overline{I_2}$と$\overline{I_3}$のNORを意味しています．回路化には論理レベルを合わせて表します．式（3）のB_1はI_2とI_3のNANDの否定を意味しています．それぞれの回路を**図5·5**に示します．図（a）はANDゲート構成です．この回路よりも基本ゲート構成である図（b）と（c）が推奨されますが，ドライブ側のファンアウト（**第2章2·9** 1 項参照）を考慮すると図（b）が最も適した回路であるといえます．

この場合も複数のアクティブな入力はないものとして設計したので，エンコーダの機能に合わせて，入出力アクティブLのプライオリティ回路を次に設計してみましょう．図5·3の入出力アクティブHを参考に各出力の論理式を導きます．

$$\overline{O_3}=\overline{I_3},\qquad \overline{O_2}=I_3\cdot\overline{I_2}$$
$$\overline{O_1}=I_3\cdot I_2\cdot\overline{I_1},\quad \overline{O_0}=I_3\cdot I_2\cdot I_1\cdot\overline{I_0}$$

以上のように，全変数を反転した論理式で得られます．その回路を**図5·6**に示します．

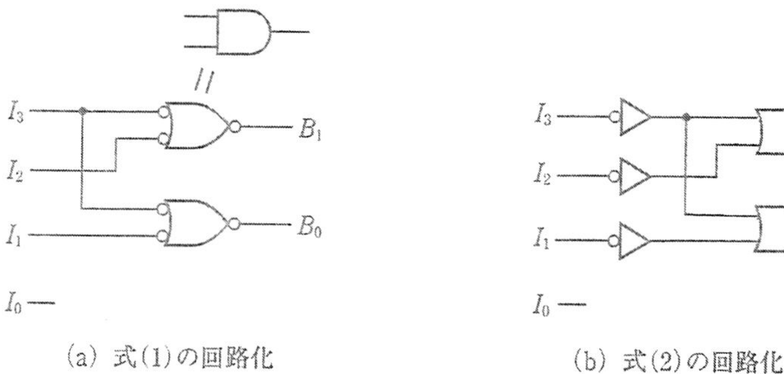

(a) 式(1)の回路化　　(b) 式(2)の回路化

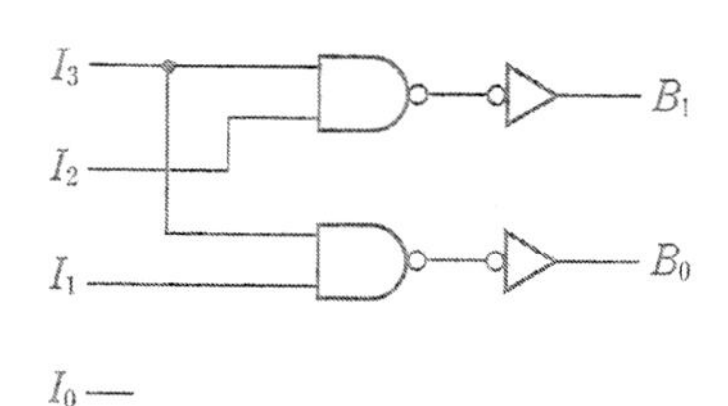

(c) 式(3)の回路化

図5・5　4進→2進エンコーダの回路

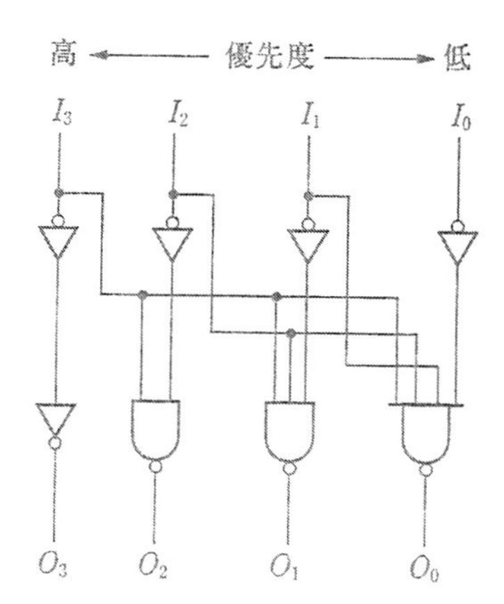

図5・6　4入力に優先度を持たせた回路（入出力アクティブL）

図5・6の出力に図5・5の回路を接続したのがプライオリティエンコーダで，複数のアクティブな入力があった場合，優先度の高い入力値がエンコードされます．

ところで，4-2エンコーダも10進→BCDエンコーダと同様，入力0（I_0）の信号はエンコード条件には入っておらず，0の入力があったかどうかの判断が付きません．そこで，I_0の信号も含めて入力側にアクティブな信号があったかどうかの判断回路を考えてみます．入出力アクティブLの場合，表5・3を見ると入力I_1～I_3のアクティブな信号である“0”があると，出力B_1とB_0には必ずアクティブな“0”が出力されています．さらに，入力I_0が“0”であるときにアクティブな出力となるような回路を付加すればよいのです．論理的にいえば，出力のB_1が“0”かまたはB_0が“0”，または入力I_0が“0”のとき，“0”となるような回路とすれば**図 5･7** になります．これはこのエンコーダに対する入力があったかどうかの判断回路なので**グループセレクト**（group select : **GS**）と呼ばれています．

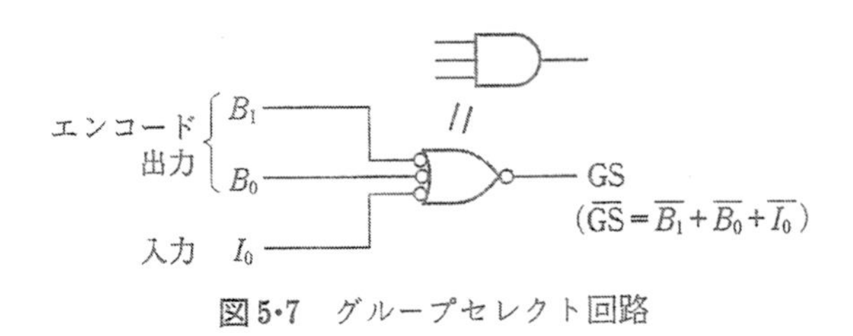

図 5･7 グループセレクト回路

以上のまとめとして，グループセレクト回路を含めた 4 進→2 進プライオリティエンコーダを**図 5･8** に示します．

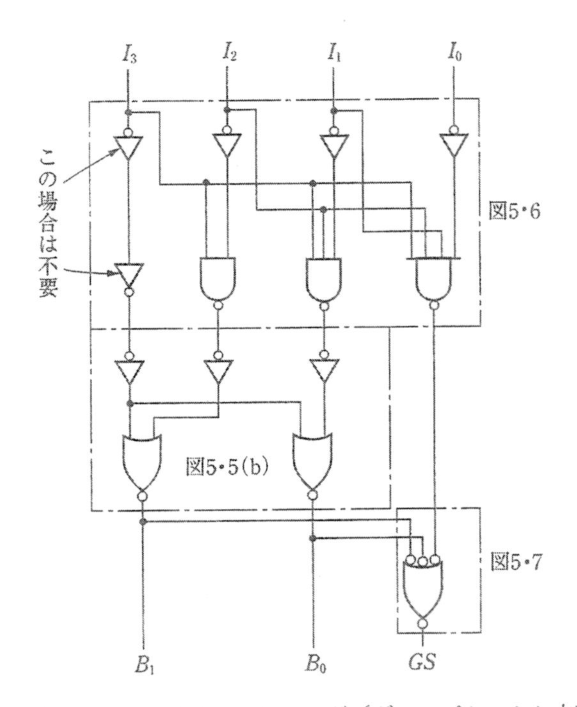

図 5･8 4-2 プライオリティエンコーダ（グループセレクト内蔵）

5･2 エンコーダ用 IC

エンコーダ用 MSI として市販されている 10 進→BCD プライオリティエンコーダと 8 進→2 進プライオリティエンコーダについて解説します．

1 SN 74147

10 進 → BCD プライオリティエンコーダ（10-line decimal to 4-line BCD priority encoders）として市販されている SN 74147 の概要を**図 5･9** に示します．

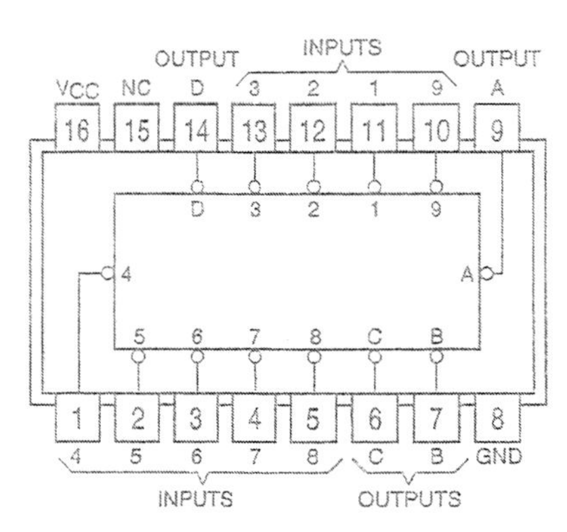

（a）ピン配置図

INPUTS									OUTPUTS			
1	2	3	4	5	6	7	8	9	D	C	B	A
H	H	H	H	H	H	H	H	H	H	H	H	H
X	X	X	X	X	X	X	X	L	L	H	H	L
X	X	X	X	X	X	X	L	H	L	H	H	H
X	X	X	X	X	X	L	H	H	H	L	L	L
X	X	X	X	X	L	H	H	H	H	L	L	H
X	X	X	X	L	H	H	H	H	H	L	H	L
X	X	X	L	H	H	H	H	H	H	L	H	H
X	X	L	H	H	H	H	H	H	H	H	L	L
X	L	H	H	H	H	H	H	H	H	H	L	H
L	H	H	H	H	H	H	H	H	H	H	H	L

×はHでもLでもよい(don't care)

（b）真理値表

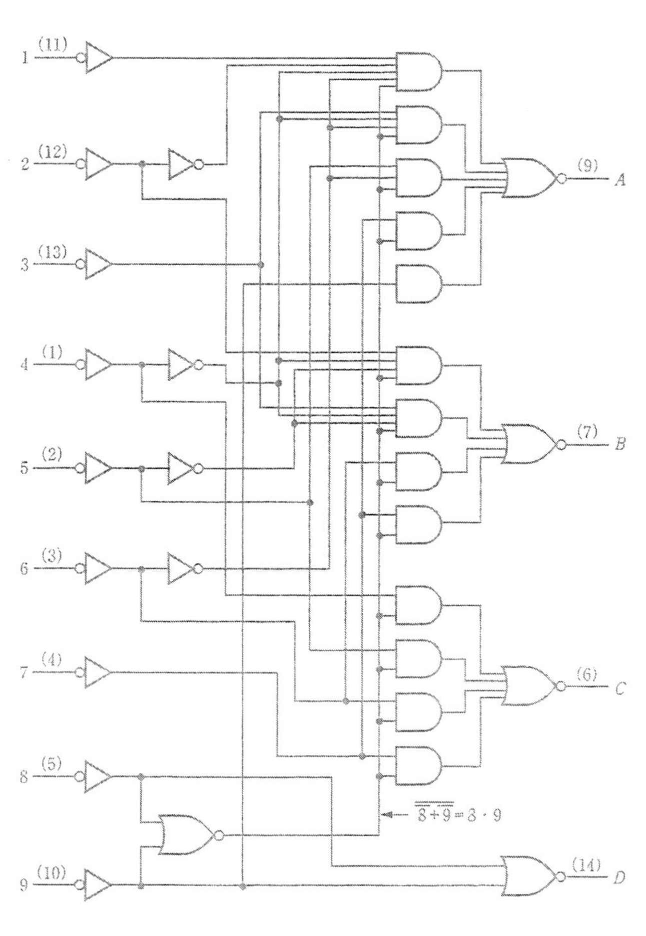

（c）内部回路

図5・9　SN 74147の概要

図5・9で示すように，入出力ともにアクティブLのプライオリティエンコーダです．例えば，入力3，5および6に“0”を与えた場合（他の入力はすべて“1”），アクティブな3信号のうちで最も優先度の高いのは入力6なので，6がエンコードされて出力D～Aには

“0110”の各ビットが反転した“1001”が出力されます．各出力の論理式は図5•9（c）から以下の式で示されます．

$$\overline{D}=\overline{8}+\overline{9}$$
$$\overline{C}=\overline{4}\cdot(8\cdot9)+\overline{5}\cdot(8\cdot9)+\overline{6}\cdot(8\cdot9)+\overline{7}(8\cdot9)$$
$$\overline{B}=\overline{2}\cdot4\cdot5\cdot(8\cdot9)+\overline{3}\cdot4\cdot5\cdot(8\cdot9)+\overline{6}\cdot(8\cdot9)+\overline{7}\cdot(8\cdot9)$$
$$\overline{A}=\overline{1}\cdot2\cdot4\cdot6\cdot(8\cdot9)+\overline{3}\cdot4\cdot6\cdot(8\cdot9)+\overline{5}\cdot6\cdot(8\cdot9)+\overline{7}\cdot(8\cdot9)+\overline{9}$$

論理式から，出力DがアクティブL（“0”）になるのは入力8が“0”かまたは入力9が“0”のときを意味しています．出力Cが“0”になるのは入力4が“0”でかつ入力8と入力9が非アクティブの“1”のとき，または入力5が“0”でかつ入力8と入力9が“1”のとき，または入力6が“0”でかつ入力8と入力9が“1”のとき，または入力7が“0”でかつ入力8と入力9が“1”のとき，を意味しています．

したがって，出力Cに関する入力信号のプライオリティは入力8と9が非アクティブで，入力4〜7に“0”が与えられたときであることを示しています．入力1〜3は論理式に含まれていないので出力Cの状態には関係しません．同様に出力Aが“0”になるのは最も優先度の高い入力9が“0”のときか，または入力7が“0”でかつ入力8と入力9が“1”のときか，または……，または最も優先度の低い入力1が“0”でかつ入力2，4，6と8，9が非アクティブ（“1”）のときです．

前例の入力3，5および6に“0”が与えられた場合は出力Dの論理式にはすべて含まれていないので，Dは非アクティブで“1”です．出力Cは論理式中，$\overline{5}\cdot(8\cdot9)$と$\overline{6}\cdot(8\cdot9)$の条件によりアクティブ“0”になります．出力$B$は論理式中$\overline{6}\cdot(8\cdot9)$の条件で同様に“0”になります．出力$A$の論理式中では合う条件が存在しないので非アクティブで“1”になり，結果の出力$D\sim A$が“1001”（図（b））になるのが理解できます．

図5•10に0〜9の入力があったことを示すGS機能を付加した回路を示します．

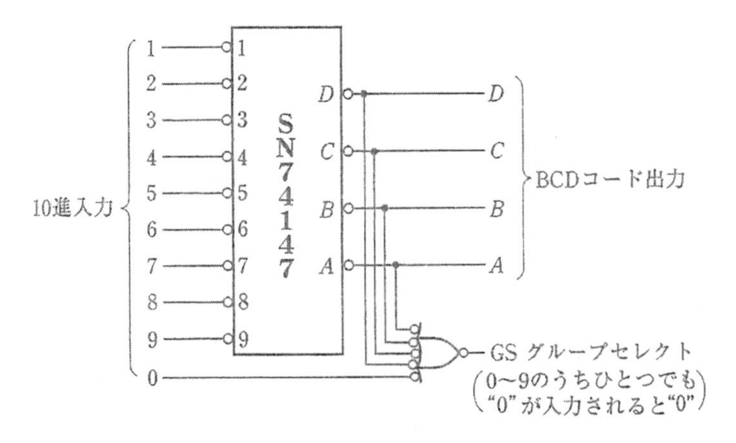

図5•10　SN 74147にGS機能を付加した回路

2 SN 74148

SN 74148 は **8 進→2 進プライオリティエンコーダ**（8-line to 3-line octal priority encoders）で，入出力ともにアクティブ L，GS 機能およびイネーブル入出力機能が内蔵されています．概要を**図 5・11** に示します．

イネーブル出力 EO とグループセレクト GS の論理式を図 5・11（c）から導きます．

$$\overline{EO} = 0 \cdot 1 \cdot 2 \cdot 3 \cdot 4 \cdot 5 \cdot 6 \cdot 7 \cdot \overline{EI}$$

$$\overline{GS} = EO \cdot \overline{EI}$$

以上の論理式から，イネーブル出力 EO が“0”になるのは 0～7 の入力がすべて“1”で，かつイネーブル入力 EI が“0”のときであることがわかります．グループセレクト GS が“0”になるのは出力 EO が“1”で，かつ入力 EI が“0”のときです（図（b））．イネーブル入力 EI に“1”を与えると出力 EO と GS は“1”となりエンコーダとして機能しなくなります．エンコード出力 A2～A0 の論理式を前項 SN 74147 と同様に導くと，その動作は図 5・11（b）のようになることが理解できます．

SN 74148 の拡張した使用法を**図 5・12** に示します．図は 2 個の SN 74148 をカスケードに接続して，**16 進→2 進プライオリティエンコーダ**（16-line to 4-line priority encoders）に拡張したもので，下段のエンコーダに優先権を与えるために，イネーブル入力 EN は下段に与えることに注意して下さい．EN が“0”で 8～15 の入力があると下段のイネーブル出力 EO が“1”になり，これによって上段の入力 EI が“1”なので，0～7 の入力は無視されます．0～7 の入力がエンコードされるのはイネーブル入力 EN が“0”で，かつ 8～15 の入力がない（下段の入力がすべて“1”で，下段の EO = 0 によって上段の EI も“0”）ときです．

イネーブル入力 EN が非アクティブの“1”では下段の出力 EO が“1”で，上段の入力 EI も“1”になり，2 個のエンコーダは機能しません．

エンコード出力の MSB である A3 は以下に示すように，0～7 のとき“0”で，8～15 のとき“1”です．

	A3	A2	A1	A0	
0 −	0	0	0	0	
～	↓	～	～	～	A3 = 0
7 −	0	1	1	1	
8 −	1	0	0	0	
～	↓	～	～	～	A3 = 1
15 −	1	1	1	1	

アクティブ L なので反転した論理で，下段のエンコーダのグループセレクト出力（8～15

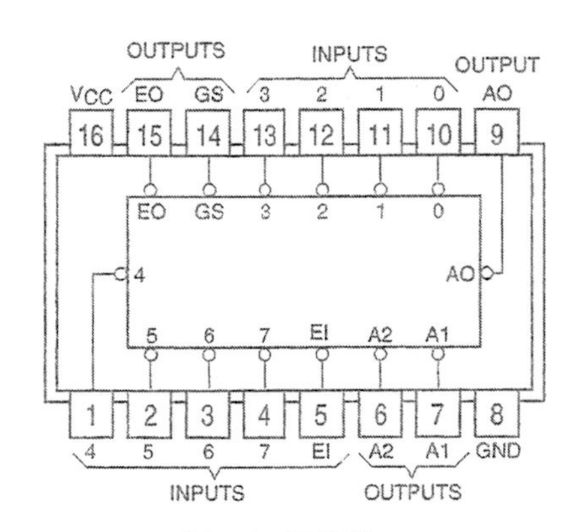

(a) ピン配置図

INPUTS									OUTPUTS				
EI	0	1	2	3	4	5	6	7	A2	A1	A0	GS	EO
H	X	X	X	X	X	X	X	X	H	H	H	H	H
L	H	H	H	H	H	H	H	H	H	H	H	H	L
L	X	X	X	X	X	X	X	L	L	L	L	L	H
L	X	X	X	X	X	X	L	H	L	L	H	L	H
L	X	X	X	X	X	L	H	H	L	H	L	L	H
L	X	X	X	X	L	H	H	H	L	H	H	L	H
L	X	X	X	L	H	H	H	H	H	L	L	L	H
L	X	X	L	H	H	H	H	H	H	L	H	L	H
L	X	L	H	H	H	H	H	H	H	H	L	L	H
L	L	H	H	H	H	H	H	H	H	H	H	L	H

X はdon't care

(b) 真理値表

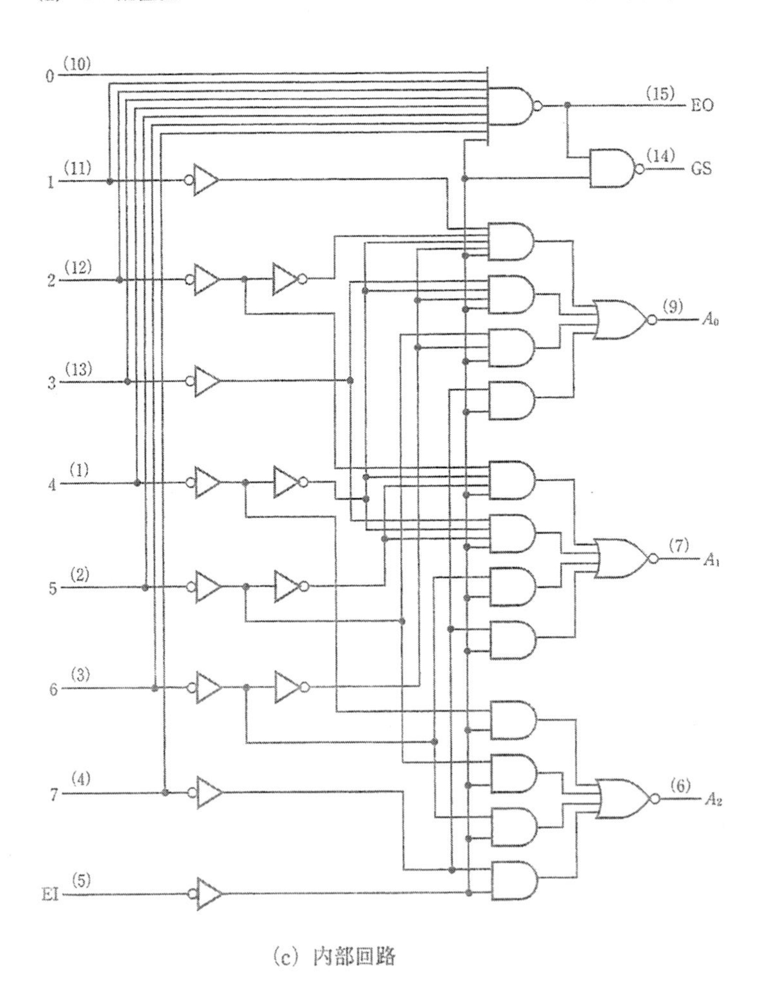

(c) 内部回路

図5・11　SN 74148 の概要

の入力があったとき“0”）を A3 とすればよいことがわかります．A0〜A2 およびグループセレクトに関しては上下段のどちらかのアクティブ L 出力により得られます．

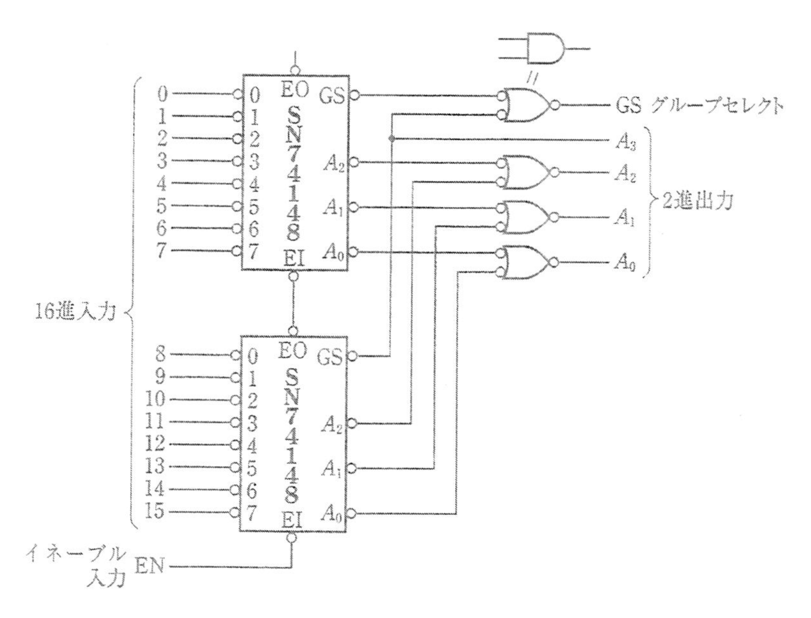

図5·12　SN 74148を2個カスケード接続して2倍に拡張

5·3 デコーダ（復号器）

エンコーダの逆の機能であるデコーダの設計を**5·1**のエンコーダの例と同様に解説します．

[1] BCD→10進デコーダの設計

5·1 [1] のエンコーダの入出力を逆にした機能のブロック図と真理値表を図**5·13**に示します．

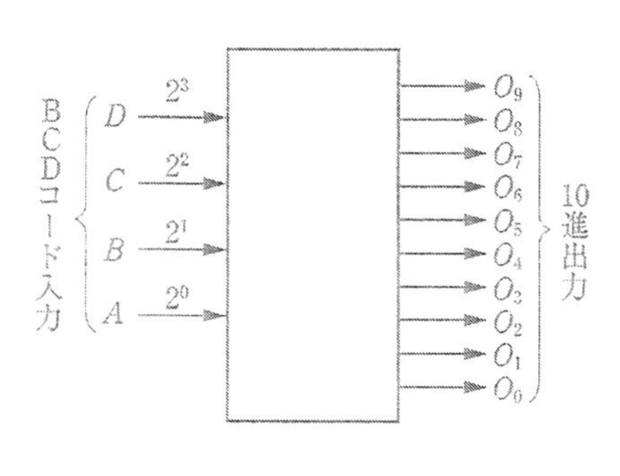

（a）ブロック図

BCDコード入力				10進出力									
D	C	B	A	O_0	O_1	O_2	O_3	O_4	O_5	O_6	O_7	O_8	O_9
0	0	0	0	1	0	0	0	0	0	0	0	0	0
0	0	0	1	0	1	0	0	0	0	0	0	0	0
0	0	1	0	0	0	1	0	0	0	0	0	0	0
0	0	1	1	0	0	0	1	0	0	0	0	0	0
0	1	0	0	0	0	0	0	1	0	0	0	0	0
0	1	0	1	0	0	0	0	0	1	0	0	0	0
0	1	1	0	0	0	0	0	0	0	1	0	0	0
0	1	1	1	0	0	0	0	0	0	0	1	0	0
1	0	0	0	0	0	0	0	0	0	0	0	1	0
1	0	0	1	0	0	0	0	0	0	0	0	0	1

（b）真理値表

図5·13　BCD→10進デコーダのブロック図と真理値表

図のように，入出力ともにアクティブHとします．BCDコードの4ビットの入力は0〜9の“0000”〜“1001”までの組合せです．4ビット入力としては10〜15に相当する“1010”〜“1111”の6通りの組合せはBCDコードにはない禁止組合せですので，カルノー図で各出力の論理式を圧縮する際には，ループを作るのに都合の良いように“0”または“1”として（don't care）扱うことができます．

各出力が“1”になるのはすべてひとつの条件であり，それぞれの場所をカルノー図で示します（**図5･14**）．

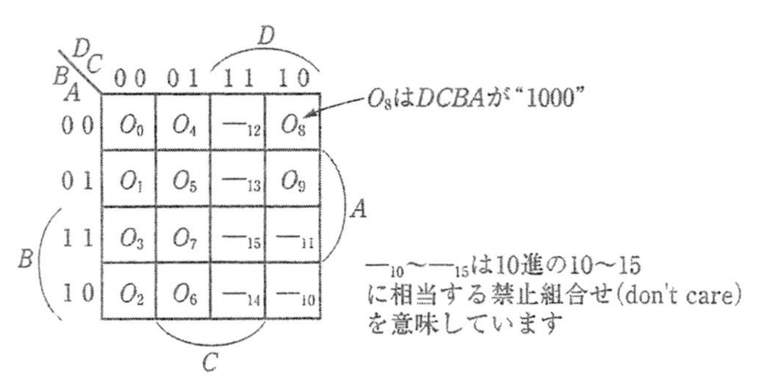

図5･14 各出力と禁止組合せのカルノー図

出力O_0に対するカルノー図は**図5･15**で示すように，ループはひとつもできないので冗長な項は含まれていないことを意味しています．

出力O_9では$-_{11}$，$-_{13}$，$-_{15}$を“1”として（他のdon't careは“0”とする）4つでひとつのループができます．

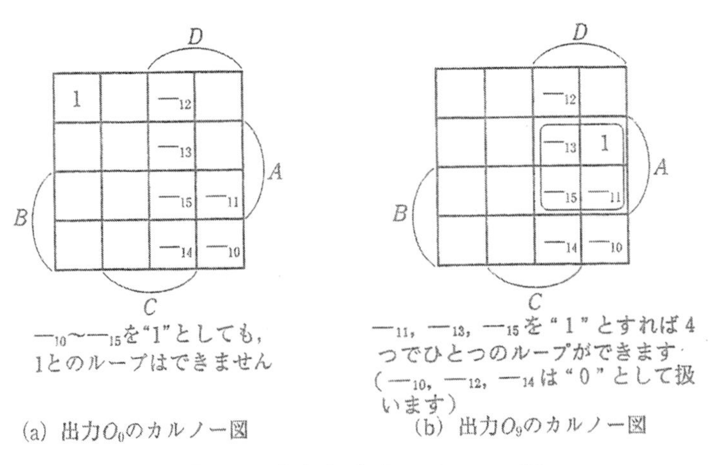

(a) 出力O_0のカルノー図　(b) 出力O_9のカルノー図

図5･15 出力O_0とO_9のカルノー図

以上のようにして，全出力に対するカルノー図より，それぞれの出力の論理式を導きます．ひとつのカルノー図にまとめたものを**図5･16**に示します．

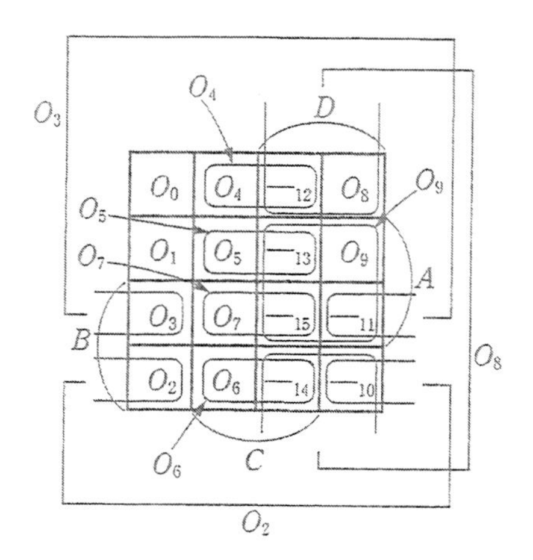

図 5・16　各出力のカルノー図をまとめて表示

カルノー図から導出した各出力の論理式をそれぞれ以下に示します．

$O_0=\overline{D}\cdot\overline{C}\cdot\overline{B}\cdot\overline{A}$，　$O_1=\overline{D}\cdot\overline{C}\cdot\overline{B}\cdot A$，　$O_2=\overline{C}\cdot B\cdot\overline{A}$

$O_3=\overline{C}\cdot B\cdot A$，　$O_4=C\cdot\overline{B}\cdot\overline{A}$，　$O_5=C\cdot\overline{B}\cdot A$

$O_6=C\cdot B\cdot\overline{A}$，　$O_7=C\cdot B\cdot A$，　$O_8=D\cdot\overline{A}$

$O_9=D\cdot A$

以上の論理式をそのまま回路化したのが図 5・17 です．

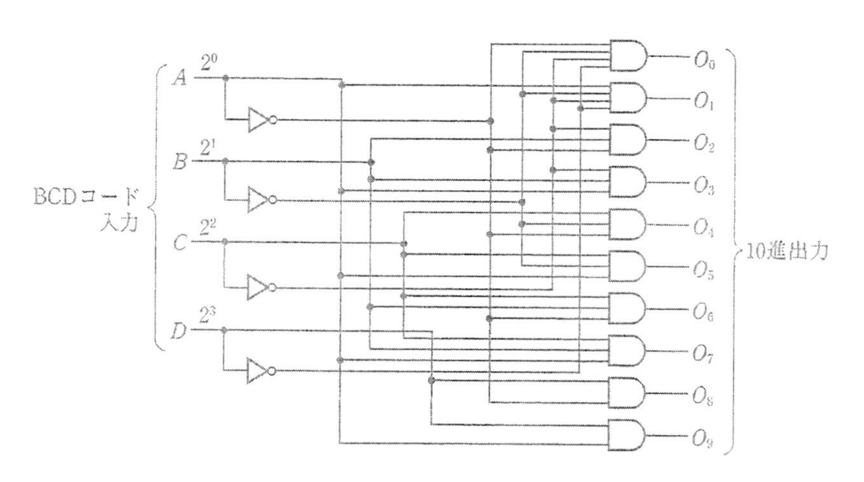

図 5・17　BCD→10 進デコーダのゲート構成

[2] 2 進→4 進デコーダの設計

2 進 2 ビットを 0〜3 の 4 進に変換するデコーダ（2-line to 4-line decoders）を入出力アクティブ H で設計してみます．ブロック図と真理値表を図 5・18 に示します．

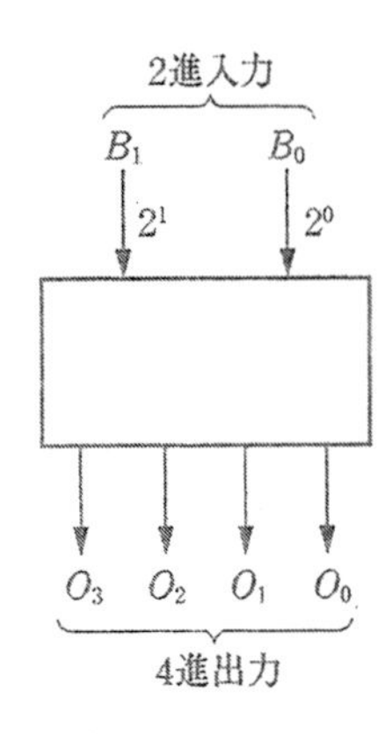

(a) ブロック図

入力		出　力			
B_1	B_0	O_0	O_1	O_2	O_3
0	0	1	0	0	0
0	1	0	1	0	0
1	0	0	0	1	0
1	1	0	0	0	1

(b) 真理値表

図5･18　2進→4進デコーダのブロック図と真理値表

各出力が"1"になる条件はそれぞれ1箇所だけなので論理式は以下のように導かれ，そのまま回路化した図を**図5･19**に示します．

$$O_0 = \overline{B_1}\cdot\overline{B_0}$$
$$O_1 = \overline{B_1}\cdot B_0$$
$$O_2 = B_1\cdot\overline{B_0}$$
$$O_3 = B_1\cdot B_0$$

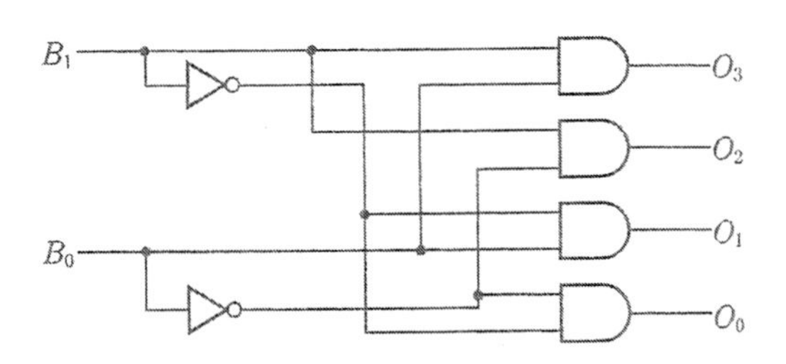

図5･19　論理式をそのまま回路化

論理式を次のように変形して，実用的な基本ゲートに置き換えます．各式を2重否定し，ド・モルガンの定理（$\overline{A\cdot B} = \overline{A}+\overline{B}$）でNOR形式に変換します．

$$O_0 = \overline{B_1}\cdot\overline{B_0} = \overline{\overline{\overline{B_1}\cdot\overline{B_0}}} = \overline{\overline{\overline{B_1}}+\overline{\overline{B_0}}} = \overline{B_1+B_0}$$

$$O_1 = \overline{B_1}\cdot B_0 = \overline{\overline{\overline{B_1}\cdot B_0}} = \overline{\overline{\overline{B_1}}+\overline{B_0}} = \overline{B_1+\overline{B_0}}$$

$$O_2 = B_1\cdot\overline{B_0} = \overline{\overline{B_1\cdot\overline{B_0}}} = \overline{\overline{B_1}+\overline{\overline{B_0}}} = \overline{\overline{B_1}+B_0}$$

$$O_3 = B_1\cdot B_0 = \overline{\overline{B_1\cdot B_0}} = \overline{\overline{B_1}+\overline{B_0}}$$

すべての出力はNOR構成を意味しています．それを，負論理表現も含めて**図5･20**に示します．

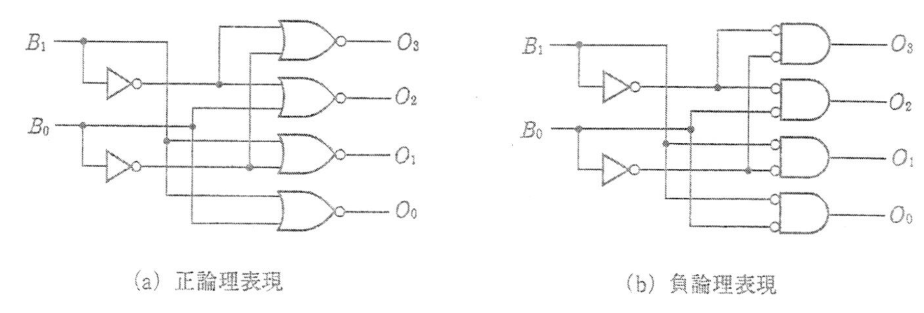

(a) 正論理表現　(b) 負論理表現

図5·20 2進→4進デコーダ回路

5·4 デコーダ用IC

たくさんのデコーダ用MSIが市販されていますが，そのうちのBCD→10進デコーダのSN 7442とコンピュータのメモリや入出力ポートのアドレスデコーダとしてよく用いられているSN 74138について解説します．第6章でも説明しますが，デコーダはデマルチプレクサとして使うこともできます．また6·4でSN 74154とSN 74155のデコーダとしての使い方も解説してあります．

1 SN 7442

BCD→10進（BCD to decimal）デコーダ（4-line to 10-line decoders）のSN 7442の概要を図5·21に示します．

図で示すように，入力はアクティブHで出力がアクティブLです．そこで出力が"0"になる条件の各出力の論理式を以下に示します．

$\overline{\text{OUTPUT 0}}=\overline{D}\cdot\overline{C}\cdot\overline{B}\cdot\overline{A}$，$\overline{\text{OUTPUT 1}}=\overline{D}\cdot\overline{C}\cdot\overline{B}\cdot A$，$\overline{\text{OUTPUT 2}}=\overline{D}\cdot\overline{C}\cdot B\cdot\overline{A}$，

$\overline{\text{OUTPUT 3}}=\overline{D}\cdot\overline{C}\cdot B\cdot A$，$\overline{\text{OUTPUT 4}}=\overline{D}\cdot C\cdot\overline{B}\cdot\overline{A}$，$\overline{\text{OUTPUT 5}}=\overline{D}\cdot C\cdot\overline{B}\cdot A$，

$\overline{\text{OUTPUT 6}}=\overline{D}\cdot C\cdot B\cdot\overline{A}$，$\overline{\text{OUTPUT 7}}=\overline{D}\cdot C\cdot B\cdot A$，$\overline{\text{OUTPUT 8}}=D\cdot\overline{C}\cdot\overline{B}\cdot\overline{A}$，

$\overline{\text{OUTPUT 9}}=D\cdot\overline{C}\cdot\overline{B}\cdot A$，

10進数の0～9に相当するBCDコードをそのまま回路化してあり，0～9のビットパターンが与えられるとアクティブLの"0"を出力します．禁止組合せである10～15に相当するビットパターンを与えた場合はすべての出力の論理式には合致せず，全出力は非アクティブの"1"になります．

ところで，$A\sim D$の入力にNOTが2段構成になっています．当然，論理的には2重否定になるのでないのと同じです．何のためにNOTゲートを2段構成したかというと，この回路（ICチップ）に信号を与える側から見れば，内部回路を気にせずNOTゲート1個分の駆動ですむように配慮したものです．つまり**駆動側のファンアウトを軽減するためのバッ**

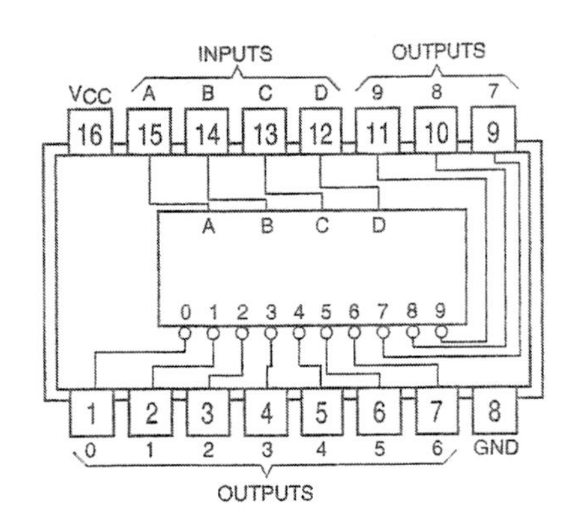

(a) ピン配置図

NO.	BCD INPUTS				DECIMAL OUTPUTS									
	D	C	B	A	0	1	2	3	4	5	6	7	8	9
0	L	L	L	L	L	H	H	H	H	H	H	H	H	H
1	L	L	L	H	H	L	H	H	H	H	H	H	H	H
2	L	L	H	L	H	H	L	H	H	H	H	H	H	H
3	L	L	H	H	H	H	H	L	H	H	H	H	H	H
4	L	H	L	L	H	H	H	H	L	H	H	H	H	H
5	L	H	L	H	H	H	H	H	H	L	H	H	H	H
6	L	H	H	L	H	H	H	H	H	H	L	H	H	H
7	L	H	H	H	H	H	H	H	H	H	H	L	H	H
8	H	L	L	L	H	H	H	H	H	H	H	H	L	H
9	H	L	L	H	H	H	H	H	H	H	H	H	H	L
INVALID	H	L	H	L	H	H	H	H	H	H	H	H	H	H
	H	L	H	H	H	H	H	H	H	H	H	H	H	H
	H	H	L	L	H	H	H	H	H	H	H	H	H	H
	H	H	L	H	H	H	H	H	H	H	H	H	H	H
	H	H	H	L	H	H	H	H	H	H	H	H	H	H
	H	H	H	H	H	H	H	H	H	H	H	H	H	H

(b) 真理値表

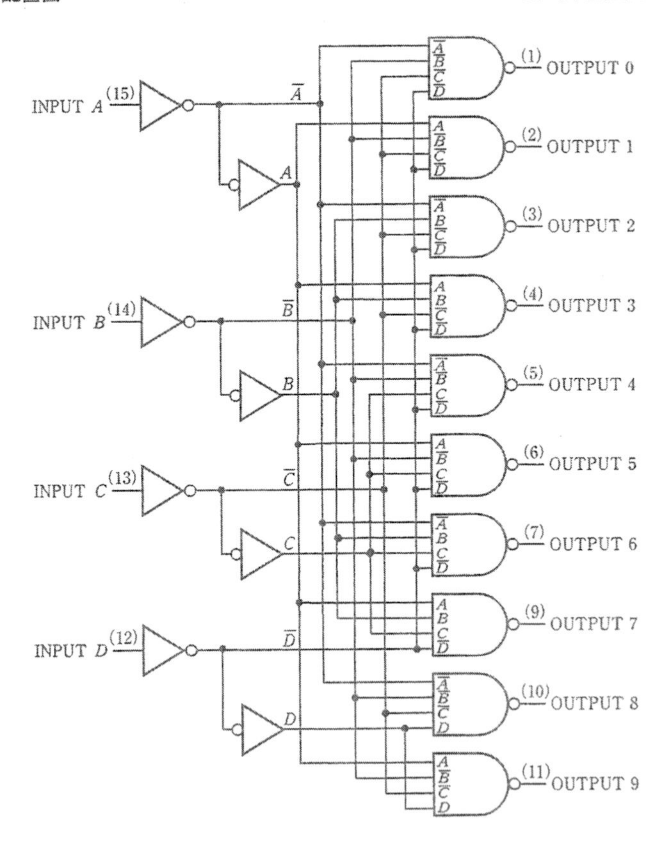

(c) 内部回路

図5・21　SN 7442 の概要

ファ（buffer：緩衝）（第2章2・9 [1] 項参照）として挿入されています．

OUTPUT 0 ～ OUTPUT 7 の論理式には $\overline{D}$ が論理積中に含まれており，図5・21（c）の回路からも $\overline{D}$ がそれぞれの NAND ゲートの入力に共通に接続されています．したがって，$\overline{D}$ が“1”のとき，つまり入力 D が“0”で出力 0～7 のゲートが開き，$D = 1$ で閉じます．

このような，ある機能を働かせるか否かの制御信号を**ストローブ**（strobe）または**イネーブル**（enable）といいます．出力0〜7のゲートを制御するストローブ信号として入力Dを用いて2進→8進デコーダとして使用することができます．

入力Dが“0”のとき2進3ビットを0〜7の8進にデコードし，入力Dが“1”では2進入力に関係なく出力0〜7はすべて“1”になり，デコーダとして機能しません（**図5・22**）．

2進4ビットは本来“0000”〜“1111”の16通りの表現能力を持っています．そのうち下位8通りの“0000”〜“0111”と上位8通りの“1000”〜“1111”は最上位けた（MSB）が“0”か“1”の違いで，下位3ビットのビットパターンは全く同じです．このことから**図5・23**のように，SN 7442を2個用いて入力Dが“0”のとき0〜7をデコードし，入力Dが“1”で8〜15をデコードするようにストローブ信号を兼ねて入力Dを用いることによって，2進→16進デコーダに拡張することができます．

2 SN 74138

2進→8進デコーダのSN 74138は3-to 8-line decoders/demultiplexersと表記してあるように，1入力8出力のデマルチプレクサとしても使うことができます．この場合の出力選択線としてデコード入力が機能するため，**図5・24**に示すように，セレクト（選択）入力となっています．データ入力としてイネーブル入力を用います．デマルチプレクサについては第6章で解説します．

図に示すように，セレクト入力A〜CをアクティブHでデコードし，アクティブLでY0〜Y7に出力します．図5・24（c）の回路図からイネーブル条件は，$G1\cdot\overline{G2A}\cdot\overline{G2B}$で，全出力のNANDゲートに共通に入力されています．したがって，$G1$が“1”で，$G2A$と$G2B$がともに“0”のときに全出力のNANDゲートが開き，セレクト（デコード）入力A〜Cのビットパターンによるデコード値に相当した出力だけが“0”になります．イネーブル条件がひとつでも合わないときは全出力のNANDゲートが閉じて，セレクト入力情報はしゃ断され，全出力が“1”になって，デコーダとして機能しません．各出力の論理式を以下に示します．

イネーブルの出力をGとして，$G=G1\cdot\overline{G2A}\cdot\overline{G2B}$，

$$\overline{Y0}=\overline{A}\cdot\overline{B}\cdot\overline{C}\cdot G$$
$$\overline{Y1}=A\cdot\overline{B}\cdot\overline{C}\cdot G$$
$$\overline{Y2}=\overline{A}\cdot B\cdot\overline{C}\cdot G$$
$$\overline{Y3}=A\cdot B\cdot\overline{C}\cdot G$$
$$\overline{Y4}=\overline{A}\cdot\overline{B}\cdot C\cdot G$$
$$\overline{Y5}=A\cdot\overline{B}\cdot C\cdot G$$
$$\overline{Y6}=\overline{A}\cdot B\cdot C\cdot G$$
$$\overline{Y7}=A\cdot B\cdot C\cdot G$$

イネーブル入力はその機能を働かせるか否かを制御する信号であるため，数個用いて拡張する場合の制御信号として用います．例えば，SN 7442 を 2 個用いて倍に拡張したように(図 5•23)，SN 74138 を**図 5•25** のように 2 個用いて 2 進→16 進デコーダに拡張することができます．

このような方法によってさらに複数個用いて拡張することができます．

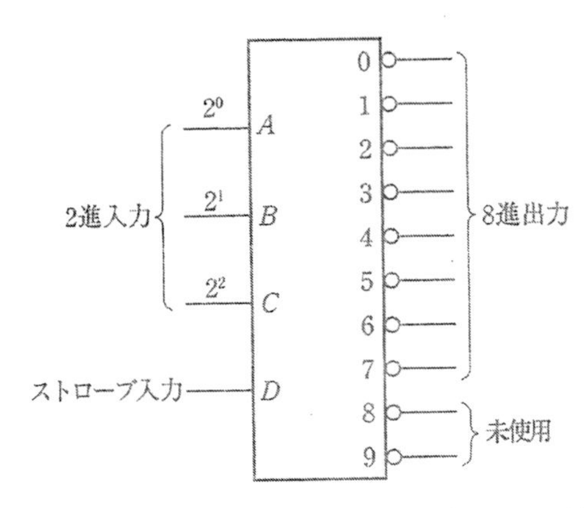

図 5•22　SN 7442 の 2 進→8 進デコーダとしての使用

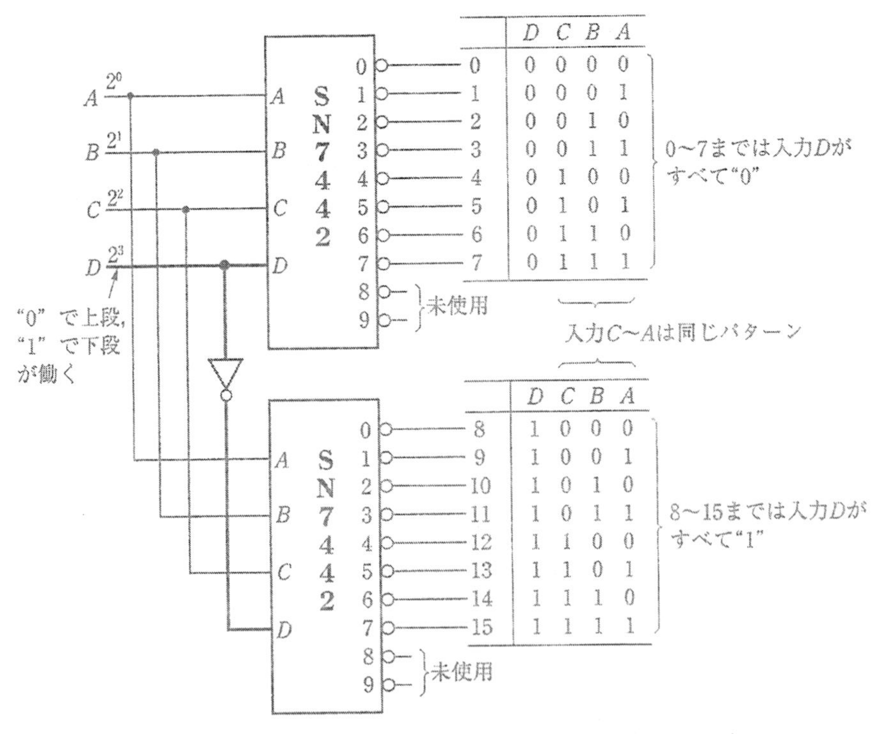

図 5•23　SN 7442 の 2 進→16 進デコーダとしての拡張した使用

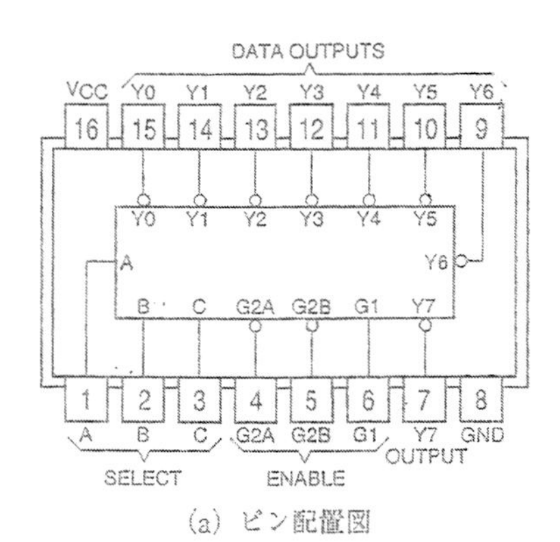

(a) ピン配置図

INPUTS					OUTPUTS							
ENABLE		SELECT										
G1	G2*	C	B	A	Y0	Y1	Y2	Y3	Y4	Y5	Y6	Y7
X	H	X	X	X	H	H	H	H	H	H	H	H
L	X	X	X	X	H	H	H	H	H	H	H	H
H	L	L	L	L	L	H	H	H	H	H	H	H
H	L	L	L	H	H	L	H	H	H	H	H	H
H	L	L	H	L	H	H	L	H	H	H	H	H
H	L	L	H	H	H	H	H	L	H	H	H	H
H	L	H	L	L	H	H	H	H	L	H	H	H
H	L	H	L	H	H	H	H	H	H	L	H	H
H	L	H	H	L	H	H	H	H	H	H	L	H
H	L	H	H	H	H	H	H	H	H	H	H	L

$G2^* = G2A + G2B$, ×はdon't care

(b) 真理値表

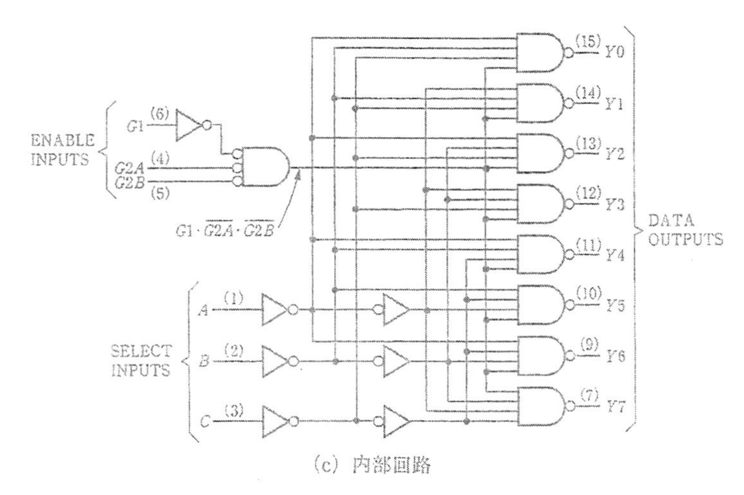

(c) 内部回路

図5･24　SN 74138の概要

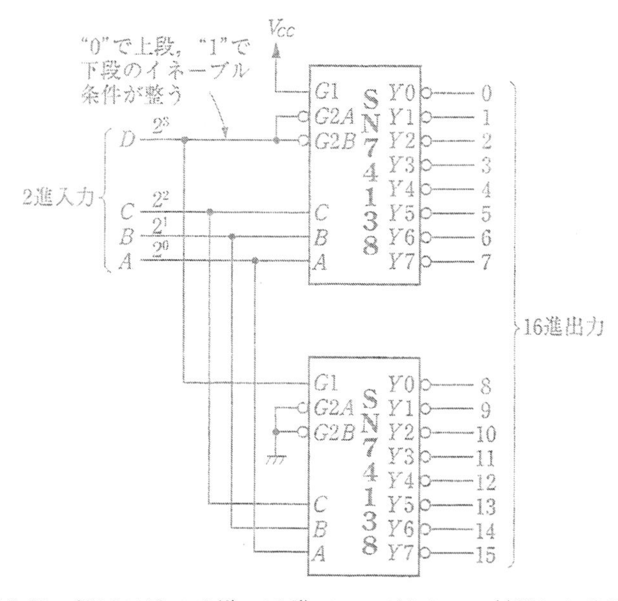

図5･25　SN 74138の2進→16進デコーダとしての拡張した使用

第5章 演習問題

1. **5・1** ① 項で設計した10進→BCDエンコーダに，0〜9の入力があったとき“1”を出力するグループセレクト回路を付加しなさい．

2. 8進→2進エンコーダ（8-line to 3-line encoders）を入出力アクティブHで設計しなさい．

3. 図5・10の出力GSの論理式を示しなさい．また10進入力4と7に“0”，他の入力はすべて“1”の場合，全出力A〜DとGSの状態を示しなさい．

4. 図5・12で，16進入力の4，7，13に“0”，他の入力はすべて“1”を与えた場合の出力状態を，イネーブル入力ENが“0”と“1”の場合について，それぞれ説明しなさい．

5. 2進→8進デコーダ（3-line to 8-line decoders）を入出力アクティブLで設計しなさい．

6. 図5・23を参考にして，SN 7442を複数個用いて2進→32進デコーダ（5-line to 32-line decoders）を構成しなさい．

7. 図5・25を参照し，SN 74138を複数個用いて2進→32進デコーダを構成しなさい．

8. デコーダ用ICを図**5・26**のように構成した場合の動作を，出力fの論理式を導いて検討しなさい．

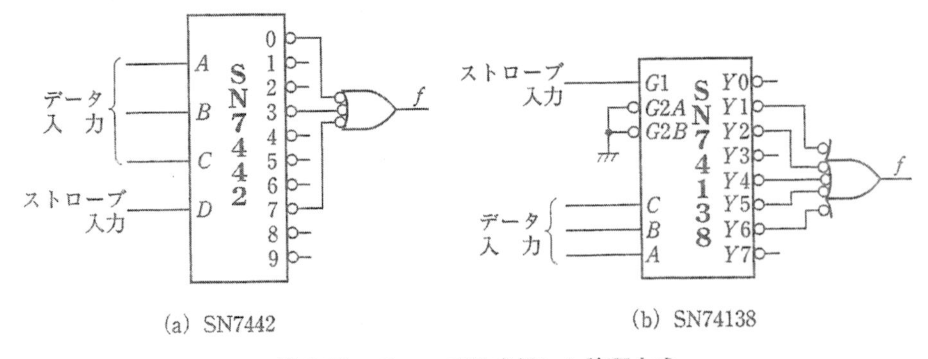

(a) SN7442　　(b) SN74138

図5・26 デコーダICを用いた論理合成

選択回路

コンピュータでは多くのデータが**中央処理装置**（Central Processing Unit：**CPU**）に送られ，逐次プログラムされた処理を実行し，処理結果をメモリに格納したり，プリンタや表示器に出力します．一般に，多くの信号の中から順に，あるいはランダムに必要な信号を選択し，処理した結果を次の処理装置や出力装置に分配したりします．複数の入力信号のうち指定された1入力を選択し出力する装置と，それとは逆に1入力を多数の出力に分配する装置が用いられます．前者は**マルチプレクサ**と呼ばれていますが，多数の入力データの中から指定されたデータを選択するという機能から**データセレクタ**（data selector）とも呼ばれています．後者はマルチプレックス化された信号を元にもどす機能から**デマルチプレクサ**といいます．

本章では，マルチプレクサとデマルチプレクサの基本構成法と，それらの機能を集積化して市販されているMSIを紹介します．

6･1 マルチプレクサの基本回路

複数の入力信号の中からひとつを選択して出力するマルチプレクサ（multiplexer）の機能は**図6･1**に示すようなロータリスイッチで表すことができます．機械的に回転するロータ

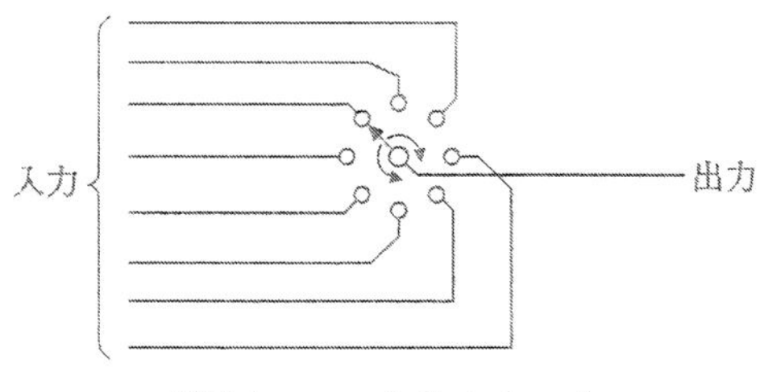

図6･1　ロータリスイッチ

リスイッチの動作は順次切り換えていくシーケンシャルな動作になりますが，マルチプレクサは選択用の信号によってランダムに切り換える（選択する）ことができます．基本となる2入力マルチプレクサを**図6･2**に示します

マルチプレクサはデータセレクト信号によって入力を選択するもので，図6･2のような2

入力の場合はデータセレクト入力Aによって，入力I_0とI_1側のANDゲートを制御することによって切り換えます．

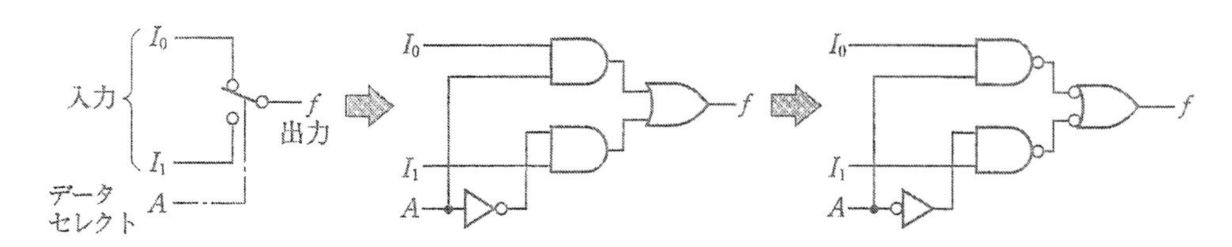

図6・2　2入力マルチプレクサ

例えば，$A=1$ではI_0側のゲートが開き，I_1側のゲートが閉じるので，fにはI_0の情報が出力されます．論理式で示すと以下のようになります．

$$f=I_0\cdot A+I_1\cdot\overline{A}=I_0\cdot 1+I_1\cdot\overline{1}=I_0$$

$\overline{1}$つまり"0"との論理積は"0"

"1"との論理積は不変

$A=0$では同様に，$f=I_1$となって，スイッチはI_1側に切り換わった状態になります．

データセレクト信号の数は入力数に応じて用意します．2入力の場合は$2=2^1$なのでデータセレクト信号は1本ですみます．4入力では$4=2^2$なので2本，8入力では$8=2^3$なので3本，16入力では$16=2^4$で4本のデータセレクト信号が必要になります．4入力マルチプレクサを図6・3に示します．

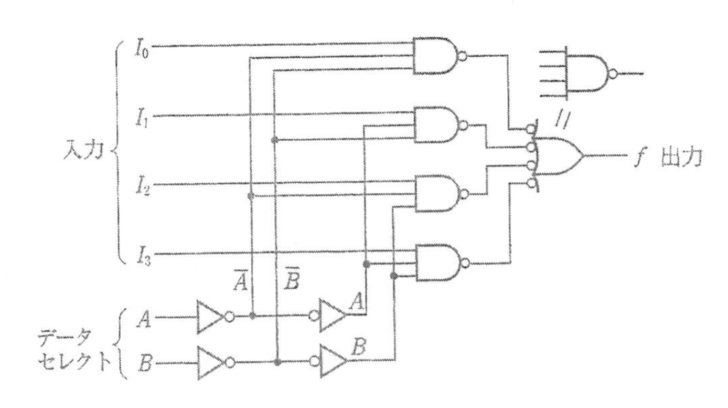

図6・3　4入力マルチプレクサ

図6・3でデータセレクト回路をNOTゲート2段構成にしたのは，第5章のデコーダでも説明してあるように，データセレクト信号を与える側から見れば内部回路を気にせずNOTゲート1個分の駆動ですむように配慮したものです（ファンアウト軽減用のバッファ）．

出力fの論理式は次式で表されます．

$$f = I_0 \cdot \overline{A} \cdot \overline{B} + I_1 \cdot A \cdot \overline{B} + I_2 \cdot \overline{A} \cdot B + I_3 \cdot A \cdot B$$

例えば，セレクト入力 A と B がともに“0”では $I_0 \cdot \overline{A} \cdot \overline{B} = I_0$ で，他の項はすべて“0”になるため $f = I_0$，つまり I_0 が f に出力されます．真理値表を**表 6·1** に示します．

表 6·1　4入力マルチプレクサ（図 6·3）の真理値表

入力		出力
データセレクト		
B	A	f
0	0	I_0
0	1	I_1
1	0	I_2
1	1	I_3

通常，n 入力からひとつの信号を選択して出力するマルチプレクサのことを **n -1 マルチプレクサ/データセレクタ**，あるいは **n -line to 1-line**，**n to 1**，単に **n 入力マルチプレクサ/データセレクタ**などと呼んでいます

6·2　マルチプレクサ用 IC

マルチプレクサには MOS 形トランジスタで構成されたアナログスイッチ回路などによるアナログマルチプレクサと，**6·1** で示したようなゲート回路で構成されたディジタルマルチプレクサがあります．前者はアナログ信号用で機械式スイッチのように双方向の信号を切り換えることのできる回路です．後者はディジタル信号を扱い“0”か“1”の情報だけが一方向に伝達されるもので，ここではそのディジタルマルチプレクサとして市販されている MSI のうち 2 種類を挙げて，その機能と使用法について解説します．

1　SN 74151

SN 74151 の概要を**図 6·4** に示します．8-1 マルチプレクサで，8 入力のためデータセレクト信号は A ～ C の 3 本で D0～D7 を選択し，Y に出力します．出力 W は Y の反転した（補数）信号を出力します．そのため W 端子には小丸を付けて表してあります．

このマルチプレクサにはマルチプレクサとしての機能を働かせるか否かの制御信号としての**ストローブ**（strobe，または**イネーブル**（enable）ともいいます）入力 S が付いています．出力 Y の論理式を次式で示します．入力 S はアクティブ L という意味で端子には小丸を付けて表してあります．

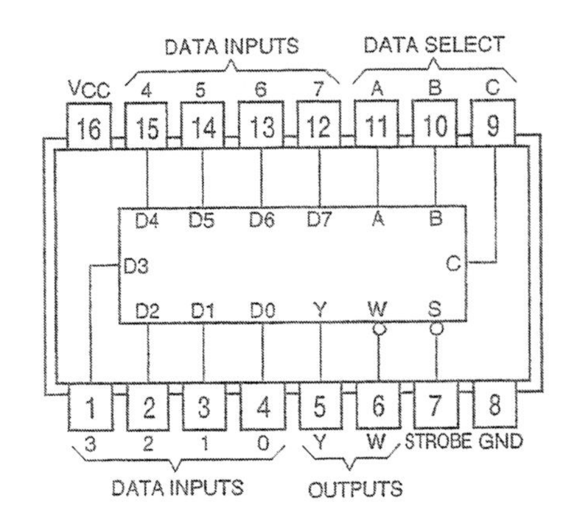

(a) ピン配置図

INPUTS				OUTPUTS	
SELECT			STROBE	Y	W
C	B	A	S		
X	X	X	H	L	H
L	L	L	L	D0	$\overline{D0}$
L	L	H	L	D1	$\overline{D1}$
L	H	L	L	D2	$\overline{D2}$
L	H	H	L	D3	$\overline{D3}$
H	L	L	L	D4	$\overline{D4}$
H	L	H	L	D5	$\overline{D5}$
H	H	L	L	D6	$\overline{D6}$
H	H	H	L	D7	$\overline{D7}$

×はdon't care

(b) 真理値表

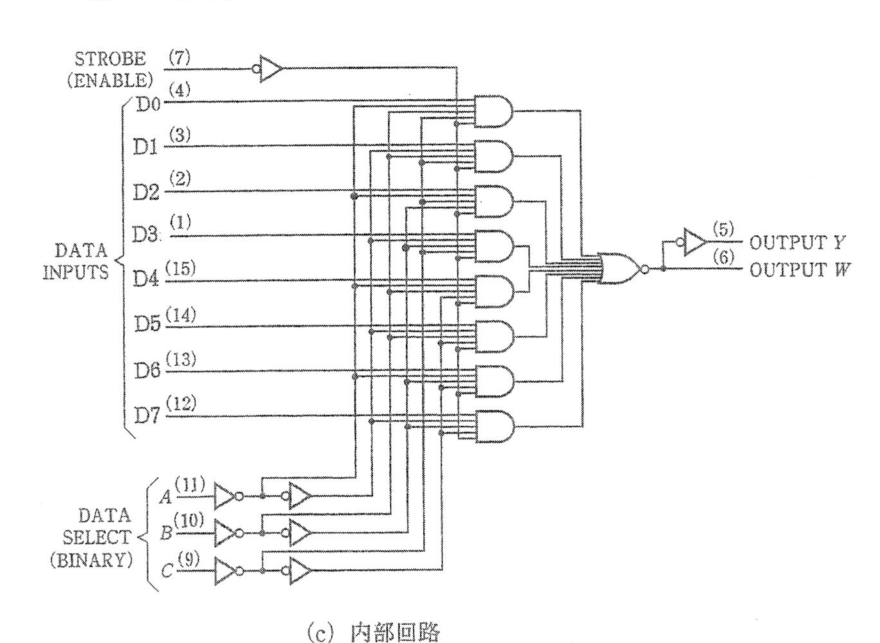

(c) 内部回路

図6・4　SN 74151の概要

$$Y=\overline{S}\cdot(D0\cdot\overline{A}\cdot\overline{B}\cdot\overline{C}+D1\cdot A\cdot\overline{B}\cdot\overline{C}+D2\cdot\overline{A}\cdot B\cdot\overline{C}+D3\cdot A\cdot B\cdot\overline{C}+D4\cdot\overline{A}\cdot\overline{B}\cdot C$$
$$+D5\cdot A\cdot\overline{B}\cdot C+D6\cdot\overline{A}\cdot B\cdot C+D7\cdot A\cdot B\cdot C)$$

したがって，ストローブ入力Sが“1”では他の入力には無関係に，$Y=0$になります．つまり，入力Sが“1”ではすべてのANDゲートが閉じてマルチプレクサとして動作しません．入力$S=0$で全ANDゲートが開き，セレクト信号A～Cの状態によって，D0～D7のひとつが選択されて，Yに（その否定がWに）出力されます．

マルチプレクサは並列の入力データを直列に出力する並列→直列変換器としての機能を持っていることからデータ通信，キャラクタジェネレータなどいろいろな回路に応用されています．図6・5に**キャラクタジェネレータ**の応用例を示します．

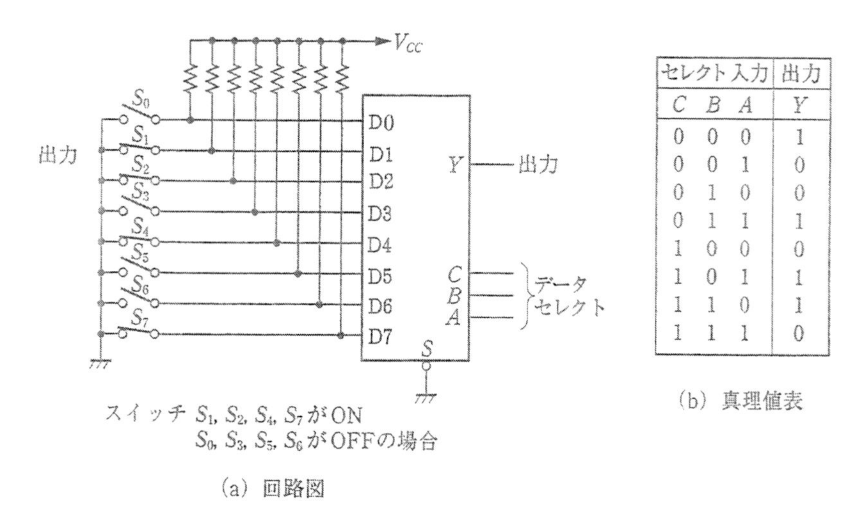

セレクト入力			出力
C	B	A	Y
0	0	0	1
0	0	1	0
0	1	0	0
0	1	1	1
1	0	0	0
1	0	1	1
1	1	0	1
1	1	1	0

(a) 回路図　　(b) 真理値表

図6･5　キャラクタジェネレータへの応用（SN 74151）

切換スイッチ $S_0 \sim S_7$ をマニュアル設定することにより，任意のキャラクタを得ることができます．スイッチONにするとマルチプレクサSN 74151の入力はアースされるため“0”が与えられます．スイッチOFFでは V_{CC} にプルアップされているため“1”が与えられる回路になっています．図では S_0 がOFFなので，マルチプレクサの入力D0には“1”が，S_1 はON状態なのでD1には“0”が与えられています．結果，D0～D7には“10010110”が設定されています．したがって，真理値表に示すようにデータセレクト信号 $A \sim C$ の状態を“000”～“111”に順次与えることによって，D0～D7のパターン（キャラクタ）を発生することができます．図ではストローブ機能は使わず，常にマルチプレクサとして動作させるため，ストローブ入力 S をグランドにプルダウンしてあります．未使用ということで入力をオープンのままにしておくと“1”が入力された状態となってマルチプレクサとして動作しないことに注意して下さい．

所要の論理関数を設定できる機能から**論理関数合成回路**ともいいます．

2　SN 74150

SN 74150は16-1マルチプレクサでその概要を**図6･6**に示します．16入力なのでデータセレクト信号は4本必要になります．

データセレクト入力 $A \sim D$ によって，E0～E15のうちひとつが選択されて，出力 W に反転して出力されます．そのため出力端子は小丸を付けて表示してあります．ストローブ入力 S はSN 74151と同じで，入力 S が“0”のときマルチプレクサとして動作します．出力 W はアクティブLで小丸が付いているので，$\overline{W}$ の論理式を次式で示します．

$$\overline{W} = \overline{S}\cdot(\mathrm{E0}\cdot\overline{A}\cdot\overline{B}\cdot\overline{C}\cdot\overline{D} + \mathrm{E1}\cdot A\cdot\overline{B}\cdot\overline{C}\cdot\overline{D} + \mathrm{E2}\cdot\overline{A}\cdot B\cdot\overline{C}\cdot\overline{D} + \mathrm{E3}\cdot A\cdot B\cdot\overline{C}\cdot\overline{D}$$
$$+\mathrm{E4}\cdot\overline{A}\cdot\overline{B}\cdot C\cdot\overline{D} + \mathrm{E5}\cdot A\cdot\overline{B}\cdot C\cdot\overline{D} + \mathrm{E6}\cdot\overline{A}\cdot B\cdot C\cdot\overline{D} + \mathrm{E7}\cdot A\cdot B\cdot C\cdot\overline{D}$$

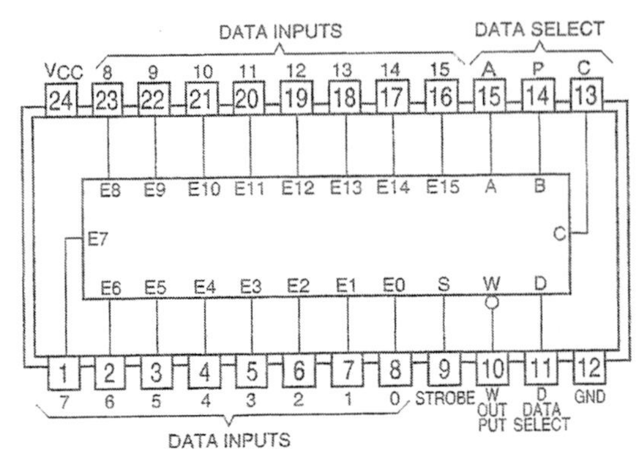

(a) ピン配置図

INPUTS					OUTPUT
SELECT				STROBE	
D	C	B	A	S	W
X	X	X	X	H	H
L	L	L	L	L	$\overline{\mathrm{E0}}$
L	L	L	H	L	$\overline{\mathrm{E1}}$
L	L	H	L	L	$\overline{\mathrm{E2}}$
L	L	H	H	L	$\overline{\mathrm{E3}}$
L	H	L	L	L	$\overline{\mathrm{E4}}$
L	H	L	H	L	$\overline{\mathrm{E5}}$
L	H	H	L	L	$\overline{\mathrm{E6}}$
L	H	H	H	L	$\overline{\mathrm{E7}}$
H	L	L	L	L	$\overline{\mathrm{E8}}$
H	L	L	H	L	$\overline{\mathrm{E9}}$
H	L	H	L	L	$\overline{\mathrm{E10}}$
H	L	H	H	L	$\overline{\mathrm{E11}}$
H	H	L	L	L	$\overline{\mathrm{E12}}$
H	H	L	H	L	$\overline{\mathrm{E13}}$
H	H	H	L	L	$\overline{\mathrm{E14}}$
H	H	H	H	L	$\overline{\mathrm{E15}}$

x はdon't care

(b) 真理値表

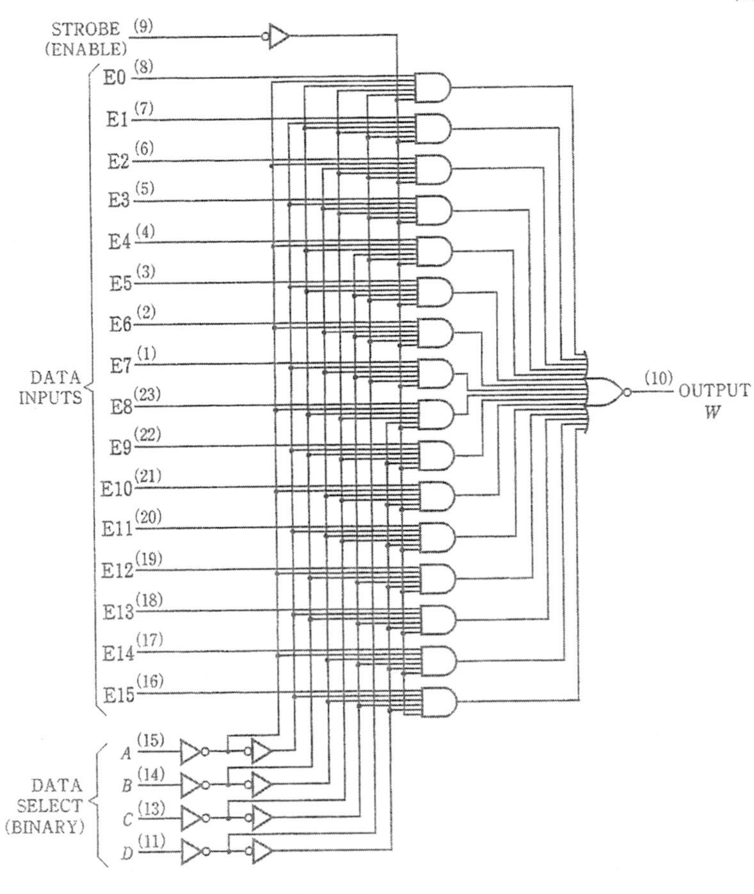

(c) 内部回路

図6･6 SN 74150の概要

$$+\mathrm{E8}\cdot\overline{A}\cdot\overline{B}\cdot\overline{C}\cdot D+\mathrm{E9}\cdot A\cdot\overline{B}\cdot\overline{C}\cdot D+\mathrm{E10}\cdot\overline{A}\cdot B\cdot\overline{C}\cdot D+\mathrm{E11}\cdot A\cdot B\cdot\overline{C}\cdot D$$

$$+\mathrm{E12}\cdot\overline{A}\cdot\overline{B}\cdot C\cdot D+\mathrm{E13}\cdot A\cdot\overline{B}\cdot C\cdot D+\mathrm{E14}\cdot\overline{A}\cdot B\cdot C\cdot D+\mathrm{E15}\cdot A\cdot B\cdot C\cdot D)$$

論理式は，出力 W が "0" になるのは $S=0$ でかつ（　）内のいずれかの論理積項が "1" のときを意味しています．$S=1$ では（　）内の状態に関係なく，出力 W は "1" になります．これは $S=1$ によって E0〜E15 側の AND ゲートがすべて閉じ，出力側の NOR ゲートは全入力が "0" となるためで，その結果出力が "1" になります．例えば，$S=0$ でセレクト入力 $A \sim D$ が "0110" であった場合は（　）内の $E6 \cdot \overline{A} \cdot B \cdot C \cdot \overline{D}$ 以外の論理積項はすべて "0" になり，E6 の値が出力側の NOR ゲートで反転して出力されます．

次に，入力数を拡張した使用例を図6·7に示します．

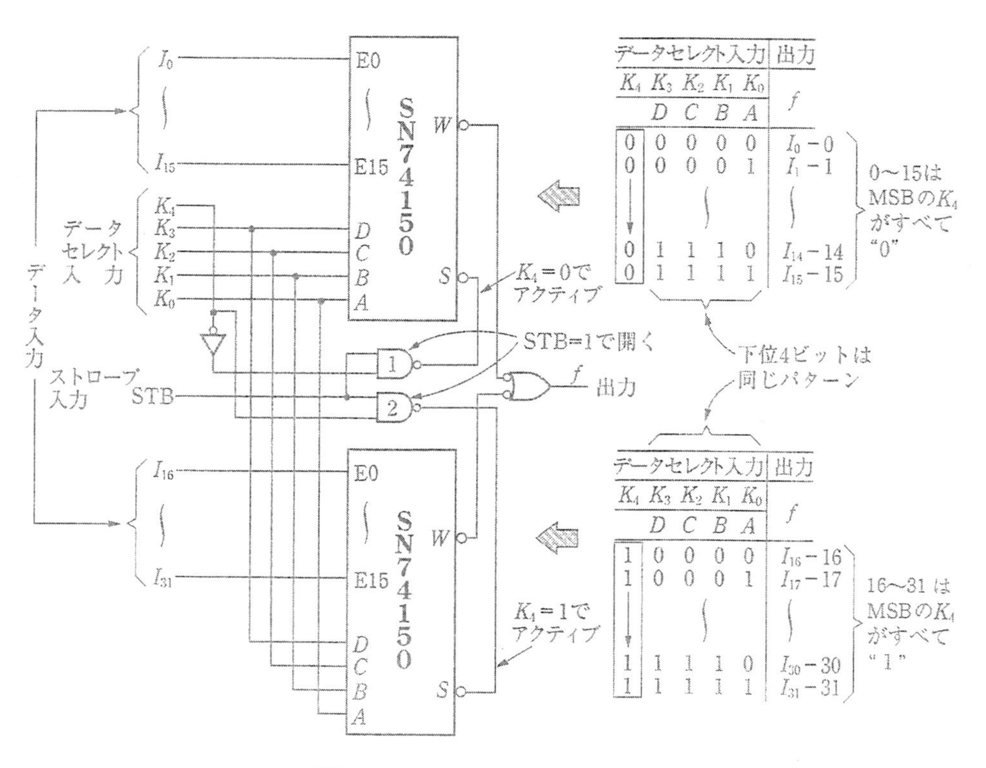

データセレクト入力					出力
K_4	K_3	K_2	K_1	K_0	f
	D	C	B	A	
0	0	0	0	0	I_0 − 0
0	0	0	0	1	I_1 − 1
↓		⌇			⌇
0	1	1	1	0	I_{14} − 14
0	1	1	1	1	I_{15} − 15

データセレクト入力					出力
K_4	K_3	K_2	K_1	K_0	f
	D	C	B	A	
1	0	0	0	0	I_{16} − 16
1	0	0	0	1	I_{17} − 17
↓		⌇			⌇
1	1	1	1	0	I_{30} − 30
1	1	1	1	1	I_{31} − 31

図6·7　32-1マルチプレクサの構成

図6·7は16-1マルチプレクサ SN 74150を2個用いて，32-1マルチプレクサに拡張した構成図です．ストローブ入力 STB が "0" ではゲート1と2の NAND ゲートは閉じて，両マルチプレクサのストローブ入力 S は "1" となって，マルチプレクサとしては動作しません．入力 STB に "1" を与えると，ゲート1と2が開いてデータセレクト信号の K_4 によって，2つのマルチプレクサを切り換えます．

32（$=2^5$）入力なので，データセレクト信号は図のように5本必要になります．その MSB である K_4 が "0" ではゲート1の NAND の出力が "0" で，ゲート2の NAND の出力は "1" になります．したがって，上部のマルチプレクサにはアクティブな信号がストローブ端子Sに与えられるので動作します．

一方，下部のマルチプレクサのストローブ端子には非アクティブな信号が与えられるため動作しません．そのため出力fにはデータセレクト信号の下位4ビットK_0～K_3によって，データのI_0～I_{15}が選択されます．そして，データセレクト信号のMSBであるK_4が“1”になると逆に上部のマルチプレクサが非アクティブ，下部がアクティブ状態になるので，データのI_{16}～I_{31}が選択されて，出力fに出力されます．ストローブ入力側に挿入したゲート1，2とNOTゲートは複数のマルチプレクサを切り換えるためのもので，この原理により，さらに多くの入力に拡張することができます．

6・3　デマルチプレクサの基本回路

マルチプレクサの逆の機能を持った**デマルチプレクサ**（demultiplexer）はひとつの入力を複数の出力に分配します．出力を選択するセレクト入力数はマルチプレクサと同様，出力数に応じた数が必要になります．基本となる2出力デマルチプレクサを**図6・8**に示します．

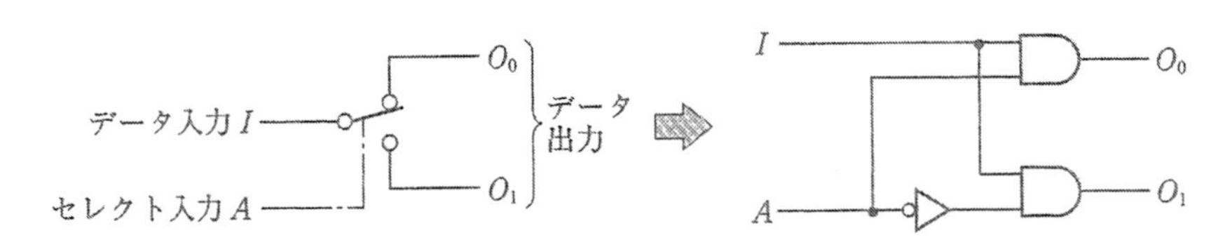

図6・8　2出力デマルチプレクサ

データ入力Iの情報はセレクト入力Aによって，出力O_0とO_1側のANDゲートを制御することによって，どちら側に出力するか選択されます．例えばセレクト入力$A=0$ではO_0側のANDゲートが閉じてO_1側のANDゲートが開くので，データIはO_1に出力されます．論理式は次のようになります．

$$O_0 = I \cdot A, \quad O_1 = I \cdot \overline{A}$$

論理式からも$A=0$では

$$O_0 = I \cdot 0 = 0, \quad O_1 = I \cdot \overline{0} = I$$

であり，出力O_1側に入力Iが出力されることが示されます．

次に，4出力のデマルチプレクサを**図6・9**に示します．4出力なのでセレクト入力は2本必要になります．

図6・9で，セレクト入力側に2段構成のNOTゲートを挿入したのは図6・3と同じ目的のバッファ（buffer：緩衝）としての機能を持たせたためです．セレクト入力AとBの値によって4つのうちの1出力だけのAND条件が成立し，その選択された出力から，入力データIが出力されます．各出力の論理式を以下に示します．

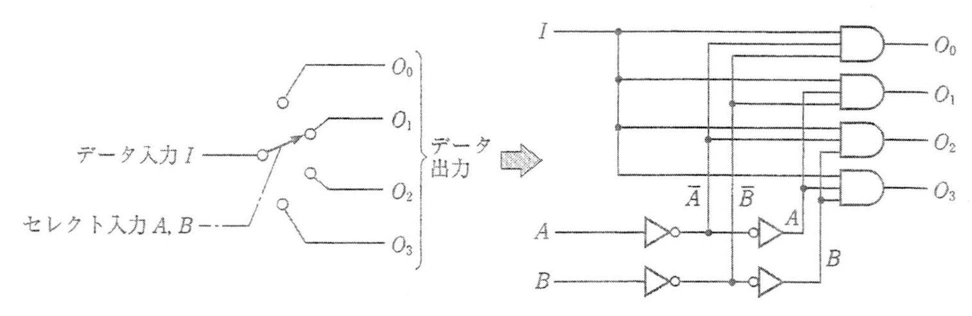

図6・9　4出力デマルチプレクサ

$$O_0 = I \cdot \overline{A} \cdot \overline{B}, \quad O_1 = I \cdot A \cdot \overline{B}$$

$$O_2 = I \cdot \overline{A} \cdot B, \quad O_3 = I \cdot A \cdot B$$

例えば，セレクト入力 $A=1$，$B=0$ では

$$O_1 = I \cdot A \cdot \overline{B} = I \cdot 1 \cdot \overline{0} = I$$

で，他の出力はすべて"0"になり，出力 O_1 から I の情報が出力されます．図6・9の真理値表を**表6・2**に示します．

表6・2　4出力デマルチプレクサ（図6・9）の真理値表

セレクト入力		出　力			
B	A	O_3	O_2	O_1	O_0
0	0	0	0	0	I
0	1	0	0	I	0
1	0	0	I	0	0
1	1	I	0	0	0

一般に，ひとつの入力を n 出力に分配するデマルチプレクサは**1-n デマルチプレクサ**といいますが，データ入力 I を"1"に固定し，セレクト数 n の2進入力に対し 2^n の出力に変換するデコーダとしての機能も持っているため**n-2^n（n-line to 2^n-line）デコーダ**（第5章5・3参照）とも呼ばれています．

6・4　デマルチプレクサ用IC

デマルチプレクサ用MSIもdecoders/demultiplexersとして多品種市販されています．そのうちの2品種についてデマルチプレクサとデコーダとしてのそれぞれの使い方を解説します．

1 SN 74154

4-line to 16-line decoders/demultiplexers と表記された SN 74154 は 4-16 デコーダとして，また 1-16 デマルチプレクサとして使うことができます．その概要を図 6・10 に示し

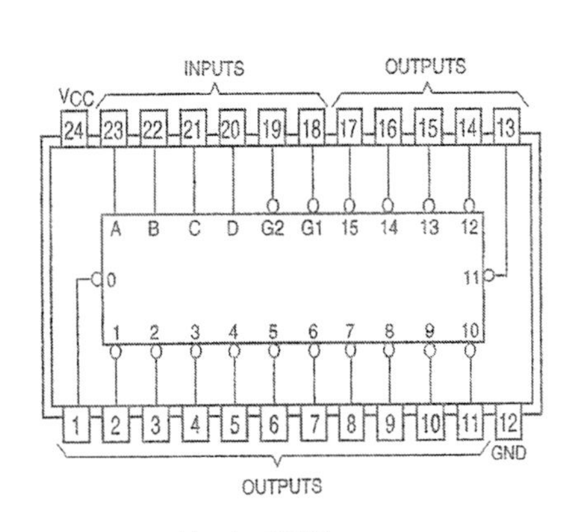

(a) ピン配置図

INPUTS						OUTPUTS															
G1	G2	D	C	B	A	0	1	2	3	4	5	6	7	8	9	10	11	12	13	14	15
L	L	L	L	L	L	L	H	H	H	H	H	H	H	H	H	H	H	H	H	H	H
L	L	L	L	L	H	H	L	H	H	H	H	H	H	H	H	H	H	H	H	H	H
L	L	L	L	H	L	H	H	L	H	H	H	H	H	H	H	H	H	H	H	H	H
L	L	L	L	H	H	H	H	H	L	H	H	H	H	H	H	H	H	H	H	H	H
L	L	L	H	L	L	H	H	H	H	L	H	H	H	H	H	H	H	H	H	H	H
L	L	L	H	L	H	H	H	H	H	H	L	H	H	H	H	H	H	H	H	H	H
L	L	L	H	H	L	H	H	H	H	H	H	L	H	H	H	H	H	H	H	H	H
L	L	L	H	H	H	H	H	H	H	H	H	H	L	H	H	H	H	H	H	H	H
L	L	H	L	L	L	H	H	H	H	H	H	H	H	L	H	H	H	H	H	H	H
L	L	H	L	L	H	H	H	H	H	H	H	H	H	H	L	H	H	H	H	H	H
L	L	H	L	H	L	H	H	H	H	H	H	H	H	H	H	L	H	H	H	H	H
L	L	H	L	H	H	H	H	H	H	H	H	H	H	H	H	H	L	H	H	H	H
L	L	H	H	L	L	H	H	H	H	H	H	H	H	H	H	H	H	L	H	H	H
L	L	H	H	L	H	H	H	H	H	H	H	H	H	H	H	H	H	H	L	H	H
L	L	H	H	H	L	H	H	H	H	H	H	H	H	H	H	H	H	H	H	L	H
L	L	H	H	H	H	H	H	H	H	H	H	H	H	H	H	H	H	H	H	H	L
L	H	X	X	X	X	H	H	H	H	H	H	H	H	H	H	H	H	H	H	H	H
H	L	X	X	X	X	H	H	H	H	H	H	H	H	H	H	H	H	H	H	H	H
H	H	X	X	X	X	H	H	H	H	H	H	H	H	H	H	H	H	H	H	H	H

×はdon't care

(b) 真理値表

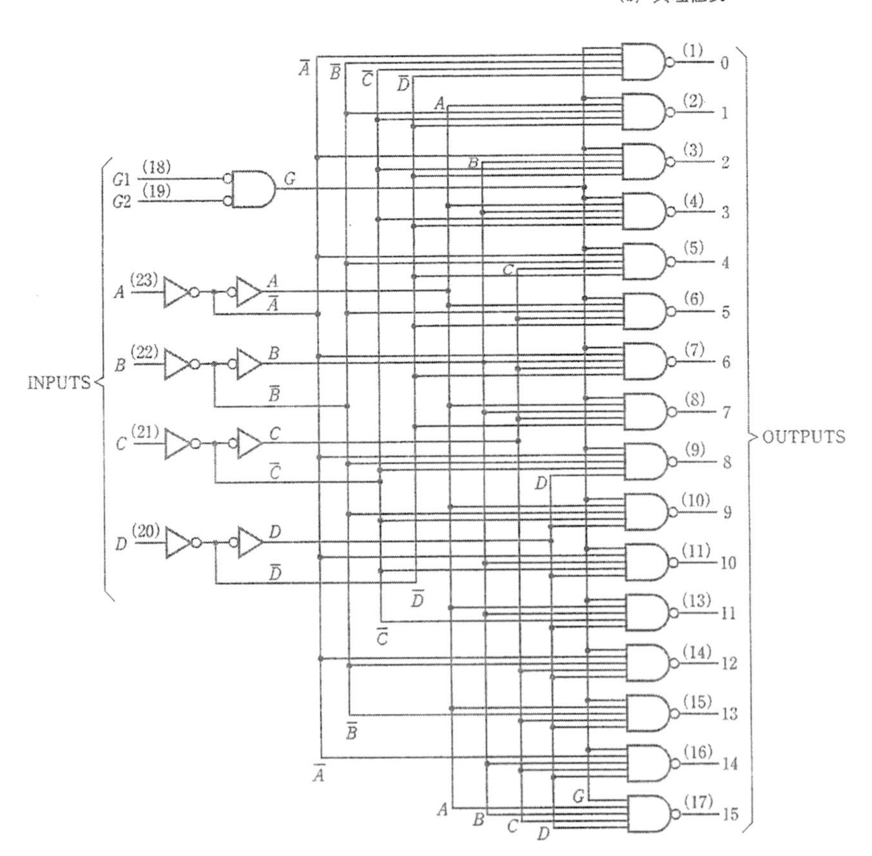

(c) 内部回路

図 6・10 SN 74154 のピン配置図と内部回路

ます．

デマルチプレクサとして使う場合は，データ入力用にG1とG2を使い，A～Dの4入力線が出力のセレクト用になります．データ入力用に2本のG1とG2が用いられているため，図6·11に示すように，一方をグランドにプルダウンして使うか，またはストローブとして使うことができます．アクティブLなのでストローブ入力を"0"にして，デマルチプレクサとして機能させます．ストローブ入力を"1"にするとすべての出力側NANDゲートは閉じて，全出力が"1"になりデマルチプレクサとしての機能は働かなくなります．

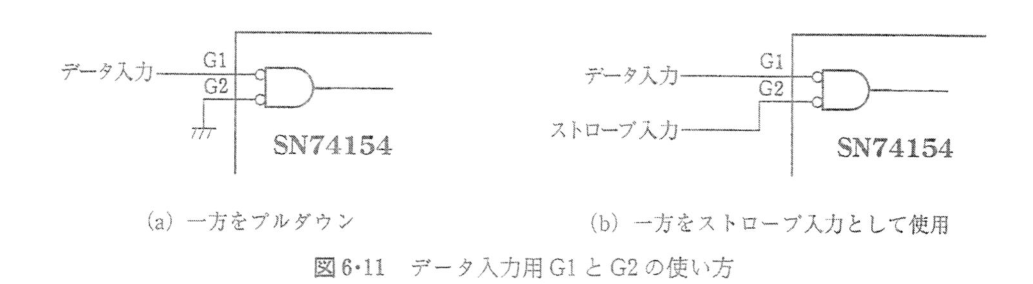

(a) 一方をプルダウン　　(b) 一方をストローブ入力として使用

図6·11　データ入力用G1とG2の使い方

各出力の論理式を以下に示します．出力側に小丸の付いた回路なので，出力が"0"になる式という意味でバーの付いた論理式で示します．

$$\overline{0}=\overline{G1}\cdot\overline{G2}\cdot\overline{A}\cdot\overline{B}\cdot\overline{C}\cdot\overline{D},\quad \overline{1}=\overline{G1}\cdot\overline{G2}\cdot A\cdot\overline{B}\cdot\overline{C}\cdot\overline{D},\quad \overline{2}=\overline{G1}\cdot\overline{G2}\cdot\overline{A}\cdot B\cdot\overline{C}\cdot\overline{D}$$
$$\overline{3}=\overline{G1}\cdot\overline{G2}\cdot A\cdot B\cdot\overline{C}\cdot\overline{D},\quad \overline{4}=\overline{G1}\cdot\overline{G2}\cdot\overline{A}\cdot\overline{B}\cdot C\cdot\overline{D},\quad \overline{5}=\overline{G1}\cdot\overline{G2}\cdot A\cdot\overline{B}\cdot C\cdot\overline{D}$$
$$\overline{6}=\overline{G1}\cdot\overline{G2}\cdot\overline{A}\cdot B\cdot C\cdot\overline{D},\quad \overline{7}=\overline{G1}\cdot\overline{G2}\cdot A\cdot B\cdot C\cdot\overline{D},\quad \overline{8}=\overline{G1}\cdot\overline{G2}\cdot\overline{A}\cdot\overline{B}\cdot\overline{C}\cdot D$$
$$\overline{9}=\overline{G1}\cdot\overline{G2}\cdot A\cdot\overline{B}\cdot\overline{C}\cdot D,\quad \overline{10}=\overline{G1}\cdot\overline{G2}\cdot\overline{A}\cdot B\cdot\overline{C}\cdot D,\quad \overline{11}=\overline{G1}\cdot\overline{G2}\cdot A\cdot B\cdot\overline{C}\cdot D$$
$$\overline{12}=\overline{G1}\cdot\overline{G2}\cdot\overline{A}\cdot\overline{B}\cdot C\cdot D,\quad \overline{13}=\overline{G1}\cdot\overline{G2}\cdot A\cdot\overline{B}\cdot C\cdot D,\quad \overline{14}=\overline{G1}\cdot\overline{G2}\cdot\overline{A}\cdot B\cdot C\cdot D$$
$$\overline{15}=\overline{G1}\cdot\overline{G2}\cdot A\cdot B\cdot C\cdot D,$$

例えば，図6·11のように，入力G2が常に"0"か，ストローブ入力として"0"が与えられていたときのセレクト入力であるA～Dがそれぞれ"1001"であった場合は，$\overline{9}=\overline{G1}\cdot\overline{G2}\cdot A\cdot\overline{B}\cdot\overline{C}\cdot D=\overline{G1}\cdot\overline{0}\cdot 1\cdot\overline{0}\cdot\overline{0}\cdot 1=\overline{G1}$で，その他の出力の論理積はすべて"0"になります．つまり，出力9にはデータ入力G1の情報が出力され，他の出力はすべて"1"になります（$\overline{n}=0$ということは$n=1$）．

デコーダとしては入力G1とG2をともにグランドにプルダウンするかストローブ入力として使い，A～Dをデコード入力として使います．各部の論理式や内部回路からも理解できるように，入力G1とG2がともに"0"のとき，A～Dの2進4ビットを2^4である16出力にデコードする4-16デコーダとして機能します．

その真理値表を**表6·3**に示します．

表6・3　4-16デコーダの真理値表（SN 74154）

入力						出力															
G1	G2	*D*	*C*	*B*	*A*	0	1	2	3	4	5	6	7	8	9	10	11	12	13	14	15
1	1	×	×	×	×	1	1	1	1	1	1	1	1	1	1	1	1	1	1	1	1
1	×	×	×	×	×	1	1	1	1	1	1	1	1	1	1	1	1	1	1	1	1
×	1	×	×	×	×	1	1	1	1	1	1	1	1	1	1	1	1	1	1	1	1
0	0	0	0	0	0	0	1	1	1	1	1	1	1	1	1	1	1	1	1	1	1
0	0	0	0	0	1	1	0	1	1	1	1	1	1	1	1	1	1	1	1	1	1
0	0	0	0	1	0	1	1	0	1	1	1	1	1	1	1	1	1	1	1	1	1
0	0	0	0	1	1	1	1	1	0	1	1	1	1	1	1	1	1	1	1	1	1
0	0	0	1	0	0	1	1	1	1	0	1	1	1	1	1	1	1	1	1	1	1
0	0	0	1	0	1	1	1	1	1	1	0	1	1	1	1	1	1	1	1	1	1
0	0	0	1	1	0	1	1	1	1	1	1	0	1	1	1	1	1	1	1	1	1
0	0	0	1	1	1	1	1	1	1	1	1	1	0	1	1	1	1	1	1	1	1
0	0	1	0	0	0	1	1	1	1	1	1	1	1	0	1	1	1	1	1	1	1
0	0	1	0	0	1	1	1	1	1	1	1	1	1	1	0	1	1	1	1	1	1
0	0	1	0	1	0	1	1	1	1	1	1	1	1	1	1	0	1	1	1	1	1
0	0	1	0	1	1	1	1	1	1	1	1	1	1	1	1	1	0	1	1	1	1
0	0	1	1	0	0	1	1	1	1	1	1	1	1	1	1	1	1	0	1	1	1
0	0	1	1	0	1	1	1	1	1	1	1	1	1	1	1	1	1	1	0	1	1
0	0	1	1	1	0	1	1	1	1	1	1	1	1	1	1	1	1	1	1	0	1
0	0	1	1	1	1	1	1	1	1	1	1	1	1	1	1	1	1	1	1	1	0

注：×はdon't care

[2] SN 74155

SN 74155は次に示すように4通りの機能を持っています（**図6・12**）．

dual 2- to 4-line decoder

dual 1- to 4-line demultiplexer

3- to 8-line decoder

1- to 8-line demultiplexer

図6・12（c）の内部回路のように，出力1 Y0～1 Y3用のストローブ入力として$\overline{1G}\cdot 1C$が，他方の出力2Y0～2Y3用には$\overline{2C}\cdot\overline{2G}$のストローブ入力が，それぞれの論理積で用意されており，セレクト入力*A*と*B*は両回路に共通となっています．

2-4デコーダ（dual 2-to 4-line decoder）としての使い方を説明します．ストローブ条件が成立していれば，セレクト入力*A*と*B*の状態によってデコードされた出力だけが“0”になります．例えば出力1Y0が“0”になるのはストローブ入力1Gが“0”でかつ1Cが“1”であって，さらに（かつ）セレクト入力*A*と*B*がともに“0”のときです．全出力の論理式を以下に示します．

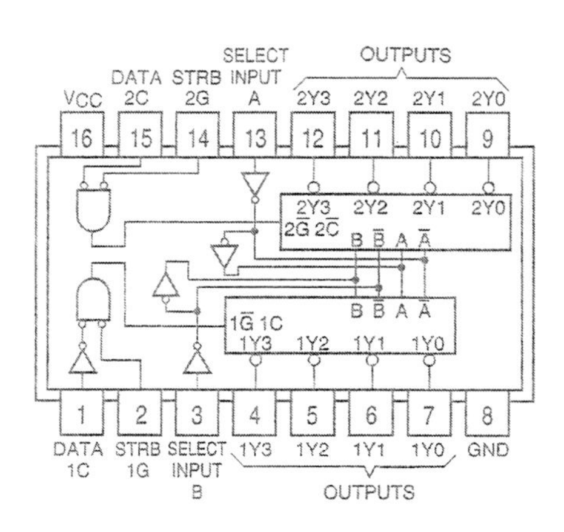

(a) ピン配置図

2-LINE-TO-4-LINE DECODER
OR 1-LINE-TO-4-LINE DEMULTIPLEXER

INPUTS				OUTPUTS			
SELECT		STROBE	DATA	1Y0	1Y1	1Y2	1Y3
B	A	1G	1C				
X	X	H	X	H	H	H	H
L	L	L	H	L	H	H	H
L	H	L	H	H	L	H	H
H	L	L	H	H	H	L	H
H	H	L	H	H	H	H	L
X	X	X	L	H	H	H	H

INPUTS				OUTPUTS			
SELECT		STROBE	DATA	2Y0	2Y1	2Y2	2Y3
B	A	2G	2C				
X	X	H	X	H	H	H	H
L	L	L	L	L	H	H	H
L	H	L	L	H	L	H	H
H	L	L	L	H	H	L	H
H	H	L	L	H	H	H	L
X	X	X	H	H	H	H	H

3-LINE-TO-8-LINE DECODER
OR 1-LINE-TO-8-LINE DEMULTIPLEXER

INPUTS				OUTPUTS							
SELECT			STROBE OR DATA	(0)	(1)	(2)	(3)	(4)	(5)	(6)	(7)
C†	B	A	G‡	2Y0	2Y1	2Y2	2Y3	1Y0	1Y1	1Y2	1Y3
X	X	X	H	H	H	H	H	H	H	H	H
L	L	L	L	L	H	H	H	H	H	H	H
L	L	H	L	H	L	H	H	H	H	H	H
L	H	L	L	H	H	L	H	H	H	H	H
L	H	H	L	H	H	H	L	H	H	H	H
H	L	L	L	H	H	H	H	L	H	H	H
H	L	H	L	H	H	H	H	H	L	H	H
H	H	L	L	H	H	H	H	H	H	L	H
H	H	H	L	H	H	H	H	H	H	H	L

†C = inputs 1C and 2C connected together
‡G = inputs 1G and 2G connected together
H = high level, L = low level, × = irrelevant

(b) 真理値表

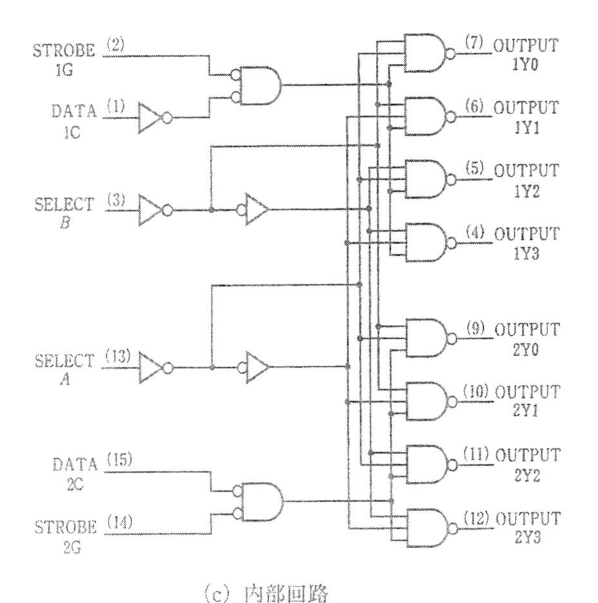

(c) 内部回路

図6・12　SN 74155の概要

$$\overline{1Y0}=\overline{1G}\cdot 1C\cdot\overline{A}\cdot\overline{B},\quad \overline{2Y0}=\overline{2G}\cdot\overline{2C}\cdot\overline{A}\cdot\overline{B}$$
$$\overline{1Y1}=\overline{1G}\cdot 1C\cdot A\cdot\overline{B},\quad \overline{2Y1}=\overline{2G}\cdot\overline{2C}\cdot A\cdot\overline{B}$$
$$\overline{1Y2}=\overline{1G}\cdot 1C\cdot\overline{A}\cdot B,\quad \overline{2Y2}=\overline{2G}\cdot\overline{2C}\cdot\overline{A}\cdot B$$
$$\overline{1Y3}=\overline{1G}\cdot 1C\cdot A\cdot B,\quad \overline{2Y3}=\overline{2G}\cdot\overline{2C}\cdot A\cdot B$$

当然，ストローブ条件が成立していないときはデコーダとして機能せず，出力はセレクト入力に関係なくすべて“1”になってしまいます．したがって，2組のどちら側の出力にデコード結果を出力するかをストローブ入力によって選択します．

1-4 デマルチプレクサ（1- to 4-line demultiplexer）として使う場合はデータを1Cと2Cに与え，その出力先はセレクト入力 A と B で選択された出力から取り出します．ストローブ入力1Gと2Gは両出力部の選択用に使用します．

3-8 デコーダ（3- to 8-line decoder）として使う場合，データ入力1Cと2Cを接続し，第3のセレクト入力 C として使用します．ストローブ入力1Gと2Gも一緒に接続して共通のストローブとして使用します（アクティブL）．セレクト入力の C が“0”で2Y0～2Y3の出力側NANDゲートが開き，1Y0～1Y3側のNANDゲートが閉じます．そのためセレクト入力 C，B，A が“000”～“011”，つまり C が“0”のとき2Y0～2Y3の出力に0～3のデコード結果がアクティブLで出力されます．そして，セレクト入力 C，B，A が“100”～“111”の C が“1”である4～7のデコード結果は1Y0～1Y3の出力にアクティブLで出力されます（**図6･13**）．

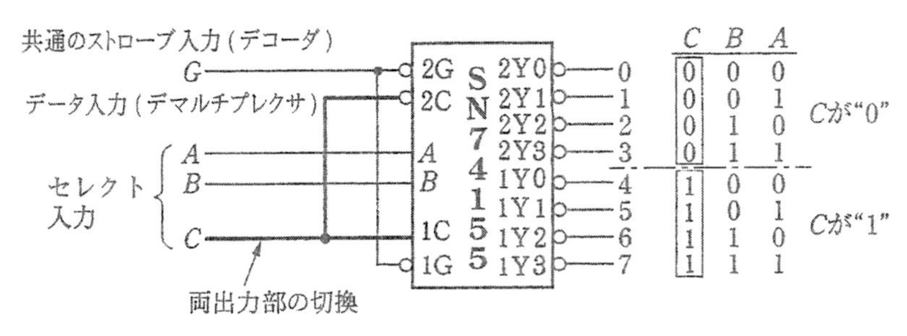

図6･13　3-8デコーダ/1-8デマルチプレクサ

1-8 デマルチプレクサ（1-to 8-line demultiplexer）として使う場合は図6･13の共通ストローブ入力をデータ入力 G として使い，出力の選択はセレクト入力 A ～ C で行います．真理値表を**表6･4**に示します．

表6･4　1-8デマルチプレクサの真理値表

セレクト入力			出		力					
C	B	A	2Y0	2Y1	2Y2	2Y3	1Y0	1Y1	1Y2	1Y3
0	0	0	G	1	1	1	1	1	1	1
0	0	1	1	G	1	1	1	1	1	1
0	1	0	1	1	G	1	1	1	1	1
0	1	1	1	1	1	G	1	1	1	1
1	0	0	1	1	1	1	G	1	1	1
1	0	1	1	1	1	1	1	G	1	1
1	1	0	1	1	1	1	1	1	G	1
1	1	1	1	1	1	1	1	1	1	G

3　SN 74138

3-to 8-line decoders/demultiplexersの SN 74138は 第5章5･4 2 項で解説してあるように，2進→8進デコーダとしても使われます．イネーブル入力をデータ入力とし，出力の選択をセレクト入力 A ～ C で行えば1-8デマルチプレクサとして使うことができます．

SN 74138の概要は第5章の図5･24に示してあるように，イネーブル条件は $G1\cdot\overline{G2A}\cdot\overline{G2B}$ です．つまり，入力G1が“1”でかつG2AとG2Bがともに“0”で，出力Y0～Y7用の出力ゲートがすべて開きます．イネーブル入力G1を V_{CC} にプルアップ（“1”に固定）し，G2AとG2Bのいずれかをグランドにプルダウン（“0”に固定）して他方をデータ入力 G とします（ファンイン数に問題がなければG2AとG2Bを接続してデータ入力としても可）．

第5章5･4 2 項で各出力の論理式を示してあるように，例えば，図6･14で $\overline{Y0}=\overline{A}\cdot\overline{B}\cdot\overline{C}\cdot G1\cdot\overline{G2A}\cdot\overline{G2B}$ は，G1と $\overline{G2B}$ は条件を満たしており，セレクト入力 A ～ C がすべて“0”のとき，データ入力 G を出力Y0に出力します．したがって，データ入力 G をセレクト入力 A ～ C で指定された出力に出力します．

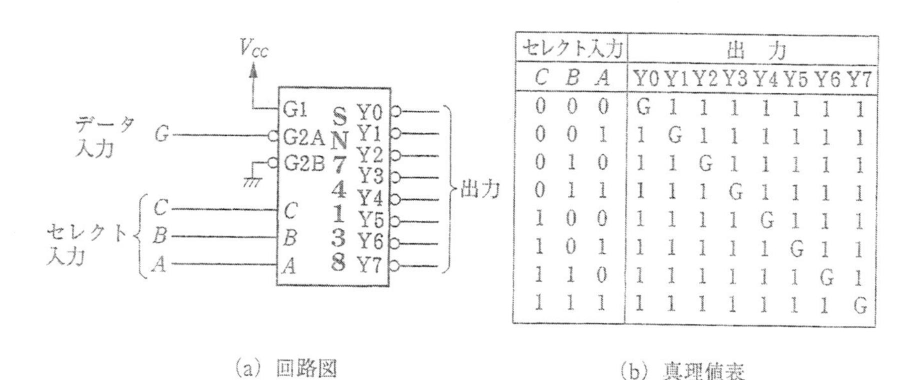

セレクト入力			出力							
C	B	A	Y0	Y1	Y2	Y3	Y4	Y5	Y6	Y7
0	0	0	G	1	1	1	1	1	1	1
0	0	1	1	G	1	1	1	1	1	1
0	1	0	1	1	G	1	1	1	1	1
0	1	1	1	1	1	G	1	1	1	1
1	0	0	1	1	1	1	G	1	1	1
1	0	1	1	1	1	1	1	G	1	1
1	1	0	1	1	1	1	1	1	G	1
1	1	1	1	1	1	1	1	1	1	G

(a) 回路図　　(b) 真理値表

図6･14　SN 74138のデマルチプレクサとしての使い方

第6章 演習問題

1. マルチプレクサ用IC，SN 74151のキャラクタジェネレータへの応用（図6•5）で，下記の**表6•5**のように動作するようスイッチS_0～S_7をセットしなさい．

2. SN 74151を用いて，16-1（16入力1出力）マルチプレクサを構成しなさい．

3. SN 74150を2個用いて，32-1マルチプレクサに拡張した図6•7で，ストローブ入力STBとデータセレクト入力K_0～K_4および出力が**表6•6**の場合，(1)～(4)の状態を示しなさい．

表6•5 真理値表

入力			出力
C	B	A	Y
0	0	0	0
0	0	1	1
0	1	0	0
0	1	1	0
1	0	0	1
1	0	1	1
1	1	0	1
1	1	1	1

表6•6 32-1マルチプレクサ（SN 74150で構成）の動作表

入力						出力
セレクト					ストローブ	
K_4	K_3	K_2	K_1	K_0	STB	f
0	1	1	0	0	1	(1)
			(2)			I_{15}
1	0	1	1	1	0	(3)
1	1	0	1	0	1	(4)

4. 8出力デマルチプレクサ（1- to 8-line demultiplexers）を入出力アクティブHでゲート構成しなさい．

5. 1-16デマルチプレクサSN 74154を用いて，1-32（1入力32出力）デマルチプレクサを構成しなさい．

6. SN 74155を1-4デマルチプレクサとして2Y0～2Y3の出力側を使いたい場合の使い方を説明しなさい．

7. SN 74138を用いて，1-16デマルチプレクサを構成しなさい．

第 7 章

比較回路

タイマで設定した時刻になったら，ある信号を発する回路は設定された時刻と現在の時刻のパターンが一致したかどうかだけを判断する一致/不一致回路です．さらに，2つのデータを比較して大小を判定する大小比較回路は，コンピュータの判断機能を構成する主要な回路であるといえます．また，メカトロニクスにおける位置制御信号の大小比較などにも応用されています．

本章では2つのデータの**比較器**（comparator）としての一致/不一致回路と大小比較回路の基本的な構成法，コンパレータ用ICの紹介などについて解説します．

7・1　一致/不一致回路

比較回路の最も簡単な例として，2つの値が等しいか否かを判定する回路から考えてみます．基本は1ビットの比較で，すでに第**2**章**2・7**で解説した排他的論理和（XOR）ゲートの機能そのものです．つまり，1ビット同士が等しいときに“0”（一致），等しくないときに“1”（不一致）を出力します（**図7・1**）．

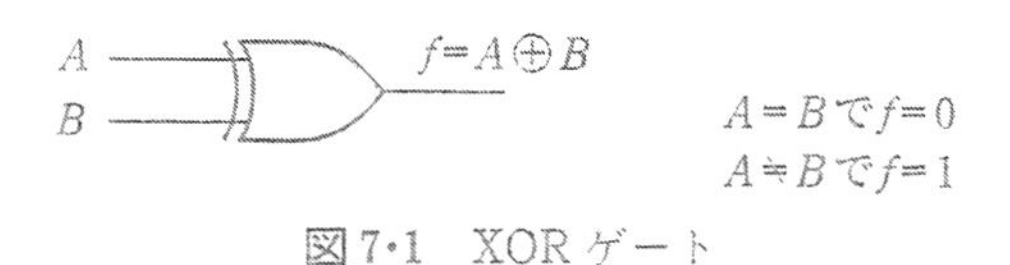

図7・1　XORゲート

2ビット以上の比較には各ビットをXORゲートで一致か不一致かを判定し，全ビットが一致したかどうか判断します．判定した結果，**全ビットが一致で“1”を出力する回路を一致回路**といいます．逆に，全ビットが一致したときに**“0”を出力する回路**は不一致で“1”を出力することになるので**不一致回路**といいます．

図7・2にnビットの一致回路を示します．nビットなので各ビットの比較用にn個のXORゲートを用意し，それぞれの出力がすべて“0”のとき，つまり全ビットが一致したときに“1”を出力する回路で，1ビットでも不一致があると“0”を出力します．出力のゲートは全入力が“0”のとき“1”なので論理記号はn入力のANDに小丸が付き，出力には小丸が付かない表現となります．これは正論理で表現するとn入力のNORになりますが，図

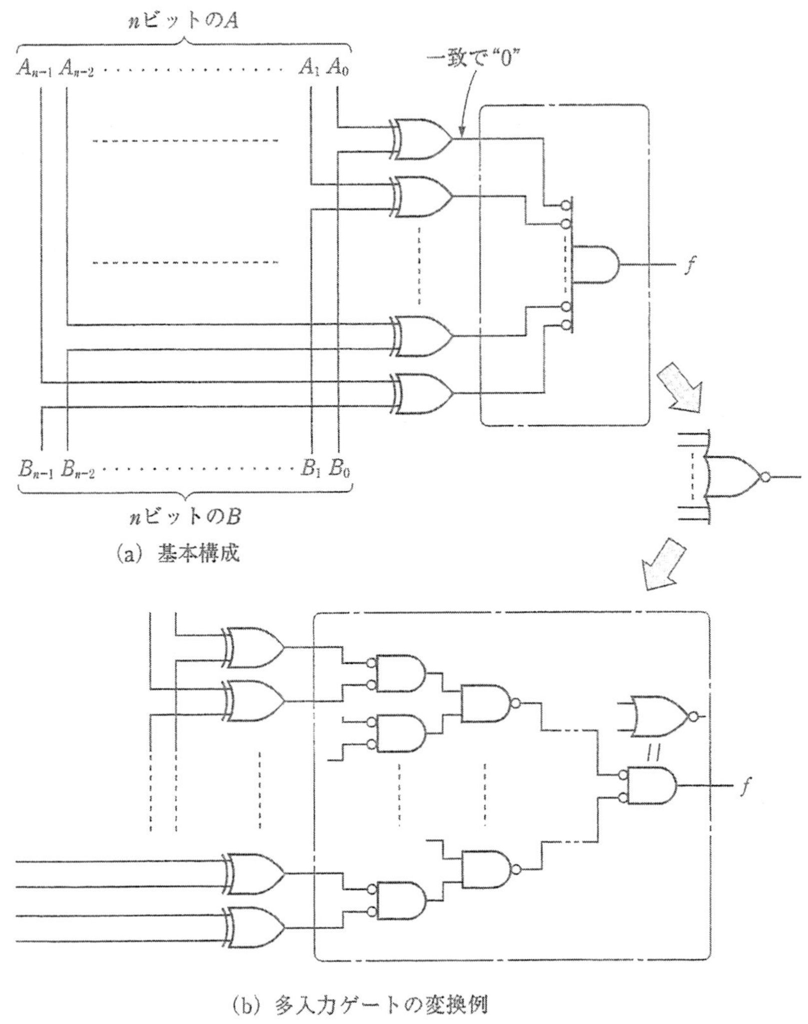

(a) 基本構成

(b) 多入力ゲートの変換例

図7・2　n ビットの一致回路

(b) のように少入力のNAND-NORゲート構成で実現できます.

7・2 大小比較回路

2つのデータの大きさ (magnitude) を比較し，その大小と一致を判定する大小比較回路は **magnitude comparator** といいます．まず1ビットの大小比較回路について考えます (図7・3).

図のように A と B の1ビット同士の比較結果は $A<B$，$A=B$，$A>B$ で，2入力-3出力になります．各出力の論理式を以下に示します．

$$A<B \Rightarrow \overline{A} \cdot B \qquad \text{式 (1)}$$

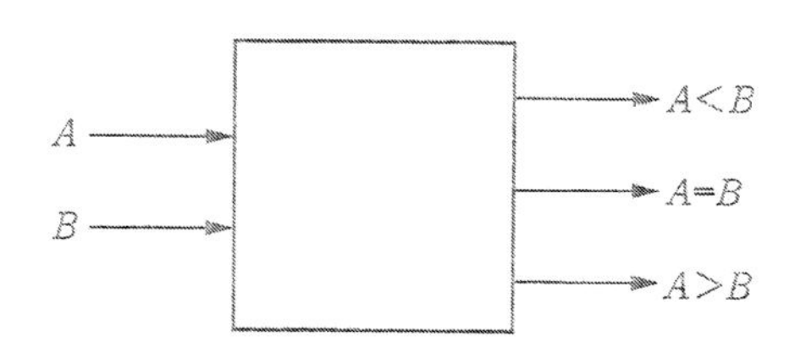

(a) ブロック図

入力		出力		
A	B	$A<B$	$A=B$	$A>B$
0	0	0	1	0
0	1	1	0	0
1	0	0	0	1
1	1	0	1	0

(b) 真理値表

図7·3 1ビット大小比較器のブロック図と真理値表

$$A=B \Rightarrow \overline{A}\cdot\overline{B}+A\cdot B \qquad \text{式 (2)}$$

$$A>B \Rightarrow A\cdot\overline{B} \qquad \text{式 (3)}$$

出力$A=B$の論理式は入力AとBが同じ値のとき“1”なので，第**2**章**2·7**で解説したXORの否定であるXNOR（図2·24参照）の機能に相当します．したがって，式（2）は式（4）としても表されます．

$$A=B \Rightarrow \overline{A}\cdot\overline{B}+A\cdot B=\overline{A\oplus B} \qquad \text{式 (4)}$$

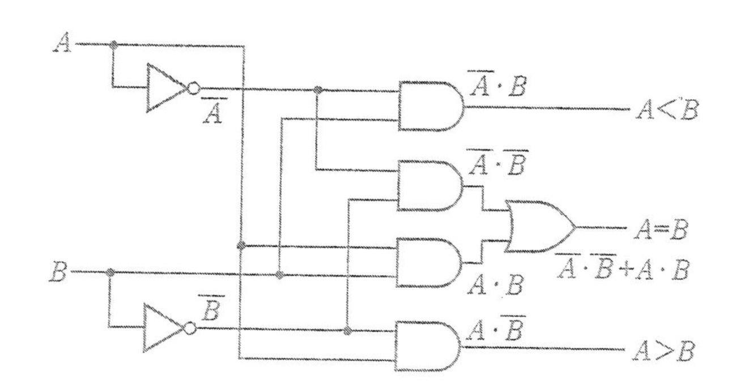

(a) 式(1)～(3)を回路化

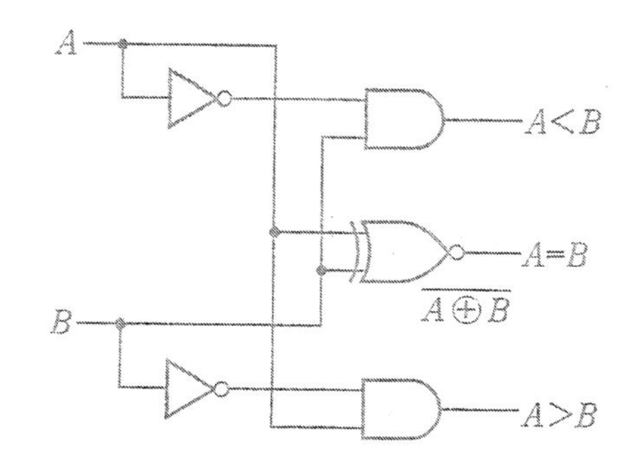

(b) 式(4)のXNORに置き換え

図7·4 1ビットの大小比較回路

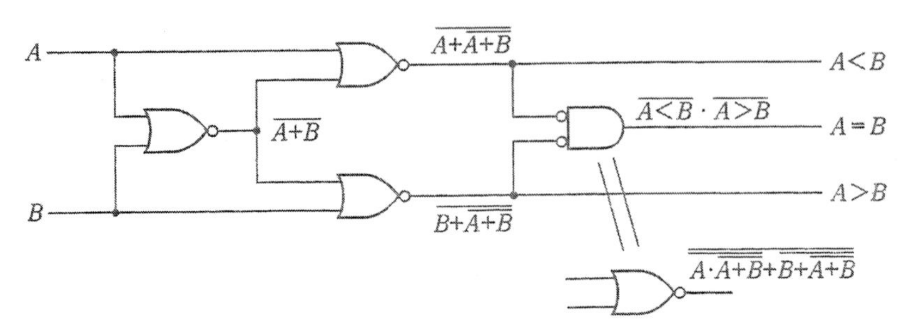

図7･5　1ビット大小比較回路のNOR構成

以上の論理式をそのまま回路化したのが**図7･4**です．

ところで，式（1）と式（3）は第**3**章**3･1** ③で，XNORをNORゲート構成する方法として，次のように変形する手順を解説してあります．

$$A < B \Rightarrow \overline{A}\cdot B = \overline{\overline{\overline{A}\cdot B}} = \overline{\overline{\overline{A}}+\overline{B}} = \overline{A+\overline{B}} = \overline{A+\overline{A}\cdot\overline{B}} = \overline{A+\overline{A+B}} \qquad 式（5）$$

$$A > B \Rightarrow A\cdot\overline{B} = \overline{\overline{A\cdot\overline{B}}} = \overline{\overline{A}+\overline{\overline{B}}} = \overline{\overline{A}+B} = \overline{B+\overline{B}\cdot\overline{A}} = \overline{B+\overline{A+B}} \qquad 式（6）$$

出力$A=B$が“1”になるのは$A<B$でなく，かつ$A>B$でもないときなので，

$$A = B \Rightarrow \overline{A<B}\cdot\overline{A>B} = \overline{(A<B)+(A>B)} = \overline{\overline{A+\overline{A+B}}+\overline{B+\overline{A+B}}} \qquad 式（7）$$

式（5）～（7）はすべてNOR構成を意味しており，**図7･5**のようにNORゲート4個で実現できます．

ディジタル回路は以上のように，基本的にはブロック図を作成し，真理値表から論理式を導いて回路化するという手順で設計できます．2ビット同士の大小比較では，例えばA_0, A_1とB_0とB_1という4変数16通りの組合せによる真理値表になります．このくらいであればまだ容易に設計可能ですが，現実には8，16または32ビットのデータを扱いますので，真理値表から論理式を導く方法では対応できません．それに1ビットでも異なったら新しく**設計をし直すというのは問題**です．そのためビット数に応じて基本回路を配置することにより，**任意のビット数に対応可能な拡張性を持った構成法**を考えます．

変数XとYは10進数でそれぞれ1, 948, 619と1, 940, 987であった場合，最上位けたから比較していき，千の位の8と0で$X>Y$が判定されます．この時点で$X>Y$を最終結

X＝1, 9 4 8, 6 1 9
Y＝1, 9 4 0, 9 8 7
最上位けたから比較して，4けた目で$X>Y$

図7･6　大小比較の判定手順

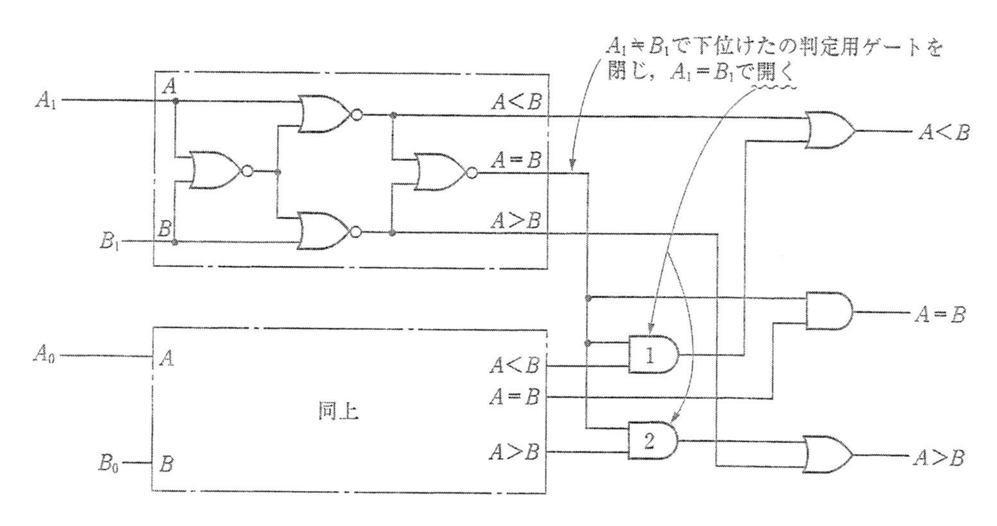

図7・7　2ビットの大小比較回路

果とすることができ，それ以降のけたの判定は不要です（図7・6）．もちろん最後まで大小の判定がつかないときは$X=Y$です．

以上の判定手順は2進数でも同じで，

MSBから比較していき，等しければそのひとつ下位けたを順に比較していき，大小が判定できたとき，それを最終結果として，以降の判定を行う必要はありません．LSBの最後のけたまで等しかったときだけ2つのデータは等しいという結果になります．

あるけたで大小が判定できた場合，それ以降のけたの判定をする必要がないというのは，

大小の判定ができた結果により，それ以降の判定用ゲートを閉じる回路構成にすればよいのです．

2ビットの大小比較回路を図7・7に示します．図のように，MSBであるA_1とB_1の判定結果，$A_1 \neq B_1$であればそのけたの出力$A=B$は"0"になるため，下位けたの判定用のANDゲート1と2は閉じ，A_1とB_1の比較結果が出力されます．$A_1=B_1$であればMSB用の出力$A=B$は"1"を出力するため，A_0とB_0の判定用ANDゲートが開きA_0とB_0の判定結果が出力されます．

以上のような構成により，1ビットの大小比較回路を比較するビットの数だけ配置し，最上位けたからの出力$A=B$により下位けたの判定用ゲートをそれぞれ制御することによって，多数けたの大小比較回路を構成することができます．4ビットの大小比較回路を参考までに図7・8に示します．

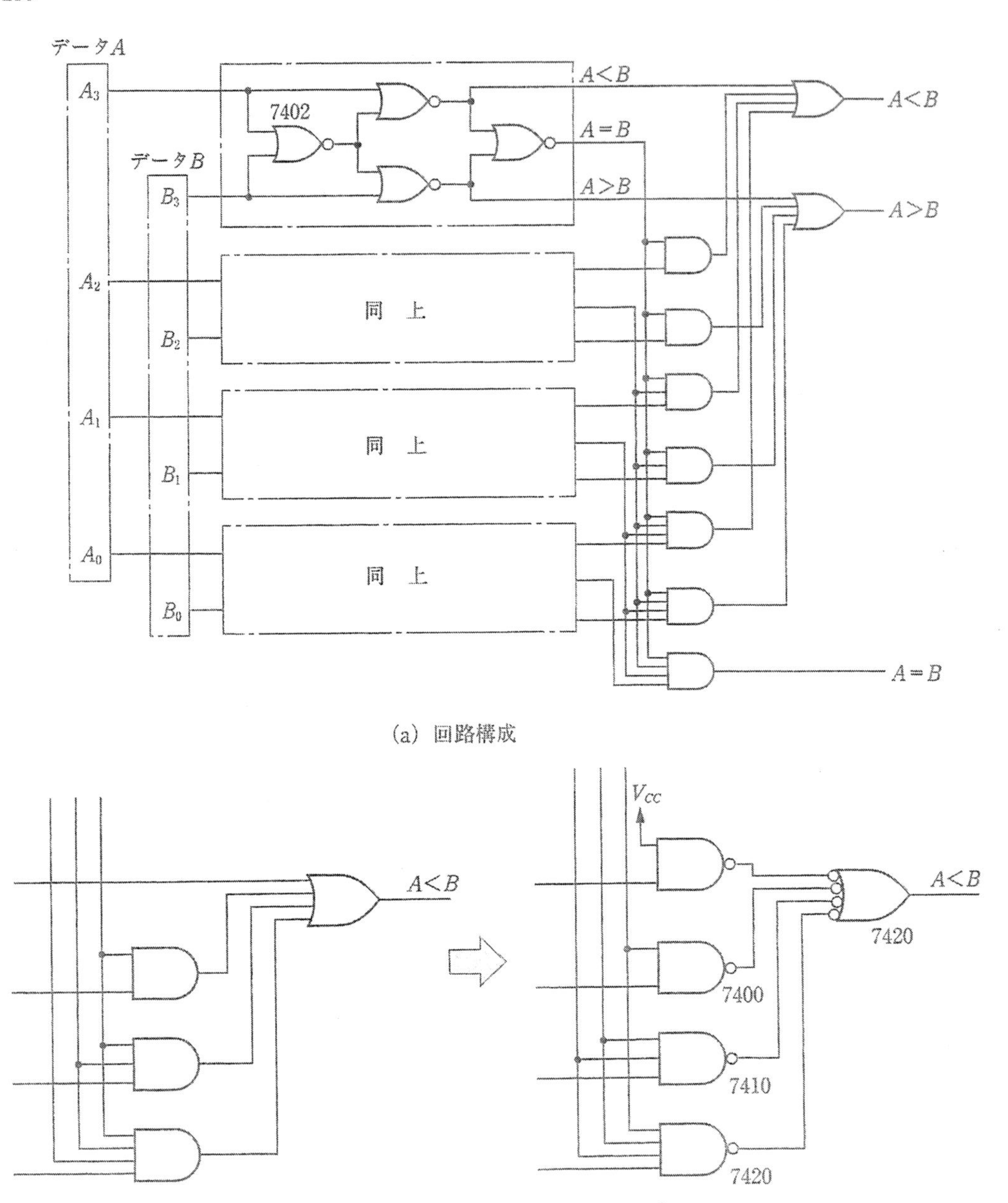

(a) 回路構成

(b) 出力回路のNANDゲート変換例

図7・8 4ビット大小比較回路

7・3 コンパレータ用IC

一致/不一致用としてSN 74 ALS 518 ～ 522, SN 74 LS 688, 689などが, 大小比較用としてはSN 7485, SN 74 LS 682 ～ 687など多くのMSIが市販されています. その中から一致/不一致用としてSN 74 ALS 520, 大小比較用としてSN 54 L 85について説明します.

1　SN 74 ALS 520

SN 74 ALS 520 のピン配置図を**図 7·9** に示します．A0 ～ A7 と B0 ～ B7 の各ビット比較用の 8 個の XNOR ゲートが出力側の NAND ゲートに接続されています．さらにストローブ入力 G が付加されています．XNOR は入力が一致で“1”を出力します．したがって，A と B のビットパターンが一致したとき，NAND 条件が整って，出力 $A = B$ は“0”を出力します．出力 $A = B$ が“1”を出力するのは不一致のときなので，**8 ビット不一致回路**機能を持った IC です．ストローブ入力 G が“0”で NAND ゲートが開くので不一致回路として機能しますが，$G = 1$ では機能せず，A と B の入力状況には関係なく，出力 $A = B$ は“1”

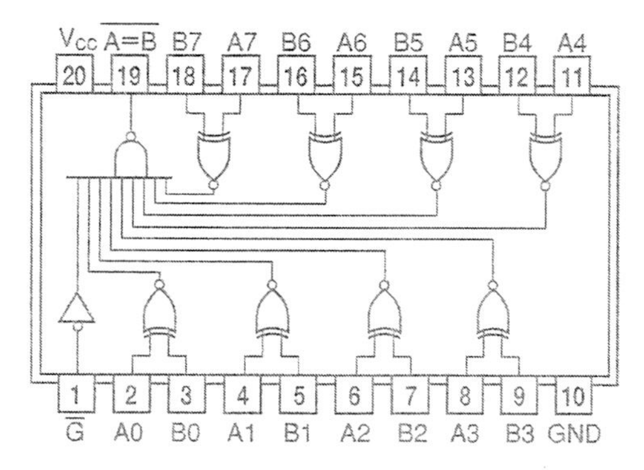

図 7·9　SN 74 ALS 520 のピン配置図

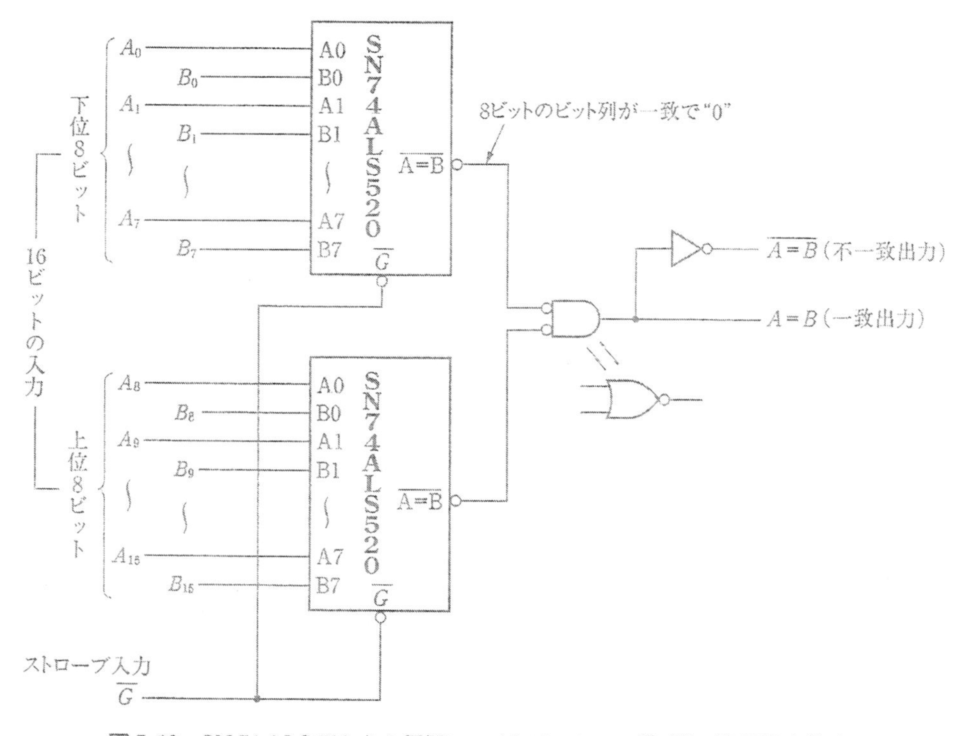

図 7·10　SN 74 ALS 520 を 2 個用いて 16 ビットの一致/不一致回路を構成

になります．

図7•9の内部回路の出力 $A=B$ と入力 G は小丸が付いた状態なので，アクティブLという意味で，それぞれ $\overline{A=B}$，$\overline{G}$ とバーを記号に付けて表してあります．したがって，出力の論理式は $A=B$ が“0”になる条件で下記のようになります．

$$\overline{A=B} \Rightarrow \overline{G}\cdot\overline{A0 \oplus B0}\cdot\overline{A1 \oplus B1}\cdots\cdots\overline{A6 \oplus B6}\cdot\overline{A7 \oplus B7}$$

論理式からも，出力 $A=B$ が“0”になるのは G が“0”で，かつA0とB0が一致，かつ……，かつA7とB7が一致のとき，つまりストローブ入力 G が“0”で，かつ A と B の各ビットがすべて一致したときを意味していますから，A と B の各8ビット中，ひとつでも不一致があると出力 $A=B$ は“1”を出力することがわかります．

倍の16ビット一致/不一致回路を構成するには**図7•10**のようにSN 74 ALS 520を2個用いて実現できます．上部と下部のチップで8ビットずつ比較し，各比較器の出力がともに“0”のとき，つまり16ビットのビットパターンが一致したとき，最終結果の出力 $A=B$ は“1”を出力し（一致回路機能），$\overline{A=B}$ の出力は“0”（不一致回路機能）を出力します．このような構成によって，さらに比較ビットを容易に拡張できます．

ほかに，8ビット不一致用としてSN 74 ALS 521とSN 74 LS 688があります．SN 74 ALS 518，519は一致，SN 74 ALS 522とSN 74 LS 689は不一致用ですが，オープンコレクタタイプなので出力を抵抗で V_{CC} にプルアップして使います．

[2] SN 54 L 85

4ビット大小比較器のSN 54 L 85は同チップを単純に接続することにより，比較するビット数を整数倍に拡張することができます．そのためのカスケード（cascade）入力として $A>B$，$A=B$，$A<B$ が付加されています．このICには他にも標準，LS，Sタイプなどがありますが，基本的には図7•7や図7•8と同様なLタイプの概要を**図7•11**に示します．

あるけたで大小の判定ができた場合はそれ以降の下位けたの判定用ゲートを閉じる回路構成になっています（図7•11(b)）．そのためのXNOR回路が各ビット用に4個用意されています．まずMSBであるA3とB3の比較結果，大小が判定されると $\overline{A3 \oplus B3}$ の結果は $A \fallingdotseq B$ なので“0”になり，下位3ビットの判定結果用ゲートを閉じて，A3とB3の比較結果を A と B の比較結果として出力します．A3＝B3であれば $\overline{A3 \oplus B3}$ は“1”になり，下位3ビットの判定用ゲートが開き，その中で最も優先度の高いA2とB2の判定が同様に行われます．

このように比較が順次MSBから行われ，大小の判定がついたときにその結果を判定結果とします．図7•11(c)の5入力ANDゲート1～3は全ビットが一致したとき，各ビットの $\overline{A \oplus B}$ がすべて“1”になるため，カスケード入力の結果を出力する回路になっています．

SN 54 L 85を3個カスケード接続して，12ビットの大小比較器に拡張した構成図を**図7•**

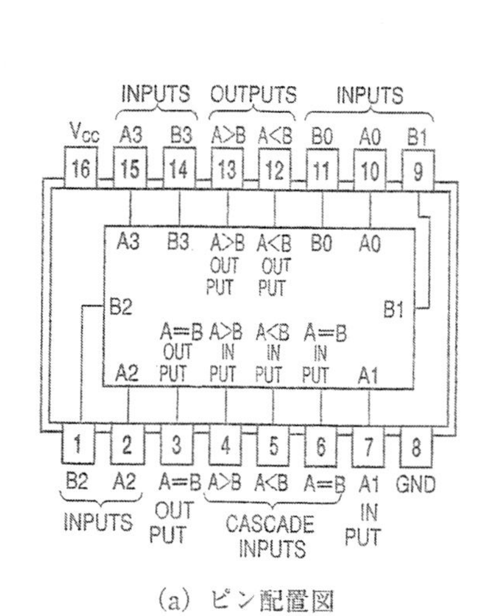

（a）ピン配置図

COMPARING INPUTS				CASCADING INPUTS			OUTPUTS		
A3, B3	A2, B2	A1, B1	A0, B0	A>B	A<B	A=B	A>B	A<B	A=B
A3>B3	X	X	X	X	X	X	H	L	L
A3<B3	X	X	X	X	X	X	L	H	L
A3=B3	A2>B2	X	X	X	X	X	H	L	L
A3=B3	A2<B2	X	X	X	X	X	L	H	L
A3=B3	A2=B2	A1>B1	X	X	X	X	H	L	L
A3=B3	A2=B2	A1<B1	X	X	X	X	L	H	L
A3=B3	A2=B2	A1=B1	A0>B0	X	X	X	H	L	L
A3=B3	A2=B2	A1=B1	A0<B0	X	X	X	L	H	L
A3=B3	A2=B2	A1=B1	A0=B0	H	L	L	H	L	L
A3=B3	A2=B2	A1=B1	A0=B0	L	H	L	L	H	L
A3=B3	A2=B2	A1=B1	A0=B0	L	L	H	L	L	H
A3=B3	A2=B2	A1=B1	A0=B0	L	H	H	L	H	H
A3=B3	A2=B2	A1=B1	A0=B0	H	L	H	H	L	H
A3=B3	A2=B2	A1=B1	A0=B0	H	H	H	H	H	H
A3=B3	A2=B2	A1=B1	A0=B0	H	H	L	H	H	L
A3=B3	A2=B2	A1=B1	A0=B0	L	L	L	L	L	L

$A=B$では同じ

$A=B$ではカスケード入力状態を出力

（b）真理値表

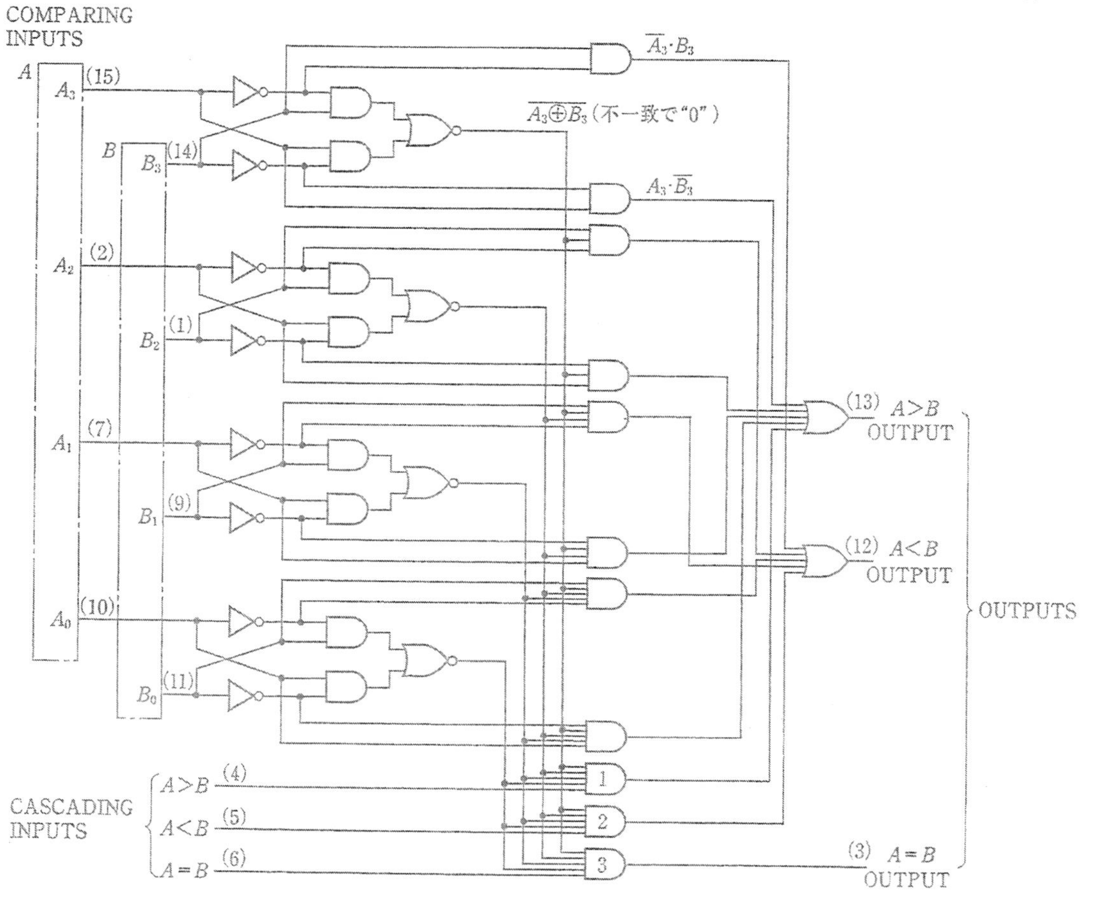

（c）内部回路

図 7・11　SN 54 L 85 の概要

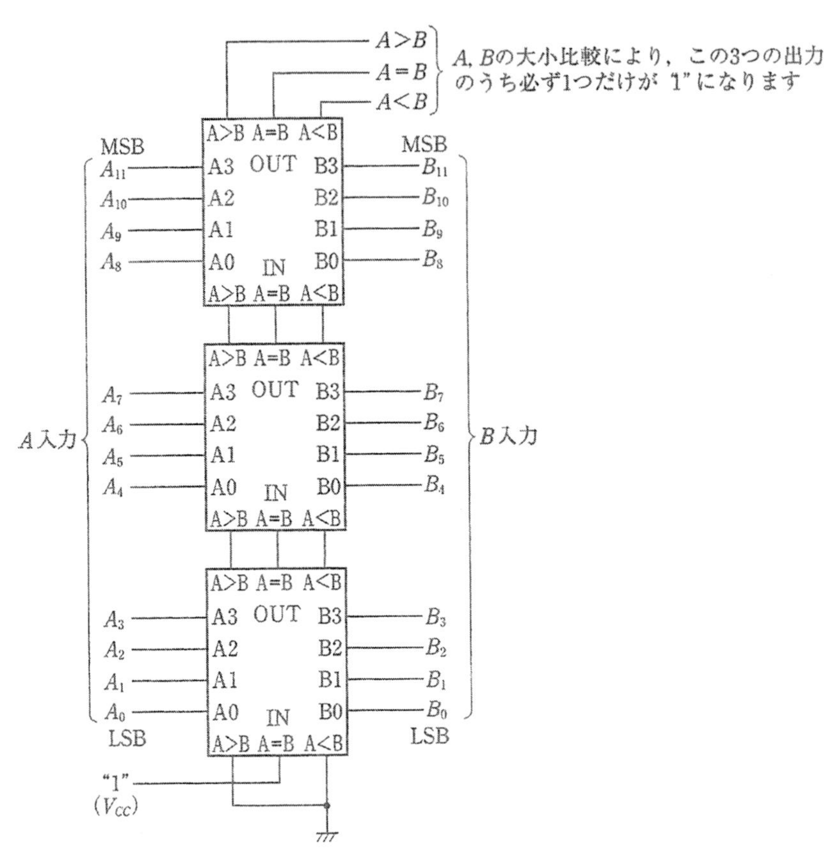

図7･12　SN 54 L 85 のカスケード接続（12 ビットの大小比較器構成）

12 に示します．大小判定の優先度は結果の出力に近い方（図の上部）ほど高く，カスケード接続されたチップで出力から離れるほど（図の下方）優先度は低くなります．したがって，比較する 12 ビットの MSB ～ LSB を図のように与えます．全ビットが一致した場合はカスケード入力状態が出力されるため，$A = B$ の出力だけが " 1 " になるようにカスケード入力の $A = B$ を V_{CC} にプルアップし，$A > B$ と $A < B$ の入力はグランドにプルダウンしておきます．

SN 54 L 85 はバイナリの大小比較器ですが，BCD コードの大小比較も判定できます．

7･4　他機能 IC のコンパレータとしての使用例

本来，コンパレータとしてではなく別の目的に作られた MSI をバイナリコンパレータとして構成した例を**図 7･13** に示します．図のように，BCD → 10 進デコーダの SN 7442（第 **5** 章 **5･4** ①参照）と 8-1 マルチプレクサの SN 74151（第 **6** 章 **6･2** ①参照）を構成し，A_0 ～ A_2 と B_0 ～ B_2 の 3 ビットを比較し，$A = B$ なら比較結果の出力 W が " 1 " に，$A \neq B$ では W が " 0 " になる一致回路機能として動作します．

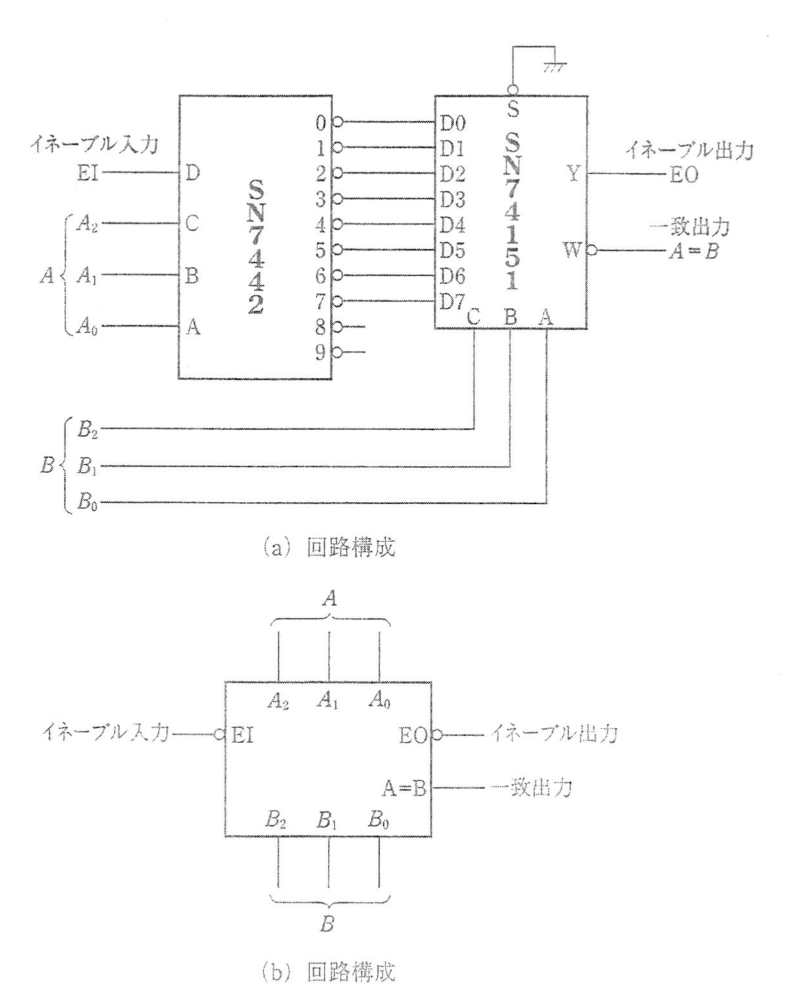

(a) 回路構成

(b) 回路構成

図7・13　SN 7442とSN 74151の3ビット一致回路構成

SN 7442は第5章の図5・22で示したように，入力Dをイネーブル（enable）として用い，A_0～A_2の2進3ビットを0～7の8進にデコードする2進→8進デコーダとして使います．その結果を8-1マルチプレクサSN 74151のD0～D7で受け，データセレクト信号B_0～B_2で選択された入力値を出力Wに出力します．

この構成をコンパレータとして働かせるために，まずイネーブル入力EIに“0”を与えます．入力A_0～A_2をデコードした結果をSN 7442はアクティブLで出力0～7に出力します．そのSN 7442の出力結果をSN 74151はB_0～B_2のセレクト信号で選択し，出力Wに反転して出力します．したがって，$A=B$であればAのワードをSN 7442でデコードした結果の“0”をSN 74151がBのワードで選択し，反転して出力するため，一致出力$A=B$は“1”を出力します．このときSN 74151の出力YはWの反転した出力なので“0”になり，イネーブル出力EOは“0”になります．

$A \fallingdotseq B$であればAのワードをデコードした結果以外の出力“1”をBのワードで選択して

出力Wに反転して出力するため，一致出力$A=B$は“0”で，イネーブル出力EOは“1”を出力します．

イネーブル入力EIが“1”ではSN 7442はデコーダとしては機能せずAとBのワードには関係なく，出力の$A=B$とEOはそれぞれ“0”，“1”になります．ブロック図(b)ではイネーブルEIとEOはともにアクティブLなので小丸を付け，一致出力$A=B$はアクティブHなので小丸を付けずに表してあります．

3ビット以上の一致回路を構成するには**図7･14**のように，図7･13の3ビット一致回路をカスケードに接続します．大小比較ではなく一致回路なので比較の順序に優先度はありませんが，図では上位けたの不一致で，以降のイネーブル入力を非アクティブにし，比較動作を行わないようにしています．当然，この回路のイネーブル入力（Enable Input）に“0”を与え，$A=B$のときに比較出力（Compare Output）が“1”になります．イネーブル入力が“1”ではAとBに関係なく比較出力は“0”です．

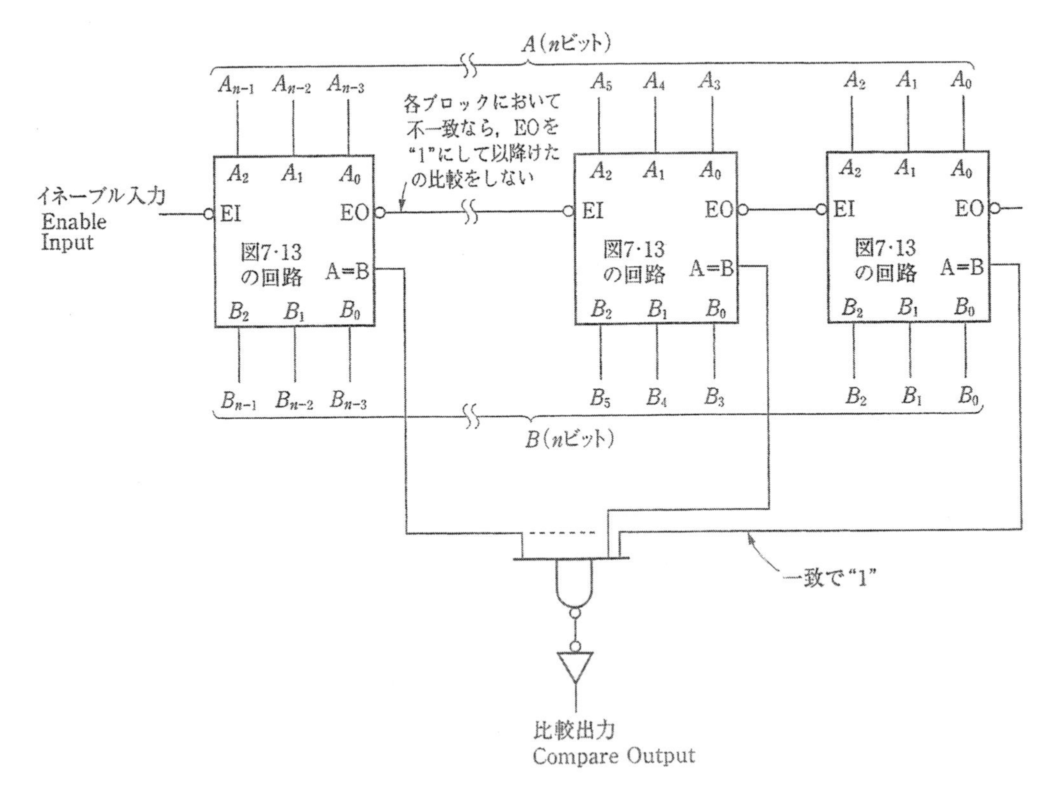

図7･14　nビット一致回路構成

第7章 演習問題

1. 6ビットの一致回路を（1）ゲート構成，（2）コンパレータ用IC，SN 74 ALS 520でそれぞれ実現しなさい．

2. 8ビットの不一致用IC，SN 74 ALS 520を2個用いて16ビットの一致/不一致回路を構成した図7·10に，10進数で4096と4224に相当するデータをそれぞれAとBに与えた場合の回路動作を説明しなさい．

3. 4ビットの大小比較器SN 54 L 85を3個カスケード接続して，12ビットの大小比較器を構成した図7·12のAとBに以下のようなビット列を与えた場合の回路動作を説明しなさい．

$A = (101111100110)_2$

$B = (101110111111)_2$

4. SN 54 L 85を用いて5ビット大小比較器を構成しなさい．

5. 図7·13のブロック図(b)を用いて12ビット一致/不一致回路を構成しなさい．

6. 図7·5のNOR構成1ビット大小比較回路において，NORゲートをそっくり図7·15のようにNANDゲートに置き換えた場合の出力C～Eを考察しなさい．

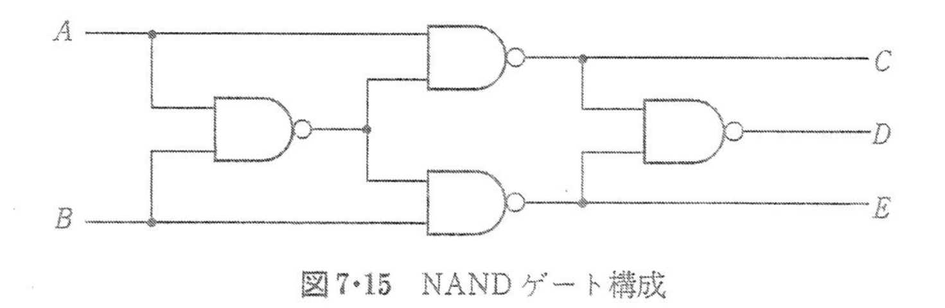

図7·15 NANDゲート構成

第 8 章

算術演算回路

演算回路には第2章で解説した論理演算や第7章での比較演算がありますが，コンピュータの中心ともいえる演算装置で要求されるのが**四則演算**です．2進数の加減乗除算法については第1章で解説してあるように，補数を用いることにより，基本的には加算回路だけですべての算術演算が行えます．近年の集積回路技術の著しい向上により，乗算器も計算機の中央処理装置（Central Processing Unit : CPU）に内蔵されるようになり，また除算器も含めてワンチップ化されて，高速な演算手段として用いられています．

本書は入門書であるため，乗除算器については拙著『ディジタル回路設計法』（日本理工出版会）やその他専門書を参考にしていただくとして，本章では四則演算回路の基礎となる加・減算回路について解説します．

8・1 加算回路

第1章で解説したように，補数との加算によって減算結果が得られます．乗算や除算は基本的には加算や減算の繰返し演算であるため，四則演算回路をすべて用意する必要はなく，**加算器と補数器によりすべての演算が可能**になります．したがって，加算回路は四則演算回路の基本であるといえます．

1 半加算器

1けたの2進数の加算回路を**半加算器**（Half Adder : **HA**）といいます．1ビット同士の組合せは第1章1・4 1で解説してあるように4通りで，そのブロック図と真理値表を図8・1

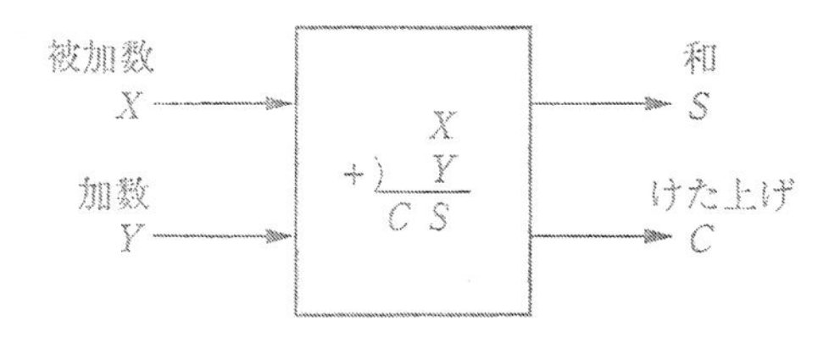

（a）ブロック図

入力		出力	
X	Y	C	S
0	0	0	0
0	1	0	1
1	0	0	1
1	1	1	0

（b）真理値表

図8・1 半加算器のブロック図と真理値表

に示します.

被加数をX, 加数をYとし, その加算結果の和 (sum) をS, 上位けたへのけた上げ (carry) をCとすると, 真理値表より各出力の論理式が次のように導かれます.

$$S=\overline{X}\cdot Y+X\cdot\overline{Y}$$
$$C=X\cdot Y \qquad \text{式 (1)}$$

SはXとYが一致で "0", 不一致で "1" という XOR 機能(第**2**章**2・7**参照)そのものです.

$$S=\overline{X}\cdot Y+X\cdot\overline{Y}=X\oplus Y \qquad \text{式 (2)}$$

XOR ゲートは第**2**章の図2・34で示したように, NAND ゲート4個で構成でき, Cの$X\cdot Y$は$\overline{X\cdot Y}$の否定で得られます.

$$S=X\oplus Y=\overline{\overline{X\cdot\overline{X\cdot Y}}\cdot\overline{Y\cdot\overline{X\cdot Y}}}$$
$$C=X\cdot Y=\overline{\overline{X\cdot Y}} \qquad \text{式 (3)}$$

式 (1) ～ (3) を回路化したのが**図8・2**です.

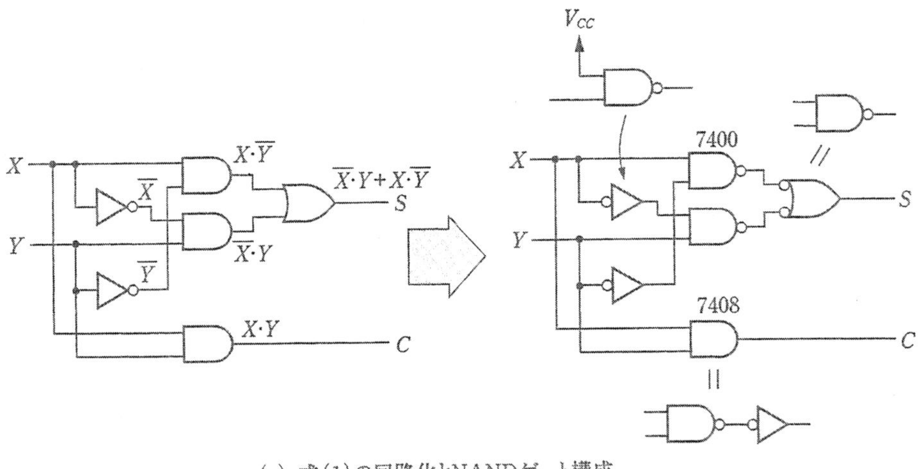

(a) 式(1)の回路化とNANDゲート構成

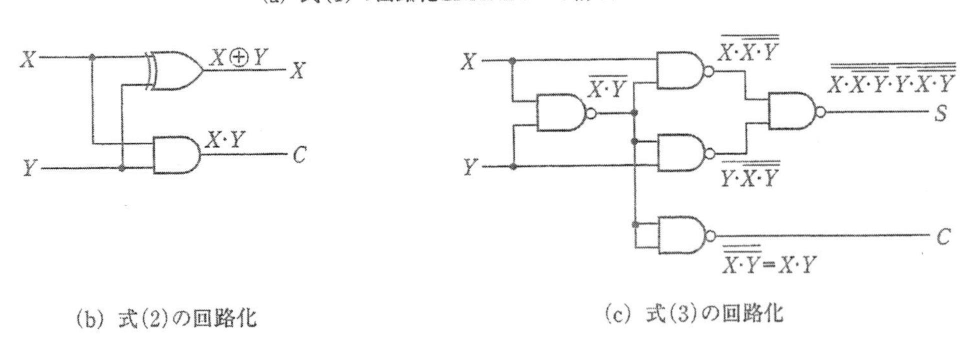

(b) 式(2)の回路化

(c) 式(3)の回路化

図8・2 半加算回路

2 全加算器

半加算器は1けたの2進加算器です. 現実には複数けたの加算を行います. LSB同士の

加算では半加算器で間に合いますが，2けた以上では下位けたからのけた上げも加算しなければなりません．そのような機能も考慮し，2進数の加算を完全なものにしたのが**全加算器**（Full Adder：FA）です．全加算器のブロック図と真理値表を**図8･3**に示します．

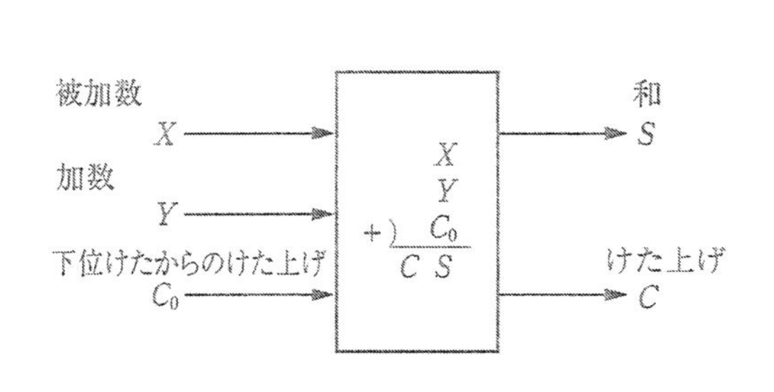

(a) ブロック図

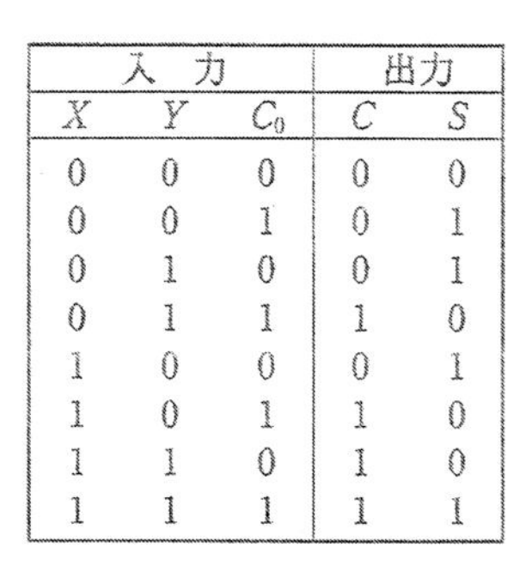

入力			出力	
X	Y	C_0	C	S
0	0	0	0	0
0	0	1	0	1
0	1	0	0	1
0	1	1	1	0
1	0	0	0	1
1	0	1	1	0
1	1	0	1	0
1	1	1	1	1

(b) 真理値表

図8･3 全加算器のブロック図と真理値表

半加算器に対し，下位けたからのけた上げ入力 C_0 が加わり3入力になります．全入力が"1"でも加算結果は $(3)_{10}=(11)_2$ なので，出力数は半加算器と同様に2になります（図(a)）．

真理値表（図(b)）から，それぞれの出力をカルノー図を用いて簡単化し，論理式を導きます（**図8･4**）．

図8･4(a)のカルノー図から，S は隣り合った"1"がひとつも存在しなく，ループができません．したがって，冗長な項は含まれていないので，真理値表からそのまま論理式を導きます．

$$S=\overline{X}\cdot\overline{Y}\cdot C_0+\overline{X}\cdot Y\cdot\overline{C_0}+X\cdot\overline{Y}\cdot\overline{C_0}+X\cdot Y\cdot C_0$$

図(b)から，C のカルノー図は2つでひとつのループが3つできるので，それぞれのループに共通した項の論理和により簡単化した論理式が以下のように得られます．

$$C=X\cdot Y+X\cdot C_0+Y\cdot C_0$$

以上の論理式を回路化したのが**図8･5**です．図では出力側のAND－OR構成を2重否定してNANDゲート構成に変換（第3章の図3･1参照）してあります．

次に半加算器を用いて，全加算器を構成する方法を説明します．図8･3(b)の真理値表から，簡単化を行わず，そのまま以下のように S と C の論理式を導き，変形します．

$$S=\overline{X}\cdot\overline{Y}\cdot C_0+\overline{X}\cdot Y\cdot\overline{C_0}+X\cdot\overline{Y}\cdot\overline{C_0}+X\cdot Y\cdot C_0$$

……それぞれ共通項 C_0 と $\overline{C_0}$ でくくります

$$=(\underbrace{\overline{X}\cdot\overline{Y}+X\cdot Y}_{\text{一致で“1”}})\cdot C_0+(\underbrace{\overline{X}\cdot Y+X\cdot\overline{Y}}_{\text{不一致で“1”}})\cdot\overline{C_0}$$

‖ ‖ ……不一致で"1"はXOR，一致で"1"はXNOR

$$=\overline{(X\oplus Y)}\cdot C_0+(X\oplus Y)\cdot\overline{C_0}$$

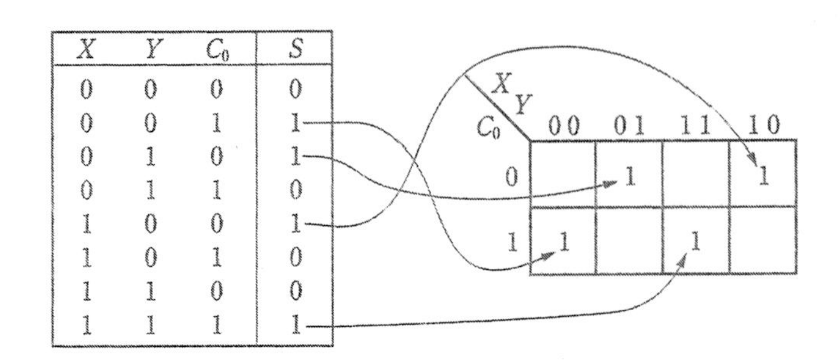

X	Y	C_0	S
0	0	0	0
0	0	1	1
0	1	0	1
0	1	1	0
1	0	0	1
1	0	1	0
1	1	0	0
1	1	1	1

(a) Sのカルノー図

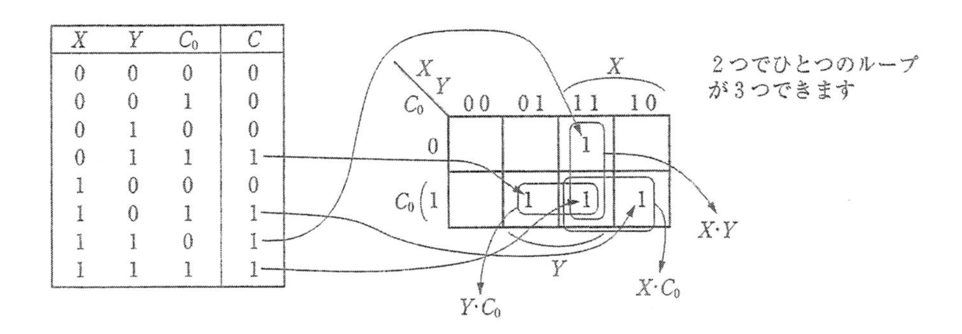

X	Y	C_0	C
0	0	0	0
0	0	1	0
0	1	0	0
0	1	1	1
1	0	0	0
1	0	1	1
1	1	0	1
1	1	1	1

(b) Cのカルノー図

図8·4　全加算器のカルノー図

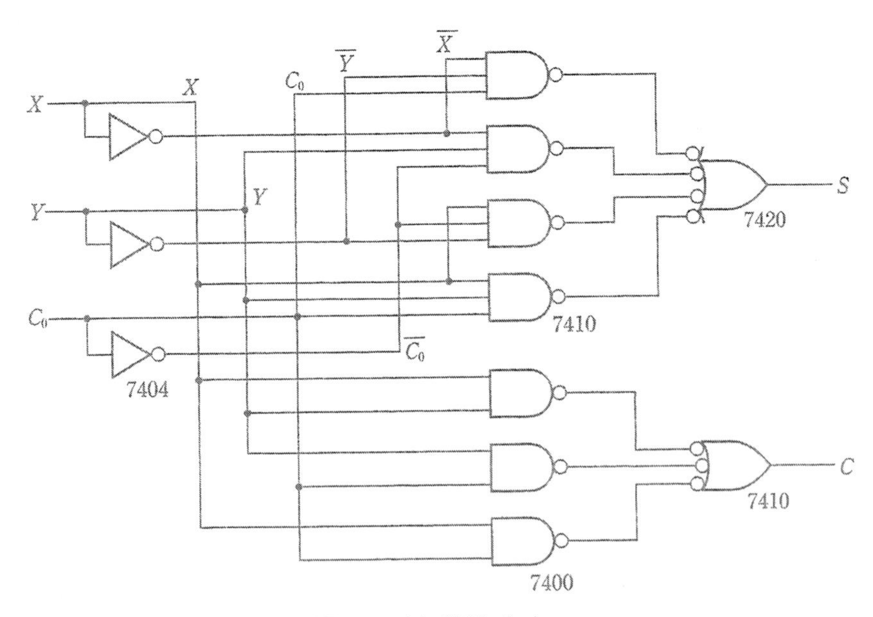

図8·5　全加算器（I）

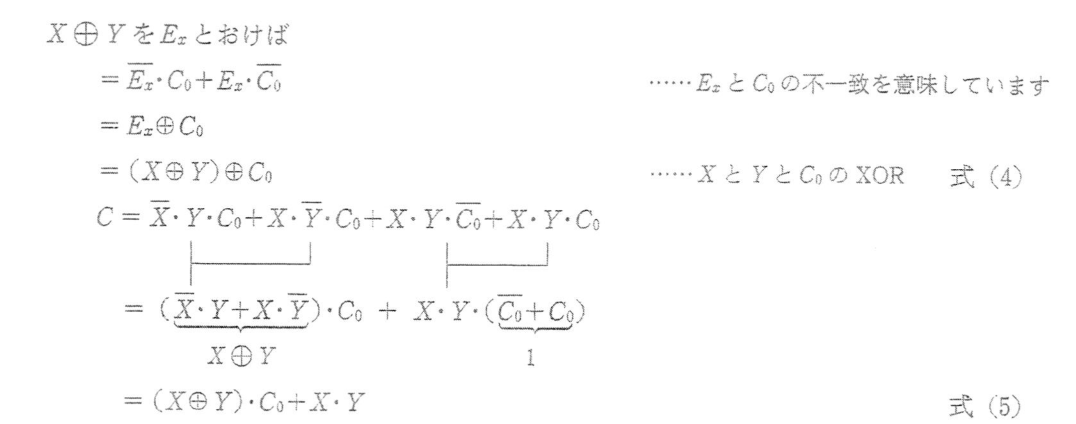

半加算器はXとYの入力に対し$S = X \oplus Y$, $C = X \cdot Y$として出力されることを先に説明しました．したがって全加算器の出力Sの論理式，式（4）は以下のようにXとYの半加算器の出力Sをさらに半加算器を通すことにより，その出力Sで得られることがわかります．

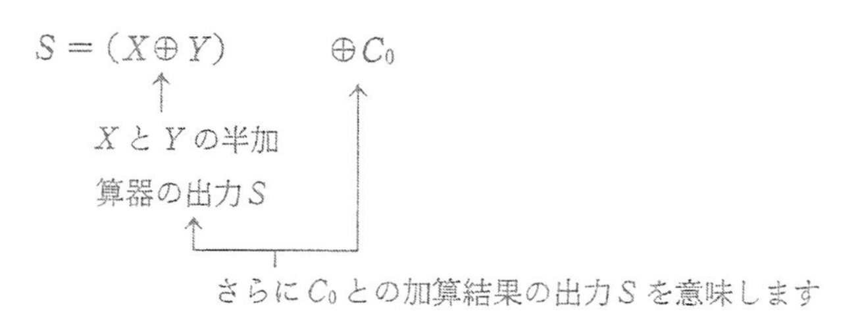

全加算器の出力Cの論理式，式（5）は同様に，$X \cdot Y$はXとYの半加算器の出力Cから，$(X \oplus Y) \cdot C_0$は（$X \oplus Y$）を被加数，C_0を加数とした半加算器の出力Cから得られ，それぞれの出力の論理和により実現できます．

$$C = (X \oplus Y) \cdot C_0 \quad + \quad X \cdot Y$$

（$X \oplus Y$）と C_0　　X と Y

それぞれの半加算結果の出力 C との論理和

以上の結果をブロック図とゲート構成したのが**図8·6**です．

このようにして設計した**全加算器図8·5の（Ⅰ）と図8·6の（Ⅱ）を考察**してみます．使用ゲート数に関しては図8·6（Ⅱ）のほうが2入力NANDゲート9個と，はるかに少ないゲート数で構成できます．図8·5（Ⅰ）はさらに多入力ゲートを用いています．しかし，（Ⅰ）は入力から出力まで3ゲート分の遅延に対し，（Ⅱ）では最長6個分の遅延を生じます．したがって，演算速度の点では（Ⅰ）のほうが高速です．ゲート数と演算速度を考慮して使い分けることになりますが，（Ⅱ）の方式は半加算器を利用できるという点が大きな利点でしょう．

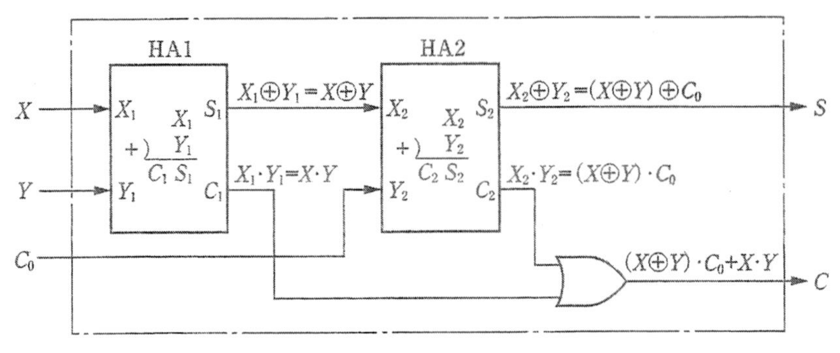

（a）半加算器を用いた構成

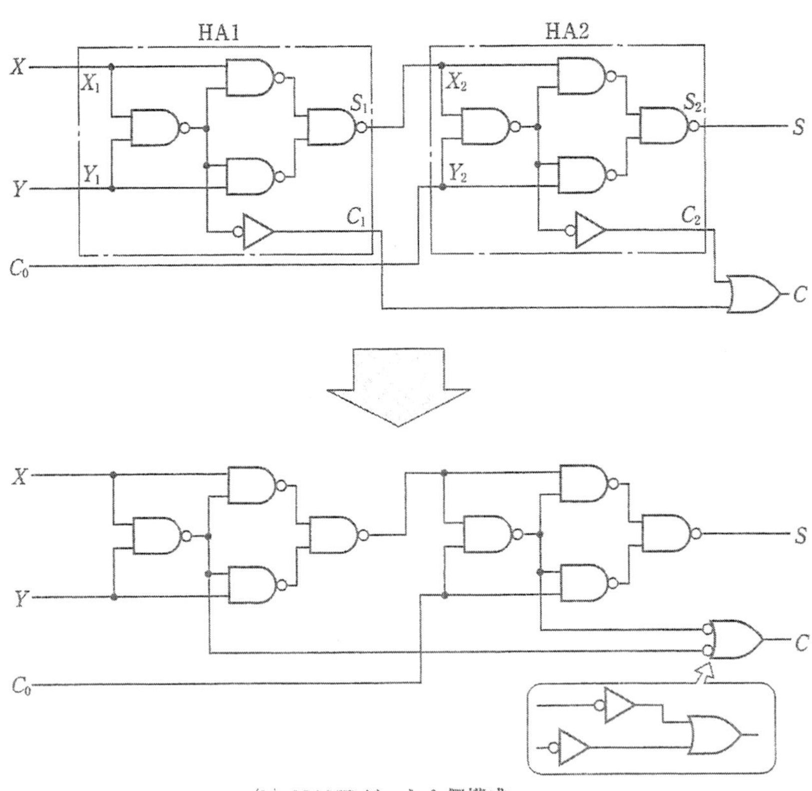

（b）NANDゲート9個構成

図8･6　全加算器（Ⅱ）

3　並列加算器

加算器には筆算の演算手順と同じように，LSBからひとけたずつ加算を順次実行していく直列加算器があります．IC技術の向上によりハードウェアの低価格化が進み，ゲート数が少なくてすむという利点よりも演算速度が遅いということから，現在では直列加算器はほとんど用いられることはありません．ここでは，直列加算器よりはゲート数が多くなりますが，高速な並列加算器について解説します．

X_{n-1} ～ X_0 と Y_{n-1} ～ Y_0 の n けた加算は，LSB の X_0 と Y_0 用には下位けたからのけた上げは考慮する必要がないので，半加算器（HA）を，2けた目～MSB には全加算器（FA）を各けたごとに用意すれば各けた同時（並列）に加算が実行できます．LSB 用にも全加算器を用いて全けたを全加算器で統一する場合は図8・7のように，下位けたからの入力はないのでグランドにプルダウンし，“0”を加えるようにします．n けたの加算結果は n けた目のけた上げを考慮し，$n+1$ けたになります．

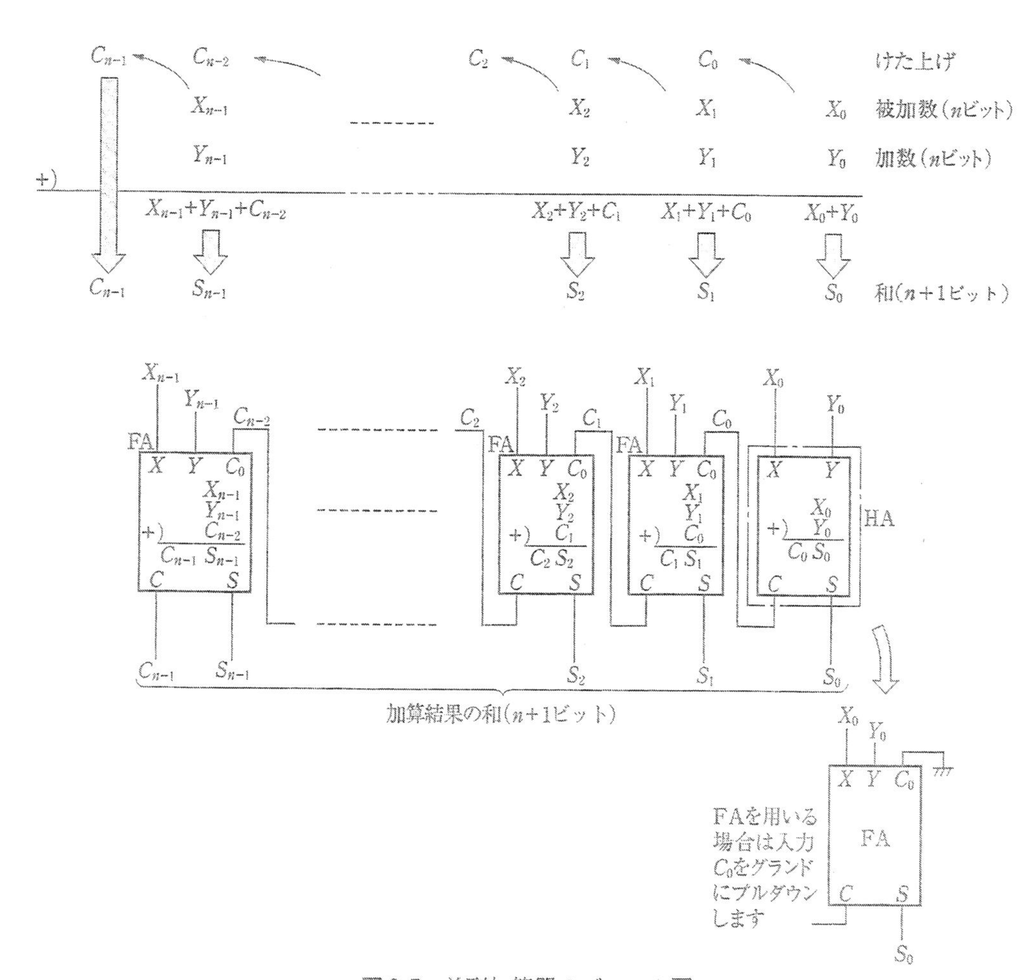

図8・7 並列加算器のブロック図

以上のように，各けた用に全加算器（LSB だけは半加算器でも可）を用意することにより，並列に加算を実行する高速な加算器を容易に実現することができます．しかし，**下位けたからのけた上げが MSB まで伝搬する**ため，けた数が多くなった場合，その**遅延を考慮**する必要があります．そのためけた上げ回路を別に設け，けた上げの伝搬遅延が小さくなるように工夫した**先見けた上げ**（Carry Look Ahead：**CLA**）回路がより高速な加算器の一技法として使われていますが，本書は入門書であるため割愛します．

8・2 減算回路

減算の方法には第1章で説明してあるように，一般的な被減数から減数を引き算する直接減算と減数の補数と被減数との加算により減算結果を得る間接減算としての補数減算があります．ここでは**直接減算回路**について解説し，補数減算回路については8・3で解説します．直接減算回路には加算回路と同様に，半減算器と全減算器があります．

1 半減算器と全減算器

半加算器と同様に，1ビットの2進減算により差とけた借りを求める回路が**半減算器**（Half Subtracter : **HS**）です．さらに，下位けたからのけた借りも考慮して2進減算を完全なものにした回路が**全減算器**（Full Subtracter : **FS**）です．半加算器（8・1 1参照）と全加算器（8・1 2参照）の設計手順と全く同じ方法で，半減算器と全減算器が構成できます．

被減数をX，減数をY，減算結果の差（difference）をD，けた借り（borrow）をB，下位けたからのけた借りをB_0として，半減算器と全減算器のブロック図と真理値表を図8・8に示します．

第1章で2進減算法を解説してあるように（1・4 2参照），被減数から減数が引けない場合は上位けたから2を借りてきて，その2との減算を行います．しかし，減算回路では被減数から減数が引けない場合はけた借りBが上位けたで下位けたからのけた借りB_0として伝搬します．上位けたからすれば下位けたに"1"を貸した結果に相当するので，全減算器では$X-Y$からさらにB_0を引くことになります（$X-Y-B_0$）．減算結果は半減算器が

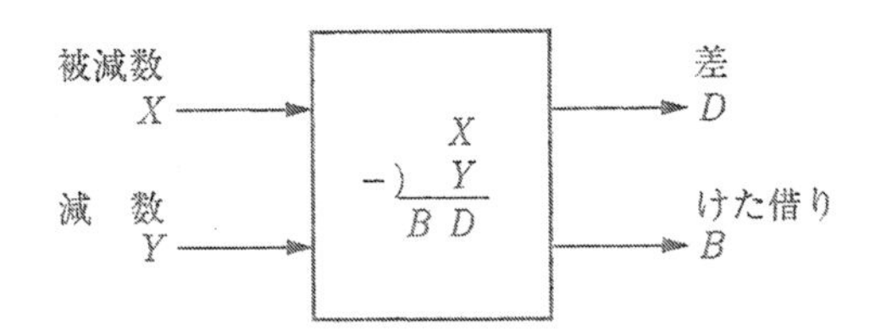

入力		出力		
X	Y	B	D	
0	0	0	0	
0	1	1	1	← −1に相当
1	0	0	1	
1	1	0	0	

(a) 半減算器(HS)

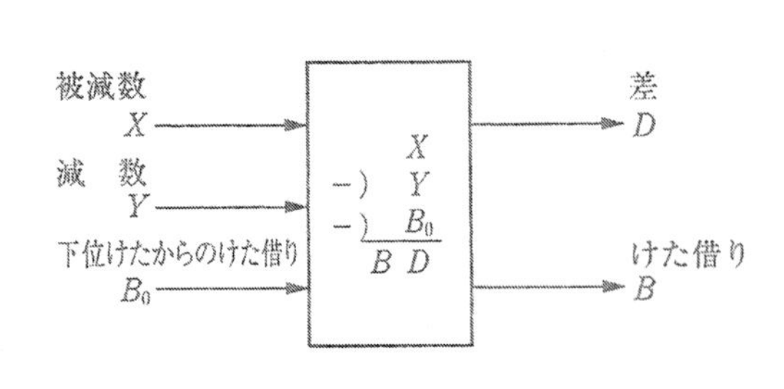

入　力			出力		
X	Y	B_0	B	D	
0	0	0	0	0	
0	0	1	1	1	← −1に相当
0	1	0	1	1	← −1に相当
0	1	1	1	0	← −2に相当 (0−1=11, 11−1=10)
1	0	0	0	1	
1	0	1	0	0	
1	1	0	0	0	
1	1	1	1	1	← −1に相当

(b) 全減算器(FS)

図8・8　半減算器と全減算器のブロック図と真理値表

$1(01)_2 \sim -1(11)_2$，全減算器が $1 \sim -2(10)_2$ なのでともに出力は2ビットになります．

図8・8(a)の真理値表から，半減算器の各出力の論理式は次のように導かれ，回路化したものを図8・9に示します．

$$D = \overline{X} \cdot Y + X \cdot \overline{Y} = X \oplus Y$$

$$B = \overline{X} \cdot Y$$

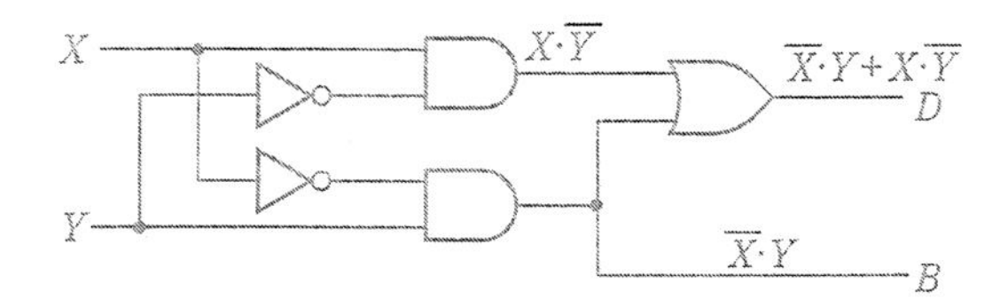

(a) 真理値表をそのまま回路化

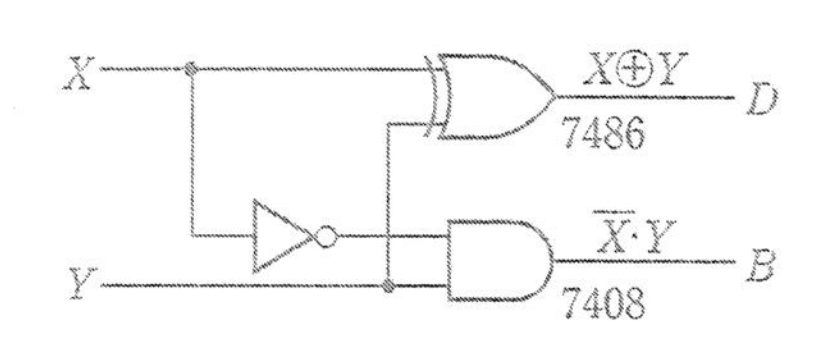

(b) XORを用いた回路

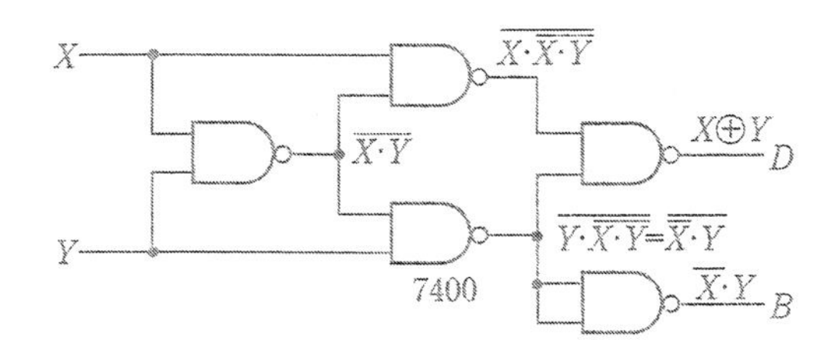

(c) NANDだけで構成した回路

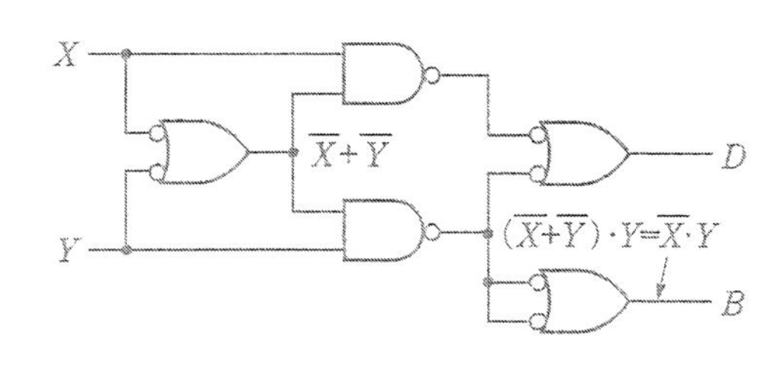

(d) 負論理で表した回路

図8・9　半減算回路

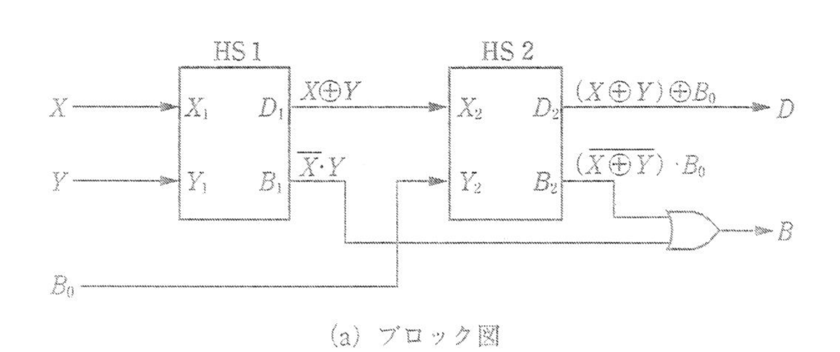

(a) ブロック図

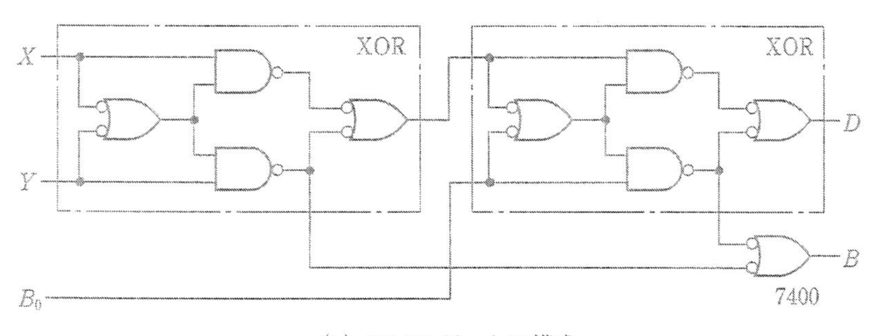

(b) NANDゲートで構成

図8・10　半減算器を用いて構成した全減算器

全減算器は図8•8(b) の真理値表から，全加算器の場合と同様にカルノー図によって論理圧縮後，回路化する方法と，半減算器を利用して構成する方法により得ることができます．**図8•10** に半減算器2個を用いて構成した結果を示します．

加算と減算は全く逆演算にもかかわらず，半加算器（図8•2）と半減算器（図8•9）そして全加算器（図8•6）と全減算器（図8•10）はとてもよく似ていることに注目して下さい．一部を切り換えることにより，加減算器を構成することが容易です．これについては**8•4** で解説します．

2 並列減算器

並列減算器は並列加算器と同様に，LSB用に半減算器（HS）を，2けた目からMSB用に全減算器（FS）を配置し，各けた同時（並列）に減算を実行します．LSBも全減算器を用いる場合は当然，けた借り入力はないのでグランドにプルダウンし，“0”を与えます．

n ビットの $X-Y$ の並列減算回路構成を**図8•11** に示します．図のように，けた借り出力は上位けたのけた借り入力に次々と伝搬していきます．n ビット同士の減算結果の差は n ビットになりますので，**MSBのけた借り出力は減算結果の差の符号**を表します．それが“0”なら正で，“1”なら負を意味し，負の場合の差は2の補数（第**1**章**1•5**参照）表現で出力されます．

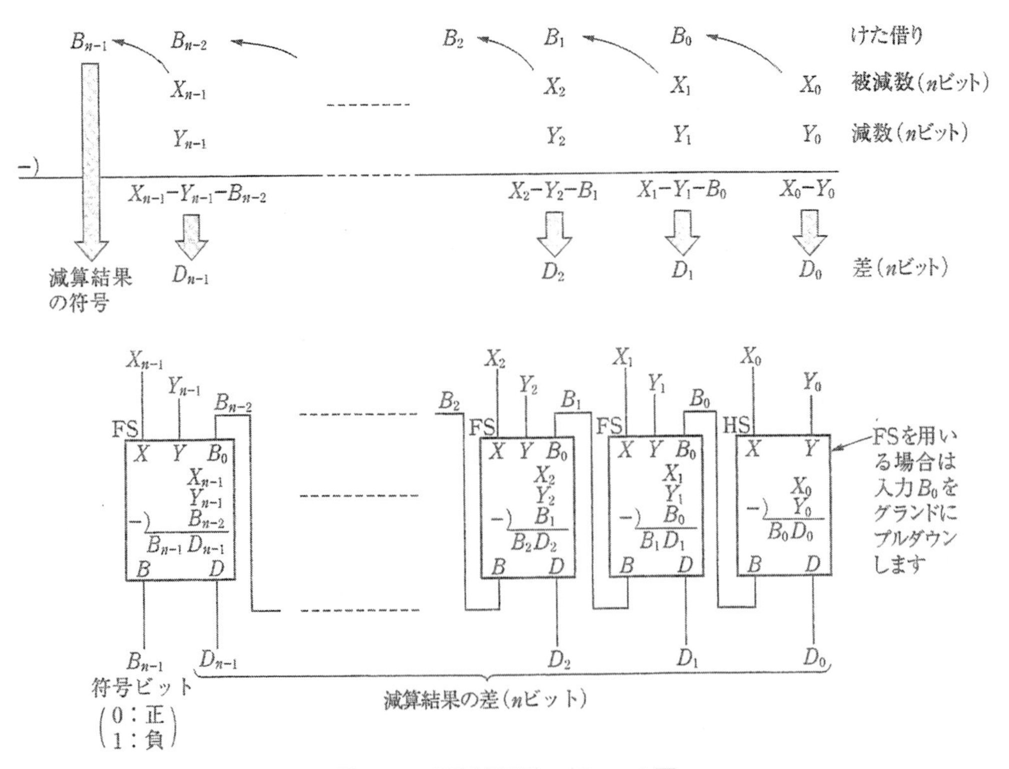

図8•11 並列減算器のブロック図

8·3 補数減算回路

補数減算法については第1章1·5で解説してあります．減数の補数と被減数との加算によって減算結果を得る補数減算は減算器を用いず加算器だけですむことから，回路数の種類を減らすことができます．また，補数器を通すか否かにより容易に加減算器を実現できるということと，何といっても加算器だけで（演算時間は専用回路を用意するよりは遅くなるけれども）四則演算が可能になることから，古くから使われてきました．

1 1の補数器を用いた減算回路

1の補数器と加算器構成により減算結果を得る方式です．加算器については本章ですでに解説してありますので，まず1の補数器を設計します．1の補数とは原数（この場合，減数）の各ビットを反転したものですので，NOTゲートを介することにより簡単に得られます．また，排他的論理和，XORゲートを図8·12のように用いると1の補数を出力するかどうかの制御ができます．

原数をI，制御入力をCとした場合の出力fの論理式は，次のようになります．

$$f = I \oplus C = \bar{I} \cdot C + I \cdot \bar{C}$$

$C = 0$で，$f = \bar{I} \cdot 0 + I \cdot \bar{0} = I$……原数をそのまま出力

$C = 1$で，$f = \bar{I} \cdot 1 + I \cdot \bar{1} = \bar{I}$……原数を否定（1の補数）を出力

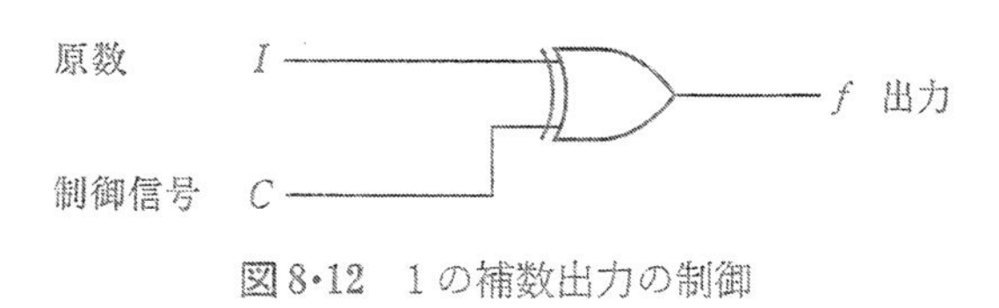

図8·12 1の補数出力の制御

これにより，減数との加算か減数の補数との加算かが制御できるので，加減算器が容易に構成できます．この加減算器については8·4で解説します．

原数の各ビットにNOTゲートおよびXORゲートを用いて構成した1の補数器を図8·13に示します．

被減数と減数の補数との加算で減算結果が得られるので，被減数を被加数，減数の補数を加数として加算器で加算します．1の補数を用いた場合は第1章で解説してあるように，加算結果，最上位けたでけた上げがあった場合は正で，そのけた上げを最下位けたに回して加算しなければなりません．この循環けた上げ（EAC）を加算するため，最下位けたの加算器も全加算器になります．循環けた上げがない場合は結果が負でEAC = 0を加えることになりますが，その結果は1の補数として出力されます．もし負になった場合，その絶対値を得るには（必ずしも必要ではありませんが）さらに1の補数器を通すことにより得られます．

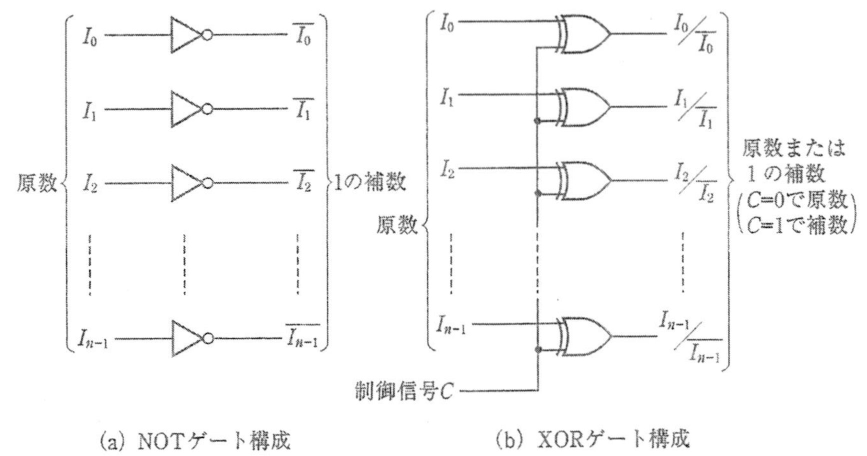

(a) NOTゲート構成　　(b) XORゲート構成

図8・13　1の補数器（n ビット）

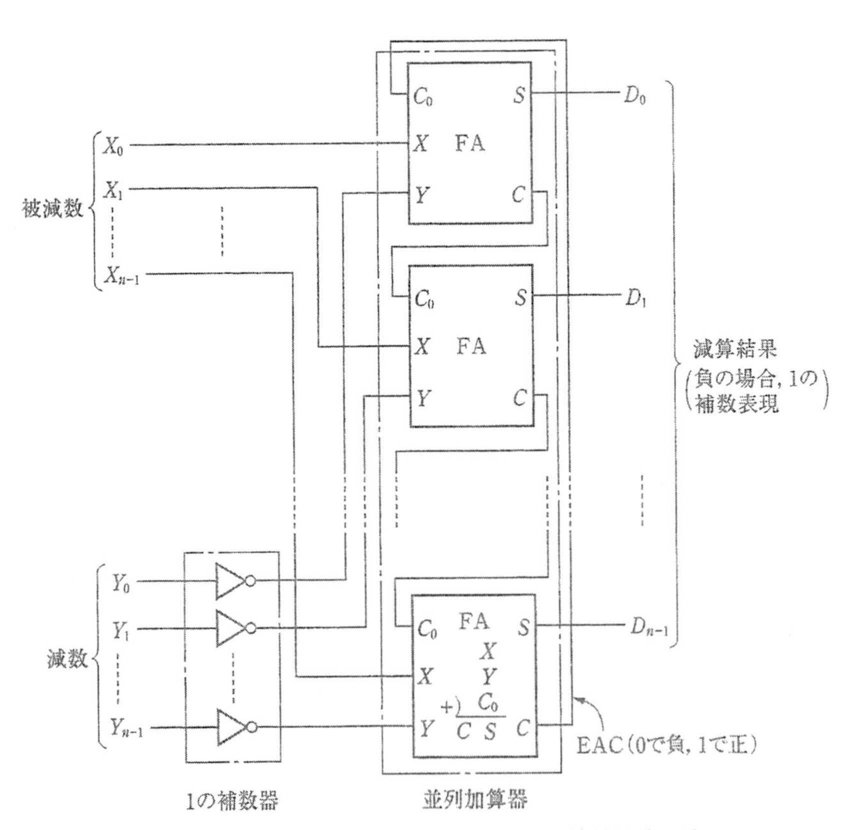

図8・14　1の補数器を用いた n ビット補数減算回路

n ビット補数減算器構成は図8・14に示すように，n ビットの1の補数器と n 個の全加算器（n ビット並列加算器）で実現できます．

2　2の補数器を用いた減算回路

被減数と減数の2の補数との加算により減数結果を得る方式で，1の補数の場合のような循環けた上げを加える必要がありません．加算結果，最上位けたのけた上げが生じた場合は正で，そのけた上げは無視します．結果が負の場合はけた上げを生じません．この場合，2の補数で出力されます．まず，2の補数器の構成法について解説します．

2の補数は1の補数に1を加えたものであるため，図8・14の最下位けたのEAC入力を"1"に固定することにより2の補数を用いた減算回路（図8・16）になります．したがって，**2の補数器は必ずしも必要ではありません．**しかし，結果が負になった場合は2の補数で得られるため，その絶対値を得る場合や，その他演算回路では必要とされますので参考までに一例を示します．

2の補数の特徴には原数のLSBからMSBに向かって最初の"1"までは補数も同じで，

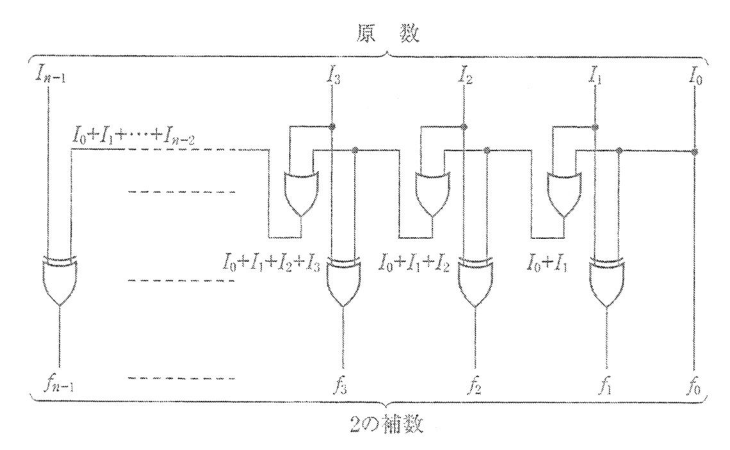

（a）補数制御機能なし

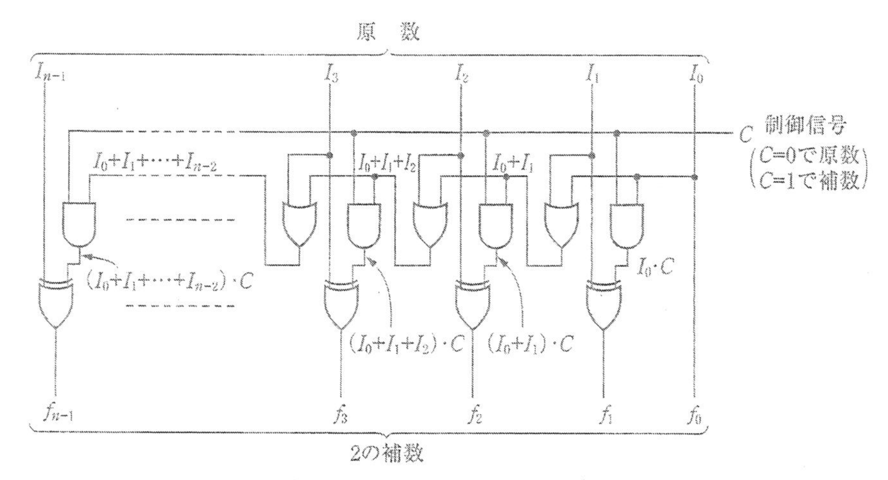

（b）補数制御機能付き

図8・15　2の補数器（nビット）

それ以降補数は原数を反転した関係にありました（第1章1・5 ①参照）．

図8・12で示したXORゲートを用いると制御信号 C の値により1の補数が制御できます．原数のLSBから最初の“1”までは原数を出力し（制御側を“0”にする），以降は原数を反転する（制御側を“1”にする）ように制御します．

原数のLSBから最初の“1”が I_i（$n-1 \leqq i \leqq 1$：LSBは常に原数と2の補数が同じ）であるとすれば，そのけたまでの原数 $I_0 \sim I_{i-1}$ はすべて“0”です．I_i けた以降は I_i の“1”により原数を反転させます．つまり，2の補数出力 f_i は原数 I_i とそのひとつ下位けたまでの論理和との排他的論理和により実現できます．

$$f_i = I_i \oplus \underbrace{(I_0 + I_1 + \cdots\cdots + I_{i-1})}$$

↑

最初の“1”であれば，（↘）は“0”で $f_0 \sim f_i$ は原数と同じ

$$f_{i+1} = I_{i+1} \oplus \underbrace{(I_0 + I_1 + \cdots\cdots + I_{i-1} + I_i)}$$

$I_i = 1$ により，$f_{i+1} \sim f_{n-1}$ は原数の反転

以上の関係を回路化したのが図8・15(a)です．原数を出力するか，その2の補数を出力するかの制御信号 C を付加するには制御側に C との論理積をとります（図8・15(b)）．

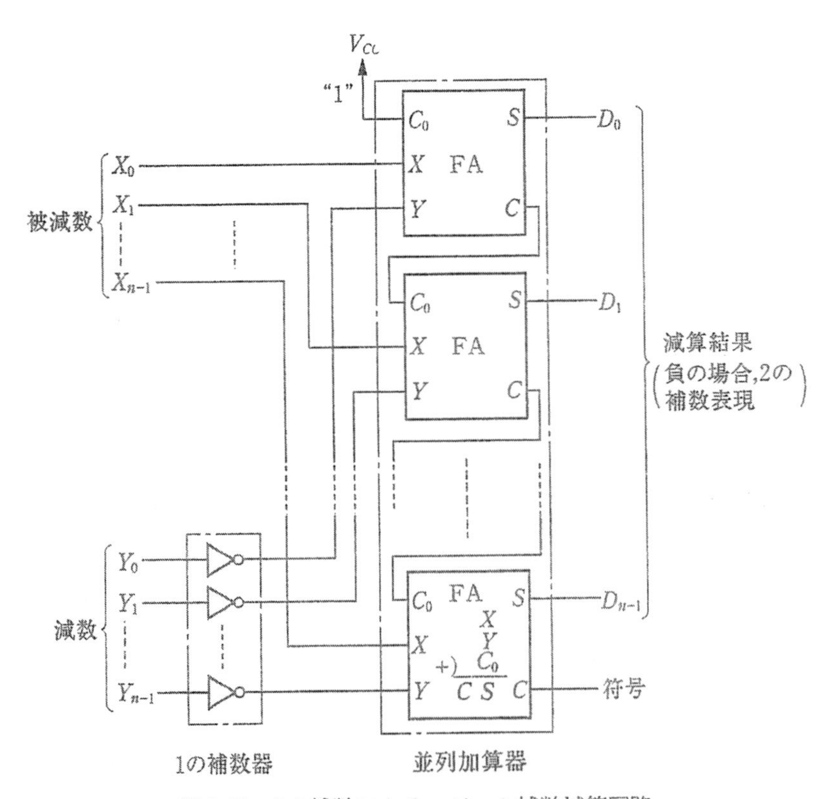

図8・16　2の補数による n ビット補数減算回路

$$f_1 = I_1 \oplus (I_0 \cdot C)$$
$$f_2 = I_2 \oplus \{(I_0 + I_1) \cdot C\}$$
$$f_3 = I_3 \oplus \{(I_0 + I_1 + I_2) \cdot C)\}$$
$$\vdots \qquad\qquad \vdots$$
$$f_{n-1} = I_{n-1} \oplus \{(I_0 + I_1 + I_2 + \cdots\cdots + I_{n-2}) \cdot C\}$$

それでは次に2の補数減算回路について解説します．1の補数に1を加えると2の補数が得られることから，以上の2の補数器を用いなくても，2の補数による減算回路を構成することができます．図8・14の1の補数を用いた回路で，循環けた上げ（EAC）部分は減算結果の符号として用い（“1”なら正，“0”なら負），最下位けたのけた上げ入力に“1”を与えることにより，1の補数に1を加えた2の補数との加算を実行することになります（図8・16）．結果が負になった場合は2の補数で出力されます．図8・15(b)の2の補数器を正の場合はそのまま演算結果を通し，負の場合は2の補数を出力するように制御すれば絶対値が得られます．

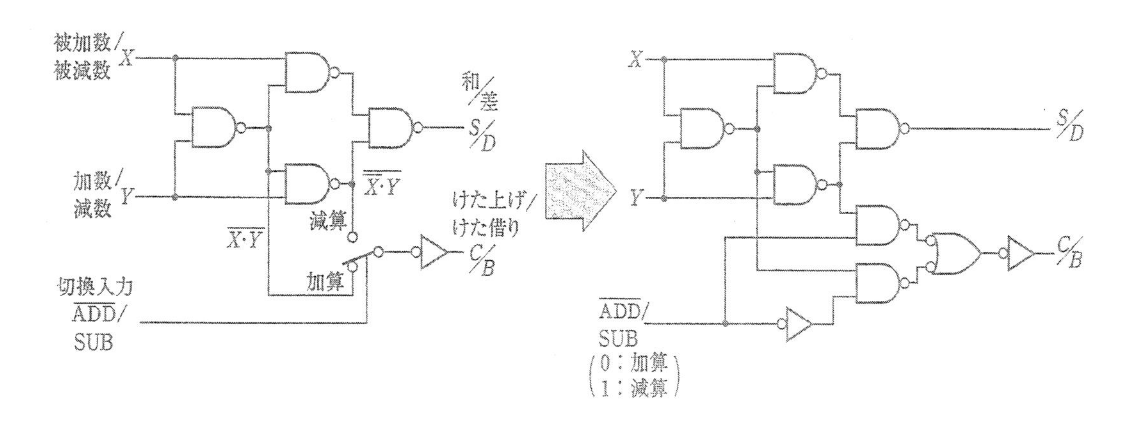

(a) 基本ゲート構成

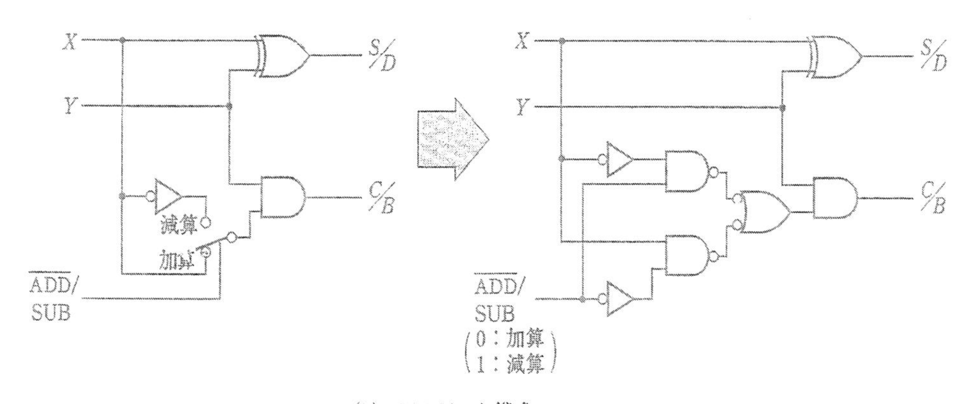

(b) XORゲート構成

図8・17　半加減算器

8・4 加減算回路

加算と減算の演算を選択できる加減算回路を，加算器と減算器構成および補数器と加算器構成で説明します．

1 加算器と減算器構成

半加算器（図8・2）と半減算器（図8・9）は全くの逆演算であるのによく似ています．演算入力 X と Y に対し，和 S と差 D はともに $X \oplus Y$ で同じです．異なるのはけた上げ C が $X \cdot Y$ であるのに対し，けた借り B が $\overline{X} \cdot Y$ です．したがって，**図8・17** のように C と B を制御信号 $\overline{\mathrm{ADD}}$/SUB で切り換えることにより半加減算器になります．図では $\overline{\mathrm{ADD}}/\mathrm{SUB} = 0$ で加算，$\overline{\mathrm{ADD}}/\mathrm{SUB} = 1$ で減算結果を出力します．切換え回路は第**6**章**6・1**の図6・2ですでに説明してあります．

全加算器と全減算器も図8・6と図8・10を比べるとわかるように，それぞれ2個の半加算器とORゲート，2個の半減算器とORゲートで構成されています．したがって，半加減算

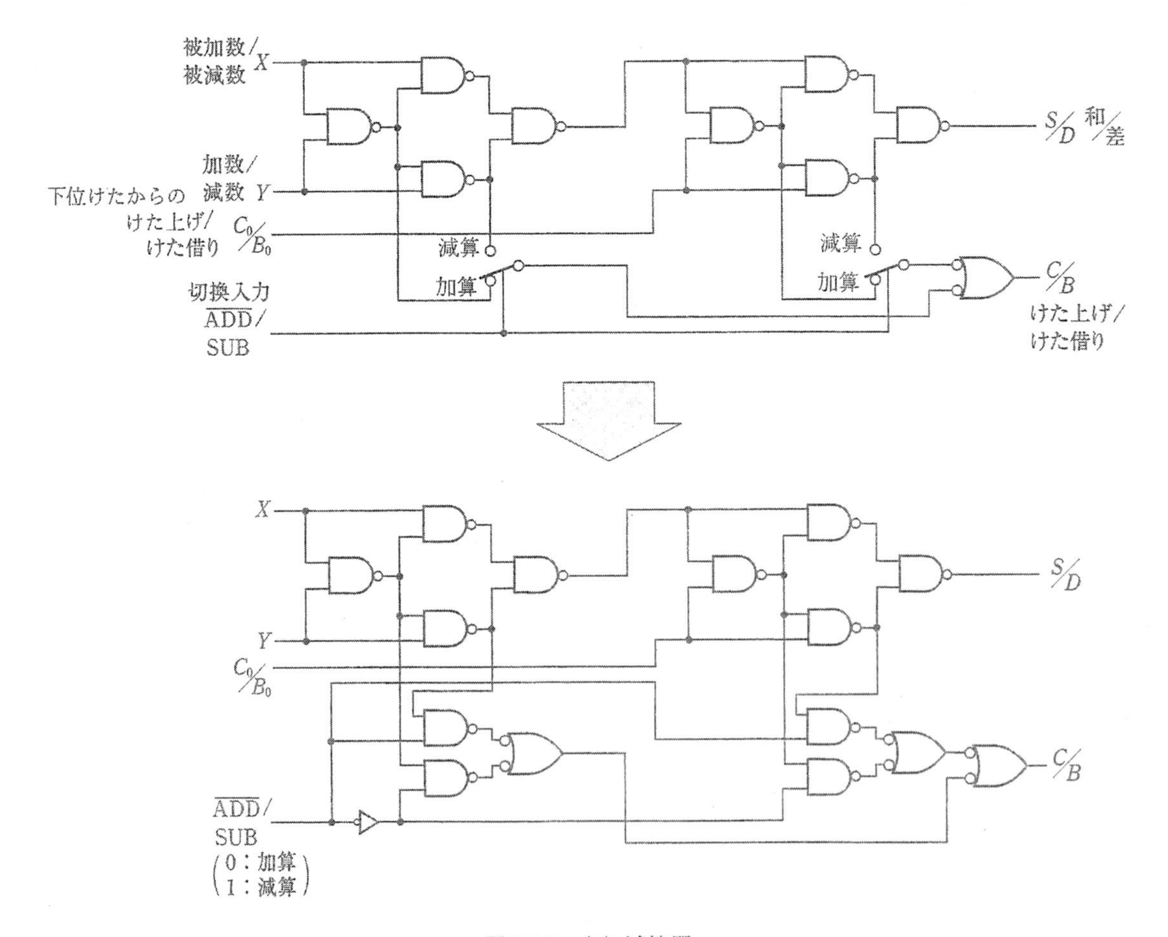

図8・18　全加減算器

器と同様に切換え回路を図 8・18 のように 2 回路付加すれば全加減算器が構成できます．図は基本ゲート構成で示してあります．これによって演算ビット数に相当する半加減算器と全加減算器（あるいはすべて全加減算器）で，並列加減算器を構成することができます．

2 補数器と加算器構成

加減算器を構成するには直接加/減算器を用いるよりは補数器を用いた方式のほうが簡単です．しかも補数器は図 8・13(b) の 1 の補数器を用いますが，結果的には 2 の補数演算になります．図 8・19に示すように，演算けた数に相当する全加算器と XOR 構成の 1 の補数器を用意します．図では 4 ビット加減算器として示してあります．演算の切換入力 $\overline{\mathrm{ADD}}$/SUB は“0”で加数/減数入力をそのまま加算するので加算結果を出力します（加算演算器として機能）．$\overline{\mathrm{ADD}}$/SUB が“1”では加数/減数入力の 1 の補数との加算になりますが，その切換信号の“1”を最下位けたで加えているので結局，**2 の補数による補数減算が実行**されたことになります．

基本的には下位けたからのけた上げ入力と加算結果のけた上げ出力を持った並列加算器と

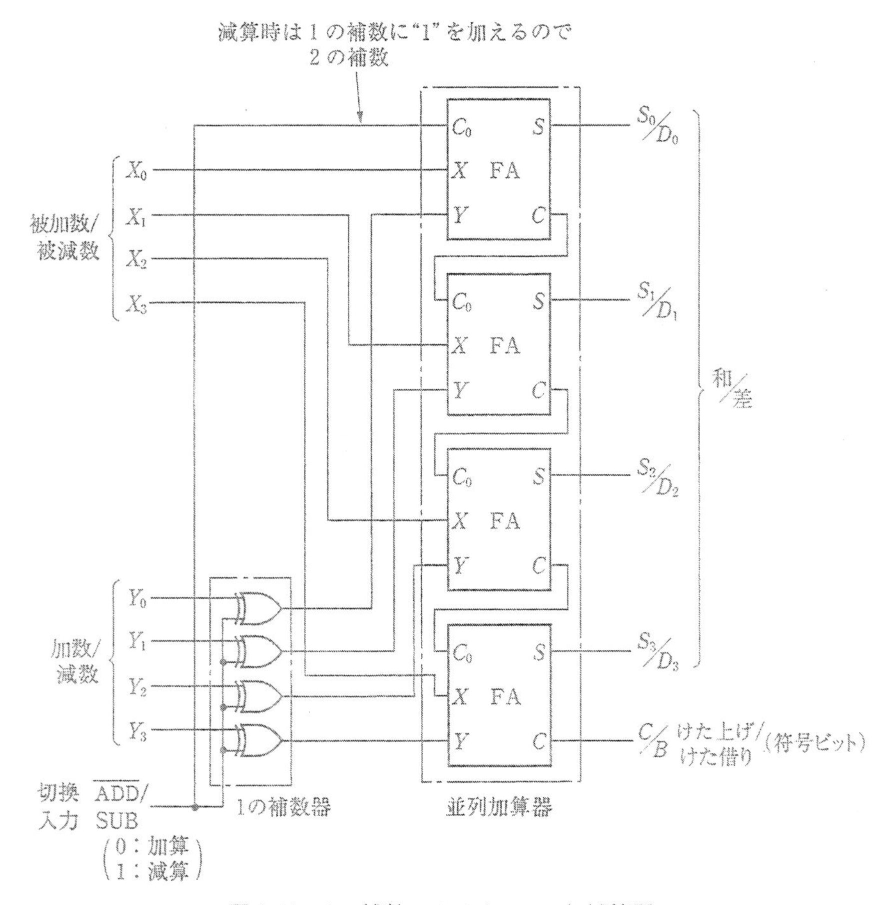

図 8・19　2 の補数による 4 ビット加減算器

図8•13(b)で示した制御機能付き1の補数器で加減算器が構成できます．並列加算器に市販品のSN 7483を用いた例を次に解説します．

SN 7483は4ビットバイナリ全加算器（4-Bit Binary Full Adders）で**図8•20**に示すように，入力は2つの4ビットA1～A4およびB1～B4，そして下位けたからのけた上げC0があり，出力には加算結果の和Σ1～Σ4およびけた上げ出力C4があります．

SN 7483を用いた4ビット加減算器を**図8•21**に示します．図8•19の並列加算器部分をSN 7483に置き換えたものであり，動作は容易に理解できることと思います．SN 7483をカスケード接続することにより，演算ビット数（精度）をさらに拡張することができます．

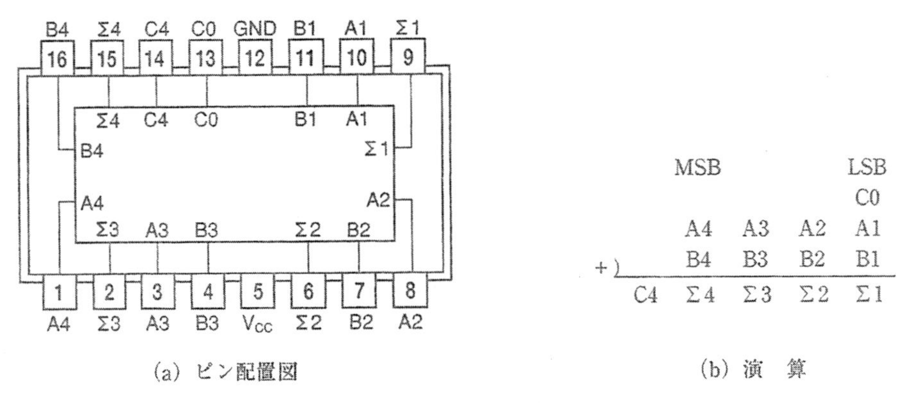

(a) ピン配置図　　　　(b) 演　算

図8•20　SN 7483の概要

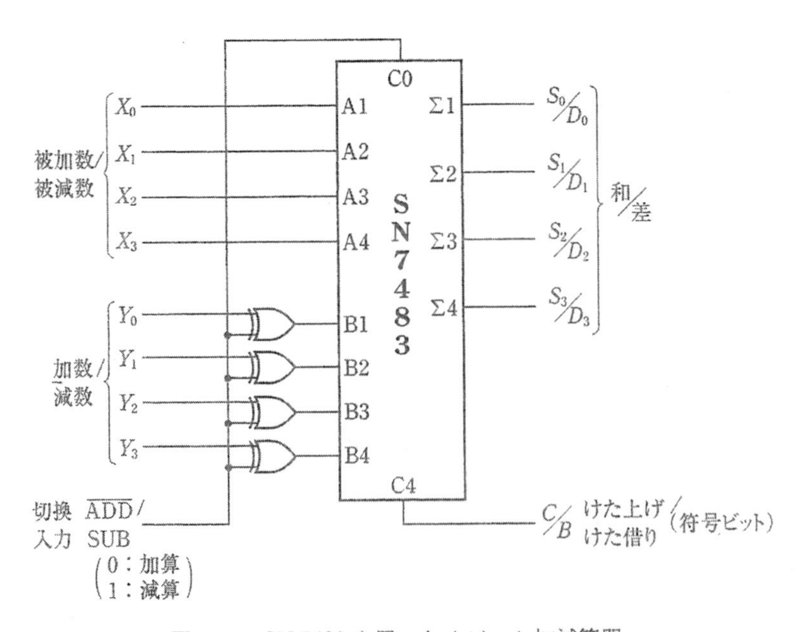

図8•21　SN 7483を用いた4ビット加減算器

第8章　演習問題

1. NORゲートだけで半加算器を構成しなさい．

2. NORゲートだけで半減算器を構成しないさい．

3. 図8•22に半加算器と半減算器を示します．どちらがどの回路か解析しなさい．

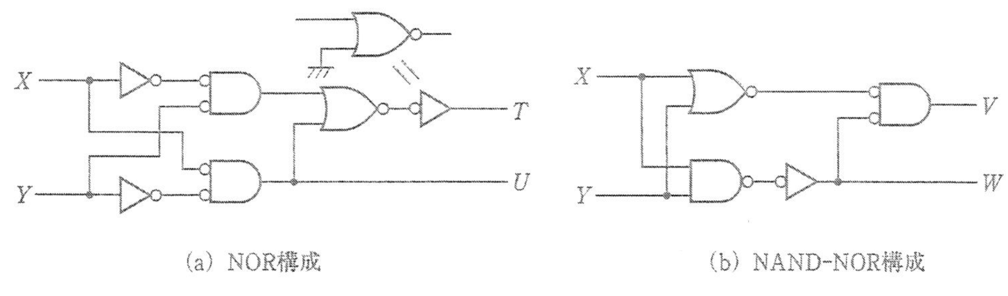

図8•22　半加減算器

4. 全減算器を8•1 ②の全加算器の場合と同様な手順によって設計することができます．次の2方法で全減算器を回路化しなさい．

(1)　真理値表からカルノー図によって論理圧縮し，回路化する

(2)　半減算器を用いて構成する

5. 4ビットの並列加算器を構成し，"1011 + 110"の2進加算を例に，各加算器の動作を説明しなさい．

6. 5ビット並列減算器を構成し，"1010 − 10111"の2進減算を例に，各減算器の動作を説明しなさい．

7. 減算結果が負になると補数で出力されます．結果が正の場合はそのまま出力し，負の場合は結果の絶対値を出力する回路を検討しなさい．

8. 4ビットバイナリ全加算器SN 7483を用いて，12ビット加減算器を構成しなさい．

第9章 シフトレジスタ

本書は第1章～第4章までディジタル回路に必要な基礎知識と回路素子の種類などについて扱い，第5章以降が応用回路技術の解説になっています．第5章～第8章では論理ゲートの組合せだけで構成した回路で，入力があればただちに出力が決定される**組合せ論理回路**の応用を解説しました．

ディジタル回路には他に入力状態の時間的変化によって出力が決まる**順序論理回路**もあり，ここからは順序回路の応用について解説します．その順序回路の基本素子が第4章で扱ったフリップフロップ（FF）です．5種類のFFのうち特にD-FFとJK-FFを用いた構成の解説になりますので，必要に応じて第4章を参照しながら進めて下さい．

シフトレジスタ（shift register）は一時的に2進数を記憶するFF構成のレジスタから成り，そのレジスタに保持（記憶）されたデータをクロックパルスによって右，または左にシフト（移動）する機能を持ったものです．身近な例では電卓への数値の入力で見られます．例えば，1のキーを押すと“1”が右端に表示され，続けて2のキーを押すと，“12”，さらに3のキーを押すと“123”というように先に入力されたデータは左にシフトします．このような動作を**左シフトレジスタ**といいます．他にも駅や街中で見られる案内やニュースなどの文字が流れて表示される機器，乗除算演算での右または左シフト操作やその他データ処理などには不可欠な要素です．

9・1 シフトレジスタの基本回路

シフトレジスタの動作を**図9・1**で説明します．四角の箱は1ビットを記憶する素子で，クロックが与えられたときに，その入力状態を出力します．したがって，次のクロックが与えられるまで，その出力状態を保持（記憶）しています．図では4つの箱が直列に接続されています．2進数V（“0”または“1”）を入力に与え，次にクロックパルスをひとつ与えれば左端にVが記憶されます．次に，入力に2進数Wを与えて，再度クロックパルスをひとつ与えれば左端にWが，その右側にVがシフトします．

このように，XとYを同様な手順で記憶していけば，左端からY，X，W，Vと4つの箱にそれぞれ記憶されます．このような1ビットずつ右にシフトする回路を**右シフトレジスタ**といいます．

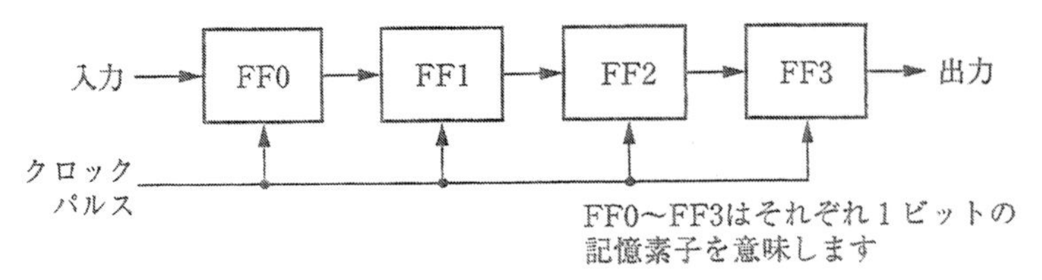

(a) ブロック図

クロックパルス	入力	記憶素子 FF0	FF1	FF2	FF3
0	V	—	—	—	—
1	W	V	—	—	—
2	X	W	V	—	—
3	Y	X	W	V	—
4	Z	Y	X	W	V

V～Zは2進数"0"または"1"で，"—"は記憶される前の値(0または1)を意味します

(b) 各記憶素子のデータの遷移

図9・1　右シフトレジスタの動作

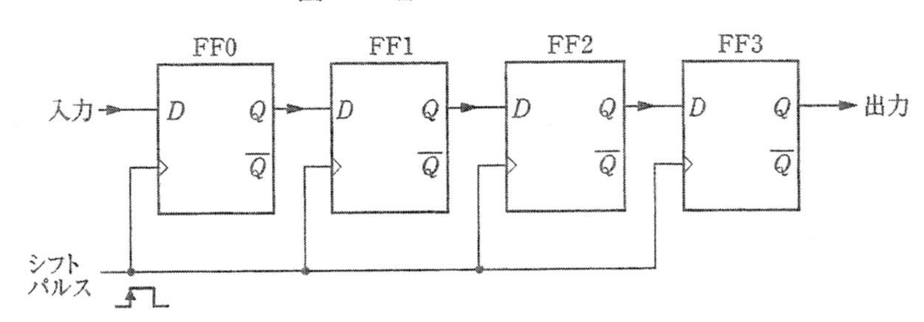

(a) D-FF 4段構成

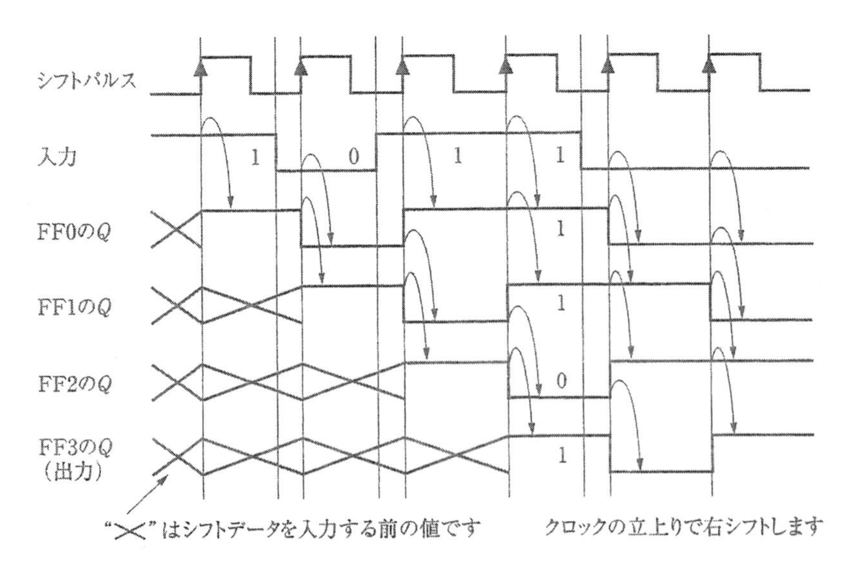

(b) 各FFの出力状態

図9・2　D-FF構成4ビット右シフトレジスタ

さらに，4クロックを与えれば V から順に Y まですべて出力されます．

第4章4・4節の D-FF の動作を思い出して下さい．D-FF は入力 D の値をクロックの立上りで出力Qに出力します．次のクロックの立上りが与えられるまで，入力 D の値がどのように変化しても出力 Q の状態は変化しません．図9・1の FF0〜FF3 の記憶素子とは正に D-FF の機能そのものです．**図9・2**に図9・1の記憶素子を D-FF に置き換えたシフトレジスタの回路を示します．例えば，“1”，“0”，“1”，“1”の順で入力に与え，図9・1と同じタイミングでクロックパルスを与えれば，右端から順に“1”，“0”，“1”，“1”と各 FF の出力にセットされることが容易に理解できると思います．このような**FF4段のシフトレジスタを4ビット右シフトレジスタ**といいます．シフトレジスタのクロックパルスは通常，**シフトパルス**といいます．

次に，JK-FF 構成を考えてみます．JK-FF は入力 J と K が同じ値でなければ，クロックの立下りで出力 Q と $\overline{Q}$ に J と K の値が出力されます．そのため**図9・3**のように，J と K が同じ値にならないように NOT ゲートを挿入すると立下りでトリガする D-FF の動作をします．当然出力 Q と $\overline{Q}$ は異なる値（補数）を出力するので2段目以降の入力 J と K には前段の出力 Q と $\overline{Q}$ を与えることになります．

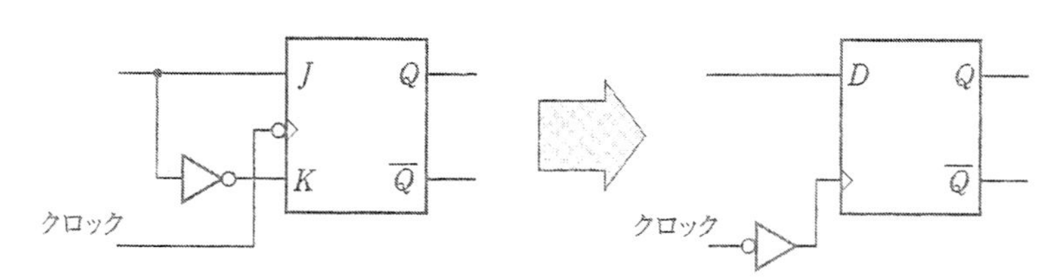

(a) クロックの立下りでトリガするFF

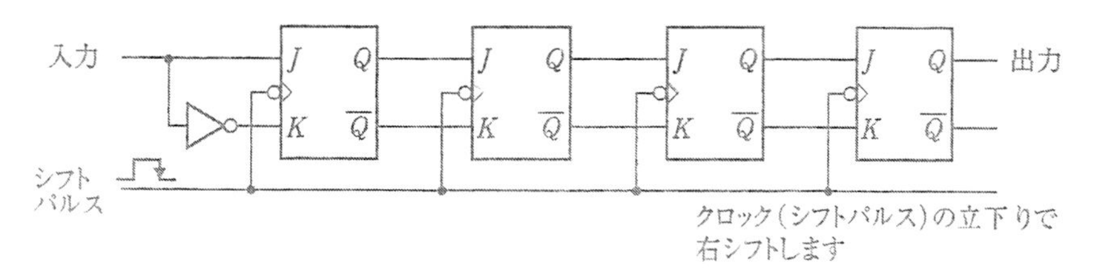

(b) JK-FF構成

図9・3　JK-FF 構成4ビット右シフトレジスタ

9・2　並列入力→直列出力

前節で解説したシフトレジスタは入力に与えたデータを FF の段数だけシフトして出力する**直列入力→直列出力**のシフトレジスタです．図9・1（b）と図9・2（b）からもわかるように，直列に与えたデータは FF の段数に相当するシフトパルスを与えると，入力された順に最終段の FF からセットされます．この状態で各 FF の出力から並列にデータを得ることができます．これは直列データを並列に変換した**直列入力→並列出力**の機能です．

次に，並列データを直列データに変換する**並列入力→直列出力**機能について説明します．ところで図9•2と図9•3の*D*-FFと*JK*-FFではクリア（CLR）とプリセット（PR）については何も触れませんでした．シフト動作を始める前に全FFの出力を初期化する場合は必要ですが，機能説明上，不必要なので省略したものです．このような未使用な入力は処理が必要です．アクティブLのPRとCLRの場合は当然V_{CC}にプルアップし，非アクティブな入力を与えておきます．

並列にデータを入力する方法にはクロックパルスによって取り込む方法と入力PRを用いた方法があります．前者を**同期プリセット**，後者を**非同期プリセット**といいます（**図9•4**）．同期プリセットは入力をプリセット側に切り換えておいてクロック（シフト）パルスを与えてFFの出力にセットする方式です（9•4③項参照）．セットのために1クロック必要となりますが，クロックに同期するため，グリッチ（ヒゲ）の心配はありません．一方，非同期プリセットは入力の中で優先度の高いプリセット（PR）機能を用いるため，入力PRに“0”を与えればクロックには関係なく直ちに“1”をセットすることができます．しかし，非同期式であるため，グリッチの発生に注意しなければなりません．**グリッチ**（glitch）とは，正規のパルスとは異なる細いヒゲ状のパルスのことで**ハザード**（hazard）ともいわれ，回路動作に悪影響を与える一因になり得るものです．本節では，比較的実現容易な非同期プリセット方式について解説します．

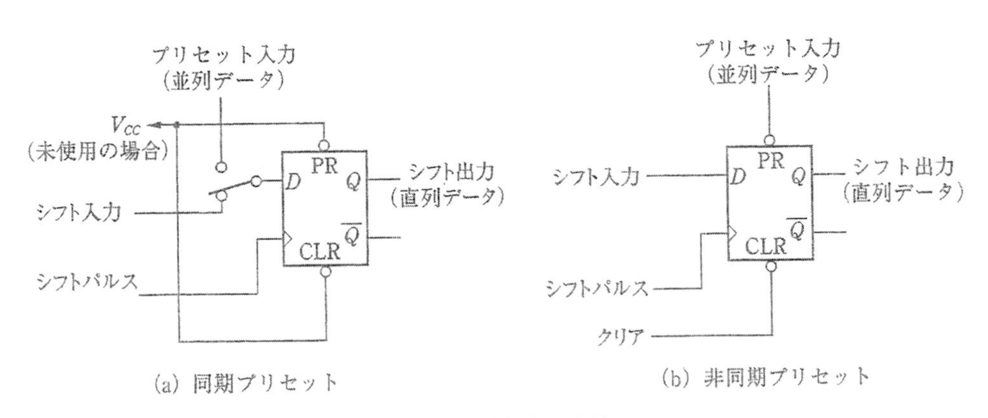

図9•4　並列入力の方法

図9•4（b）の非同期プリセット方式で並列入力が“0”の場合はプリセットが働き，出力*Q*に“1”をセットすることができます．

では並列入力が“1”の場合はどうでしょう．プリセットが働かないため，出力*Q*を確実に“0”にすることはできません．そのため初期化が必要になります．まず，クリアをかけてFFの出力*Q*を“0”にしておきます．クリアを解除後，入力PRを“0”にすればFFの出力*Q*は“0”から“1”にプリセットされます．入力PRが“1”の場合はプリセットが働きませんが“0”に初期化されているため，FFの出力*Q*は“0”のままで，結果的に“0”

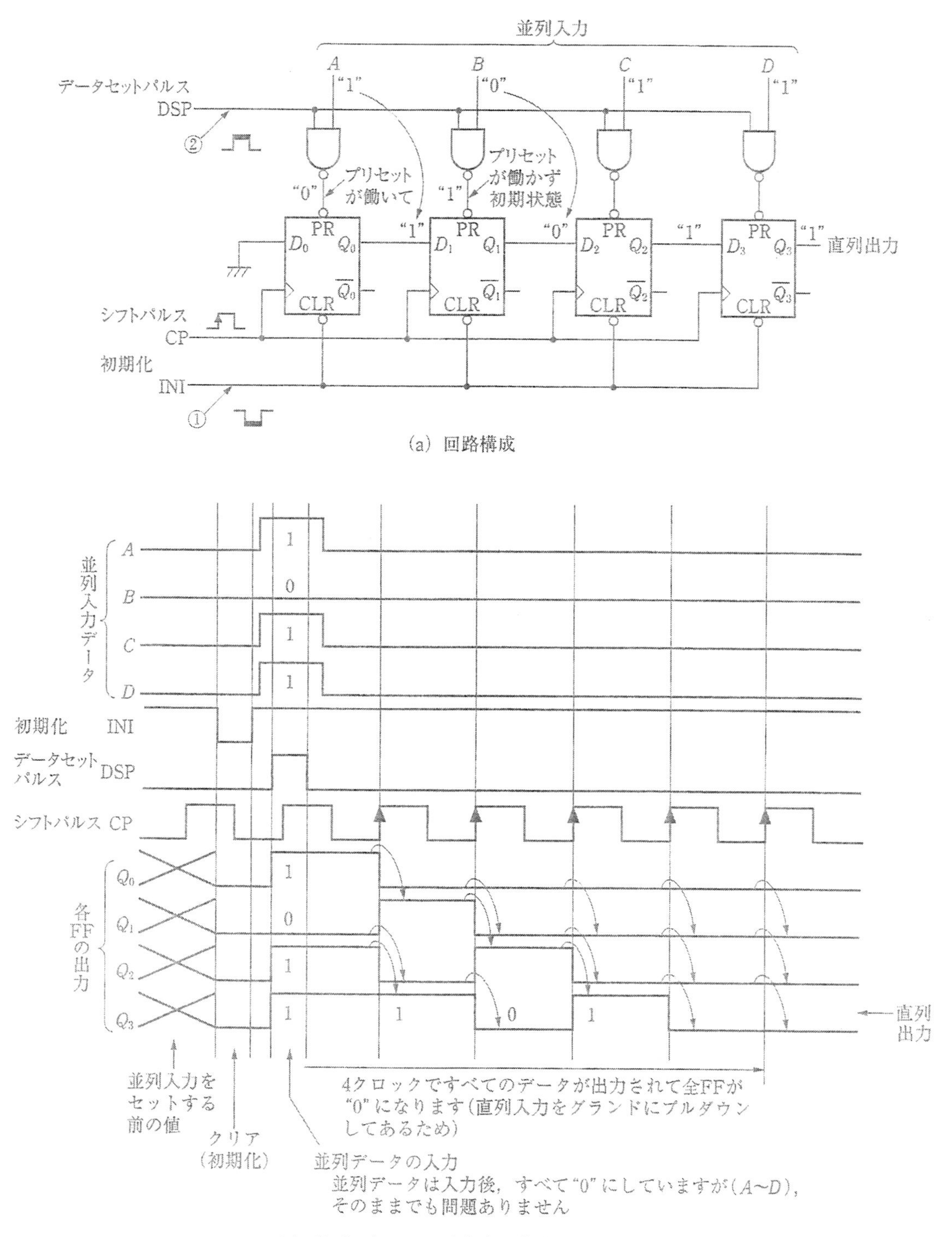

(a) 回路構成

(b) 並列入力"1011"を与えた場合のタイミングチャート

図9・5　並列入力→直列出力（4ビットの例）

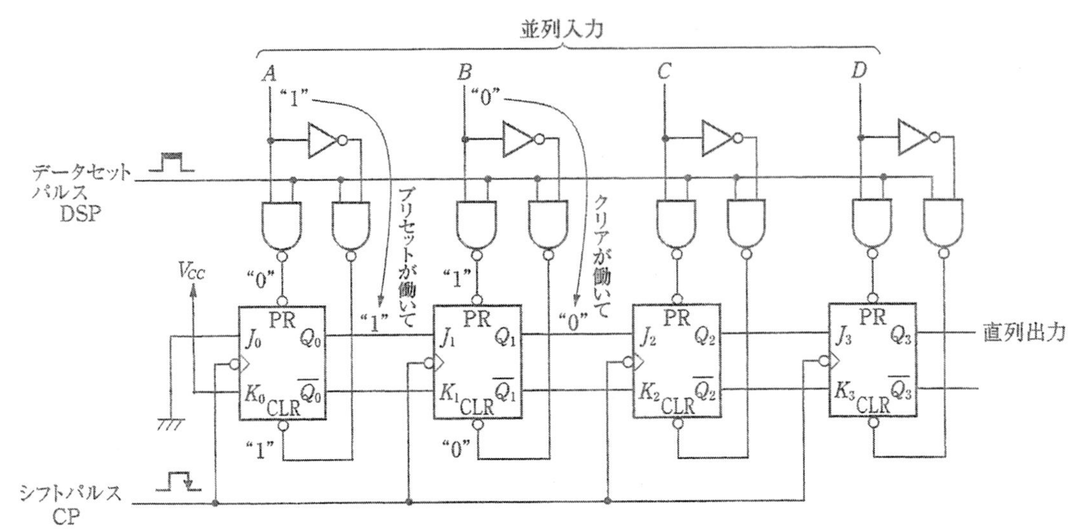

データセットパルスを与えたとき，並列データが"1"ならプリセットが働き(クリアは非アクティブ)"1"がセット。並列データが"0"ではクリアが働き(プリセットは非アクティブ)"0"がセットされます。

(a) 回路構成

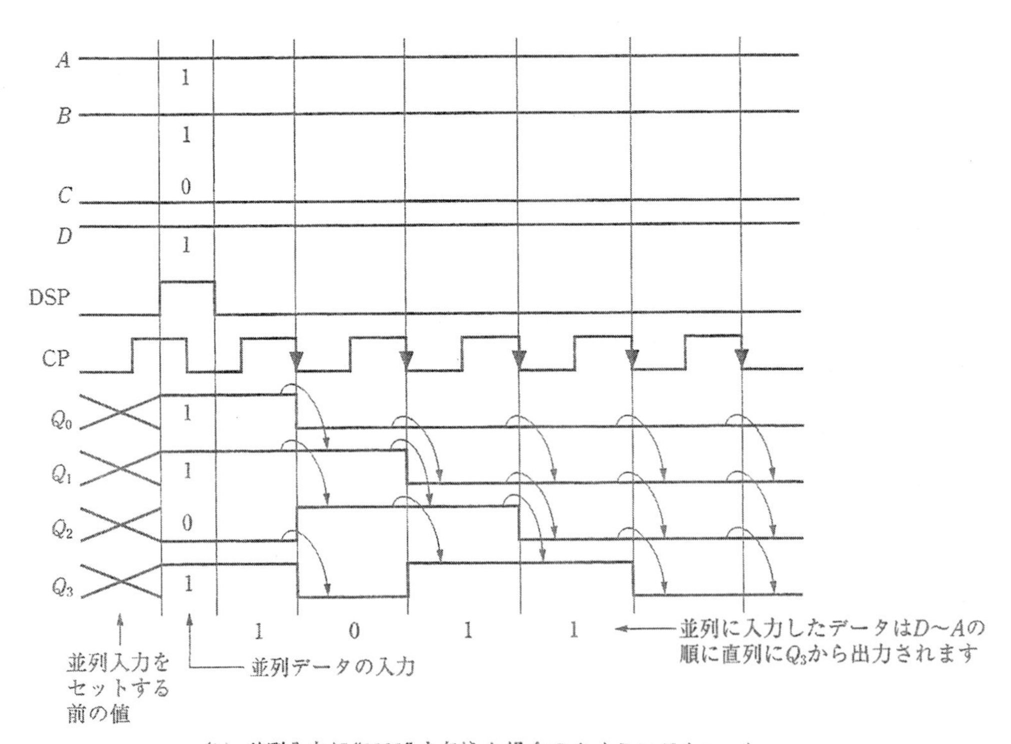

(b) 並列入力に"1101"を与えた場合のタイミングチャート

図9・6　初期化を兼ねた並列データの入力

をセットした状態になります．このような**非同期プリセット方式では初期化が必要**です．

4ビットの並列入力→直列出力回路を**図9・5**に示します．まず，初期化のために入力INI

に“0”を与え，全FFの出力を“0”にしておきます．そして並列データ，例えば“1011”を与えた状態でデータセットパルス（DSP）として“1”を次に与えます．すると並列入力が“1”の場合は入力PRが“0”になるためプリセット機能により“1”がセットされます．並列入力が“0”の場合は入力PRは“1”でプリセットが働かず，出力Qは“0”のまま（“0”がセットされた状態）です．このように並列にセットされたデータはシフトパルス（CP）によって直列に押し出されたようにして最終段のFFから出力されます．

以上のように，並列データをプリセット入力で取り込む非同期プリセット方式では，先に全FFの出力を“0”に初期化しておく必要があります．そこで，データセットパルスを与えたとき，並列データが“0”のときにはクリアが，“1”のときにはプリセットが働くようにゲートを追加したのが**図9・6**です．データセットパルスが初期化を兼ねた回路で，今度は*JK*-FF構成の例を示してあるので直列データはシフトパルスの立下りで右シフトします．

9・3 可逆シフトレジスタ

これまで解説してきたスフトレジスタの動作は左から右にシフトする右シフトレジスタでした．左シフトレジスタにするには右シフトレジスタのFFを全て逆向きにすればよいわけです．右シフトレジスタのFFの向きをそのままで逆向きになるように接続したのが**図9・7**

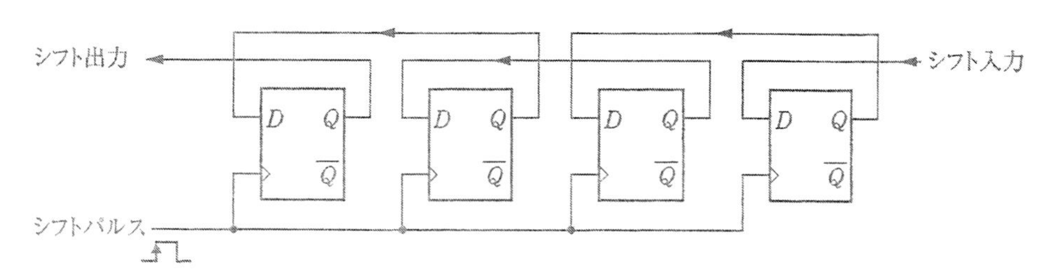

図9・7　4ビット左シフトレジスタ

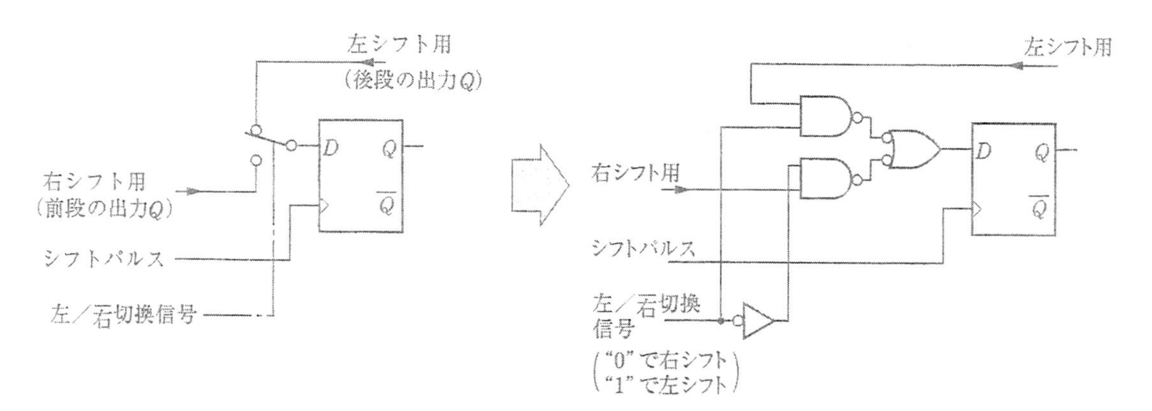

図9・8　右シフトと左シフト回路の切換構成

です．

シフト動作を左右いずれの方向にも切換え可能な機能を持たせたのが**可逆シフトレジスタ**です．右シフトレジスタ図9･2（a）と左シフトレジスタ図9･7を比べてみるとD-FFの入力Dへの接続を右シフト用と左シフト用に切り換えればよいことがわかります．**図9･8**に構成法を示します．2入力の切換回路は第6章図6･2で解説してあります．

図9･8の回路をn段構成にするとnビット可逆シフトレジスタになります．**図9･9**のnビット可逆シフトレジスタで示すように，両シフト用のNANDゲートを制御するNOTゲートは共用でき，切換信号が“0”で左シフト用NANDゲート（上側）が閉じ，右シフト用のNANDゲート（下側）が開くので右シフトレジスタとして動作します．切換信号が“1”では“0”の場合とすべてが逆の状態になるので，左シフトレジスタとして動作するのが容易に理解できると思います．

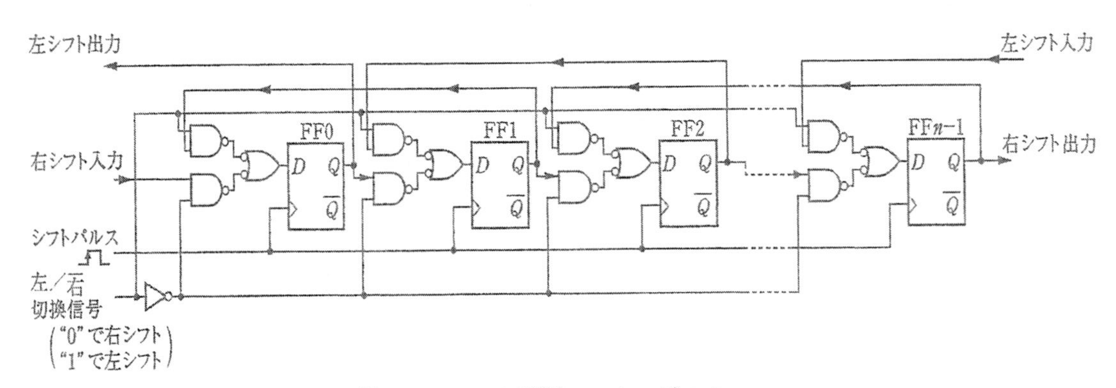

図9･9　nビット可逆シフトレジスタ

9･4　シフトレジスタ用IC

シフトレジスタをフリップフロップとゲートで構成しなくても，いろいろなタイプのシフトレジスタが市販されています．そのうち3種類の動作，機能を解説します．

1　SN 74164

RST-FF8段構成の8ビットシフトレジスタで直列-並列変換（直列入力→並列出力）もできます．**図9･10**（a）の回路図からわかるように，アクティブLの非同期クリア入力により全FFの出力を非同期に“0”にすることができます．直列入力にはAとBの2入力が用意されており，直列データと，一方をその直列データの入力を禁止するか否かの信号用として使うことができます．図では直列入力のA側を直列データ用とし，B側をそのデータ入力の制御用に用いていますので，制御信号が“0”の間は直列データの入力を禁止し，“1”で直列データの入力が行えるようになります．シフトはクロックの立上りエッジで行われます．クロックとクリア入力にはゲートが付加されているのでファンイン数は1です．駆動側のファンアウト数軽減（第2章2·9 ①項参照）を考慮して挿入されたものです．

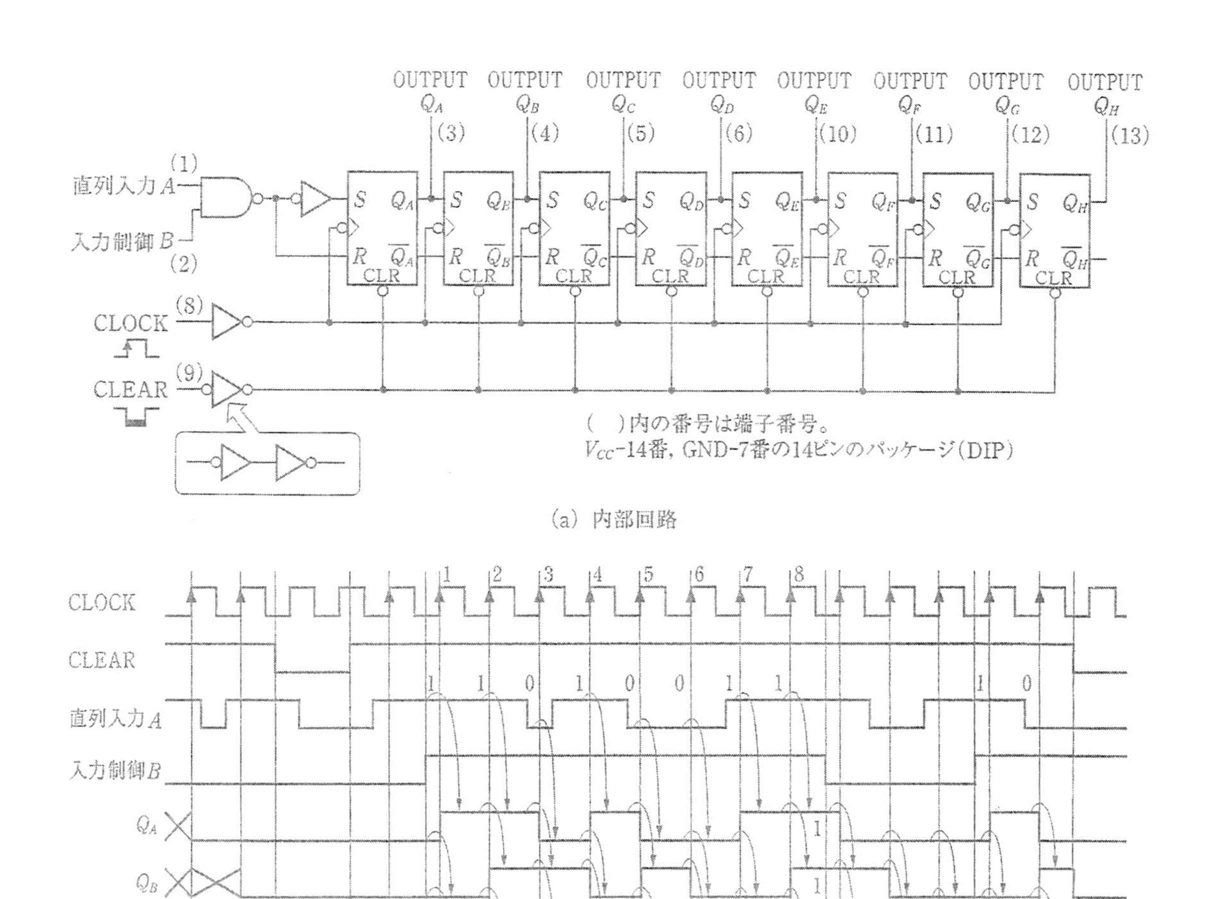

(a) 内部回路

(b) タイミングチャート例

図9·10　SN 74164の回路とタイミングチャート

2 SN 74165

図9•11 に内部回路とタイミングチャート例を示します．*RST*-FF8段構成の8ビット右シフトレジスタですが，並列-直列変換（並列入力→直列出力）とシフト動作を制御するCLOCK INHIBIT（クロック入力の禁止）機能が付加されています．初段のFFについて図9•11（a）でそれらの機能を解説します．

並列入力データのセット時は入力SHIFT / LOAD（*S* / *L*）に“0”を与えると，NOTゲー

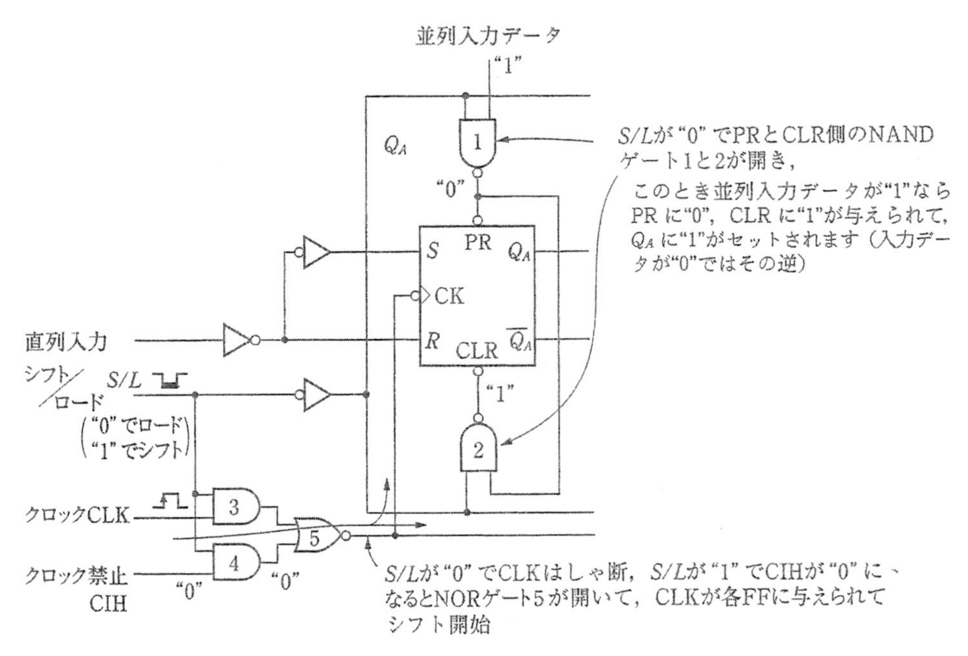

（a）初段部分の動作

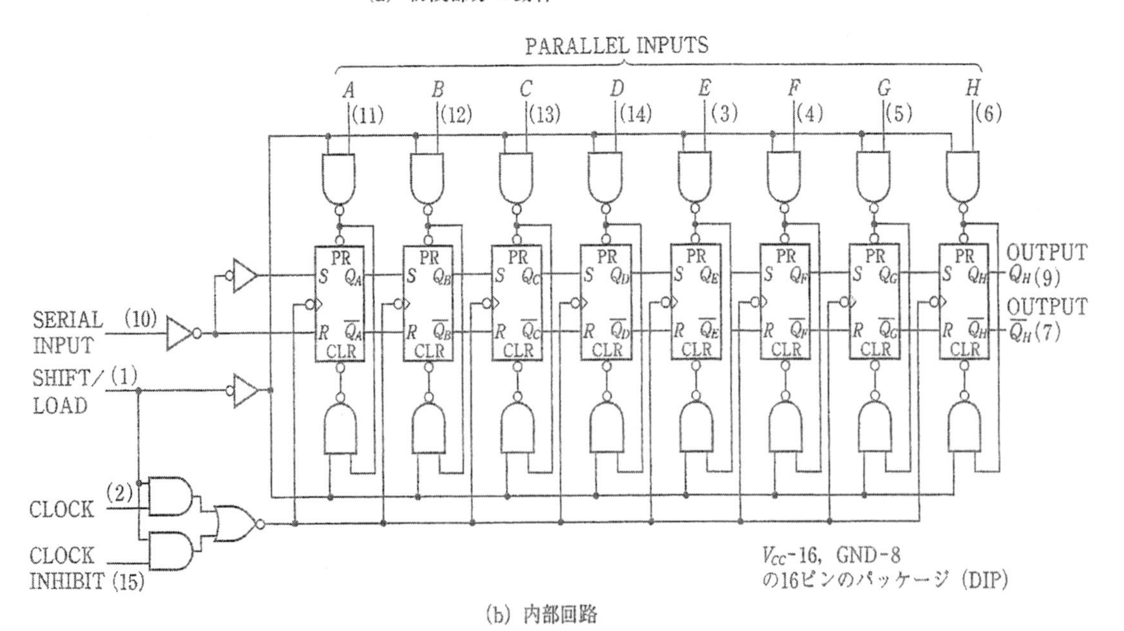

（b）内部回路

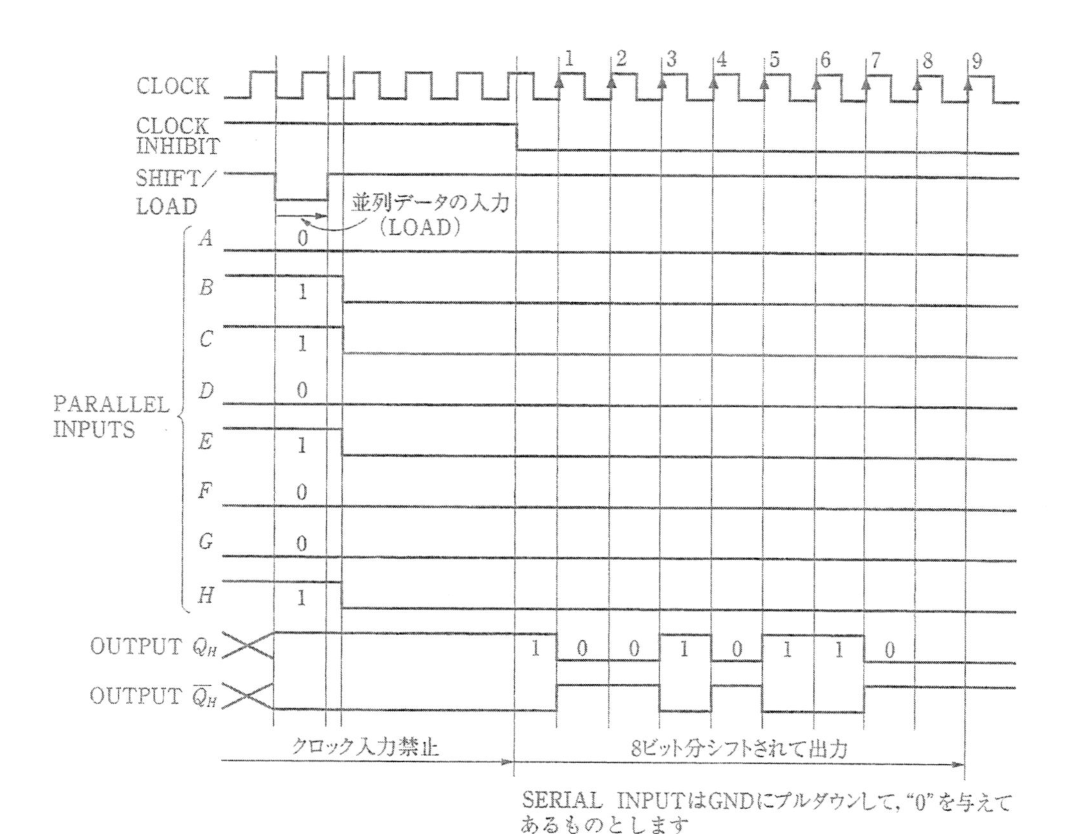

（c）タイミングチャート例

図 9・11　SN 74165 の回路とタイミングチャート例

トを介して入力 PR と CLR の NAND ゲートの入力に接続されているので 2 つの NAND ゲート 1 と 2 が開きます．このとき並列データが“1”であれば PR = 0（ゲート 1 の出力が“0”），CLR = 1（ゲート 2 の出力が“1”）となってプリセットが働き，FF の出力 Q には“1”がセットされます．並列データが“0”では逆に PR = 1，CLR = 0 となってクリアが働き，出力 Q が“0”にリセットされます．

一方，$S/L = 0$ によりクロック（CLK）とクロック禁止（CIH）のそれぞれの AND ゲート 3 と 4 が閉じるため，FF のトリガ入力（CK）にはシフトパルスが与えられません．並列に入力されたデータをシフトするには入力 S/L を“1”にして PR と CLR を非アクティブにし（ゲート 1 と 2 を閉じて），入力 CIH = 0 で NOR ゲート 5 を開いて（ゲート 4 の出力が“0”）シフトパルスを CLK から入力すればクロックの立上りでシフトします（ゲート 5 の小丸と FF の CK の小丸が 2 重否定で小丸がないのと同じ）．CIH = 1 では 4 の AND ゲートの出力が“1”になって 5 の NOR ゲートを閉じるため，クロック CLK はしゃ断されシフト動作は行われません．全体のタイミングチャート例を同図（c）に示します．

3 SN 7495

RST-FF 4 段構成の 4 ビット直列入力→直列出力，並列入力→直列出力そして可逆シフトレジスタとしても使うことのできる多機能シフトレジスタです．**図9·12**（a）で示した初段の FF の動作を説明します．

モード制御（MC）を "1" にするとクロック制御用の 1 の AND ゲートが閉じ，2 の AND ゲートが開くため，右シフト用の CLOCK 1 RIGHT SHIFT（CK 1）がしゃ断し，左

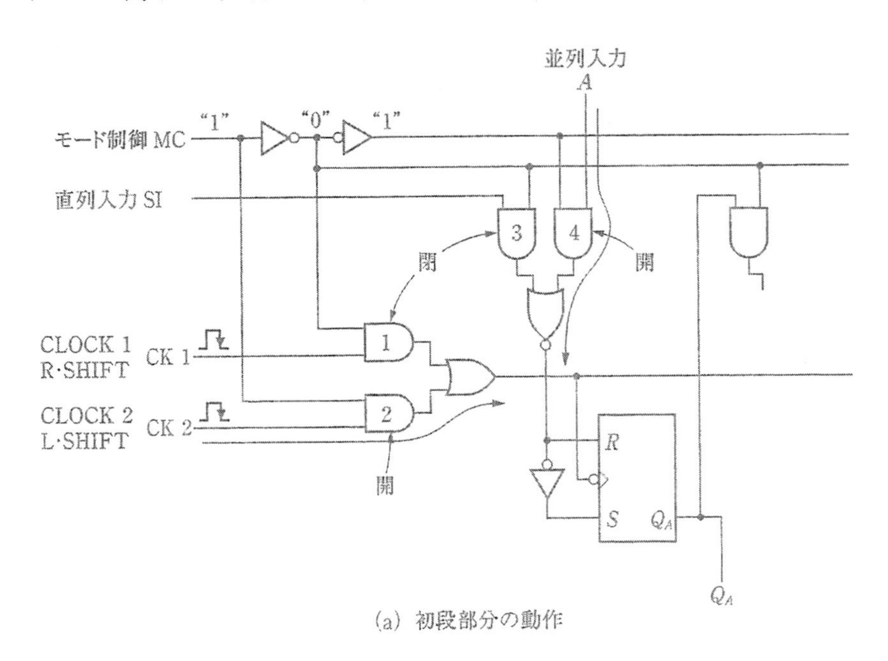

（a）初段部分の動作

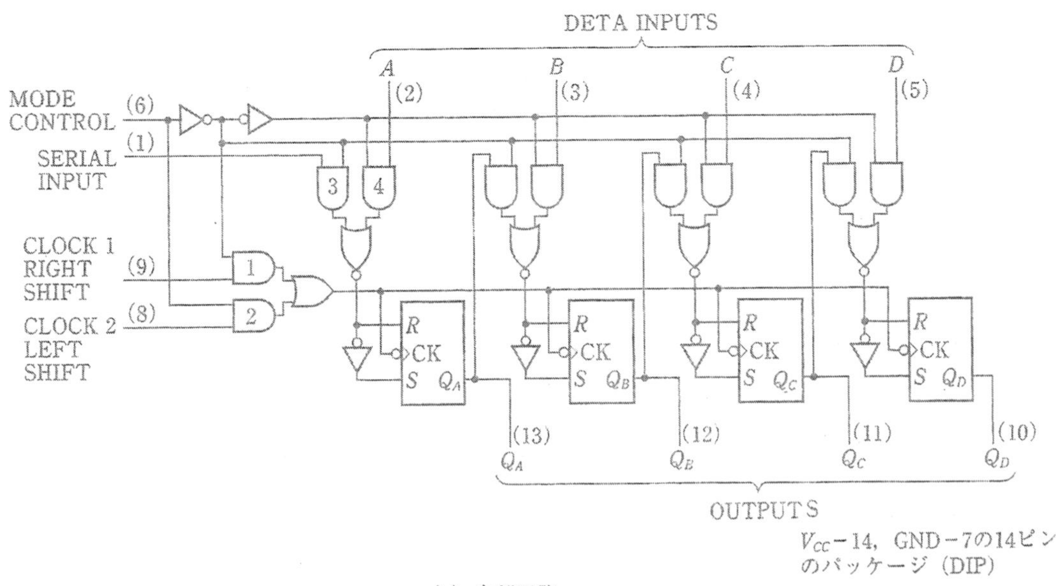

（b）内部回路

図9·12　SN 7495 の回路構成（右シフトレジスタ＆並列→直列変換）

シフト用の CLOCK 2 LEFT SHIFT（CK 2）が FF のクロック入力に与えられ，その立下りでトリガします．一方，入力データ制御用の AND ゲート 3 は閉じ，4 が開いているので並列入力 A が FF の S，$\overline{A}$ が R に与えられるので，CK 2 の立下りで A が出力 Q_A にセットされます．このような並列データのセット方法はクロックに同期して行われるので**同期プリセット**といいます．モード制御 MC に "0" を与えた場合は以上とは全く逆に，直列入力（SI）が右シフト用クロック CK 1 の立下りで FF の出力 Q_A にシフトされます．

右シフトレジスタとしては図（b）の内部回路から，MC を "0" にしてゲート 1 と 3 を開き，SI から入力された直列データは CK 1 の立下りで $Q_A \to Q_B \to Q_C \to Q_D$ とシフトします．

並列入力時は MC を "1" にして並列入力側の AND ゲートを開いて，CK 2 の立下りで A ～ D の 4 ビットが各 FF の出力に同期プリセットされます．その後，MC を "0" にして CK 1 の立下りで右シフトにより直列出力すれば並列 - 直列変換の動作になります．

左シフトレジスタとして使う場合は**図 9·13** のように，各出力の Q を前段の並列入力に接続すれば入力 D からのデータが $Q_D \to Q_C \to Q_B \to Q_A$ とシフトする左シフトレジスタの動作をします．当然モード制御 MC は "1" で CK 2 の立下りでシフトします．

可逆シフトレジスタとしては図 9·13 で，MC ＝ 0 にして CK 1 のクロックパルスで右シフトし，MC＝1 にすれば CK 2 のクロックパルスで左シフトします．このように**右と左のシフトを別のクロックで駆動できるように設計**されています．もし，両シフトパルスを変える必要がない場合は CK 1 と CK 2 を短絡し共通のクロックを与えます．シフトレジスタ用 IC はほとんどのものが複数個カスケード接続することにより精度拡張ができます．

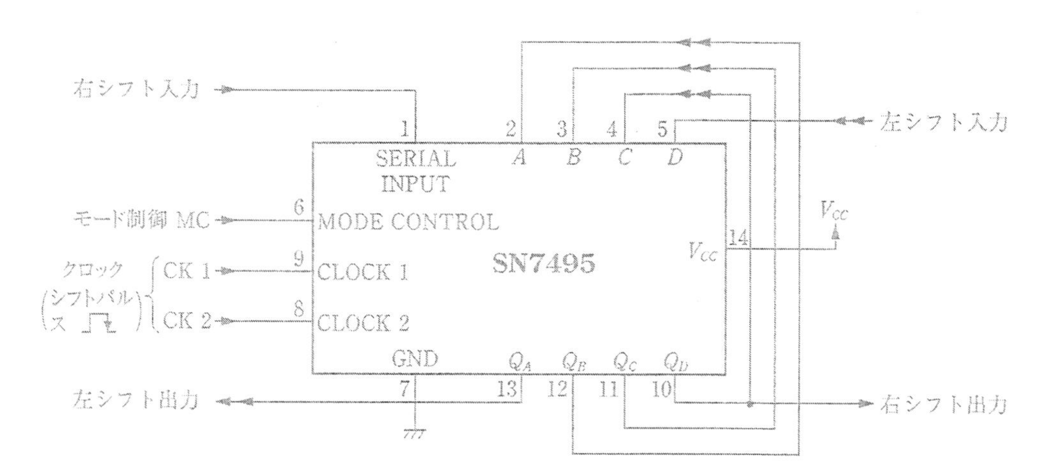

図 9·13　右シフト／左シフト／可逆シフトレジスタとしての使用法

第9章 演習問題

1. 8ビット右シフトレジスタの各FFの出力が初段から順に"10100111"であった時点でシフトパルスを8パルス与えた場合の動作を1パルスごとに示しなさい．ただし，直列入力はV_{CC}にプルアップされた状態であるものとします．

2. 図9•5で並列データを入力後，すべての並列データを"0"にしていますが，そのようにしなくても（並列データを与えっぱなし）問題はありません．その理由を説明しなさい．

3. 1. の問題を左シフトレジスタに置き換えてみます．つまり，8ビット左シフトレジスタの各FFの出力は最終段から順に"10100111"であり，その時点から8パルスを与えた場合の動作を説明しなさい．ただし，今度は直列入力がGNDにプルダウンされているものとします．

4. 5ビット可逆シフトレジスタを構成しなさい．またシフトデータが左端から"01101"にセットされた状態で右に3シフト後，続けて左に4シフトする場合の動作をタイミングチャートで示しなさい．ただし，右シフト入力は"0"，左シフト入力は"1"のままであるとします．

5. SN 74164を用いて16ビットシフトレジスタを構成しなさい．

6. SN74165に，MSBから順に"11100100"の並列データを入力し，MSBから直列に出力したい．どのような手順になるか説明しなさい．

7. SN7495の出力Q_A～Q_Dに"0101"を左シフトで入力し，続けて右シフトで直列に出力する手順を説明しなさい．

第10章 カウンタ

パルスの数を計数し，記憶する**カウンタ**（counter）はフリップフロップ（FF）を主構成とした順序論理回路による**計数回路**です．計数するパルスがあるエラーの数や処理の回数といった非周期的なものであったり，あるいは周期的なものであれば，時計やタイマの回路内において時間の計測用としても使われます．その他，周波数を何分の1かに分周する分周器として，また制御回路のタイミング信号用などに広く使われています．

カウンタはその構成法により**非同期式**と**同期式**に大別されます．カウント動作は計数するごとに+1する（カウントアップ）**アップカウンタ**と逆に−1する（カウントダウン）**ダウンカウンタ**があります．その両カウント動作を切り換えて行えるのが**可逆カウンタ**です．以上のようなカウンタはカウント数が2進数に一致したもので**バイナリカウンタ**といいます．第9章のシフトレジスタをカウンタとして用いたリングカウンタとジョンソンカウンタのように，カウント数が2進数に一致しないものもあります．本章では簡単なシフトレジスタのカウンタとしての構成法から説明します．いずれにしても主構成要素はFFですので，必要に応じて第4章を参照し，FFの機能を理解しておくことが大切です．

10·1 リングカウンタ

第9章のシフトレジスタをカウンタとして用いた**リングカウンタ**（ring counter）は図**10·1**のように，シフトレジスタの最終段の直列出力を初段の直列入力にフィードバックした構成です．

FF n段のシフトレジスタはn個のシフトパルスを与えると各FFにセットされていたデータはすべて最終段から出力されてしまいますが，リングカウンタでは直列出力が初段にフィードバックされるため，レジスタ内のデータは一巡することになります．つまり，**リング状にレジスタ内をデータが回る動作**をします．FF n段構成ではnパルスによって一巡することからn進リングカウンタになります．カウント用クロックパルスはこの場合，**カウントパルス**といいます．図では初段だけプリセット（PR）を，後段はすべてクリア（CLR）が働くようにしてあるため，初期化によって初段の出力だけが“1”になり，カウントパルスで1ビットずつ右シフトし，$n-1$パルスでその“1”が最終段までシフトし，nパルスで初段に

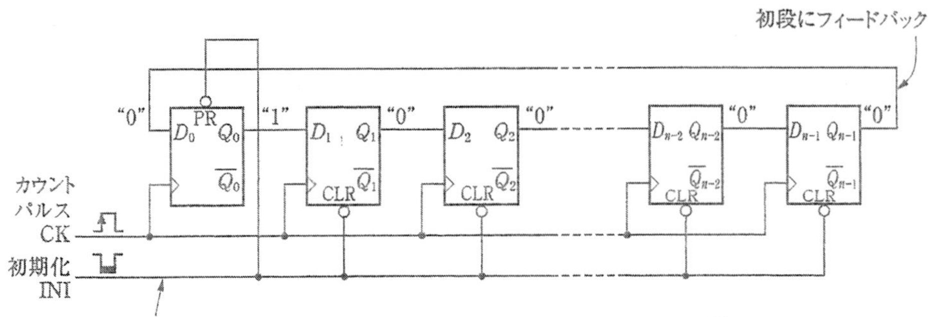

(a) D－FFn段構成

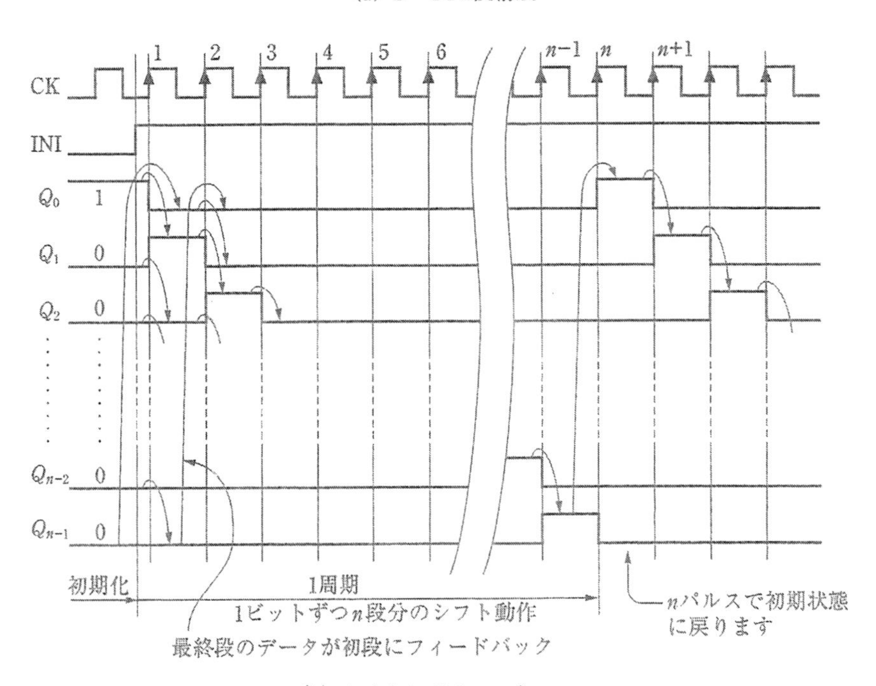

(b) タイミングチャート

図10·1　D-FF n 段，n 進リングカウンタの構成と動作

戻ります．D-FF 構成なのでクロックの立上りでシフトします．

図 10·1 ではただひとつの "1" が巡回する例を示しましたが，ビット列のパターンは初期化の仕方で容易に決めることができます．つまり，初期化時にどの FF の出力を "1" にするのか "0" にするのかはプリセットかクリア入力に初期化信号を接続することにより実現できます．図では初段の CLR および後段の PR については触れませんでした．この場合，未使用なので当然 V_{CC} にプルアップし，非アクティブな状態にしてあります．通常，このような説明図では省略されます．実際に回路を組む場合には注意して下さい．省略した図であることに気付かず入力をオープンにしたままでの動作は不安定な回路になってしまいます．**入力を決してオープンで使ってはいけないというのが回路技術の常識**です．

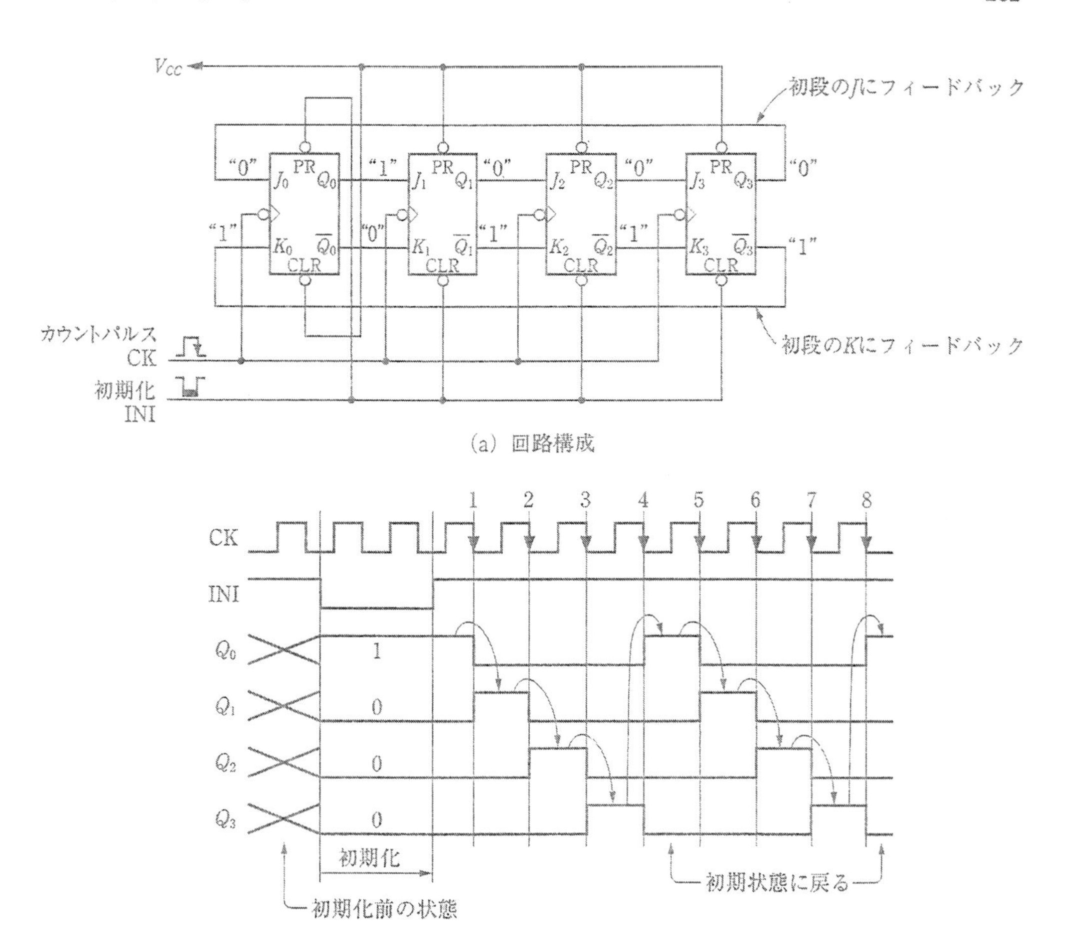

(a) 回路構成

(b) タイミングチャート

カウント	FFの出力			
	Q_0	Q_1	Q_2	Q_3
0	1	0	0	0
1	0	1	0	0
2	0	0	1	0
3	0	0	0	1
4	1	0	0	0 ← 初期状態

(c) 状態遷移表

図10・2 *JK*-FF 構成4進リングカウンタ

次に，*JK*-FF 4段構成の4進リングカウンタを**図10・2**に示します．最終段の Q, $\overline{Q}$ をそれぞれ初段の J, K にフィードバックします．カウントパルスの立下りで右シフトし，4パルスで初期状態に戻ります．未使用入力を省略しないと図のようになります．INI を 1→0→1 にして初期化を行うと INI の "0" によって出力 Q_0 ～ Q_3 は "1000" に初期設定されます．その後，カウントパルスの立下りごとに "0100" → "0010" → "0001" と "1" が右シフトし，4パルスで最終段の "1" が初段にフィードバックされて，"1000" と初期状態に戻ります．

10・2 ジョンソンカウンタ

シフトレジスタのカウンタとしての応用には以上のリングカウンタの他に**ジョンソンカウンタ**（Johnson counter）があります．シフトレジスタ最終段の出力 Q と $\overline{Q}$ を初段の K と J にねじって（ツイスト）フィードバックしたもので**ツイストカウンタ**（twist counter）ともいいます（**図10・3**）．

初期化によって，全FFの出力を"0"にリセットした状態では図のように初段のJは"1"，Kは"0"とセット状態になっているため，最初のカウントパルスで初段は"1"（$Q_0=1$,

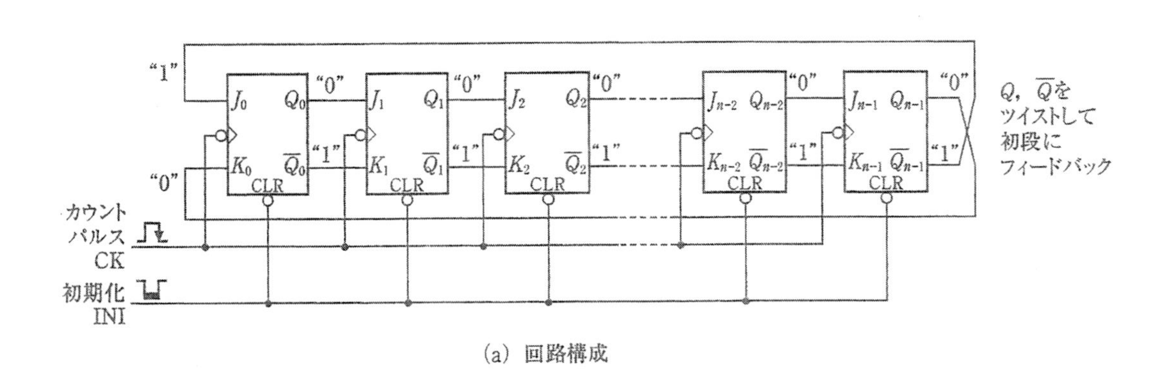

(a) 回路構成

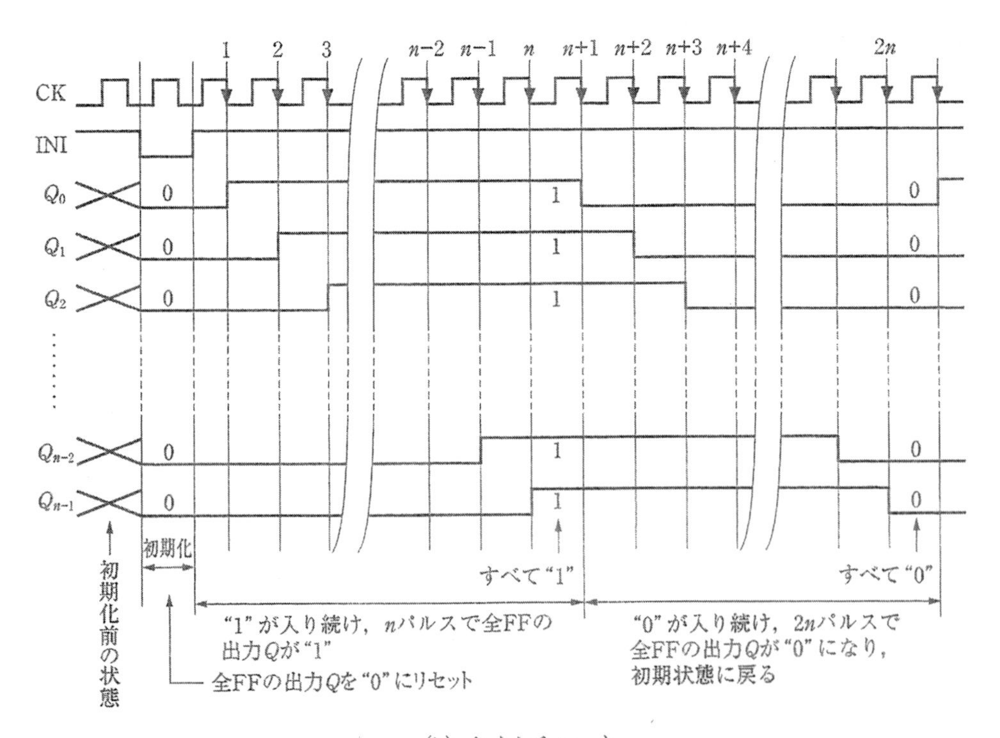

(b) タイムチャート

図10・3 *JK*-FF *n* 段構成2*n*進ジョンソンカウンタの動作

$\overline{Q_0}=0$）になります．この状態は最終段の出力が $Q=0$，$\overline{Q}=1$ である間，続きます．したがってカウントパルスごとに“1”が入り続け，nパルスで全出力が“1”になります．このとき最終段の $Q=1$，$\overline{Q}=0$ によって初段の入力は $J=0$，$K=1$（リセット状態）になり，今度はさらに nパルスの間“0”が入り続けます．このように $2n$ パルスで一巡することになるので，**FF n 段構成のジョンソンカウンタは $2n$ 進**になります．

以上のようにシフトレジスタの出力を入力データとしてフィードバックする仕方をツイストするか否かにより，$2n$ 進のジョンソンカウンタか n 進のリングカウンタになります．入

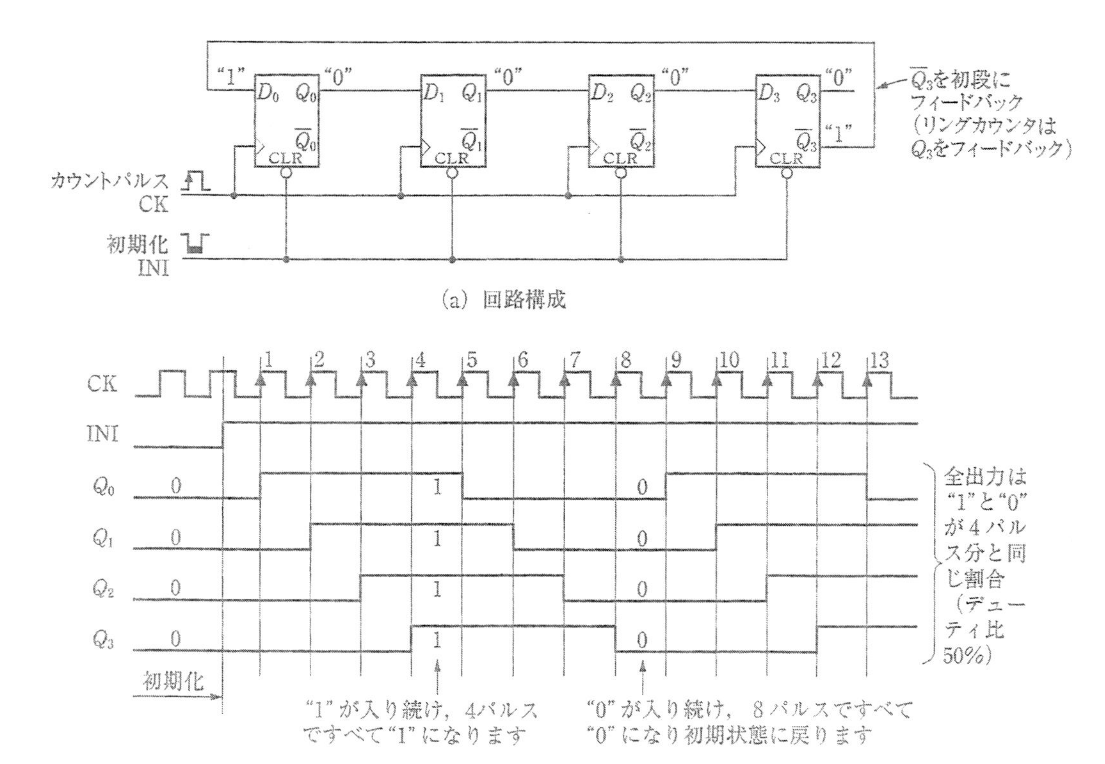

カウント	FFの出力			
	Q_0	Q_1	Q_2	Q_3
0	0	0	0	0
1	1	0	0	0
2	1	1	0	0
3	1	1	1	0
4	1	1	1	1
5	0	1	1	1
6	0	0	1	1
7	0	0	0	1
8	0	0	0	0 ← 初期状態

(c) 状態遷移表

図10·4　D-FF 4段構成8進ジョンソンカウンタ

力がひとつのD-FFの場合はどのようにツイストするかというと**図10•4**のように最終段の出力$\overline{Q}$を初段の入力Dにフィードバックすることでジョンソンカウンタになります（リングカウンタは最終段の出力Qを初段の入力Dにフィードバック）.

図10•4はD-FF 4段構成8進ジョンソンカウンタで，プリセット（PR）の入力の処理は省略してあります.

ジョンソンカウンタの出力波形は図10•4（b）のように，全出力が“1”と“0”の期間が同じという特徴があります．このような1周期に占める“1”の期間の割合は**デューティ比**（duty cycle）といい，**ジョンソンカウンタではどの出力もデューティ比50％**です．そこで，計数値を知るためにデコードが必要になります．全出力のAND条件をとる必要はありません．同じ条件が存在しない箇所は0→1または1→0の出力変化点であることがわかります．図10•4（c）の8進ジョンソンカウンタの例を**図10•5**で示します.

このことからジョンソンカウンタのデコードはすべて2入力ANDゲートですむことがわかると思います.

カウント	FFの出力				デコード条件
	Q_0	Q_1	Q_2	Q_3	
0	0	0	0	0	$\overline{Q_0}\cdot\overline{Q_3}$
1	1	0	0	0	$Q_0\cdot\overline{Q_1}$
2	1	1	0	0	$Q_1\cdot\overline{Q_2}$
3	1	1	1	0	$Q_2\cdot\overline{Q_3}$
4	1	1	1	1	$Q_0\cdot Q_3$
5	0	1	1	1	$\overline{Q_0}\cdot Q_1$
6	0	0	1	1	$\overline{Q_1}\cdot Q_2$
7	0	0	0	1	$\overline{Q_2}\cdot Q_3$

すべて2変数のAND条件

図10•5 8進ジョンソンカウンタのデコード

リングカウンタとジョンソンカウンタはシフトレジスタの直列出力を直列入力にフィードバックしたものであるため，シフトレジスタ用IC（第9章参照）を容易にリングカウンタやジョンソンカウンタとして使うことができます.

10•3 自己修正形リングカウンタとジョンソンカウンタ

シフトレジスタのカウンタへの応用であるリングカウンタとジョンソンカウンタは直列出

力を直列入力にフィードバックしてデータを巡回させるものです．仮に，ノイズ（雑音）などにより，正規のパターンがくずれた場合（"1"の混入または逆に"1"が"0"に），あり得ないパターンのデータが回り続けることになります．これに気付いた時点で初期化をし直すことになりますが，異常な状態になっても一巡すると自動的に初期状態に戻す回路があります．それは**自己修正形**，**自己補正形**あるいは**自己スタート**などといわれています．

1 自己修正形リングカウンタ

図10·2の*JK*-FF構成4進リングカウンタの場合で説明します．図10·2（c）の状態遷移表を考察するとカウント1～3までは"0"が入り続けています．そして，カウント4で初段に"1"が入力されます．そのためFFの初段～3段までの*Q*がすべて"0"で初段の入力がセット状態になるようにします．したがって，FFの前3段中にひとつでも"1"があれば，初段のFFはリセット状態になるため"0"が入力されることになります．その結果，一巡すれば必ず"1000"の正規のパターンに戻ることができるのです．

JK-FF構成4進リングカウンタを自己修正形にした回路を**図10·6**に示します．どのような状態からスタートしても一巡すれば初期状態に戻ることができますが，決まった状態からスタートするよう，実際には初期化が必要になるでしょう．

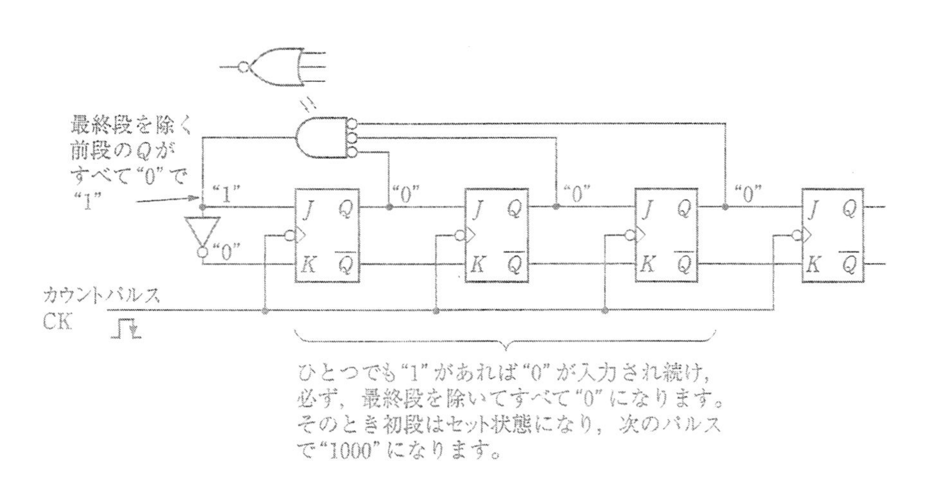

図10·6 自己修正形4進リングカウンタ

このように，**自己修正形リングカウンタは何進であっても最終段のFFを除いた出力のAND条件により実現**することができます．ところで*n*進リングカウンタは*n*段のFFで構成として解説してきましたが，**図10·7**のようにAND条件の出力（NORゲート）をカウント出力とすればFFを1段減らすことができます．図では*D*-FF 4段構成で自己修正形5進リングカウンタを実現しています．

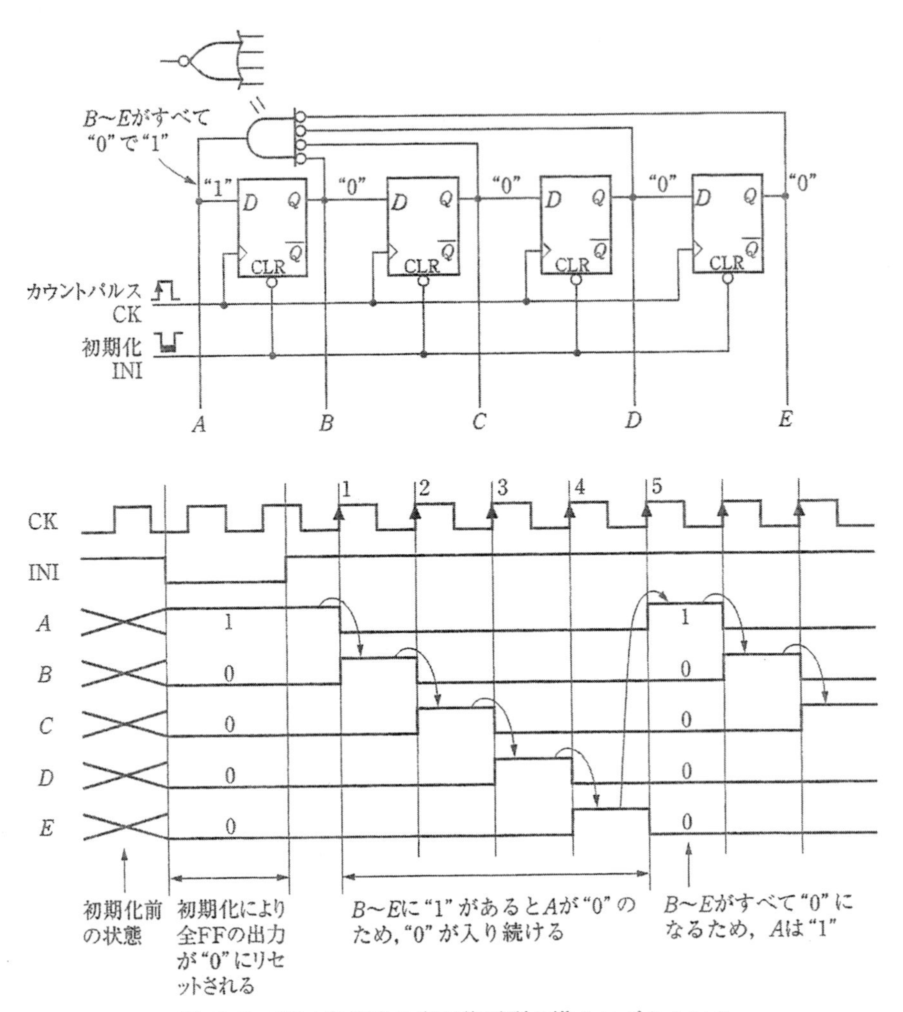

図10・7　FF 4段構成の自己修正形5進リングカウンタ

2 自己修正形ジョンソンカウンタ

FF 4段構成の8進ジョンソンカウンタ図10・4（c）の動作を考察してみます．図10・8（a）のように，カウント0でオール"0"の状態から"1"が入り続け，オール"1"になった後，今度は"0"が入り続けます．後2段Q_2とQ_3の状態に着目すると，①カウント0～2まではQ_2とQ_3がともに"0"で次のカウント時はQ_0が"1"になっています．②カウント3では$Q_2=1$，$Q_3=0$でやはり次のカウントでQ_0は"1"です．③カウント4～6ではQ_2とQ_3がともに"1"で次のカウントではQ_0が"0"になっています．そして④カウント7では$Q_2=0$，$Q_3=1$で8カウント目にQ_0が"0"になって初期状態に戻ります．

①の条件から$\overline{Q_2}\cdot\overline{Q_3}$で"1"になるゲートの出力を初段の入力にフィードバックすればよいことがわかります（実際には2入力NORゲート）．②の条件は"1"を保持した結果と見ることができます．JK-FF構成であれば初段のJとKがともに"0"（ホールド状態）に

なっていればよいことになります．③と④の条件はJK-FFのリセット状態（非同期クリアではなく，$J=0$，$K=1$）です．この結果，$\overline{Q_2}$と$\overline{Q_3}$のANDの出力を初段FFのJ_0に，Q_3をK_0にフィードバックすればよいということになります．まとめると，

$$J_0=\overline{Q_2}\cdot\overline{Q_3},\quad K_0=Q_3$$

条件

① $Q_2=0$，$Q_3=0$なので，$J_0=1$，$K_0=0$でセット状態

② $Q_2=1$，$Q_3=0$なので，$J_0=0$，$K_0=0$でホールド状態（“1”を保持）

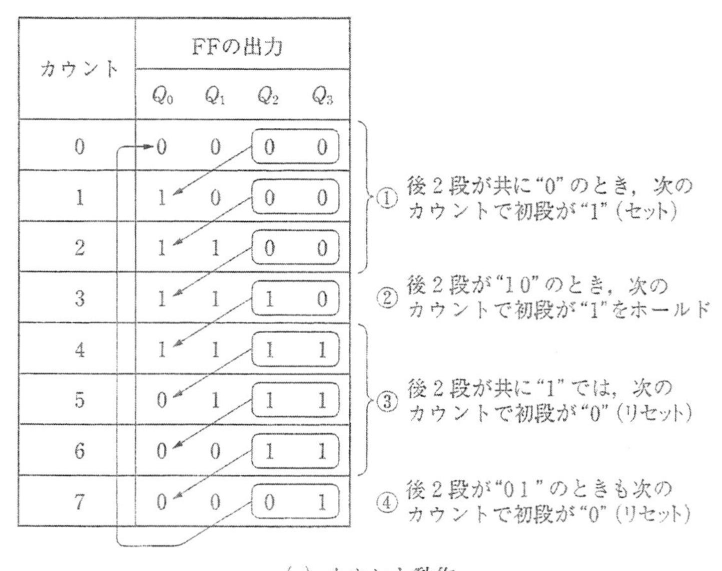

カウント	FFの出力			
	Q_0	Q_1	Q_2	Q_3
0	0	0	0	0
1	1	0	0	0
2	1	1	0	0
3	1	1	1	0
4	1	1	1	1
5	0	1	1	1
6	0	0	1	1
7	0	0	0	1

(a) カウント動作

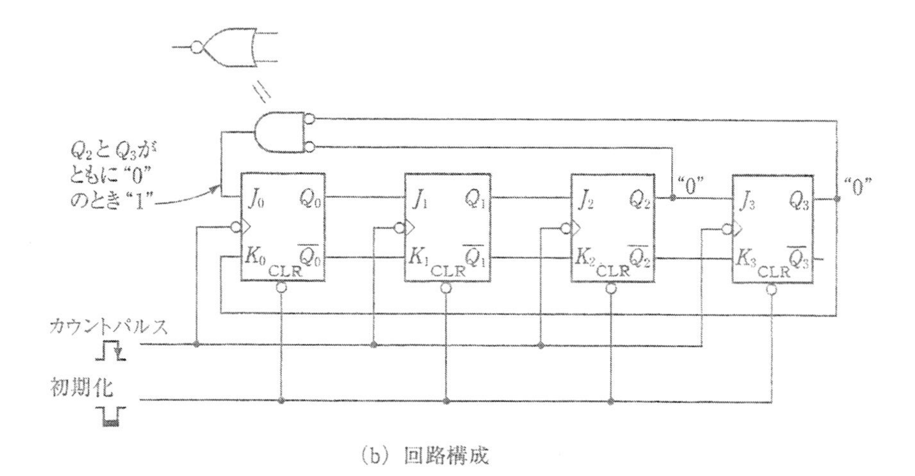

(b) 回路構成

図10・8　JK-FF 4段構成自己修正形8進ジョンソンカウンタ

③　$Q_2=1$, $Q_3=1$ なので，$J_0=0$, $K_0=1$ でリセット状態

④　$Q_2=0$, $Q_3=1$ なので，$J_0=0$, $K_0=1$ でリセット状態

回路を図10·8（b）に示します．このように**FF何段構成に対しても後2段の条件により自己修正形ジョンソンカウンタを実現**できます．

10·4　バイナリカウンタ

シフトレジスタの応用としてのリングカウンタとジョンソンカウンタの出力パターンは2進数とは異なるものでした．ここでは2進コードを出力する**バイナリ（2進）カウンタ**（binary counter）の設計法について解説します．バイナリカウンタはその構成法により非同期式と同期式に大別されます．比較的簡単な非同期式から説明します．

1　非同期式カウンタの基本回路

バイナリカウンタの基本となるFFはT-FFです．第**4**章**4·6**で解説してあるように，T-FFはクロック（トリガ）パルスによって反転動作することから正に2進カウンタです．その FF の出力を後段の FF のトリガパルスとして接続すれば，後段は前段の出力2パルス分で1カウントします．

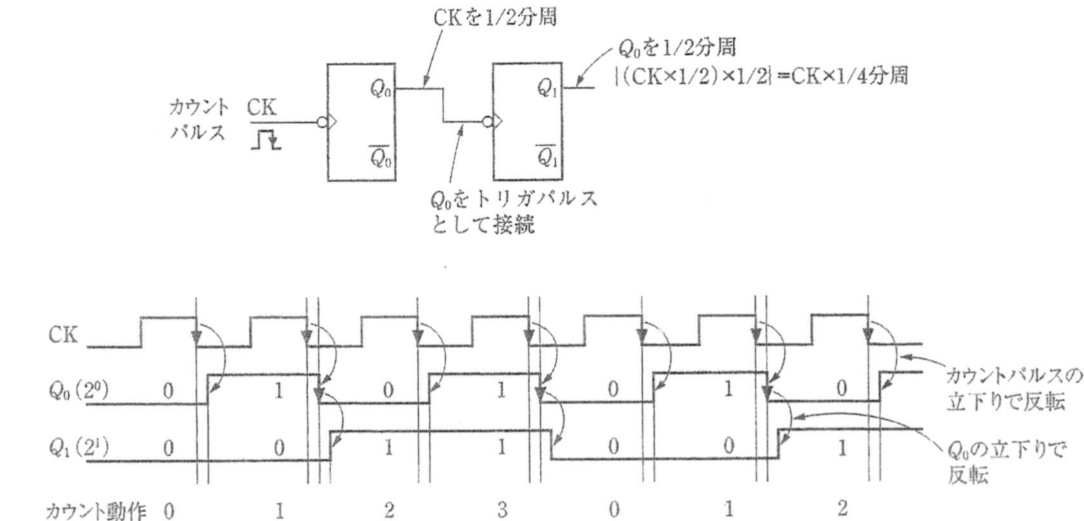

図10·9　T-FF2段構成の動作

図10·9に立下りでトリガするT-FF2段構成の動作を示します．図のように，それぞれのFFがトリガパルス2パルスで1カウント（周期）ということは2パルスを1パルスに分周（1/2分周）したことになります．カウントパルスは初段のFFで1/2分周され，それをさらに2段目のFFで1/2分周されます．カウントパルスからみれば（1/2）×（1/2）

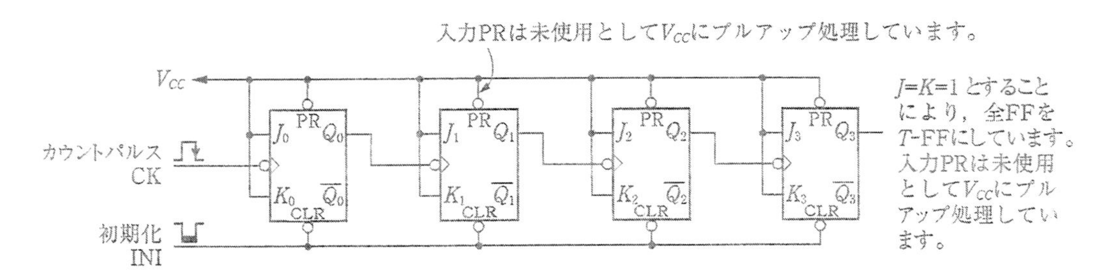

(a) JK-FF 4段構成

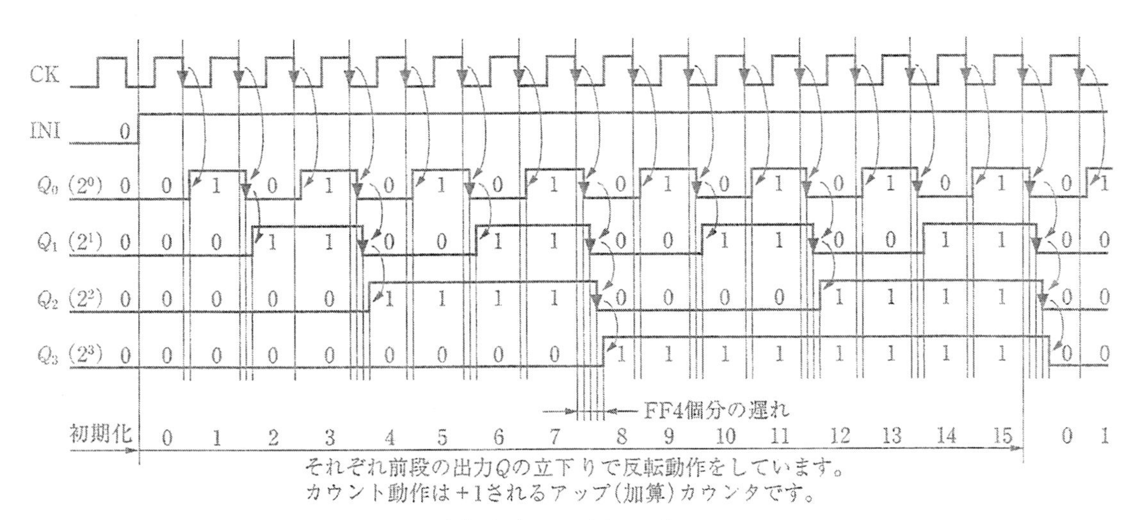

それぞれ前段の出力Qの立下りで反転動作をしています。
カウント動作は+1されるアップ(加算)カウンタです。

(b) タイミングチャート

図10·10 JK-FF 4段構成非同期式16進アップカウンタ

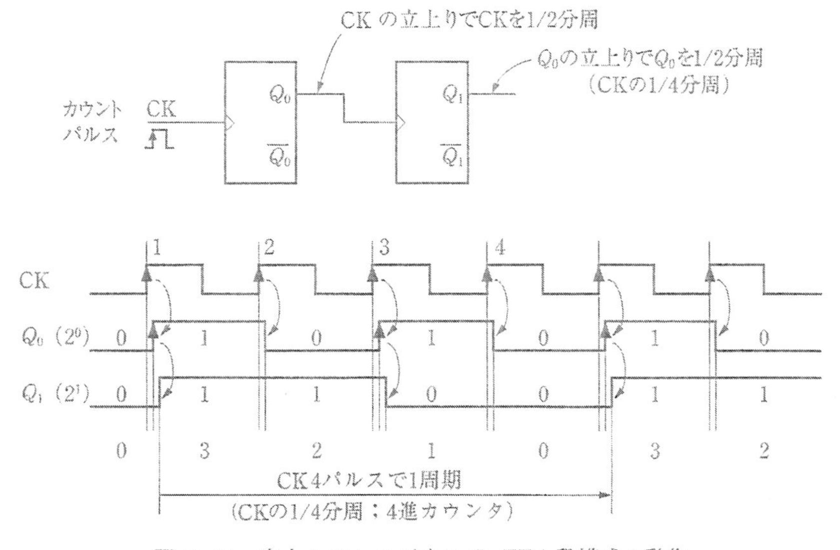

図10·11 立上りでトリガするT-FF 2段構成の動作
(非同期式4進ダウンカウンタ)

=1/4分周された波形が結果として出力されることになります．そこで，初段の出力から 2^0, 2^1 という重みを付けると図のように0，1，2，3，0，1，……と2進数コードになります．図ではカウント0からのタイミングチャートを示してあります．

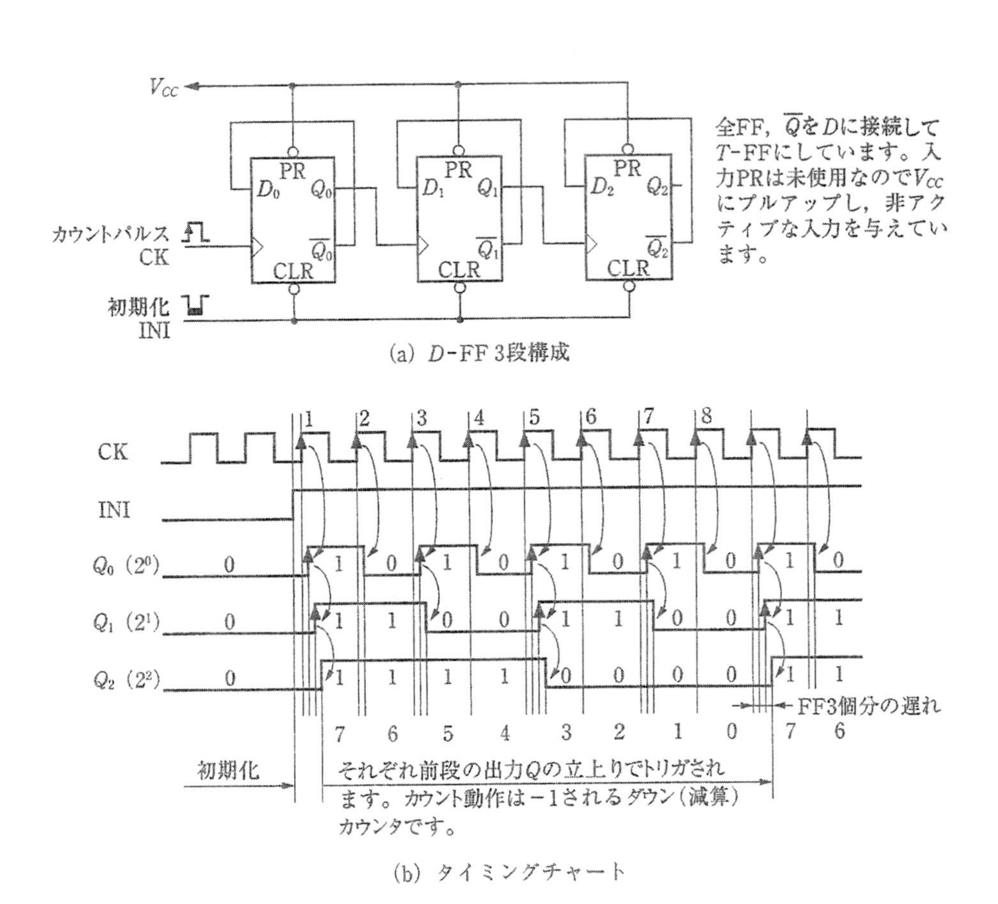

図10•12 D-FF構成非同期式8進ダウンカウンタ

図10•9のカウント動作が0〜3の繰返しなので4進であることがわかります．さらに，同様に3段，4段，……とT-FFを接続した場合はそれぞれ前段の出力の2パルス分で1カウント動作をします．図10•9のFF2段で4進であれば3段構成では8進になることが推察できます．したがって，**FF n段構成では 2^n 進**になります．その動作はまずカウントパルスによって初段が動作し，その出力を受けて後段が，さらにその後段へと波が次々に広がっていくように伝搬していくことから**リップルカウンタ**（ripple counter）と呼ばれています．また，カウントパルスによってトリガされるのは初段のFFだけです．このような方式は**非同期式カウンタ**（asynchronous counter）といいます．同期式カウンタは全FFがカウントパルスでトリガされるもので**10•4**③項で解説します．実際にはT-FFはJK-FFやD-FFから作るものです．

図 10・10 に *JK*-FF 4 段構成の非同期式カウンタを示します．図のように，$2^4=16$ 進カウンタになり，カウント動作は 0 〜 15 とカウントパルスが与えられるごとにカウント数が＋1 されます．このようなカウンタを**加算カウンタ**または**アップカウンタ**といいます．

リップルカウンタはその動作から最大で FF の接続数分の遅れを生じます．この遅れがカウントパルスの周期以上になると正確なカウントはできません．したがって，FF の段数が多くなった場合，高周波（周期が短い）での高速動作には注意が必要です．

次に立上りでトリガする *T*-FF 構成のカウンタについて解説します．図 10・9 の *T*-FF をそのまま立上りでトリガする *T*-FF に置き換えたのが**図 10・11**です．図のように，*T*-FF 2 段構成ではやはり $2^2=4$ 進カウンタになりますが，カウント動作が異なります．3，2，1，0，3，2，……とカウントパルスが増すごとにカウント数が減っています．このようなカウンタは**減算カウンタ**または**ダウンカウンタ**といいます．

立上りでトリガする *T*-FF を図のように n 段構成すると 2^n 進ダウンカウンタになります．*D*-FF 構成 8 進ダウンカウンタを**図 10・12**に示します．

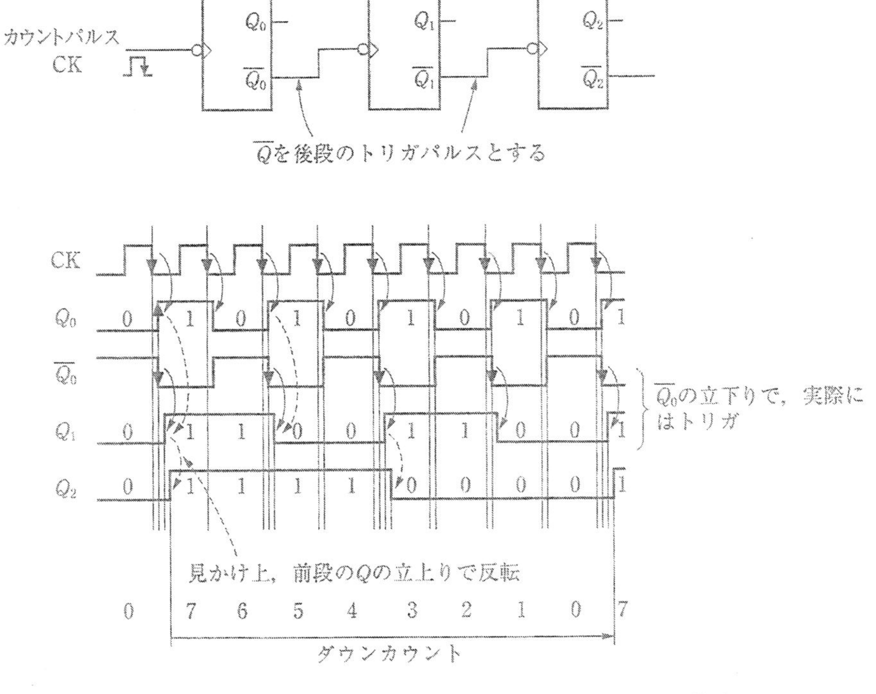

図 10・13　立下りでトリガする *T*-FF のダウンカウンタ構成

以上のように，立下りでトリガする FF 構成か立上りでトリガする FF 構成によりアップカウンタとダウンカウンタになることを解説してきましたが，実は後段へのトリガパルスの伝搬方法を変えることにより，カウント動作を変えることができます．これまでは FF の出力 Q を後段 FF のトリガパルスとして与えましたが，**図 10・13** のように $\overline{Q}$ に変えるとダウンカウンタになります．初段はカウントパルスの立下りで反転することには変わりありませんが，2段目は初段の$\overline{Q_0}$の立下りでトリガするということは見かけ上Q_0の立上りでトリガすることになります．これはQから$\overline{Q}$と論理を反転した動作になるので当然のことです．同様に，立上りでトリガするT-FFの$\overline{Q}$を後段のFFのトリガパルスとして接続したカウンタはアップカウンタになります．

2 非同期式N（任意）進カウンタの設計法

T-FFをn段構成することにより2^n進のバイナリカウンタを構成することができました．2^n進ということは2，4，8，16，32，……進というものです．しかし，実用上2^n進以外の10進あるいはカレンダや時計では7進，12進，24進などのカウンタが要求されます．このような任意の進数のカウンタを**N進カウンタ**といい，次に非同期式N進カウンタの設計法について解説します．いろいろな設計法がありますが，最も簡単な強制リセット法について解説します．

基本回路は2^n進です．m進アップカウンタのカウント動作は0，1，2，……，$m-1$を繰り返します．このm進カウンタをN進（$m>N$）にするには0，1，2，……，$N-1$，N，$N+1$，……，$m-1$というカウント動作中$N-1$の次にNにならずに0に戻すように操作します．その0に戻す操作はカウントNを検出（デコードする）して，全FFの出力が0にリセットされるようクリア機能（CLR）を用います．クリア機能は非同期で働くため，アクティブな信号を与えると同時に（トリガパルスには無関係に）FFはリセットされます．このように，カウントの途中で強制的に0にリセットすることから**強制リセット法**といわれています．

例えば，6進カウンタを**図10･14**に示します．$N=6$なので0，1，2，3，4，5のカウント動作を繰り返します．カウント6になると同時に全FFを強制リセットするために，6をデコードします．6は2進数では"110"なのでQ_2とQ_1が"1"でQ_0が"0"のときカウント0となるように，6のデコード回路は$\overline{Q_2 \cdot Q_1 \cdot \overline{Q_0}}$という3入力のNANDゲートになり，その出力を全FFの入力CLRに与えます．この6のデコードにより，カウント5の次の6になると同時に全FFがリセットされ，カウント0に戻ります．すると6のデコード回路の出力はNAND条件が解けて非アクティブの"1"になるため，FFのクリア機能が解除され，カウント動作が可能になります．ところで6のデコードのために"110"をデコードするとしましたが，カウント数が2進数に一致するバイナリカウンタの場合，Q_2とQ_1がともに"1"になるのはカウント5以下ではないため，Q_0が"0"になる条件は実際には不要です．つまり，Nの2進コードで"1"の出力だけのNAND条件（クリア機能がアクティブLの場合）でよいことになります．

図10･14（b）のタイミングチャートで示してあるように，一瞬Nをカウントし，それをデコードして強制リセットするため，強制リセット法では必ずいずれかの出力に細いひげ状の

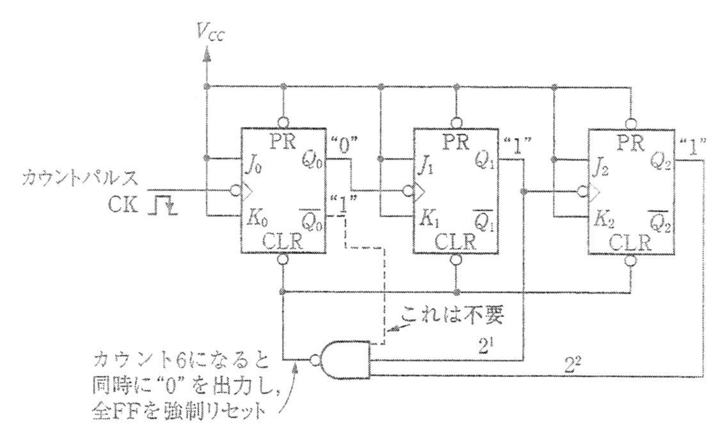

(a) 6のデコード回路を付加した回路

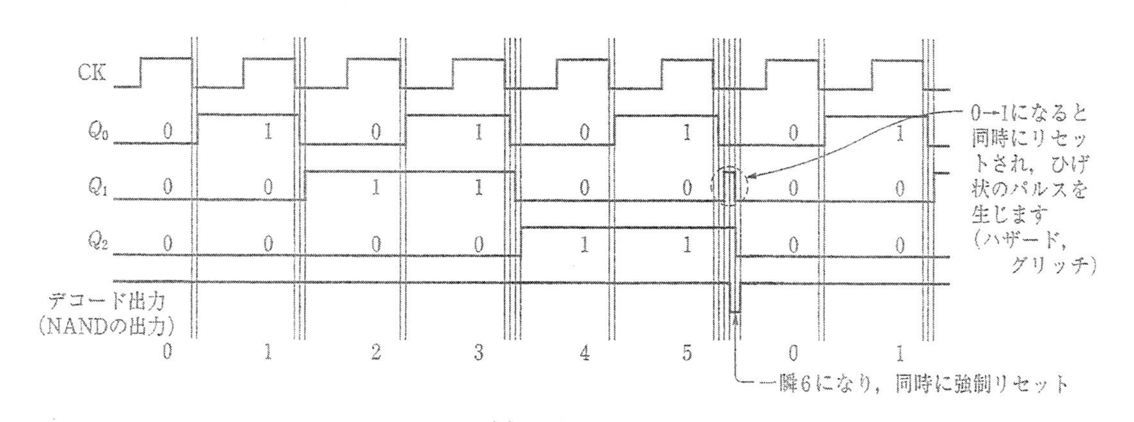

(b) タイミングチャート

図10・14　非同期式6進アップカウンタ

パルス（本来なら無い）を生じます．これは**グリッチ**（glitch）や**ハザード**（hazard）と呼ばれ，他の回路に悪影響を与える原因になることがあります．このグリッチを生じるのが強制リセット法の欠点ですので注意して下さい．しかし，FFのどの出力にグリッチが発生するかはあらかじめわかるので，そこに接続される回路に影響を与えるようであればグリッチの発生しない回路にするか，またはグリッチを除去する回路を付加することも可能です．それらについては拙著『ディジタル回路設計法―ワンチップ化の実例集』（日本理工出版会）や他の専門書を参考にして下さい．

次に，5進カウンタをD-FF構成で**図10・15**に示します．$(5)_{10}=(101)_2$なので2進3ビットであることからFF3段構成になり，初段と最終段がともに"1"になったとき，全FFを強制リセットします．図では外部からも初期化できるようにゲートを挿入してあります．つまり，5のデコード出力が"0"かまたは初期化INIが"0"のとき，"0"を出力$(\overline{\overline{INI}+\overline{Q_0\cdot Q_2}})$して全FFを強制リセットするゲートです．カウント4（100）から5（101）になった瞬間リセットされることから，Q_0が0→1となってすぐ"0"にリセットされるので，この場合，出力 Q_0 にグリッチが生じます．

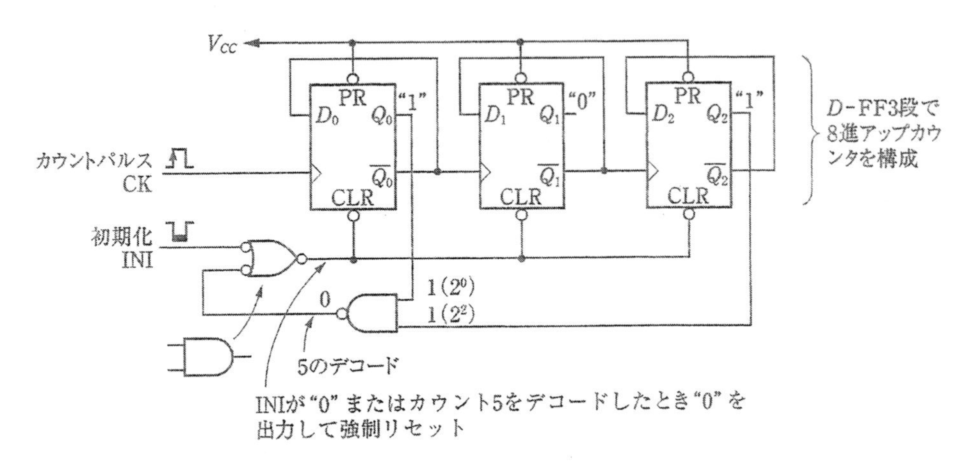

図10・15　D-FF構成非同期式5進アップカウンタ

3 同期式カウンタの基本回路

非同期式カウンタは構成法が単純で理解しやすいという利点がありますが，初段のFFの動作が次々と後段に伝搬するために，それぞれのFFの遅延が加わった動作になります．その結果，カウントパルスの周波数の制限や伝搬遅延の影響および強制リセット法による N 進カウンタでのグリッチの発生などに注意を要するといった欠点があります．

以上の問題を解決するカウンタの構成法が同期式カウンタであるといえます．初段から最終段までのFFにカウントパルスが直接接続されます．したがって，全FFがカウントパルスに歩調を合わせていっせいにトリガされることから**同期式カウンタ**（synchronous counter）あるいはカウントパルスが全FFに並列に与えられるので**並列カウンタ**（parallel counter）といいます．全FFが同時に動作するためFFの段数には無関係に最大FF1個分の遅延ですみますが，FFの段数が多くなるとクロックの駆動能力（第**2**章**2・9**のファイン・ファンアウト参照）に注意する必要があります．

初段から順に動作していく非同期式と異なり，全FFが同時に動作する同期式は構成法が複雑で比較的難度が高くなりますが，理想的なカウント動作が期待できます．同期式カウンタの構成法は一見難解そうに思えますが，その規則性に注目すると以外とらくに設計法を修得することができます．

まず，カウント動作からその規則性を見つけてみます．バイナリカウンタなのでカウントの仕方は非同期式と同じです．FF3段構成のカウント動作を**表10・1**に示します．表から初段の出力 Q_0 は常に反転動作をしていることから T-FFです．2段目の出力 Q_1 は前段の Q_0 が"0"のときは次のカウントパルスでも変化していません．つまり保持（ホールド）状態です．Q_0 が"1"のときには次のカウントパルスで反転（トグル）しています．3段目の出力Q_2はQ_0とQ_1がともに"1"のとき，次のカウントパルスで反転し，Q_0とQ_1がともに"1"でないときは保持状態です．

表10・1 FF3段のカウント動作

カウント	Q_0	Q_1	Q_2
0	0	0	0
1	1	0	0
2	0	1	0
3	1	1	0
4	0	0	1
5	1	0	1
6	0	1	1
7	1	1	1
0	0	0	0

以上のことから4段目以降も前段のFFの出力がすべて"1"のとき（AND条件）反転し，そうでないときは保持するという規則性が得られます．反転と保持はJK-FFにその機能があり，D-FFにはありません．したがって，**JK-FF構成**することを考えます．反転は$J=K=1$のときで，保持は$J=K=0$の状態です．したがって，Q_1のJ_1とK_1にはQ_0を直接接続，Q_2以降は前段のすべての出力のAND条件をJとKに接続すればよいことがわかります．

FFの段数が多くなるとAND条件が比例して増加します．これはANDゲートの入力数が増えることを意味します．多入力ANDは第2章2・9 ③で解説してあるように，少入力ANDゲート構成で実現できます．**図10・16**に2入力AND構成も示してあります．2入力ANDゲート構成では次々とANDゲートの遅延が後段に伝搬していきますが，その点，多入力ANDゲート構成では同時に伝わります．しかし，いろいろな入力のANDゲートを用意するよりは2入力ANDゲート1種類ですむことから，2入力ANDゲート構成が実用的でしょう．

このように，**FF n段構成で2^n進の同期式**アップカウンタになります．ダウンカウンタは非同期式の場合と同様，後段への接続がQではなく$\overline{Q}$と論理を反転することにより実現できます．参考までに8進ダウンカウンタを**図10・17**に示します．

図のように，初段はT-FFそのものなのでアップカウンタと同じです．2段目は$\overline{Q_0}$がJ_1

とK_1に与えられるので$\overline{Q_0}$が“1”のとき次のカウントパルスでQ_1は反転し，“0”で保持します．Q_0から見れば当然論理が反転し，Q_0が“1”のとき保持，“0”のとき反転になります．したがって，Q_2も$\overline{Q_0}$と$\overline{Q_1}$がともに“1”で反転し，結果は図（b）のようにダウンカ

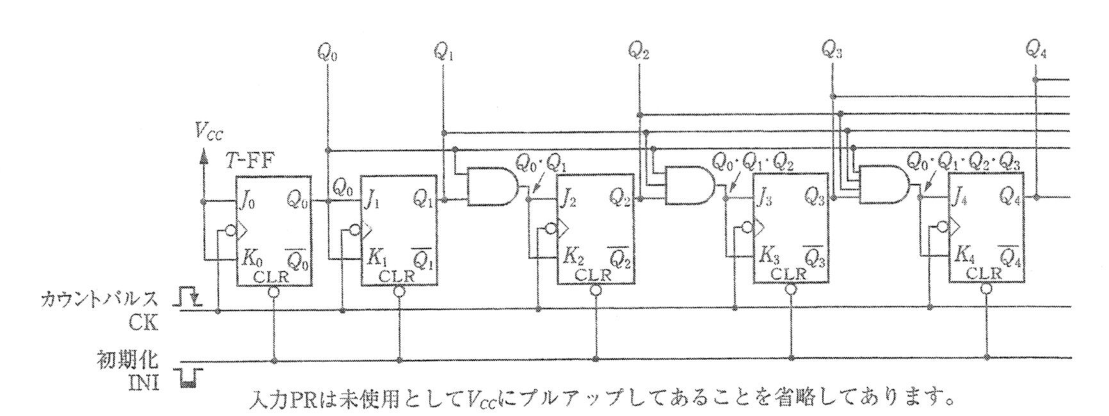

(a) 多入力ANDゲート構成

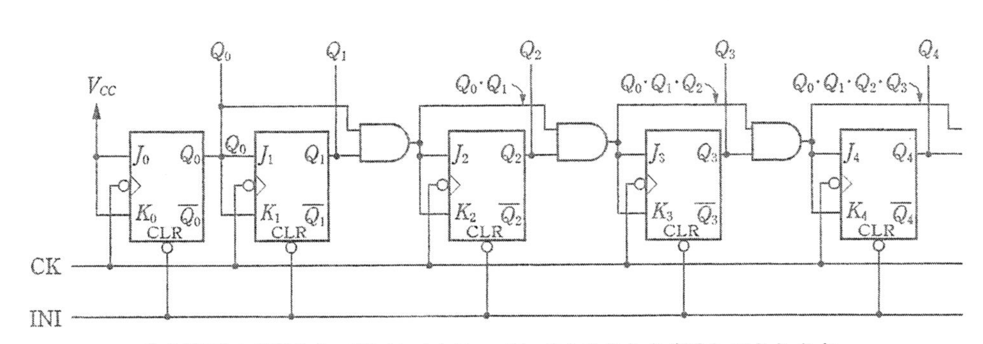

(b) 2入力ANDゲート構成

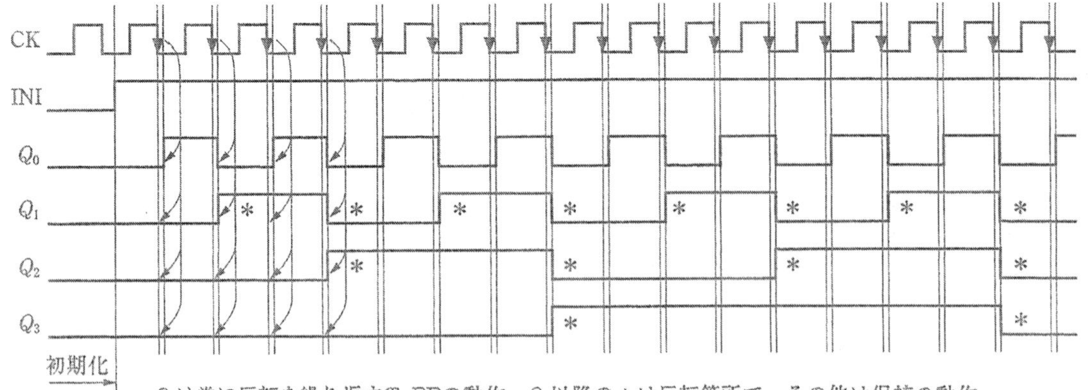

(c) タイミングチャート

図10・16 JK-FF構成2^n進アップカウンタ

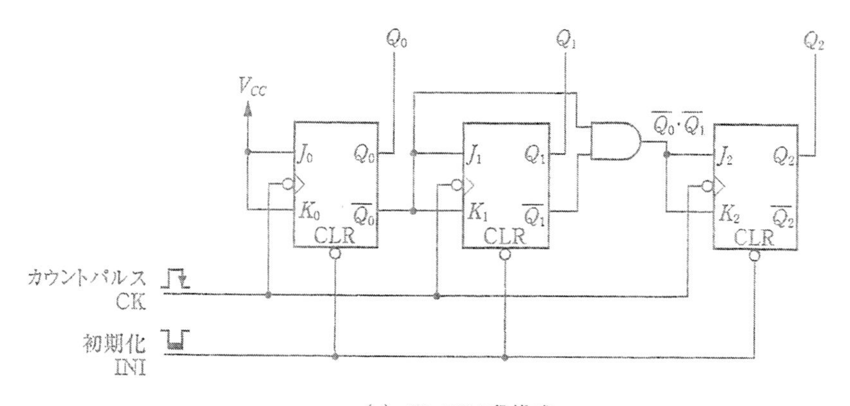

(a) *JK*-FF 3段構成

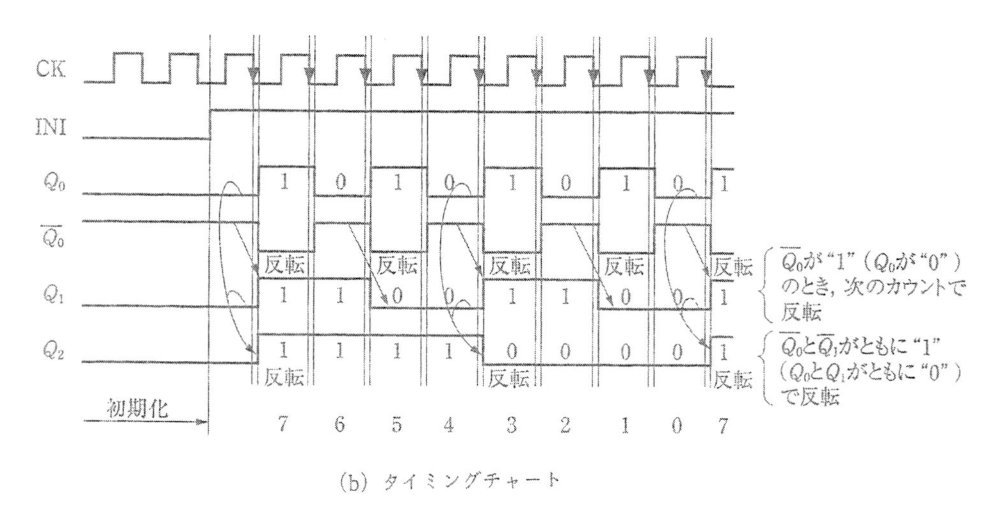

(b) タイミングチャート

図10・17 *JK*-FF 構成同期式8進ダウンカウンタ

ウンタになります．

次に，反転と保持という機能のない**D-FF の構成法**について解説します．D-FF は入力 D の値をトリガパルスにより取り込んですぐ Q に出力します．したがって，次のカウントパルスが与えられる前に，なるべき値が入力 D にセットされている回路になっていればよいのです．バイナリカウンタでは次のカウント時は FF の各出力がどうあるべきかはわかっています．例えば FF 3段構成の8進アップカウンタでは，カウント3では初段の Q_0 から Q_2 の出力は $Q_0=1$，$Q_1=1$，$Q_2=0$ で，このとき各 FF の入力が $D_0=0$，$D_1=0$，$D_2=1$ にセットされていれば，次のカウントパルスでは $Q_0=0$，$Q_1=0$，$Q_2=1$，つまりカウント4の出力状態になります．このように，現在のカウント状態から次のカウント状態になるべき値が現在の状態のときに各 FF の入力 D にセットされているように回路を構成します．

現在のカウント状態（Q_n）と次のカウント状態（Q_{n+1}）の状態遷移表を**表 10・2** に示します．カウント Q_n のとき Q_{n+1} の状態に各入力 D がセットされていなければなりません．

つまり，Q_n の状態のときに D_0 が Q_{n+1} の Q_0, D_1 が Q_{n+1} の Q_1，そして D_2 が Q_{n+1} の Q_2 の状態にセットされているように各 D の論理式を導きます．

表 10•2　8進アップカウンタの状態遷移表

カウント	現在の状態(Q_n)			次の状態(Q_{n+1})			
	Q_0	Q_1	Q_2	Q_0	Q_1	Q_2	
0	0	0	0	1	0	0	0の次は1
1	1	0	0	0	1	0	1の次は2
2	0	1	0	1	1	0	2の次は3
3	1	1	0	0	0	1	3の次は4
4	0	0	1	1	0	1	4の次は5
5	1	0	1	0	1	1	5の次は6
6	0	1	1	1	1	1	6の次は7
7	1	1	1	0	0	0	7の次は0

D_0　D_1　D_2

表 10•2 から，カウント状態 Q_n に対して D_0 ～ D_2 の論理式を導きます．D_0 が "1" になるのはカウント 0, 2, 4, 6 の4箇所で，D_0 の論理式は

$$D_0 = \overline{Q_0}\cdot\overline{Q_1}\cdot\overline{Q_2} + \overline{Q_0}\cdot Q_1\cdot\overline{Q_2} + \overline{Q_0}\cdot\overline{Q_1}\cdot Q_2 + \overline{Q_0}\cdot Q_1\cdot Q_2$$

ですが，**図 10•18** のように D_1, D_2 に対してもカルノー図で論理圧縮します．

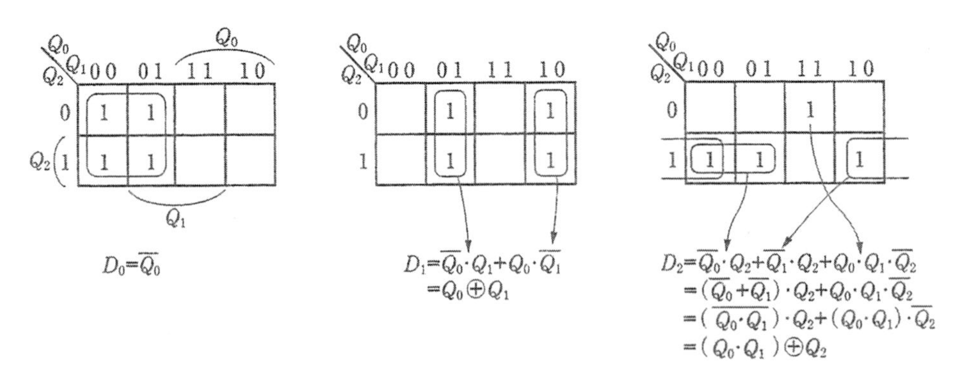

図 10•18　カルノー図による論理圧縮

A と B の排他的論理和（XOR）は $A \oplus B$ で表し $\overline{A}\cdot B + A\cdot\overline{B}$ の論理式であることを第2章 **2•7** 節で解説しました．D_1 は Q_0 と Q_1 の XOR であり，D_2 は $\overline{A\cdot B} = \overline{A} + \overline{B}$ というド・モルガンの定理（第 **3** 章参照）から，前2段の出力 Q_0 と Q_1 の AND の結果と Q_2 との排他的論理和であることが示されています．このことから4段目以降も前段の全出力の AND の

結果と自出力の排他的論理和が D に入力される構成になることがわかります．

D-FF 構成同期式 2^n 進アップカウンタを**図 10·19** に示します．

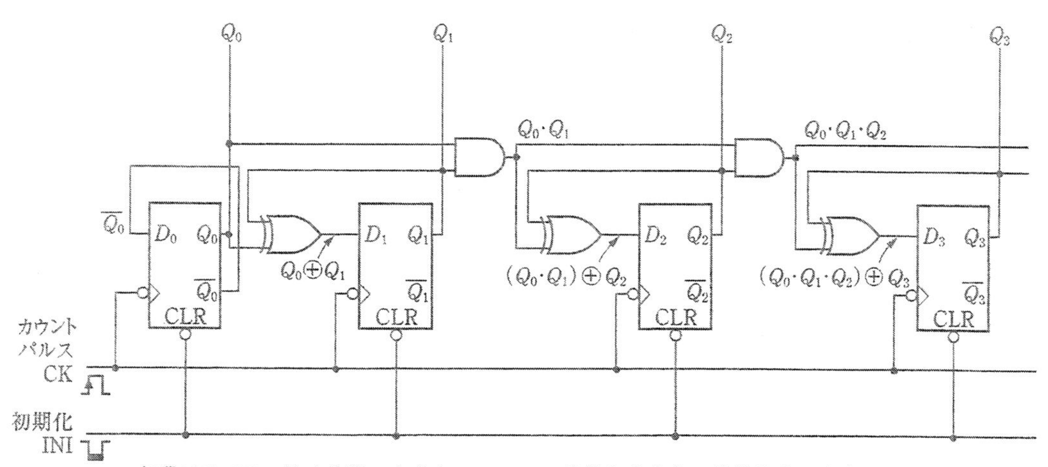

図 10·19　D-FF 構成同期式 2^n 進アップカウンタ（AND ゲート構成）

ところで，A と B の排他的論理和も $\overline{A}$ と $\overline{B}$ の排他的論理和も以下に示すように，同じ結果になります．

$$A \oplus B = \overline{A} \cdot B + A \cdot \overline{B}$$

で A を $\overline{A}$，B を $\overline{B}$ に置き換えると

$$\overline{A} \oplus \overline{B} = \overline{\overline{A}} \cdot \overline{B} + \overline{A} \cdot \overline{\overline{B}} = A \cdot \overline{B} + \overline{A} \cdot B = A \oplus B$$

図 10·18 で導出した D_1 と D_2 は次式でも表すことができます．

$$D_1 = Q_0 \oplus Q_1 = \overline{Q_0} \oplus \overline{Q_1}$$

$$D_2 = (Q_0 \cdot Q_1) \oplus Q_2 = (\overline{Q_0 \cdot Q_1}) \oplus \overline{Q_2} = (\overline{Q_0} + \overline{Q_1}) \oplus \overline{Q_2}$$

したがって，図 10·19 は**図 10·20** でも表せます．AND 構成か OR 構成かのほかに，出力

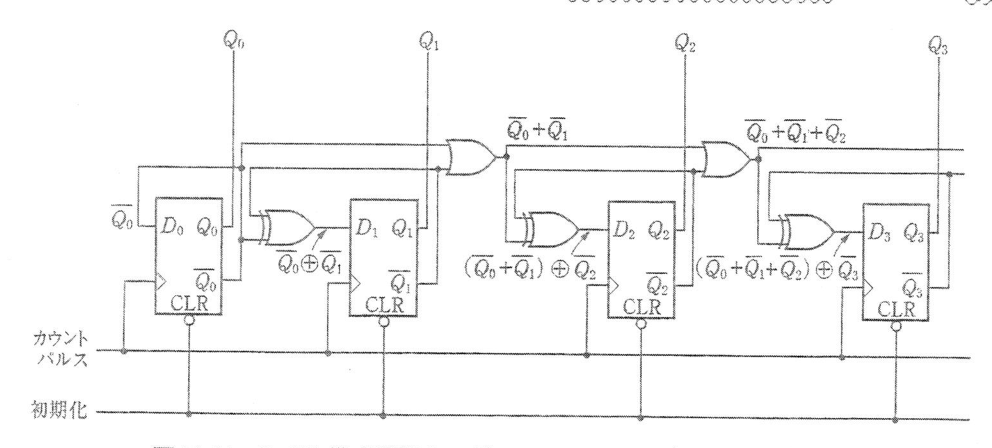

図 10·20　D-FF 構成同期式 2^n 進アップカウンタ（OR ゲート構成）

Qまたは$\overline{Q}$の負荷状態で使い分けたらよいでしょう.

D-FF 構成のダウンカウンタは例えば表10•2の状態遷移表をカウント7〜0にして，同様に入力Dの論理式を導くことによって実現できます.

4 同期式N進カウンタの設計法

非同期式N進カウンタの設計法の強制リセット法は最も簡単な設計法ですが，クロック（カウント）パルスに対して非同期にリセットをかけるためグリッチ（ハザード）が必ず発生するという欠点がありました（非同期式N進カウンタの設計法にもグリッチの生じない修正法があります）. 非同期式の持つ遅延やグリッチの発生などの問題を解決する構成法として同期式が採られます. そのため，非同期プリセットやクリア機能を用いない方法を解説します. それはD-FF の同期式カウンタの基本構成2^n進で説明したように，現在のカウント状態をQ_nとしたとき，次のカウント状態Q_{n+1}になるようにFFの入力を操作するものです. 基本回路同様，JK-FF とD-FF ではその構成法が異なります. まずJK-FF 構成から説明します.

(1) JK-FF 構成

現在のカウント状態の出力Q_nが次のカウント状態Q_{n+1}でなりえる現象には4通りあります. 例えば$Q_n=0$で$Q_{n+1}=0$，つまり，次のカウントパルスが与えられても出力は"0"のまま変化しない場合です. これはそのFFの入力が$J=0$，$K=0$でホールド状態であったか，$J=0$，$K=1$のリセット状態であったときには"0"をホールド，またはとにかく出力Qを"0"にするように動作します. したがって

$Q_n=0$で$Q_{n+1}=0$では

$J=0$，$K=0$（ホールド）
$J=0$，$K=1$（リセット）} $J=0$，$K=0$または1

$Q_n=0$で$Q_{n+1}=1$ではQ_nの"0"を反転かセット状態なので同様に

$J=1$，$K=1$（トグル）
$J=1$，$K=0$（セット）} $J=1$，$K=0$または1

$Q_n=1$で$Q_{n+1}=0$ではQ_nの"1"を反転かリセット状態なので

$J=1$，$K=1$（トグル）
$J=0$，$K=1$（リセット）} $J=0$または1，$K=1$

$Q_n=1$で$Q_{n+1}=1$ではQ_nの"1"を保持かセット状態なので

$J=0$，$K=0$（ホールド）
$J=1$，$K=0$（セット）} $J=0$または1，$K=0$

以上の結果を表10•3にまとめます.

表10・3　入力 J と K の操作

現在の状態	次の状態	現在のときの入力状態	
Q_n	Q_{n+1}	J	K
0	0	0	−
0	1	1	−
1	0	−	1
1	1	−	0

"−"は"0"または"1"の don't care（"0"でも"1"でもよい）を意味します。

それでは，同期式**6進アップカウンタ**をこの方法で設計してみましょう．まず状態遷移表を作成します．6進アップカウンタということは6が2進数で"110"と3ビットであるので，FF 3段構成になり，カウント動作は0～5までカウントし，カウント5の次は0になります（表10・4）．

表10・4　6進アップカウンタの状態遷移表

カウント	現在の状態（Q_n）	次の状態（Q_{n+1}）	Q_n のときの J と K の状態		
	Q_0　Q_1　Q_2	Q_0　Q_1　Q_2	J_0　K_0	J_1　K_1	J_2　K_2
0	0　0　0	1　0　0	1　−	0　−	0　−
1	1　0　0	0　1　0	−　1	1　−	0　−
2	0　1　0	1　1　0	1　−	−　0	0　−
3	1　1　0	0　0　1	−　1	−　1	1　−
4	0　0　1	1　0　1	1　−	0　−	−　0
5	1　0　1	0　0　0	−　1	0　−	−　1

5の次は0

例えば，初段の Q_0 はカウント0で"0"（Q_n のとき）が次のカウントで"1"（Q_{n+1} のとき）になります．したがって，Q_n のときは $J_0=1$, $K_0=-$ です．このとき，2段目の出力 Q_1 は"0"から"0"への遷移なので $J_1=0$, $K_1=-$ であり，最終段の Q_2 も"0"から"0"への遷移なので $J_2=0$, $K_2=-$ になります．このようにカウント5まで各FFの入力 J と K の状態を表10・3を参考に求めたのが表10・4です．

次に，Q_n に対する J と K の論理式を導きます．3変数なので8個のます目を用いたカルノー図により J_0 と K_0 の論理式を導出する方法を図10・21に示します．この場合，カウント6と7は6進カウンタには含まれないので don't care として扱います．図からすべてのますがひとつのループになるので，すべてが"1"とみることができます．したがって，$J_0=1$, $K_0=1$ であり，初段のFFは T-FFを意味しています．

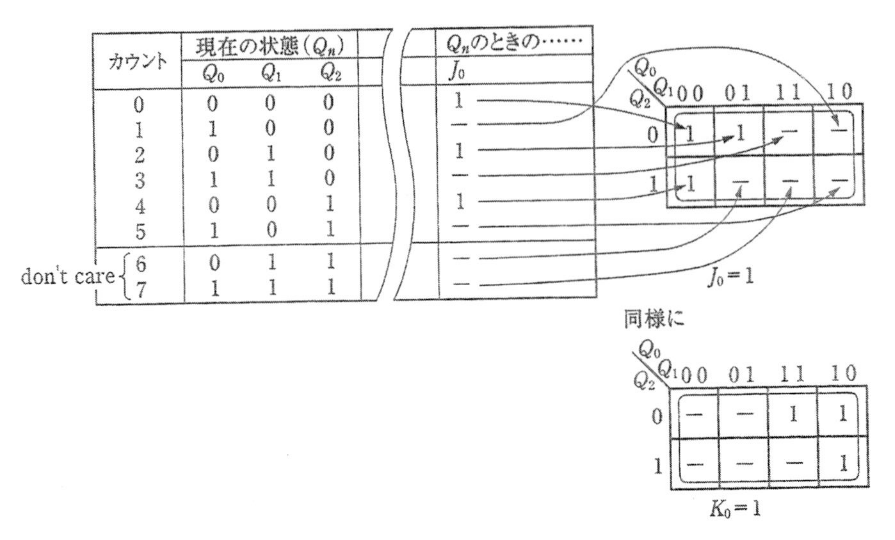

図10・21　J_0とK_0の論理式の導出

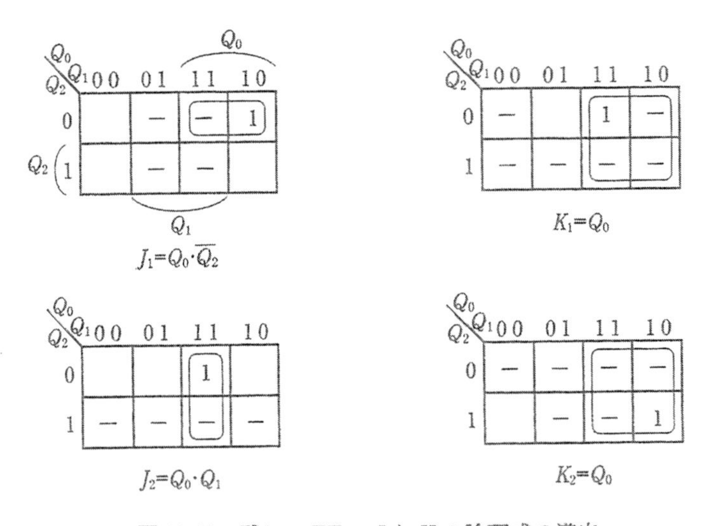

図10・22　残りのFFのJとKの論理式の導出

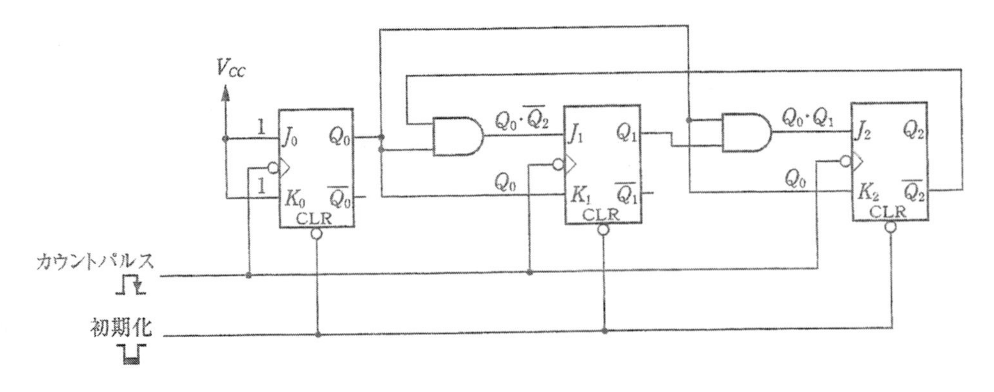

図10・23　同期式JK-FF構成6進アップカウンタ

Q_1 と Q_2 に対しても同様にカルノー図により，それぞれの J と K を求めます（**図 10・22**）．

以上のようにして得られた論理式を回路化したのが**図 10・23**です．

次に，**6 進ダウンカウンタ**を同様に設計してみます．カウント動作は 5，4，3，2，1，0，5，4，…… です．アップカウンタの設計と同様に，状態遷移表からカルノー図を用いて各 FF の J と K の論理式を導き，回路化すると**図 10・24** のようになります．

カウント	現在の状態(Q_n)			次の状態(Q_{n+1})			Q_nのときのJとKの状態					
	Q_0	Q_1	Q_2	Q_0	Q_1	Q_2	J_0	K_0	J_1	K_1	J_2	K_2
5	1	0	1	0	0	1	—	1	0	—	—	0
4	0	0	1	1	1	0	1	—	1	—	—	1
3	1	1	0	0	1	0	—	1	—	0	0	—
2	0	1	0	1	0	0	1	—	—	1	0	—
1	1	0	0	0	0	0	—	1	0	—	0	—
0	0	0	0	1	0	1	1	—	0	—	1	—

(a) 状態遷移表

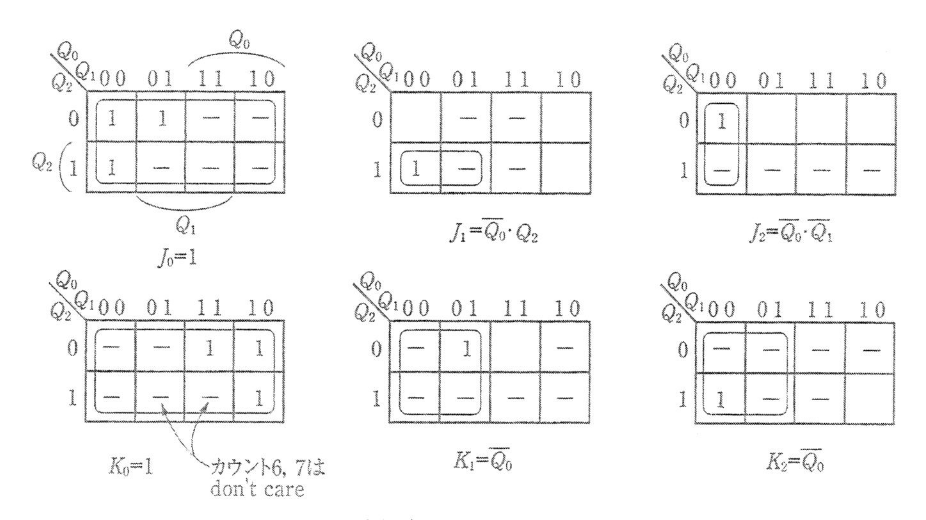

(b) 各J, Kの論理式の導出

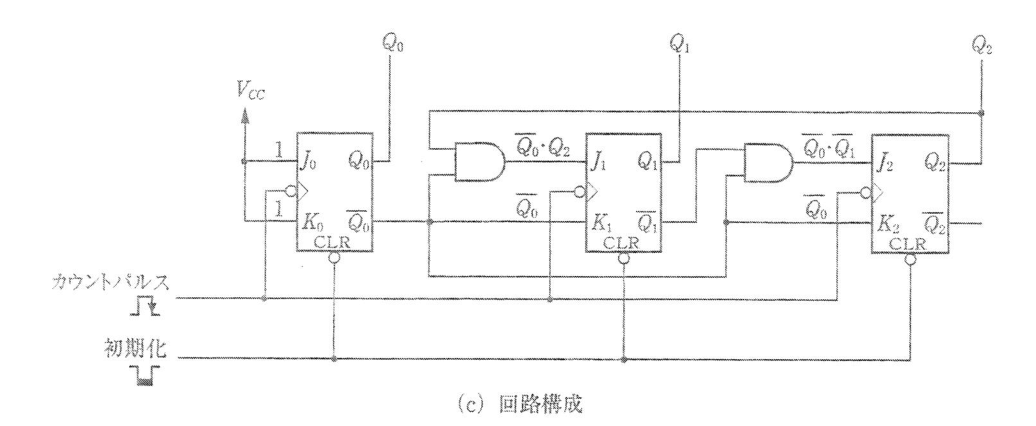

(c) 回路構成

図 10・24　同期式 JK-FF 構成 6 進ダウンカウンタ

(2) D-FF構成

同期式カウンタの基本回路（10•4③項）を表10•2と図10•18で構成する手順を解説しました．N進カウンタもまったく同じです．

表10•4の6進アップカウンタの遷移表からD-FF構成のカウンタを設計してみます．カウントQ_nのとき各FFの入力DがQ_{n+1}の状態になっていればよいので，Q_{n+1}のQ_0～Q_2がD_0～D_2として，Q_n時のQ_0～Q_2の条件で**図10•25**のように論理式を導きます．カウント6と7は同様にdon't careになります．

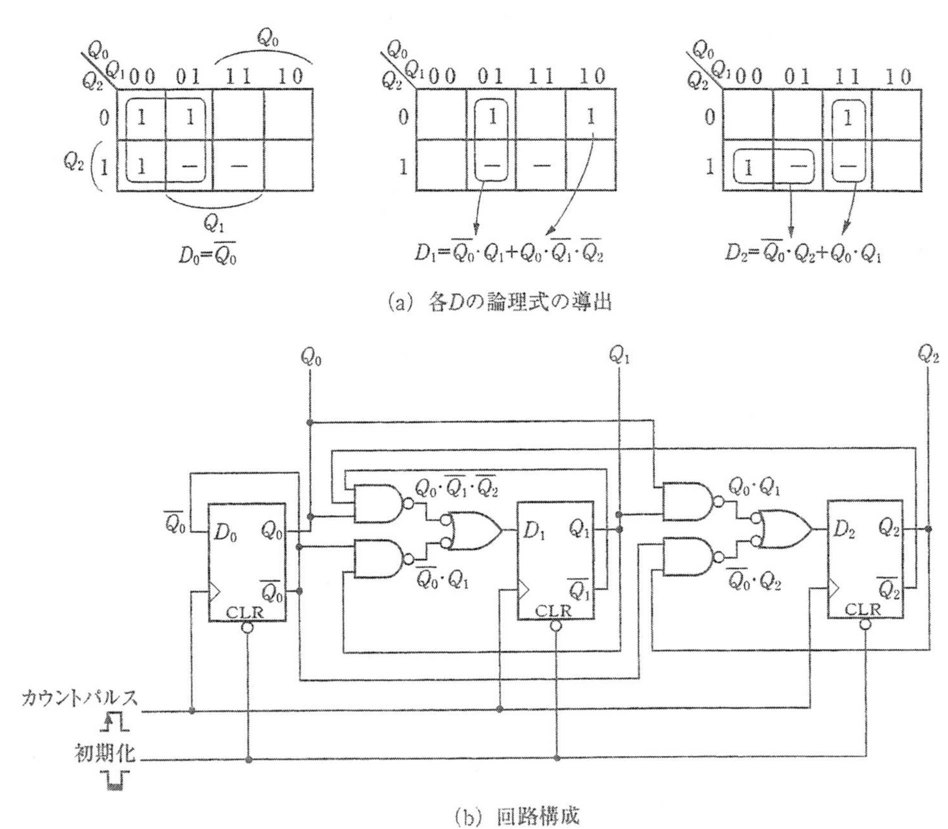

(a) 各Dの論理式の導出

(b) 回路構成

図10•25 同期式D-FF構成6進アップカウンタ

同様に，6進ダウンカウンタの状態遷移は図10•24（a）なので，各入力Dの論理式の導出と回路は**図10•26**になります．

同期式カウンタの設計にはほかにもいろいろな手法があります．本書は入門書であるため基本的な設計法だけの解説としました．他の専門書等で研究して，いろいろな設計法を考察してみることを勧めます．

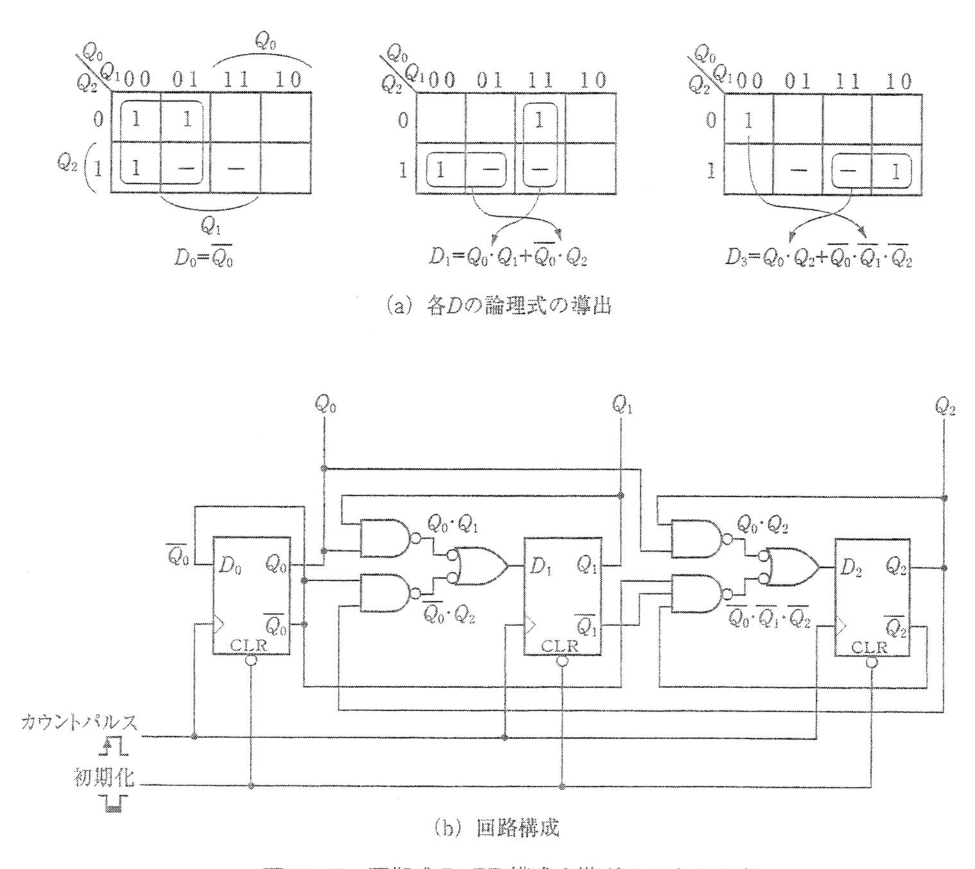

図10・26 同期式D-FF構成6進ダウンカウンタ

10・5 バイナリカウンタ用IC

本章ではフリップフロップとゲートを用いてカウンタの設計法を解説してきました．このようなSSI（小規模IC）の組合せによる実装の他に，MSI（中規模IC）でいろいろなバイナリカウンタ用ICが市販されています．このようなMSIを用いればFFとゲートICで回路を組むよりはコンパクトで信頼性の高いカウンタが得られます．非同期式と同期式バイナリカウンタをそれぞれ紹介します．

1 非同期式カウンタIC

(1) SN 7490

10進カウンタのSN 7490の概要を**図10・27**に示します．SN 7490は2×5進カウンタ(BCD)と表記され，図(d)に示すように，2進1けたのカウンタと5進カウンタがひとつのパッケージに集積されています．初期化用としてカウント0にリセットする$R_0(1)$，R_0

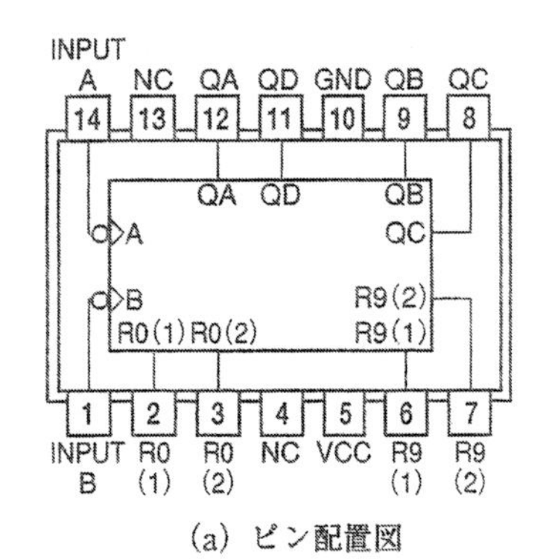

(a) ピン配置図

カウント	出力			
	Q_D	Q_C	Q_B	Q_A
0	0	0	0	0
1	0	0	0	1
2	0	0	1	0
3	0	0	1	1
4	0	1	0	0
5	0	1	0	1
6	0	1	1	0
7	0	1	1	1
8	1	0	0	0
9	1	0	0	1

(b) 真理値表（2×5進）

リセット入力				出力			
$R_0(1)$	$R_0(2)$	$R_9(1)$	$R_9(2)$	Q_D	Q_C	Q_B	Q_A
1	1	0	×	0	0	0	0
1	1	×	0	0	0	0	0
×	×	1	1	1	0	0	1
×	0	×	0	C	O	U	N T
0	×	0	×	C	O	U	N T
0	×	×	0	C	O	U	N T
×	0	0	×	C	O	U	N T

(c) リセットとセットの動作

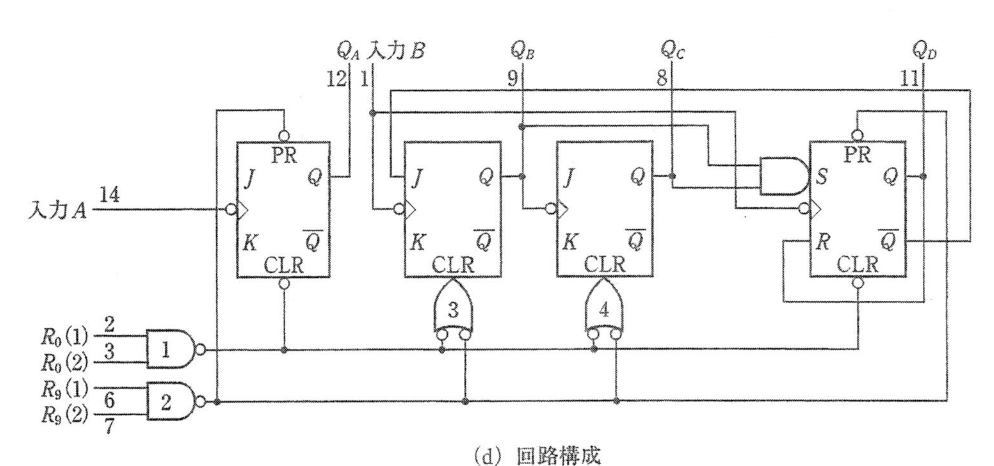

(d) 回路構成

図10・27　SN 7490 の概要

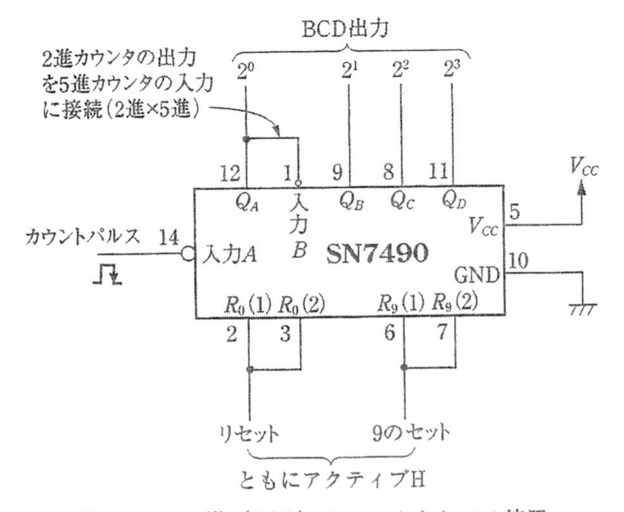

図10・28　10進（BCD）カウンタとしての使用

(2) と BCD の 9 にセットする $R_9(1)$，$R_9(2)$ が用意されており，ともに“1”の入力でそれらの機能が働きます．

次のように 4 つのモードで使用できます．

① **10進（BCD）カウンタ**　　2進カウンタの出力Q_Aを5進カウンタのカウント入力Bに接続し，カウントパルスはカウント入力Aに与えます（図10・28）．リセット用のR_0(1)とR_0(2)に"1"を与えるとNAND1ゲートの出力が"0"になるために初段と最終段のFFはクリア（CLR）が働き，Q_AとQ_Dが"0"になります．ゲート3と4はど

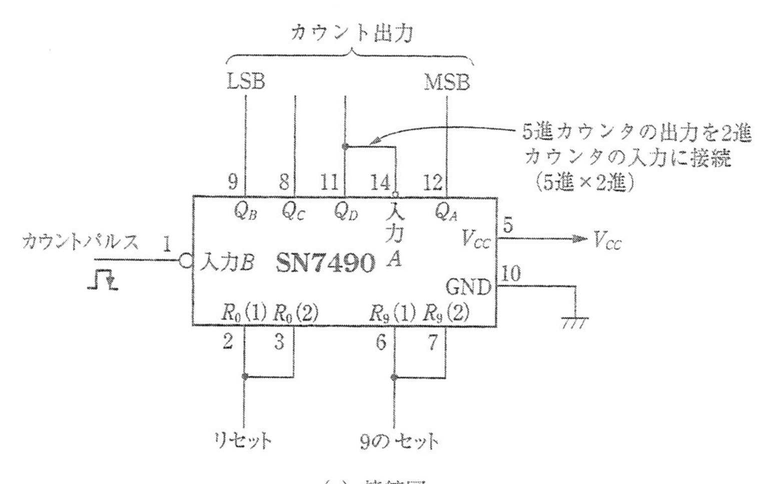

(a) 接続図

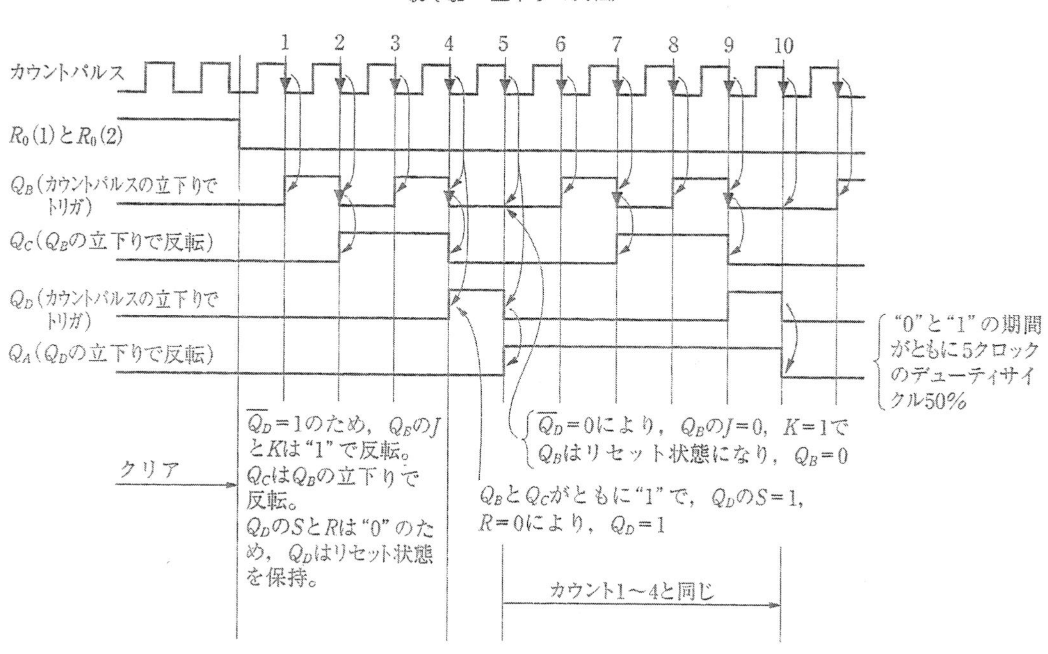

〔注〕動作遅延を考慮していない図です。
R_9(1)とR_9(2)には"0"が与えられ，9のセット機能は働いていない状態です。

(b) タイミングチャート

図10・29　デューティサイクル50%の出力（10進カウンタ）

ちらかの“0”でCLRが働くことを意味しているので，このときQ_BとQ_CもCLRが働きます．したがって，Q_A～Q_Dはすべて“0”にリセットされることになります．

R_9(1)とR_9(2)の入力に“1”を与えると初段と最終段のFFはプリセット(PR)が働き，2段と3段目のFFにはゲート3と4にアクティブな“0”が与えられるため

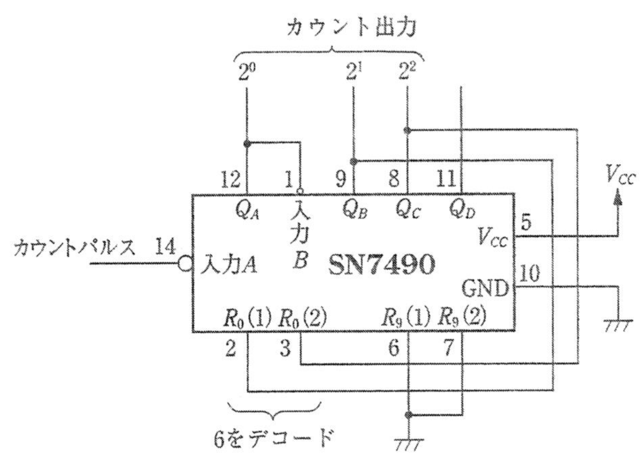

図10・30 SN 7490を6進カウンタとして使用

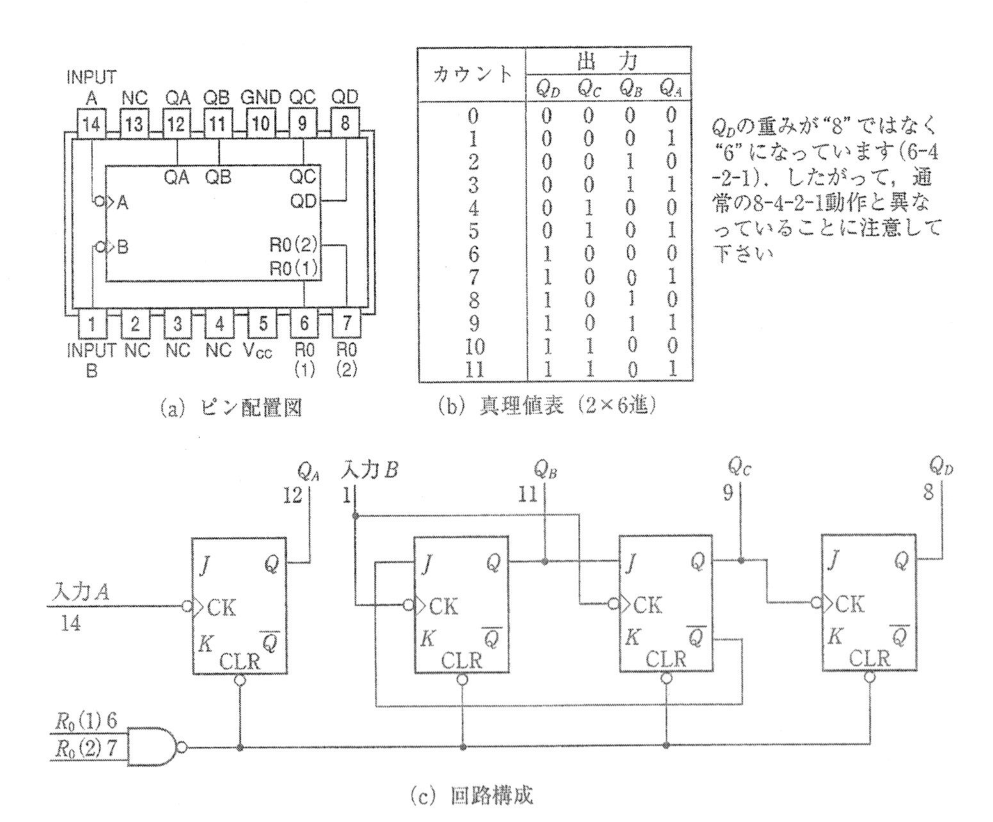

(a) ピン配置図

カウント	出力			
	Q_D	Q_C	Q_B	Q_A
0	0	0	0	0
1	0	0	0	1
2	0	0	1	0
3	0	0	1	1
4	0	1	0	0
5	0	1	0	1
6	1	0	0	0
7	1	0	0	1
8	1	0	1	0
9	1	0	1	1
10	1	1	0	0
11	1	1	0	1

(b) 真理値表(2×6進)

(c) 回路構成

図10・31 SN 7492の概要

CLRが働きます．その結果，$Q_A \sim Q_D$は“1001”，つまりカウント9にセットされることになります．以上のようなリセットや9のセットの初期化の後，R_0とR_9の入力を“0”にしてNAND 1ゲートと2の出力を“1”にし，PRとCLRを解除してカウントパルスを与えれば図10･27（b）の真理値表に示したBCDカウンタとして動作します．

② **デューティサイクル50％の出力波形の10進カウンタ**　ディジタルシステム内基準クロックやシンセサイザなどの応用回路では“1”と“0”の期間が同じであるデューティサイクル（duty cycle）50％の波形が必要とされる場合があります．このようなときには①のカウンタ構成とは逆に，5進カウンタの出力を2進カウンタに，つまり5×2進カウンタ構成とすることにより，最終段のQ_Aの出力からデューティサイクル50％の10進波形を取り出すことができます（**図10･29**）．しかし，図（b）のタイミングチャートで示すように，カウント数は2進数とは異なります．

③ **2進および5進カウンタとしての使用**　2進カウンタに対しては，カウント入力A

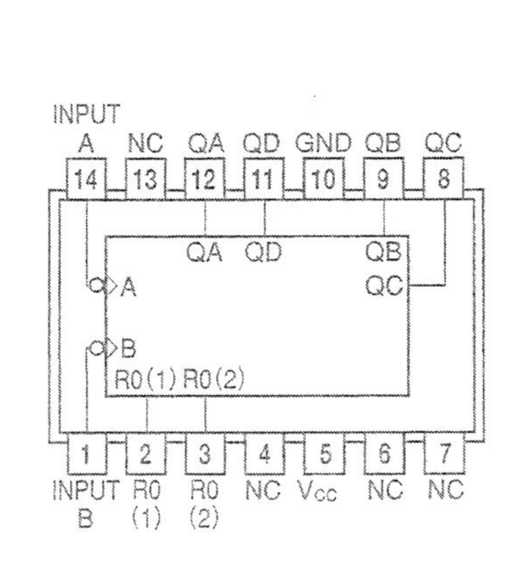

（a）ピン配置図

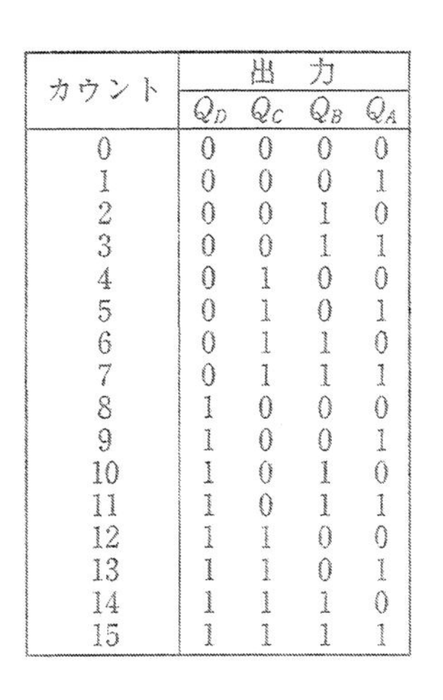

カウント	出力			
	Q_D	Q_C	Q_B	Q_A
0	0	0	0	0
1	0	0	0	1
2	0	0	1	0
3	0	0	1	1
4	0	1	0	0
5	0	1	0	1
6	0	1	1	0
7	0	1	1	1
8	1	0	0	0
9	1	0	0	1
10	1	0	1	0
11	1	0	1	1
12	1	1	0	0
13	1	1	0	1
14	1	1	1	0
15	1	1	1	1

（b）真理値表（2×8進）

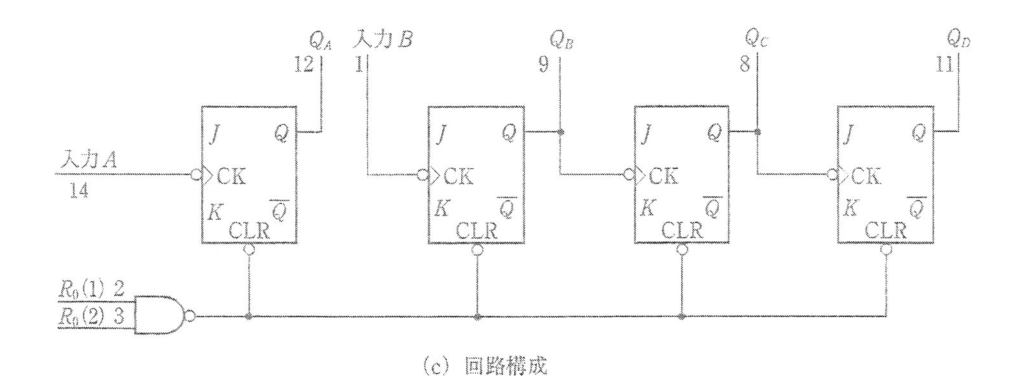

（c）回路構成

図10･32　SN 7493の概要

にカウントパルスを与えれば，その出力はQ_Aから得られます．5進カウンタに対してはカウントパルスを入力Bに与え，カウント出力はQ_B，Q_C，Q_Dから得ます．両カウンタは独立して動作しますがリセットは共通です．

④　**10進以下のカウンタとして使う場合**　　2進，5進，10進カウンタとして使うことのできるSN 7490はリセット用の入力R_0(1)とR_0(2)をデコード用に用いて，強制リセット法により9進以下のカウンタにすることができます．①のBCDカウンタからQ_BとQ_CをR_0(1)とR_0(2)に接続すれば$2^1+2^2=6$の6をデコードしたことになり，6進カウンタになります（**図10•30**）．

同様なカウンタにSN 7492とSN 7493があります．それぞれ2×6進＝12進カウンタ，2×8進＝16進カウンタで，その概要を**図10•31**と**図10•32**に示します．SN 7490とほとんど同じような使い方ができます．

2　同期式カウンタIC

16ピンのパッケージ（DIP）に集積され，同じピン配置でいずれも同期プリセット機能を持ったSN 74160～SN 74163について解説します（**図10•33**）．

SYNCHRONOUS 4-BIT COUNTERS

160　DECADE, DIRECT CLEAR

161　BINARY, DIRECT CLEAR

162　DECADE, SYNCHRONOUS CLEAR

163　BINARY, SYNCHRONOUS CLEAR

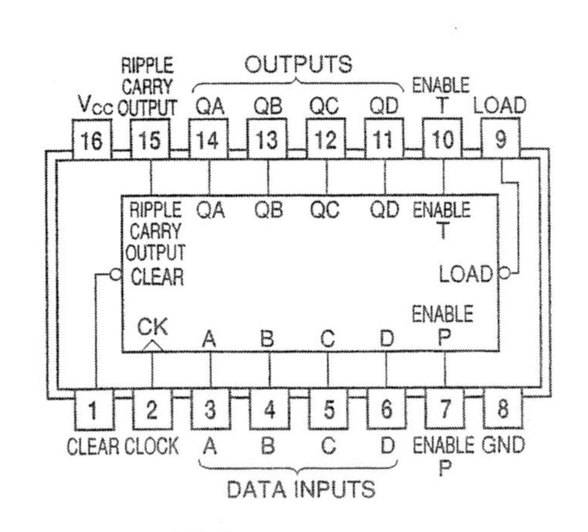

図10•33　SN 74160～SN 74163のピン配置図

同期プリセットはプリセットしたいデータをデータ入力（DATA INPUTS）A～Dにセットし，ロード（LOAD）入力に“0”を与えると，カウント回路がプリセットデータ入力側に切り換わり，次のクロックの立上りでプリセットデータが取り込まれてQ_A～Q_Dに出力されます．イネーブル（ENABLE）TとPはカウント動作を制御する入力で“1”を与えるとカウント動作が可能になります．カウントアップ時に“1”を出力するけた上げ信号出力RIPPLE CARRY OUTPUTを後段のカウントイネーブル入力TまたはPに接続することにより，多段接続による拡張した使用ができるように作られています．同期式カウンタであるため，非同期式にみられるグリッチの発生を抑えることができます．

SN 74160 は 10 進カウンタで **SN 74161** は 4 ビットのバイナリカウンタ（16 進カウンタ）ですが，クリア機能は非同期式で，入力クリア（CLEAR）に“0”を与えると全出力はクロック（カウント）パルスに無関係に“0”になります．このような非同期式クリアではグリッチの発生がしばしば問題になります．しかし，同期プリセット機能を使って“0”をプリセットすればグリッチを生じることはありません．

このようにしてグリッチの発生しない N 進カウンタを実現できます．16 進カウンタの SN 74161 を 13 進カウンタとして使う構成法を**図 10·34** に示します．カウント 12 を NAND

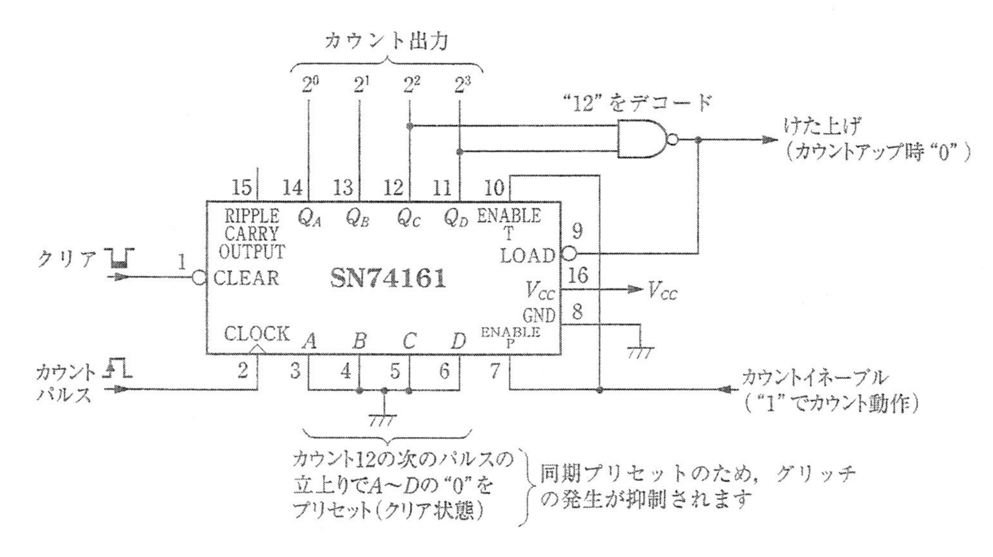

図 10·34 SN 74161 を 13 進カウンタとして使用する構成

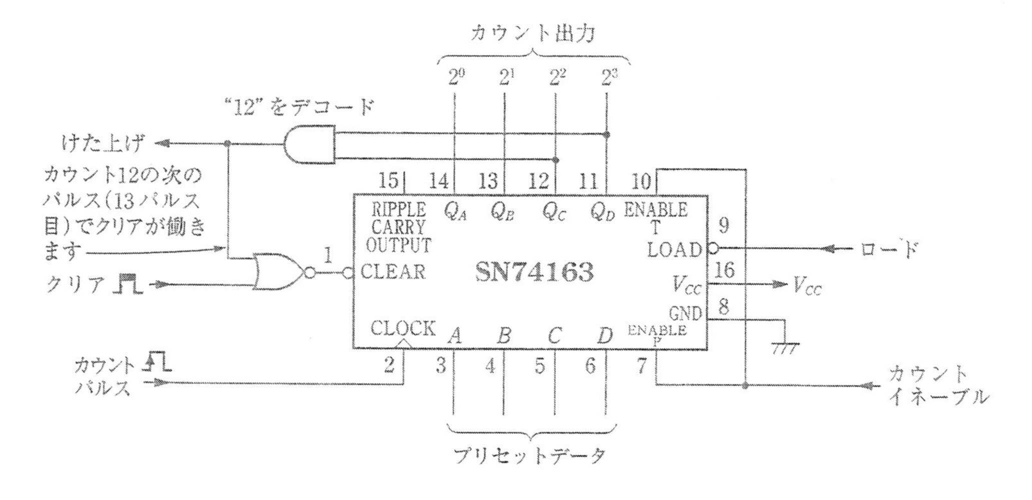

図 10·35 SN 74163 を 13 進カウンタとして使用する構成

ゲートでデコードすると入力ロードに“0”が与えられ，A～Dのプリセットデータ0が次のカウントパルス，つまり13パルス目の立上りで取り込まれて，全カウント出力Q_A～Q_Dを“0”にします．非同期入力CLEARは初期化時や，またカウントイネーブルTとPはそれぞれ必要に応じて使用します．

SN 74162は10進カウンタで**SN 74163**は4ビットのバイナリ（16進）カウンタです．クリア機能も同期式の完全同期式カウンタです．したがって，クリア（CLEAR）入力に“0”を与えた場合，次のカウントパルスの立上りで全カウント出力がリセットされます．SN 74163を13進として使用する構成法を**図10・35**に示します．図では外部からもクリア可能にするためにNORゲートを挿入してあります．

同期式カウンタにはほかにもアップダウンカウンタとして以下のMSIが市販されています．カウント動作を制御するイネーブル機能付きで，カウントの方向（UP / DOWN）を指定できます（動作中に切換えも可）．いずれも16ピンDIPに集積化されており，プリセット機能付きですが，非同期プリセットです．

SN 74190……10進（BCD）カウンタ
SN 74191……4ビットバイナリ（16進）カウンタ
} クリア機能なし

SN 74192……10進（BCD）カウンタ
SN 74193……4ビットバイナリ（16進）カウンタ
} 非同期クリア機能あり

第10章 演習問題

1. 5進リングカウンタで初期化を“01111”にし，ただひとつの“0”が巡回する回路をD-FFで構成しなさい．

2. 8進ジョンソンカウンタをJK-FFで構成しなさい．ただし，カウントパルスの立上りで動作するようにすること．

3. FF n段構成で$2n-1$進ジョンソンカウンタを構成するN進ジョンソンカウンタの構成法を図10•36に示します．図はFF 4段構成なので7進になります．カウント動作を考察しなさい．

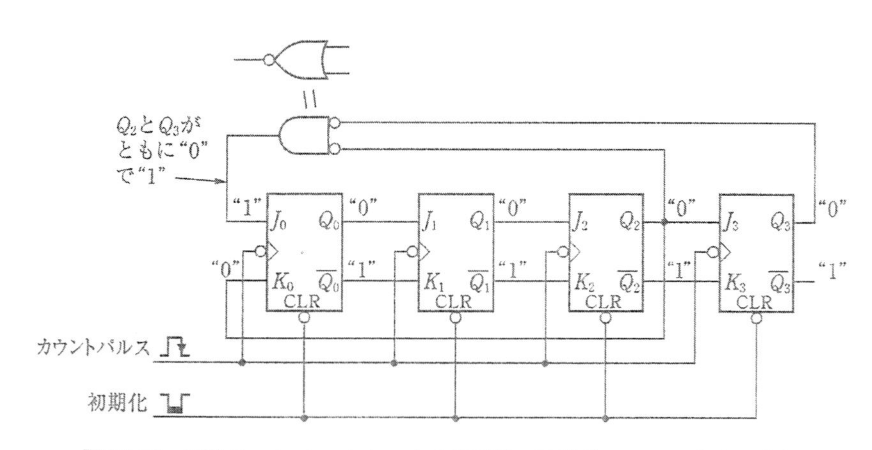

図10•36 N進ジョンソンカウンタの構成法（7進ジョンソンカウンタ）

4. カウントパルスの立上りで動作する非同期式8進アップカウンタを構成しなさい．

5. 非同期式9進アップカウンタをD-FF構成で，非同期式14進アップカウンタをJK-FF構成でそれぞれ回路設計しなさい．グリッチの発生する出力も示しなさい．

6. 同期式8進ダウンカウンタをD-FF構成で回路設計しなさい．

7. 同期式5進アップカウンタをJK-FF構成およびD-FF構成で設計しなさい．

8. 非同期式カウンタ用IC，SN 7490（図10•27）で，リセット用入力$R_0(1)$と$R_0(2)$および9にセット用入力$R_9(1)$，$R_9(2)$の4入力に“1”を与えた場合，どうなるか考察しな

さい.

9. 非同期式カウンタ用 IC, SN 7492（図 10•31）で，7 進カウンタを構成しなさい.

10. 非同期式カウンタ用 IC, SN 7493（図 10•32）で，11 進カウンタを構成しなさい.

11. 同期式カウンタ用 IC, SN 74160～163（図 10•33）はいずれもカスケード接続による拡張した使用ができるように作られています. **図 10•37** のように SN 74162 を 3 個カスケード接続して，1 MHz のカウントパルスを与えた場合，最終段の出力からは何 Hz の波形が得られるか考察しなさい.

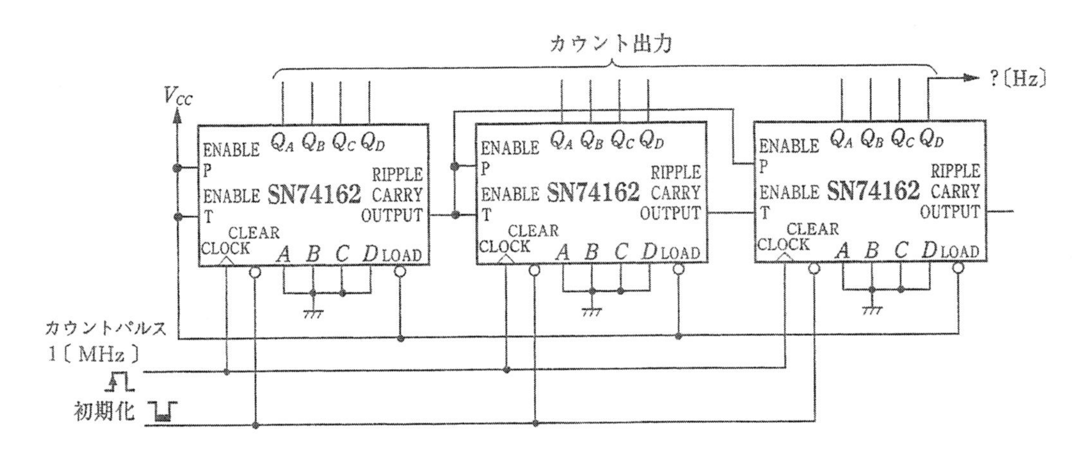

図 10•37 SN 74162 の 3 段接続

参考文献

1) 河崎隆一，安藤隆夫，清水秀紀著：「ディジタル回路入門」，コロナ社（1990）

2) 石坂陽之助著：「ディジタル回路基本演習」，工学図書（1977）

3) 飯高成男，椎名晴夫，田口英雄著：「ディジタル回路の計算」，オーム社（1990）

4) 宮本義博，林　正儀著：「基礎からのディジタルIC」，技術評論社（1985）

5) トーケイム著：「ディジタル回路」，マグロウヒル（1982）

6) 白土義男著：「ディジタルICの基礎」，東京電機大学出版局（1980）

7) 市川真人，立尾正義著：「コンピュータ回路技術入門」，コロナ社（1979）

8) 最新74シリーズIC規格表，'97 THE 74 SERIES IC MANUAL，CQ出版社

9) 最新CMOSデバイス規格表，'97 THE CMOS DEVICE MANUAL，CQ出版

10) TTL Application Manual with Data Book－1981 Edition， TEXAS INSTRUMENTS ELECTRONICS SERIES

11) Kai Hwang著：「コンピュータの高速演算方式」，近代科学社（1980）

演習問題 解答

第１章解答

1. ２進数は１の係数の重みの総和，８と16進数は０以外の係数とその重みとの積の総和で求まります．

(1)　$2^3+2^1+2^0=11$　　(2)　$2^5+2^4+2^2=52$

(3)　11111111 のひとつ上の数は $(100000000)_2=2^8$．したがって，それよりも１少ない数なので $2^8-1=256-1=255$．このようにオール１の場合，全けたの重みの総和から求めるよりも簡単に求まります．

(4)　$5\times8^1+3\times8^0=43$　　(5)　$2\times8^2+4\times8^0=132$

(6)　$7\times8^3+3\times8^2+6\times8^1+1\times8^0=3825$

(7)　$1\times16^1+8\times16^0=24$

(8)　$2\times16^2+15\times16^1+12\times16^0=764$

(9)　$13\times16^3+11\times16^1+10\times16^0=53434$

(10)　$2^2+2^0+2^{-3}=5.125$

(11)　$7\times8^1+2\times8^{-1}=56.25$

(12)　$15\times16^0+12\times16^{-2}=15.046875$

2. 整数部は基数で割った余りがそのけたの係数になり，小数部は逆に基数倍し，整数部へのけた上げが係数になるという操作を繰り返して変換します．８や16での乗除算は暗算では困難になるので，一度２進数に変換後，小数点を基準に３ビットまたは４ビットずつ８進や16進に変換したほうが簡単です．結果の並べ順に注意して下さい．

(1)

```
2) 24    余り                      8) 24    余り   16) 24    余り
2) 12 ……0       (3   0)8          8)  3 ……0       16)  1 ……8
2)  6 ……0  ⇨  (1 1 0 0 0)2           0 ……3             0 ……1
2)  3 ……0       (1   8)16              ⇩                 ⇩
2)  1 ……1                            (30)8             (18)16
    0 ……1
```

(2)

```
2) 263    余り                            8) 263    余り   16) 263    余り
2) 131 ……1                               8)  32 ……7       16)  16 ……7
2)  65 ……1                               8)   4 ……0       16)   1 ……0
2)  32 ……1       (4   0   7)8                 0 ……4              0 ……1
2)  16 ……0  ⇨  (100000111)2                    ⇩                  ⇩
2)   8 ……0       (1  0    7)16              (407)8             (107)
2)   4 ……0
2)   2 ……0
2)   1 ……0
     0 ……1
```

(3)　同様な手法により $(11110011100)_2 = (3634)_8 = (79C)_{16}$

(4)

```
2) 15      余り          0.8125×2 = 1.625
2)  7……1                0.625 ×2 = 1.25
2)  3……1  ⇒(15)10=(1111)2  0.25  ×2 = 0.5
2)  1……1                0.5   ×2 = 1.0
    0……1                      ⇩
                     (0.8125)10 = (0.1101)2
```

整数部と小数部を合わせて $(15.8125)_{10} = (1111.1101)_2$

```
8) 15      余り          0.8125×8 = 6.5
8)  1……7                0.5   ×8 = 4.0
    0……1  ⇒(15)10=(17)8        ⇩
                     (0.8125)10 = (0.64)8
```

したがって，$(15.8125)_{10} = (17.64)_8$

```
16) 15     余り      0.8125×16 = 13.0 (=D)
     0……15 (=F)
```

したがって，$(15.8125)_{10} = (F{\cdot}D)_{16}$

または，2進数に変換後は右に示すように，小数点を基準に3ビットずつ8進に，4ビットずつ16進に変換するほうが簡単です．

```
 (1 7 .  6   4)8
(1 111. 110 100)2
 (F   .  D)16
```

(5)　同様な手法により $(110001.101)_2 = (61.5)_8 = (31.A)_{16}$

(6)　$(0.6)_{10}$ を2進に変換すると右に示すように 0.100110011001……というように1001のパターンの繰返しになります．

したがって，誤差が大きくならない程度のところで打ち切ります．例えば小数点第5位まで表した結果を示します．

```
┌─ 0.6×2 = 1.2
│  0.2×2 = 0.4
同 0.4×2 = 0.8
じ 0.8×2 = 1.6
└→ 0.6×2 = 1.2
```

$$(13.6)_{10} = (1101.10011)_2 = (15.46)_8 = (D.98)_{16}$$

以上の結果は $(13.59375)_{10}$ になり，正確に13.6を表すことはできません．

3. 小数点を合わせて加減算し，2でけた上げ，けた借りは上位けたから2を借りてきます．

(1)

```
      1
    1 0 1  ⇐      5
+) 1 1 0 0 1  ⇐  +) 25
   1 1 1 1 0  ⇐     30
```

(2)

```
   1 1 1 1 1
     1 1 0 1 1  ⇐     27
+)  1 1 1 1 1 1  ⇐  +) 63
  1 0 1 1 0 1 0  ⇐     90
```

(3)

```
  1 1   1
     1 0 1.1 0 1  ⇐     5.625
+)  1 1 0 1.0 1   ⇐  +) 13.25
   1 0 0 1 0.1 1 1  ⇐   18.875
```

(4)

```
   1 1 0 0 1  ⇐     25
-)     1 0 1  ⇐  -)  5
   1 0 1 0 0  ⇐     20
```

(5)

```
   1 0 1 1 0  ⇐     22
−)   1 0 1 1  ⇐  −) 11
     1 0 1 1  ⇐     11
```

(6)

```
   1 0 0 1.1    ⇐     9.5
−)     1 1.0 1  ⇐  −) 3.25
     1 1 0.0 1  ⇐     6.25
```

乗算は乗数の1のけたの部分積が被乗数のものになり，小数を含む場合は，部分積の加算結果を位取りして，積を得ます．

(7)

```
          1 1  ⇐    3
×)    1 1 0 1  ⇐ ×) 13
          1 1        9
        1 1          3
      1 1           39
  1 0 0 1 1 1
```

(8)

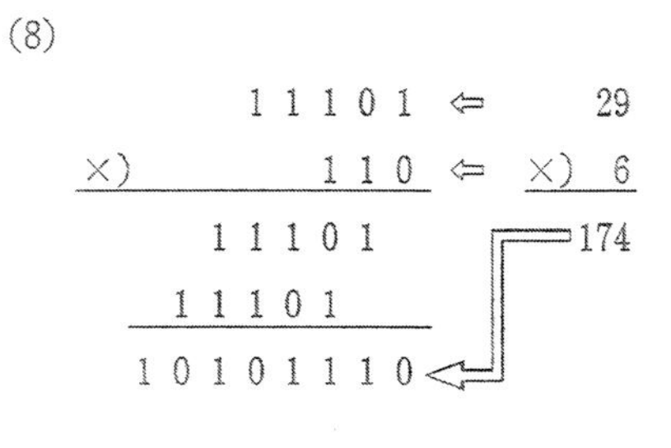

(9)

```
    1 0.1  ⇐      2.5
×)  0.1 1  ⇐  ×) 0.7 5
    1 0 1          1 2 5
  1 0 1          1 7 5
  1.1 1 1  ⇐    1.8 7 5
```

除算は割り切れない場合は小数点以下適当なところで打ち切るか，余りの形で表します．

(10)

```
                    1 0 1 1  ⇐ 11
5 ⇒ 1 0 1) 1 1 0 1 1 1  ⇐ 55
           1 0 1
             1 1 1
             1 0 1
               1 0 1
               1 0 1
                   0
```

(11)

```
                  1 0 1 0.0 1  ⇐ 10.25
6 ⇒ 1 1 0) 1 1 1 1 0 1.1  ⇐ 61.5
           1 1 0
             1 1 0
             1 1 0
                   1 1 0
                   1 1 0
                       0
```

(12)

```
             1 0 0.0 1 0 1
3 ⇒ 11) 1 1 0 1             ⇐ 13
        1 1
          [1]0 0  ←┐
            1 1    │ 同じ
            1 0 0 ←┘
              1 1
                1
```

このように割り切れない場合は

100.0101……（0101の部分：この繰返し）

例えば100.0101とするか，商100，剰余1（4余り1）とします．

4. 1の補数は原数の各ビットを反転，2の補数は1の補数に1を加えるか，原数のLSBからMSBの方向に見て最初の1までは補数も同じで以後MSBまで原数を反転して得られます．

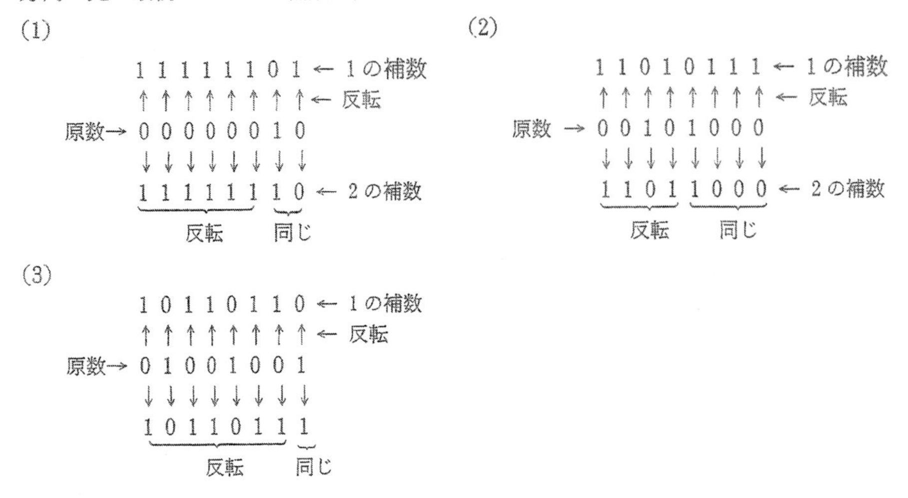

5. MSBの符号ビットが0は正，1は負を意味し，その負数を表すのが補数です．したがって補数演算では被減数と減数のけた（ビット）数を合わせることに注意して下さい．解答では数値に1ビット符号けたを付加して示してあります．

(1)

```
     0110     ⇐ 6
+)   1101     ⇐ "2" の1の補数
    [1]0011   ⇐ けた上げしたので正
     └──→1    ⇐ EAC
      100     ⇐ 結果の差4
```

```
     0110     ⇐ 6
+)   1110     ⇐ "2" の2の補数
    [1]0100   ⇐ けた上げしたので結果は正で4
     ↑
    捨てる
```

(2)

```
     010110      ⇐ 22
+)   110010      ⇐ "13" の1の補数
    [1]001000    ⇐ けた上げを生じたので正
     └────→1
     001001      ⇐ 差9
```

```
     010110      ⇐ 22
+)   110011      ⇐ "13" の2の補数
    [1]001001    ⇐ けた上げしたので差は正で9
     ↑
    捨てる
```

(3)

```
     0111000     ⇐ 56
+)   1100000     ⇐ "31" の1の補数
    [1]0011000   ⇐ 減算結果は正でEACを加算し
     └─────→1
     0011001     ⇐ 差25
```

```
     0111000     ⇐ 56
+)   1100001     ⇐ "31" の2の補数
    [1]0011001   ⇐ 減算結果は正で差は25
     ↑
    捨てる
```

差が負になる場合は補数との加算結果，けた上げが生じません．結果の差は補数表示として得られますので，通常はそのまま用いられますが絶対値を得る場合は，“負の負”つまり，さらに補数をとることによって得られます．

(4)

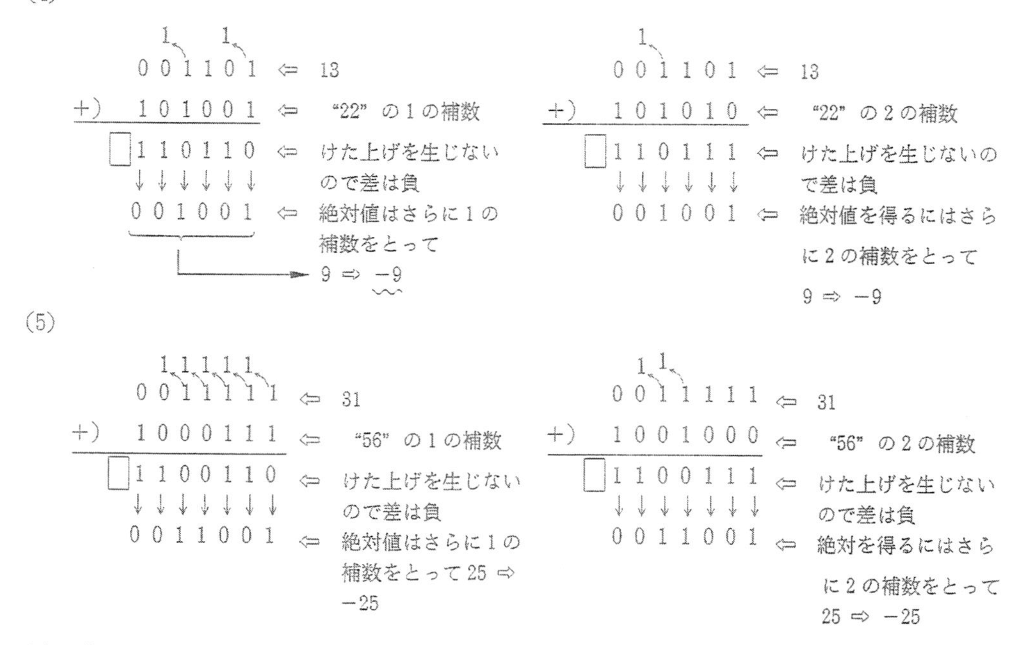

(6)　差が0になる補数演算では1の補数を用いた場合は−0，2の補数を用いた場合は+0という結果になりますが，実際のディジタルシステムでは単に“0”として扱っています．

```
    0 1 0 1 1  ⇐ 11                          0 1 0 1 1  ⇐ 11
+)  1 0 1 0 0  ⇐ “11”の1の補数          +)   1 0 1 0 1  ⇐ “11”の2の補数
   □1 1 1 1 1  ⇐ けた上げを生じないの        [1]0 0 0 0 0  ⇐ けた上げしたので差
                 で差は負                     ↑              は正で+0
    0 0 0 0 0  ⇐ 絶対値はさらに1の補        捨てる
                 数をとって0 ⇒ −0
```

6.　10進数の各けたを8，4，2，1の重みをもった4ビットに置き換えてBCDコードに変換します．最上位けたや小数の最下位けたのゼロは省略しないで記します．

(1)

```
  9        8
  ⇩        ⇩
1 0 0 1  1 0 0 0  ← BCDコード
↑ ↑ ↑ ↑  ↑ ↑ ↑ ↑
8 4 2 1  8 4 2 1  ← 重み
```

(2)

```
   1         0         1    .    4
   ⇩         ⇩         ⇩         ⇩
0 0 0 1  0 0 0 0  0 0 0 1 . 0 1 0 0  ← BCDコード
BCDコードではこのゼロは省略しない
```

(3)

```
   2         0         9         5
   ⇩         ⇩         ⇩         ⇩
0 0 1 0  0 0 0 0  1 0 0 1  0 1 0 1  ← BCDコード
```

7. 重みが8，4，2，1のコードで10進の1けたを表しています．

(1)　　　　　　　　　　(2)

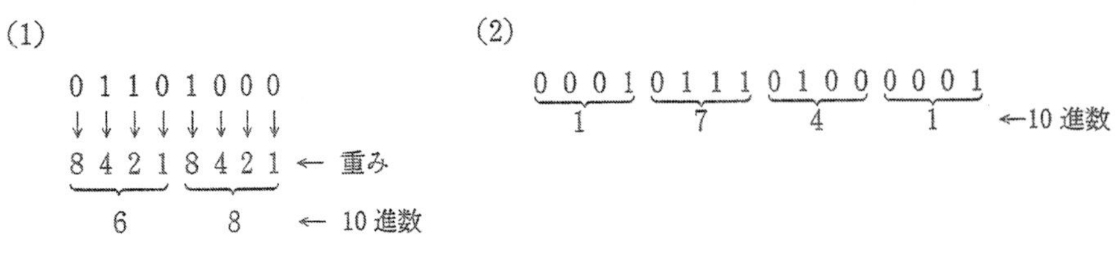

(3)

1 0 0 0 0 0 1 0 . 0 0 0 0 0 0 1 1
8　2　.　0　3　← 10進数

8. 表1•4の列3ビットと行4ビットの計7ビットで表します．

(1) “&” は列が010（2H：Hは16進を意味します），行が0110（6H）なのでASCIIコードは0100110（26H）になります．

(2) “{” は列が111，行が1011なので，1111011（7BH）

(3) 同様に0111101（3DH）

(4) 同様に0111111（3FH）

(5) 同様に0101011（2BH）

9. 表1•5の列と行のそれぞれ4ビット，計8ビットで表します．

(1) “ナ” は列が1100，行が0101なので11000101と表し，16進ではC5になります．

(2) “カ” は列が1011，行が0110なので10110110（B6H）

(3) 同様に01001110（4EH）

(4) 同様に10100100（A4H）

(5) 同様に10100001（A1H）

第2章解答

1. ANDは“1”でゲートが開き，“0”で閉じます．したがって，入力Bが“1”の期間の左半分には入力Aの信号そのものが現れます．ORは“1”でゲートが閉じ，“0”で開くため，入力Bの右半分の期間“0”で入力Aの信号そのものが現れます（解図2•1）．

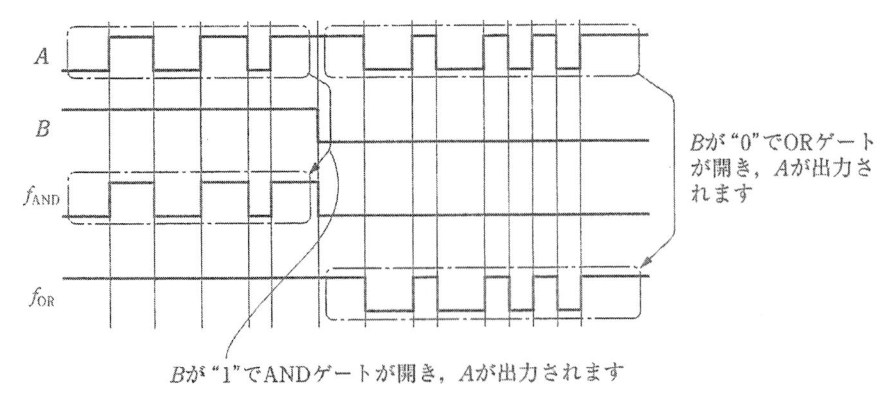

解図2•1　1.の解

2. $f_{AND} = A \cdot B \cdot C \cdot D$ は A, B, C, D のすべての入力が“1”で f_{AND} が“1”になります．与えられた入力 A, B, C, D にはすべてが“1”になるタイミングは存在せず，f_{AND} は“0”のままです．

$f_{OR} = A + B + C + D$ は A, B, C および D の入力のうち，ひとつでも“1”であれば f_{OR} は“1”になります（解図 2･2）．

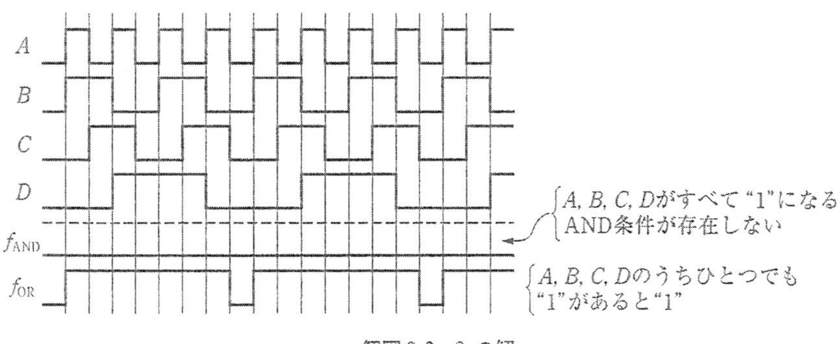

解図 2･2　2. の解

3. まず，回路の論理式を求め，その論理式の意味する条件をタイミングチャート上で探し，出力波形を描きます．

(1)　$f_1 = A \cdot (B + C)$ の論理式は A が“1”で，かつ B が“1”か C が“1”で f_1 が“1”になることを意味しています．したがって，A の右半分は“0”で AND ゲートを閉じた状態なので，B と C には関係なく f_1 は“0”になります（解図 2･3）．

(2)　$f_2 = A \cdot \overline{B} + \overline{C}$ の論理式は A が“1”でかつ B が“0”または C が“0”で f_2 は“1”になることを意味しています（解図 2･4）．

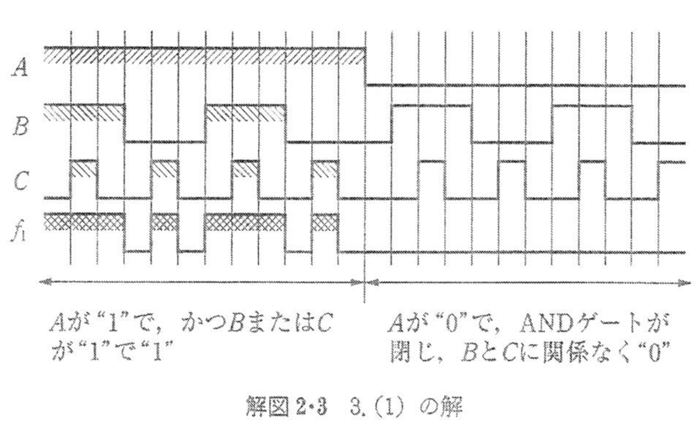

解図 2･3　3. (1) の解

A
B
C
f_2

Aが“1”で，かつBが“0”（▨の斜線の部分），または
Cが“0”（▧の斜線の部分）で“1”（どちらかの斜線が
入った部分）

解図 2･4　3. (2) の解

4. NANDの出力f_{NAND}はAとBがともに“1”で“0”，NORゲートの出力f_{NOR}はAまたはBが“1”で“0”になります．排他的論理和の出力f_{XOR}はAとBが一致（同じ）で“0”，f_{XNOR}はf_{XOR}の否定の関係にあります（**解図 2・5**）.

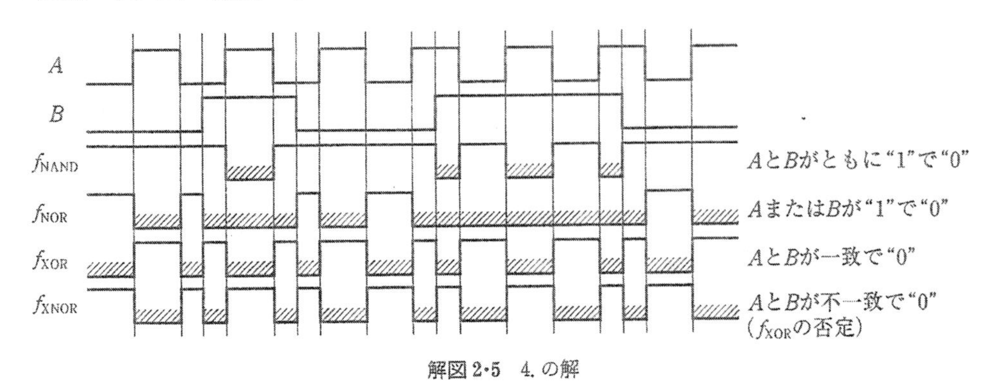

解図 2・5　4. の解

5. (1)　$\overline{f_1}=\overline{A}+B$，論理式より$f_1$が“0”になるのは$A$が“0”かまたは$B$が“1”のとき．

(2)　$f_2=A\cdot B\cdot\overline{C}$，論理式は$A$が“1”でかつ$B$が“1”でかつ$C$が“0”のとき$f_2$は“1”を意味します（**解図 2・6**）.

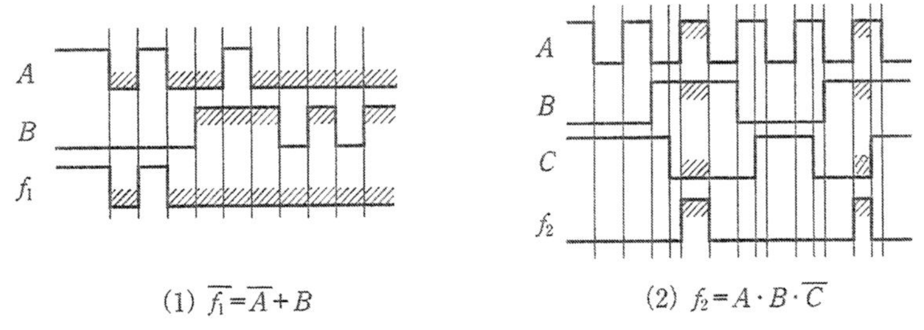

解図 2・6　5. の解

6. (1)　論理レベルが合っているので，小丸はすべてない場合と同じ．つまり，ORとANDの出力をOR接続したのと等価であるため，論理式は$f_1=A+B+C\cdot D$になります．式からAが“1”かまたはBが“1”かまたはCとDがともに“1”のとき，f_1は“1”になります（**解図 2・7**）.

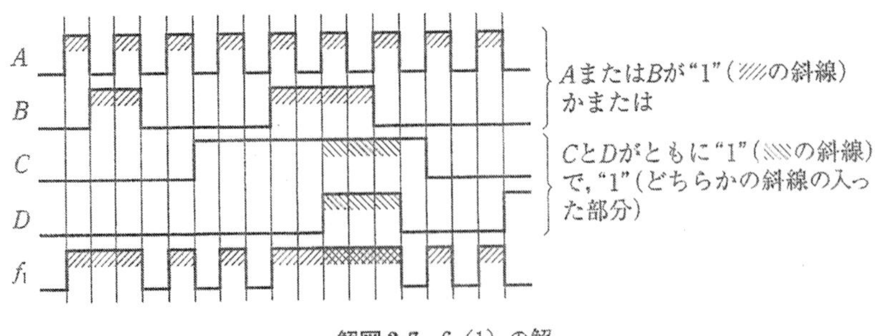

解図 2・7　6. (1) の解

(2)　論理レベルが合ってないので，出力端が“1”になるように，負論理表現も含めて書き直すと解図 2・8 のようになり，f_2 は次式で表されます．$f_2=(\overline{A}+B)\cdot C$　式から f_2 は C が“1”で，かつ A が“0”か B が“1”のとき“1”になります（解図 2・9）．

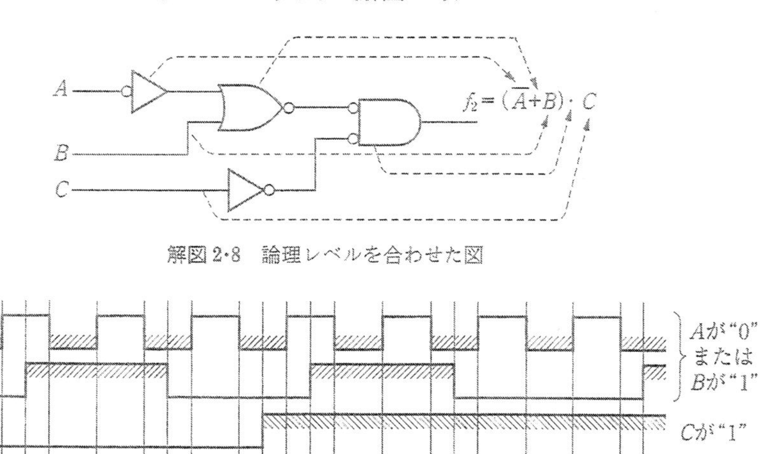

解図 2・8　論理レベルを合わせた図

解図 2・9　6.（2）の解

（3）　論理レベルが合っているので，次の f_3 の式が得られます．$f_3=(A+B\cdot C)\cdot\overline{D}\cdot E$　論理式から D が“0”でかつ E が“1”で，かつ A または B と C がともに“1”のとき，f_3 が“1”になることがわかります（解図 2・10）．

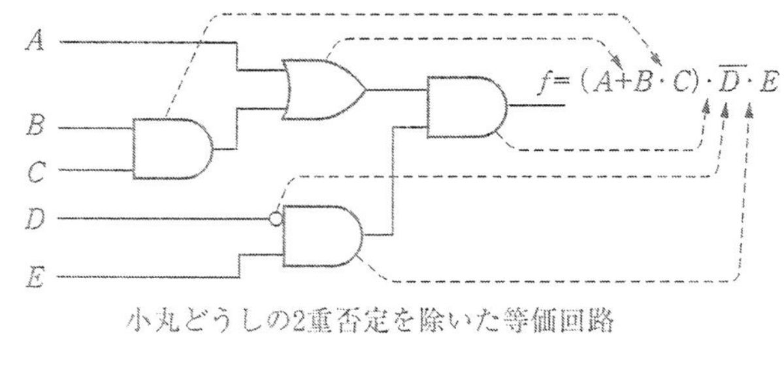

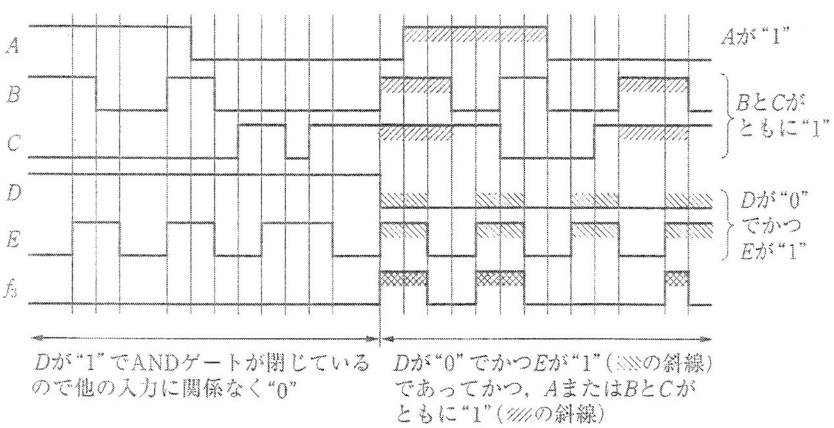

解図 2・10　6.（3）の解

7. 変換方法はいろいろありますので，一例を示します．解答にはNOTを含めて表してありますが，NOTはNANDゲートから容易に作れます．

(1)　$f = A + \overline{B} + \overline{C}$

$= A + (\overline{B} + \overline{C})$

$= \overline{\overline{A + \overline{\overline{B \cdot C}}}}$ ……$\overline{B} + \overline{C} = \overline{B \cdot C}$というド・モルガンの定理．式全体を2重否定します．

$= \overline{\overline{A} \cdot \overline{\overline{B \cdot C}}}$ ……ド・モルガンの定理により変形します．

上式はBとCのNANDの否定と$\overline{A}$とのNANDを意味しているので回路は**解図2・11**のようになります．

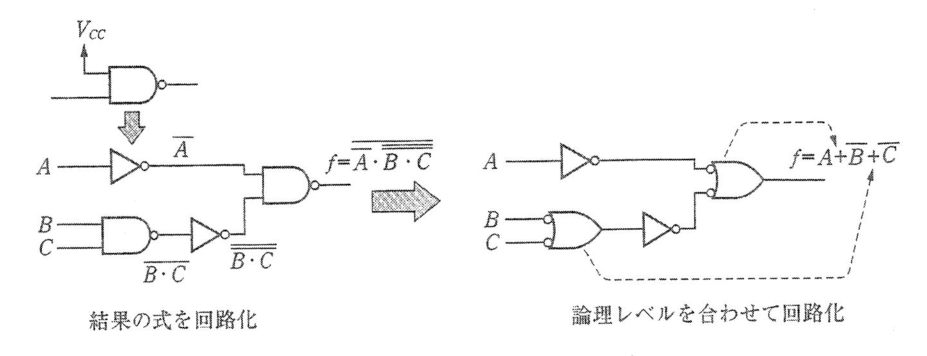

解図2・11　7.(1)の解

(2)　式をそのまま回路化し，AND-OR構成を2重否定してNAND構成に変換する方法を**解図2・12**で示します．

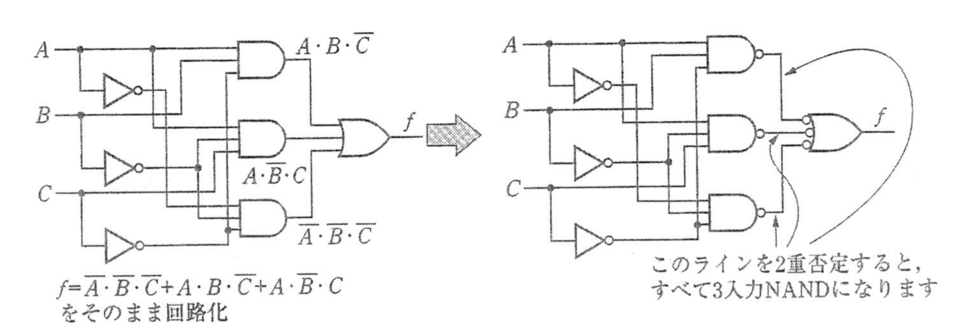

解図2・12　7.(2)の解

(3)　$f = (A + B) \cdot (C + D)$

$= \overline{\overline{(A + B) \cdot (C + D)}}$ ……2重否定します．

$= \overline{\overline{A + B} + \overline{C + D}}$ ……ド・モルガンの定理で変形するとNOR構成になります．

$= \overline{\overline{A} \cdot \overline{B} + \overline{C} \cdot \overline{D}}$ ……ド・モルガンの定理で変形します．

$= \overline{\overline{A} \cdot \overline{B}} \cdot \overline{\overline{C} \cdot \overline{D}}$ ……ド・モルガンの定理で変形します．

上式は$\overline{A}$と$\overline{B}$のNAND，$\overline{C}$と$\overline{B}$のNAND，結果どうしのANDを意味しているので，ANDはNANDを否定して**解図2・13**のように表すことができます．

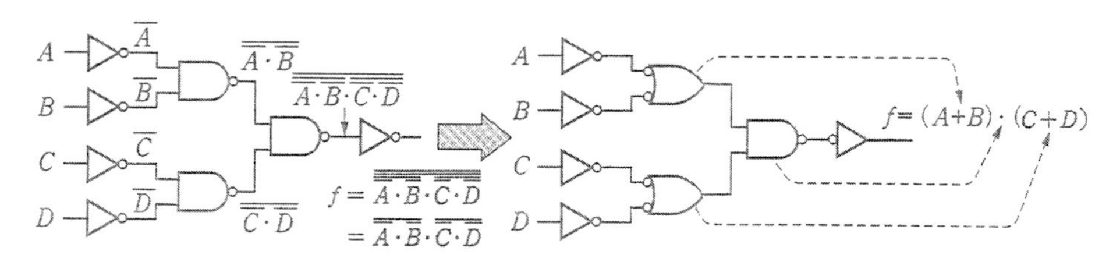

解図 2・13　7. (3) の解

(4)　論理式をそのまま回路化し，論理レベルが合うように負論理も用いて変換すると容易に得られます（解図 2・14）.

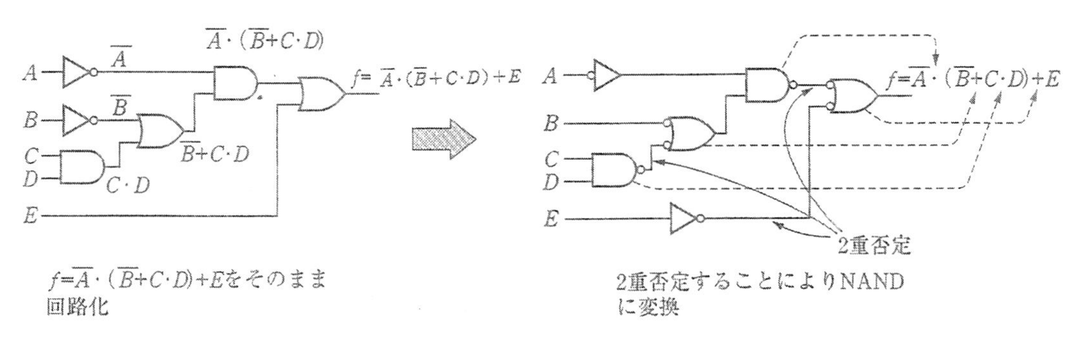

解図 2・14　7. (4) の解

8. NAND ゲートだけで構成の場合と同様，NOR ゲートだけの構成法にもいろいろありますので，その一例を示します．解答には NOT も含めて表してありますが，NOT は容易に NOR ゲートで構成できます.

(1)　$f = A\cdot\overline{B}\cdot\overline{C}$

$= A\cdot\overline{B+C}$ ……ド・モルガンの定理より.

$= \overline{\overline{A\cdot\overline{B+C}}}$ ……2重否定します.

$= \overline{\overline{A}+\overline{\overline{B+C}}}$ ……ド・モルガンの定理より.

上式は B と C の NOR の否定の結果と $\overline{A}$ との NOR を意味しています（解図 2・15）.

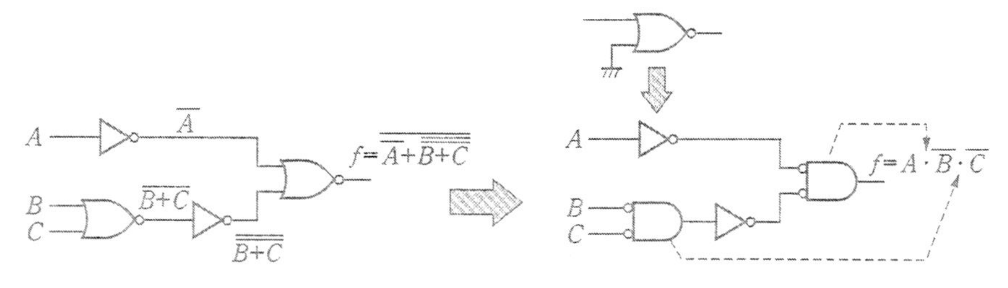

解図 2・15　8. (1) の解

(2)　式をそのまま回路化し，負論理を用いて表すと容易に求まります（解図 2・16）.

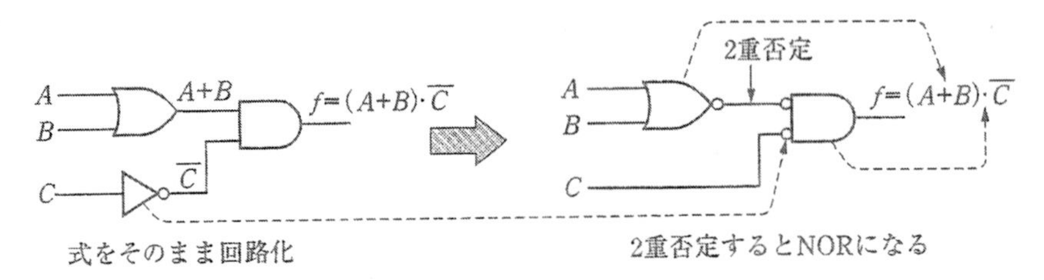

解図 2・16 8. (2) の解

(3) $f = A\cdot B + C\cdot D$

$= \overline{\overline{A\cdot B + C\cdot D}}$ ……2 重否定します.

$= \overline{\overline{A\cdot B}\cdot\overline{C\cdot D}}$ ……ド・モルガンの定理で変形します.

$= \overline{(\overline{A}+\overline{B})\cdot(\overline{C}+\overline{D})}$ ……ド・モルガンの定理で変形します.

$= \overline{\overline{A}+\overline{B}}+\overline{\overline{C}+\overline{D}}$ ……ド・モルガンの定理で変形します.

結果の論理式は $\overline{A}$ と $\overline{B}$ の NOR，$\overline{C}$ と $\overline{D}$ の NOR，その結果どうしの OR を意味しています．OR は NOR を否定して**解図 2・17** のように表すことができます.

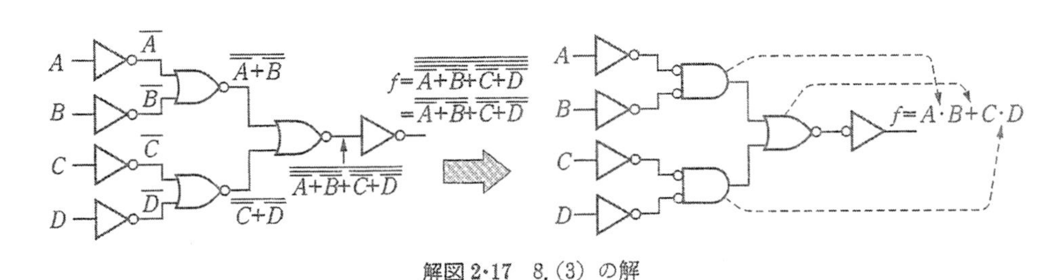

解図 2・17 8. (3) の解

(4) 論理式をそのまま回路化し，2 重否定や負論理を用いて NOR になるように変形して求めてみます（**解図 2・18**).

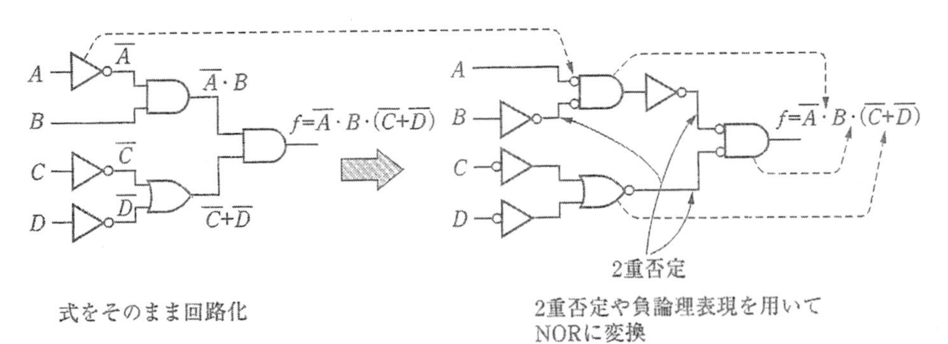

解図 2・18 8. (4) の解

9. (1) 4 入力以上の AND を用いてもよければ，その出力を否定して，4 入力 NAND が得られます（**解図 2・19** (a)). 2 入力 NAND で構成する場合は図 (b) のように入力側の NAND を否定して AND に変えることにより得られます．NOR から AND への変換は NOR の両入力を否定して得られるので，出力端だけ図 (c) のように否定して NAND にする構成により実現できます.

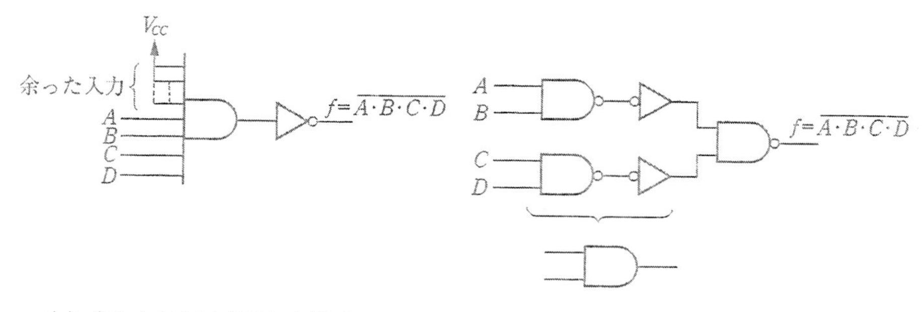

(a) 多入力ANDを否定した構成　　(b) 2入力NAND構成

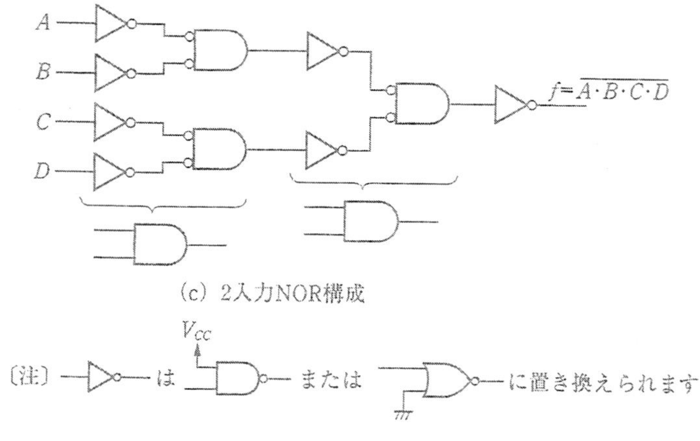

(c) 2入力NOR構成

解図 2・19　9.(1) の解

(2) 5入力以上のORが使えればその出力を否定して，5入力NORを作ることができます（解図 **2・20** (a)）．NANDからORへの変換はNANDの入力側を否定して得られますので，最終段のOR部分を否定してNORを作ります（図 (b)）．NORを否定するとORになるので，最終段以外をORに置き換えます（図 (c)）．

すべて2入力ゲート構成で示しましたが，2入力と3入力ゲート構成も可能です．

(3) 多入力AND機能の構成法は2・9 ③ (1) で解説してあるように，多段AND構成のAND部分をNANDおよびNORゲート構成で置き換えることによって得られます．ここでは2入力と3入力ゲート構成の例を示します．5入力以上のNANDが使えれば，その出力を否定して5入力ANDが得られます（**解図 2・21**）．

(4) 6入力はいろいろな入力数をもったゲートとの組合せで (3) と同様な方法で構成できます．3入力と2入力の例を**解図 2・22**に示します．5入力以上のNORを否定しても得られます．

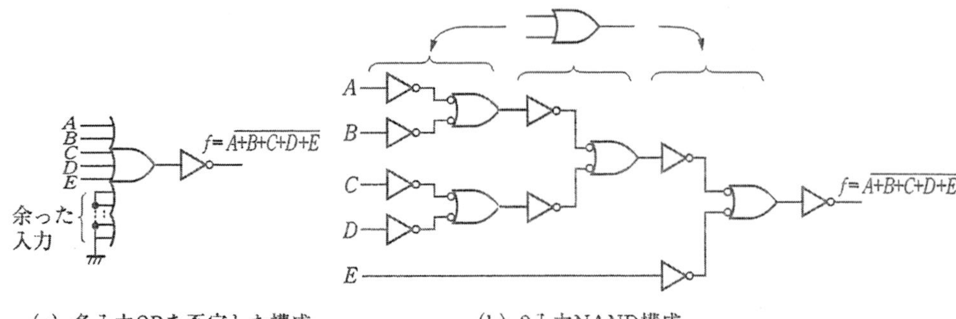

(a) 多入力ORを否定した構成　(b) 2入力NAND構成

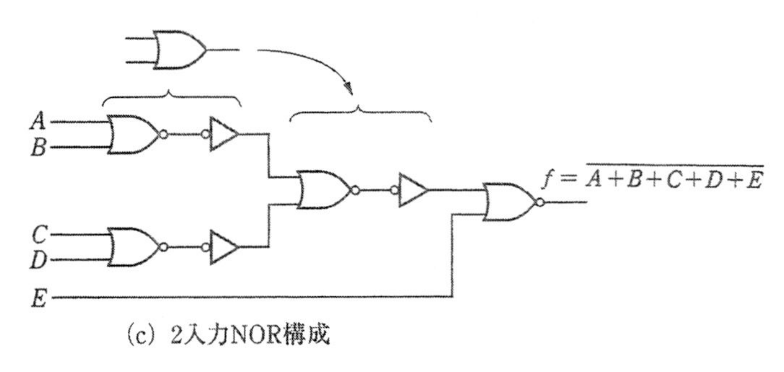

(c) 2入力NOR構成

解図 2・20　9.(2) の解

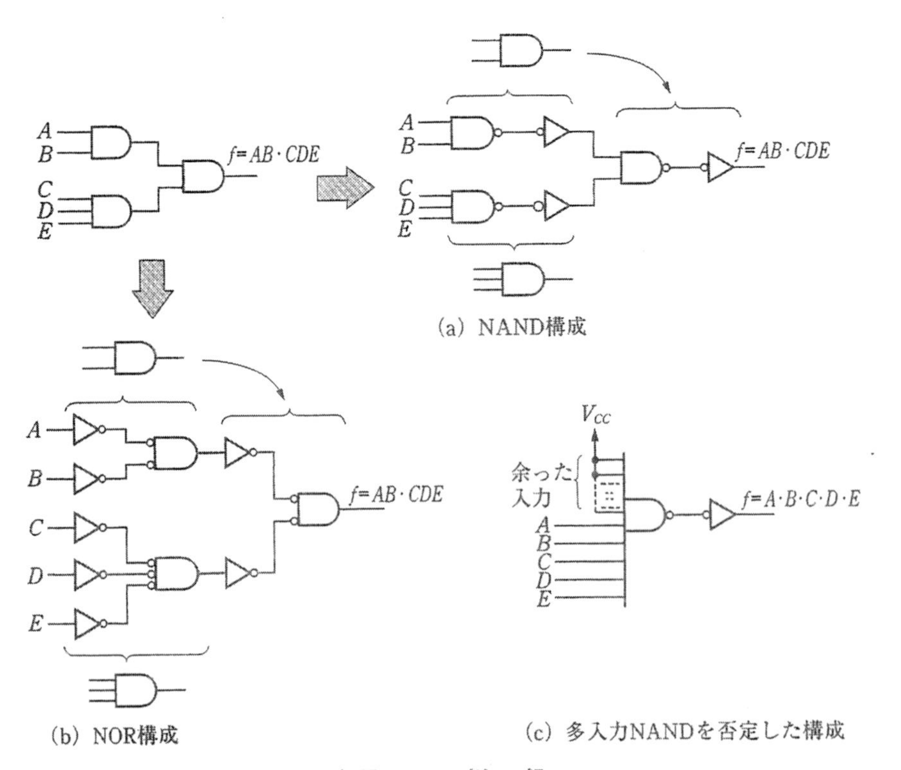

(a) NAND構成

(b) NOR構成　(c) 多入力NANDを否定した構成

解図 2・21　9.(3) の解

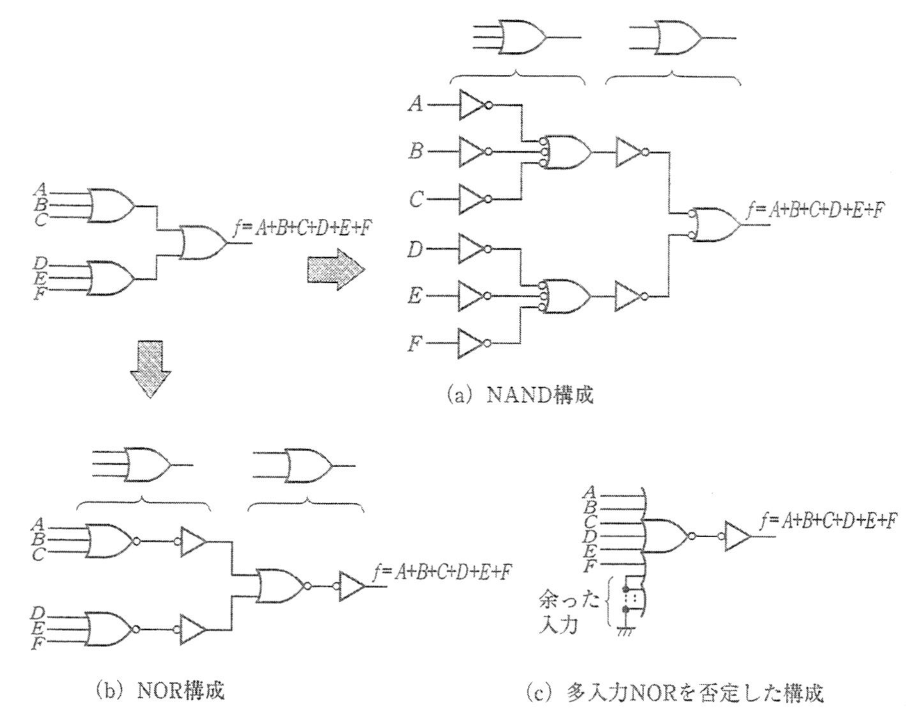

(a) NAND構成

(b) NOR構成

(c) 多入力NORを否定した構成

解図2·22　9.(4) の解

■第3章解答

1. (1)　f が"1"になるのは x が"0"でかつ y が"1"$(\overline{x}\cdot y)$，または x が"1"でかつ y が"0"$(x\cdot\overline{y})$ のときなので，

$$f=\overline{x}\cdot y+x\cdot\overline{y}$$

(2)　3入力がともに"0"の条件は $\overline{A}\cdot\overline{B}\cdot\overline{C}$，$A$ と C が"0"で B が"1"は $\overline{A}\cdot B\cdot\overline{C}$，$B$ の値には関係なく A が"1"で C が"0"は $A\cdot\overline{C}$ なので，

$$f=\overline{A}\cdot\overline{B}\cdot\overline{C}+\overline{A}\cdot B\cdot\overline{C}+A\cdot\overline{C}$$

(3)　A と D が"1"で B と C が"0"の条件は $A\cdot\overline{B}\cdot\overline{C}\cdot D$，$B$ と C がともに"0"は A と D の値に関係しないので $\overline{B}\cdot\overline{C}$，$D$ が"1"は A～C の値には無関係なため D．したがって，

$$f=A\cdot\overline{B}\cdot\overline{C}\cdot D+\overline{B}\cdot\overline{C}+D$$

2. 論理式の証明にはフェン図が適しているのでフェン図で主に証明します．もちろんブール代数の諸定理を用いても証明できますので試みて下さい．

(1)　ブール代数の諸定理による証明

左辺 $=(A+B)\cdot(\overline{A}+\overline{B})$

$=\underbrace{A\cdot\overline{A}}_{0}+A\cdot\overline{B}+\overline{A}\cdot B+\underbrace{B\cdot\overline{B}}_{0}$ ……分配の定理より　……補元の定理より

$=A\cdot\overline{B}+\overline{A}\cdot B$ ……"0"との論理和は不変（基本定理）より

$=$ 右辺

フェン図による証明（**解図3·1**）

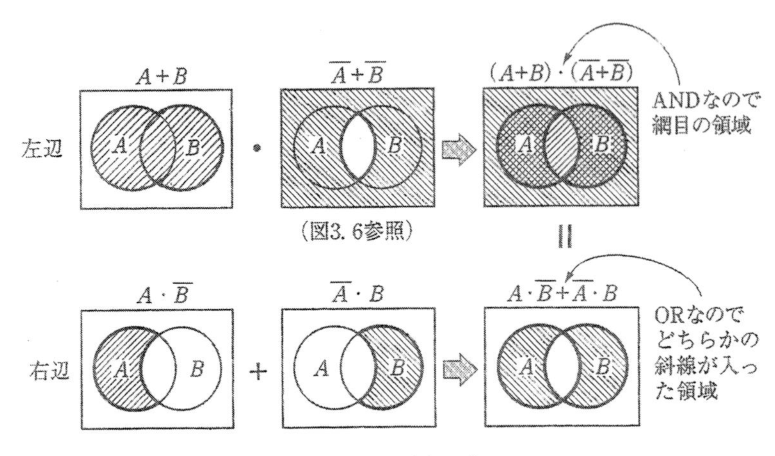

解図 3·1　2. (1) の解

(2)　解図 3·2 にフェン図で示します.

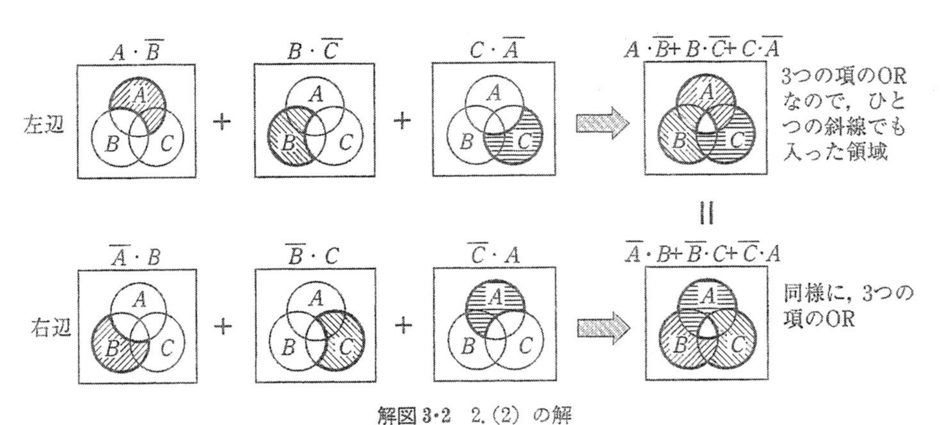

解図 3·2　2. (2) の解

(3)　解図 3·3 にフェン図による証明を示します.

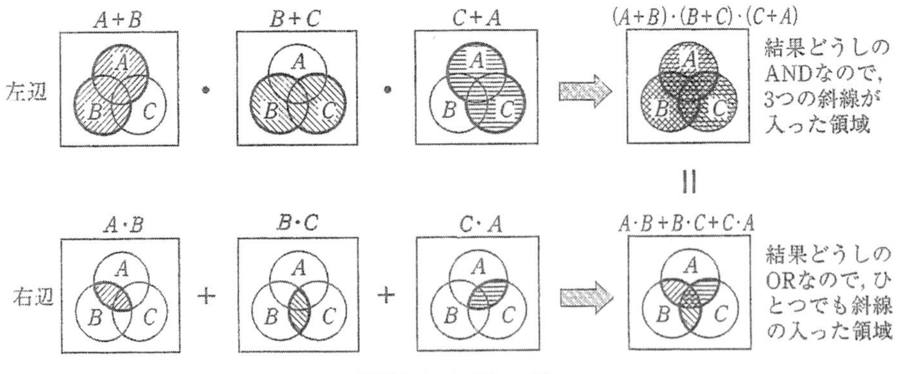

解図 3·3　2. (3) の解

(4)　ブール代数の諸定理で簡単に証明できます.

分配の定理 $A+B\cdot C=(A+B)\cdot(A+C)$ より,

右辺 $=(A\cdot B+C)\cdot(A\cdot B+D)=A\cdot B+C\cdot D$

$$\text{左辺} = (A\cdot B+C\cdot D)\cdot\underbrace{(A\cdot B+C)\cdot(A\cdot B+D)}_{(A\cdot B+C\cdot D)}$$

$= (A\cdot B+C\cdot D)\cdot(A\cdot B+C\cdot D)$

$= A\cdot B+C\cdot D$ ………同一の定理より

$=$ 右辺

(5) $\underbrace{(A+B)\cdot(A+\overline{B})}\cdot\underbrace{(\overline{A}+B)\cdot(\overline{A}+\overline{B})}$

$= (A+\underbrace{B\cdot\overline{B}}_{0}) \cdot (\overline{A}+\underbrace{B\cdot\overline{B}}_{0})$ ………分配の定理より ………補元の定理より

$= A\cdot\overline{A}$ ………“0”との論理和は不変（基本定理）より

$= 0$ ………補元の定理より

3. (1) 分配の定理より，共通変数 $\overline{A}$ でくくって，

$f = \overline{A}\cdot\overline{B}+\overline{A}\cdot B = \overline{A}\cdot(\overline{B}+B)$ ………補元の定理より $\overline{B}+B=1$

$= \overline{A}$ ………“1”との論理積は不変という基本定理より

(2) “1”との論理和は“1”という基本定理より

$f = \overline{\overline{A}\cdot\overline{B}\cdot C+A\cdot B\cdot\overline{C}+\cdot A\cdot\overline{B}\cdot C+1} = \overline{1}$

$= 0$ ………“1”の否定は“0”

(3) 同一の定理より，同じ項の論理和は不変．また，分配の定理より共通変数でくくります．

$f = \overline{A}\cdot\overline{B}\cdot C+A\cdot\overline{B}\cdot\overline{C}+A\cdot\overline{B}\cdot C$

$= \overline{B}\cdot C\ (\overline{A}+A)\ +\ A\cdot\overline{B}\cdot(\overline{C}+C)$

$= \overline{B}\cdot C+A\cdot\overline{B}$

(4) 前問と同様に，同一の定理と分配の定理より，

$f = \overline{A}\cdot\overline{B}\cdot\overline{C}\cdot\overline{D}+\overline{A}\cdot\overline{B}\cdot C\cdot\overline{D}+A\cdot\overline{B}\cdot\overline{C}\cdot\overline{D}+A\cdot\overline{B}\cdot C\cdot D+A\cdot\overline{B}\cdot C\cdot\overline{D}$

$= (\overline{A}\cdot\overline{C}+\overline{A}\cdot C+A\cdot\overline{C}+A\cdot C)\cdot\overline{B}\cdot\overline{D}+A\cdot\overline{B}\cdot C\cdot(\underbrace{D+\overline{D}}_{1})$

$= \{\overline{A}\cdot(\overline{C}+C)+A(\overline{C}+C)\}\cdot\overline{B}\cdot\overline{D}+A\cdot\overline{B}\cdot C$

$= (\overline{A}+A)\cdot\overline{B}\cdot\overline{D}+A\cdot\overline{B}\cdot C$

$= \overline{B}\cdot\overline{D}+A\cdot\overline{B}\cdot C$

(5) 分配の定理 $A+B\cdot C=(A+B)\cdot(A+C)$ および補元の定理 $A+\overline{A}=1$ より

$$f = (A+B\cdot C)\cdot\underbrace{(B\cdot C+\overline{B\cdot C})}_{1}\cdot\underbrace{(A+B)\cdot(A+C)}_{A+B\cdot C}$$

$= (A+B\cdot C)\cdot(A+B\cdot C)$ ……同一の定理

$= A+B\cdot C$

4. (1) 解図3·4に示します．

(2) 解図3·5に示すように，ループはひとつもできないので冗長な項は含まれていないことを意味しています．したがって，論理圧縮の必要はありません．

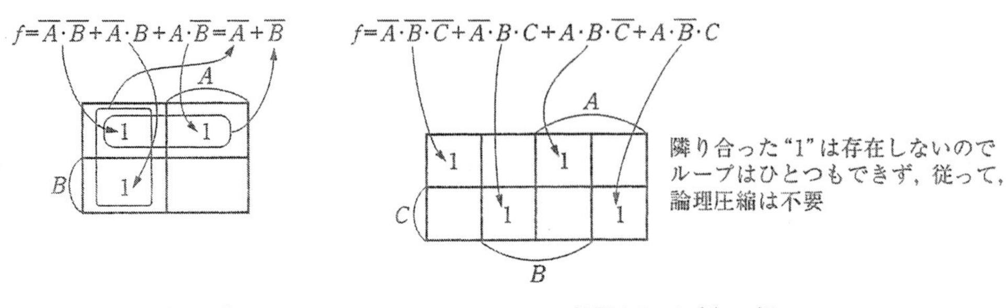

解図 3･4　4. (1) の解

解図 3･5　4. (2) の解

(3)　ループに含まれない"1"は論理圧縮されずに，そのまま残ります（**解図 3･6**）.

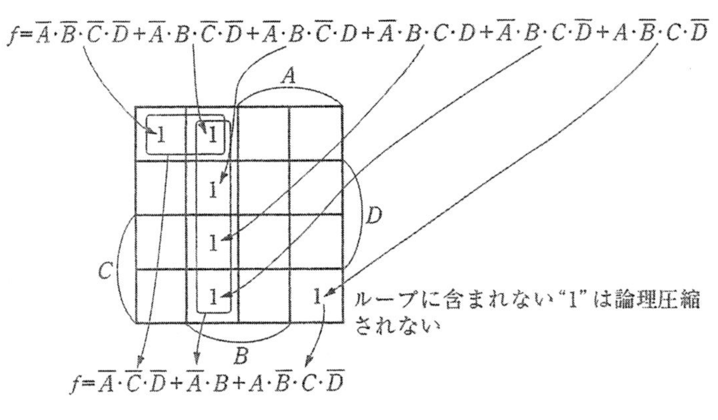

解図 3･6　4. (3) の解

(4)　3 変数の最小項形式中，2 変数の項 $\overline{A}\cdot\overline{B}$ は C の値に関係しないので $\overline{A}\cdot\overline{B}$ は $\overline{A}\cdot\overline{B}\cdot\overline{C}+\overline{A}\cdot\overline{B}\cdot C$ ということです（**解図 3･7**）.

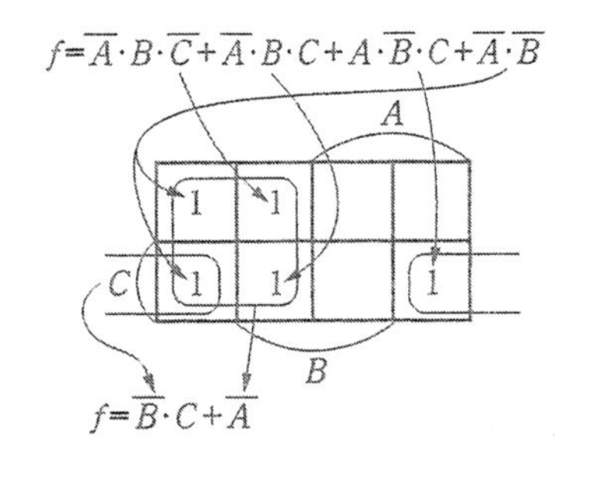

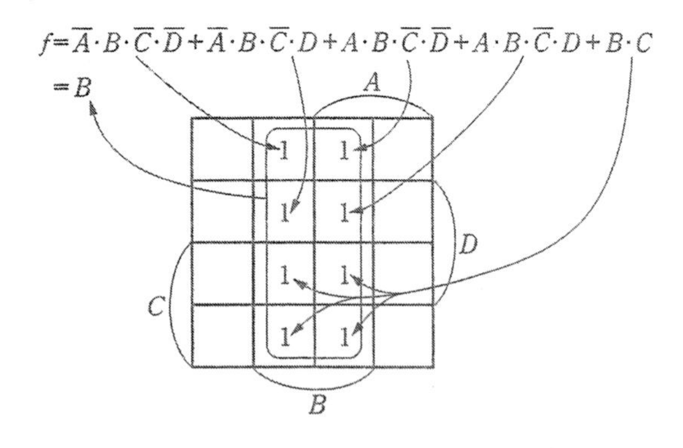

解図 3･7　4. (4) の解

解図 3･8　4. (5) の解

(5)　前問と同様，4 変数の最小項形式で表された式中，$B\cdot C$ の場所には 4 個の"1"が入ります（**解図 3･8**）.

5.　回路化においては，いろいろな入力数のゲートとの組合せが考えられます．ここでは 2 入力 NAND または NOR ゲートを基本に示しますので，ひとつの例として参考にして下さい．

(1)　カルノー図からループができないので冗長な項は含まれません（**解図 3･9**）．結果の式は A と

B の排他的論理和を示しています．回路図は第2章図2･22および図2･34と図2･39を参照して下さい．

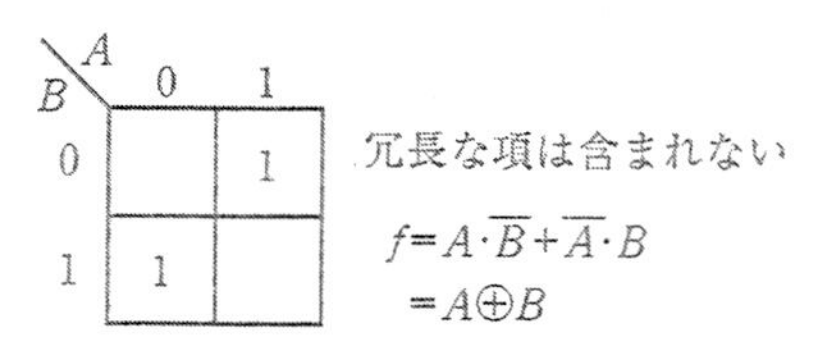

解図3･9　5.(1) のカルノー図

(2)　カルノー図で，2個でひとつのループが2つできます．点線のループもできますが，$A \cdot C$ の項が論理和され論理圧縮の意に反して，冗長な項として増えてしまうので作りません（**解図3･10**）．

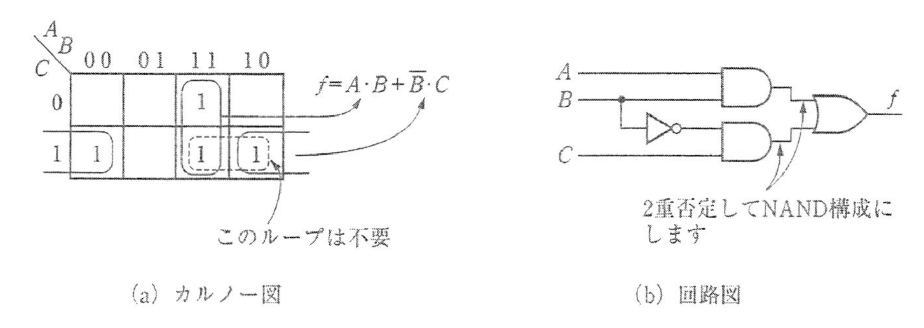

(a) カルノー図　　(b) 回路図

解図3･10　5.(2) の解

(3)　3入力2出力なので，f_0 と f_1 に関する論理式をそれぞれ導出します．f_1 はカルノー図から冗長な項が含まれないことがわかるのでそのまま回路化します．f_0 だけを論理圧縮する場合は2個でひとつのループが2つでき，$f_0=\overline{A}\cdot\overline{C}+\overline{A}\cdot\overline{B}$ とすべきですが，他方の出力 f_1 も考慮した場合，①で示した $\overline{A}\cdot\overline{B}\cdot C$ を共通に使えば点線のループに相当する $\overline{A}\cdot\overline{B}$ のゲート構成が不要になります（**解図3･11**）．

(4)　カルノー図と結果の回路図を**解図3･12**に示します．ループの作り方に注意して下さい．

6. 回路図から論理式を導き，カルノー図を描き，ループができれば論理圧縮した結果を回路化します．ループができなければ冗長な項は含まれていないということなので，回路はそのままです．

(1)　$f=A+A\cdot B=A$（吸収の定理より）．したがって，入力 A がそのまま出力 f に接続しただけの回路です．

(2)　$f=(A\cdot B+\overline{C})\cdot\overline{B}=\underbrace{A\cdot B\cdot\overline{B}}_{0}+\overline{B}\cdot\overline{C}=\overline{B}\cdot\overline{C}$ より，回路図を**解図3･13**に示します．

(3)　論理式を導き，カルノー図により論理圧縮した結果をNAND構成に変換すると2入力NANDゲート2個ですみます（**解図3･14**）．

(4)　導いた論理式をカルノー図に描くと，4個でひとつのループが3つできます（**解図3･15**）．

(5)　導いた論理式を論理圧縮すると $f=\overline{B}$ になり，入力 A，C，D には出力は影響しません．非常に多くの冗長な部分が含まれていたことになり，**論理圧縮の必要性**を大いに意識する例です（**解図3･16**）．

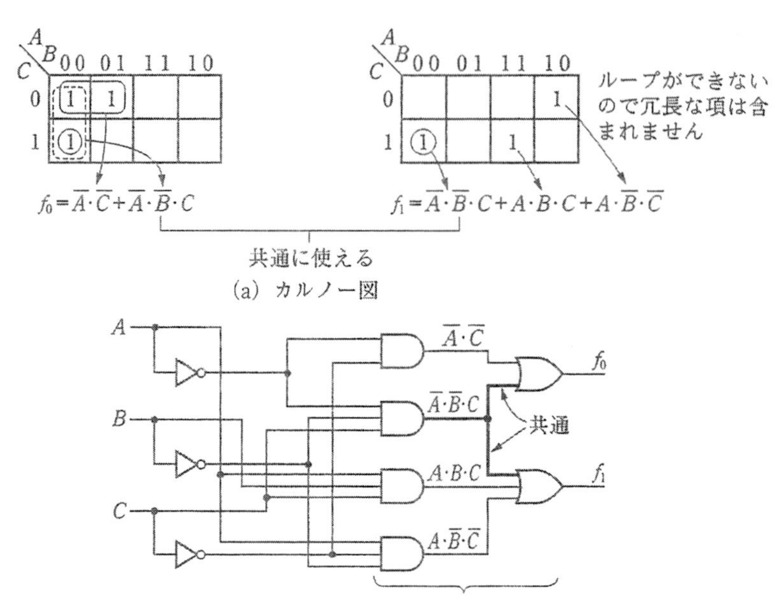

(b) 回路図

解図 3・11　5.(3) の解

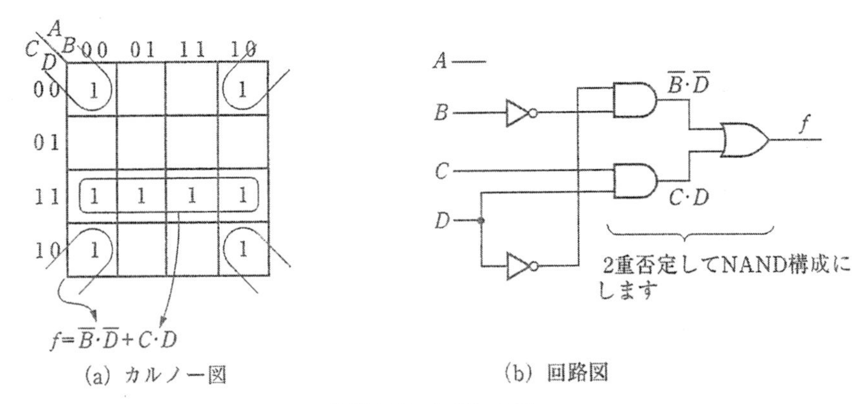

(a) カルノー図　　(b) 回路図

解図 3・12　5.(4) の解

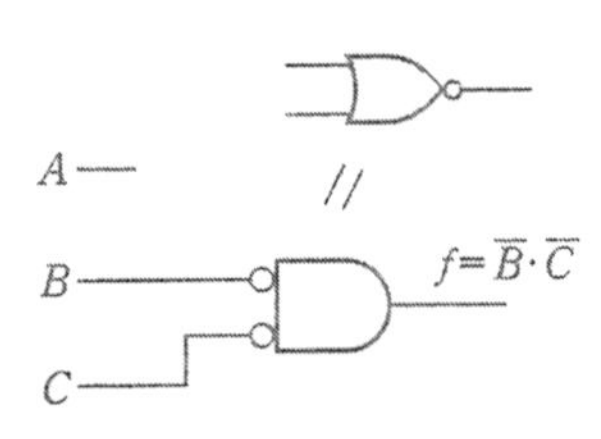

解図 3・13　6.(2) の解

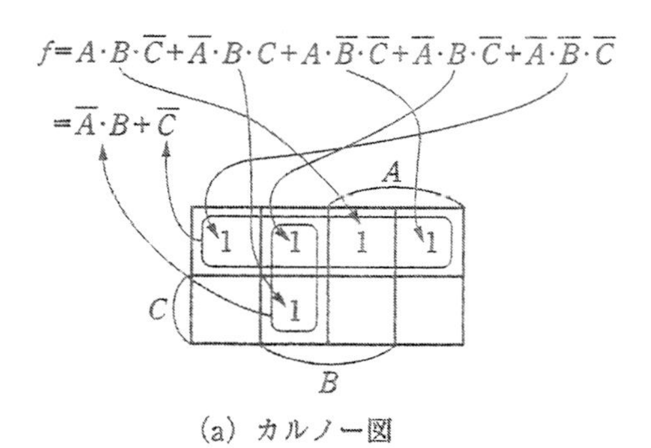

(a) カルノー図

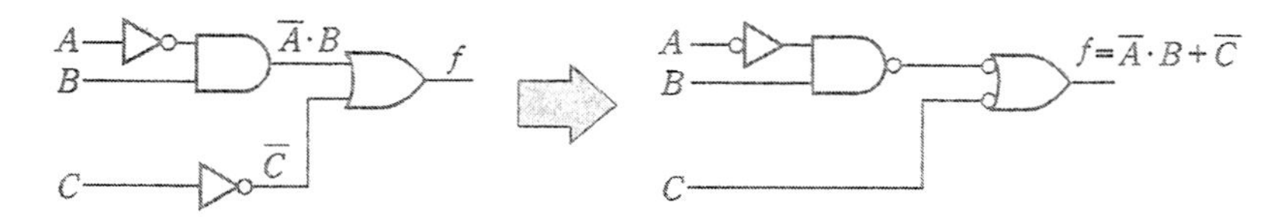

(b) 回路図

解図 3・14 6.(3) の解

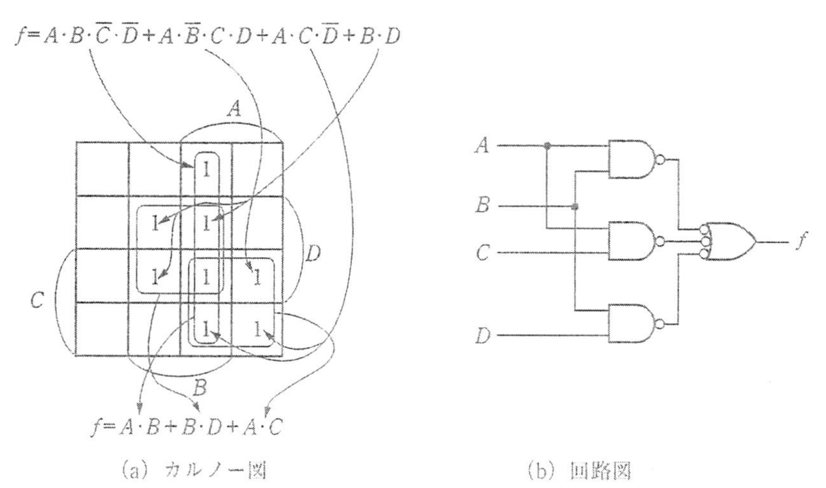

(a) カルノー図　　(b) 回路図

解図 3・15 6.(4) の解

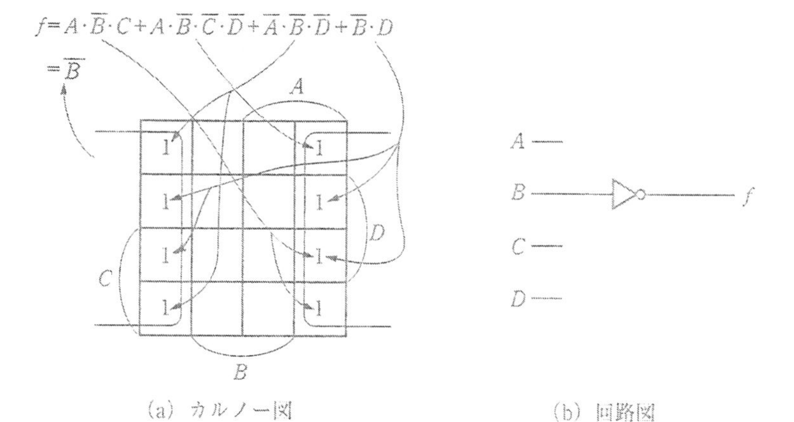

(a) カルノー図　　(b) 回路図

解図 3・16 6.(5) の解

■第4章解答

1. NANDゲート2個構成のRS-FFは図4･1に示したようにアクティブLです．その両入力にNOTゲートを挿入した回路はアクティブHになるので，論理記号と真理値表は**解図4･1**（a），（b）のようになります．入力SとRがともに“1”が禁止状態で$Q=1$，$\overline{Q}=1$になり，一方SとRがともに“0”ではホールド状態になります．禁止状態からホールド状態にした場合は出力がともに“1”を保持することはなく，どちらが“1”か“0”かは不定ですので“╳”で示してあります．

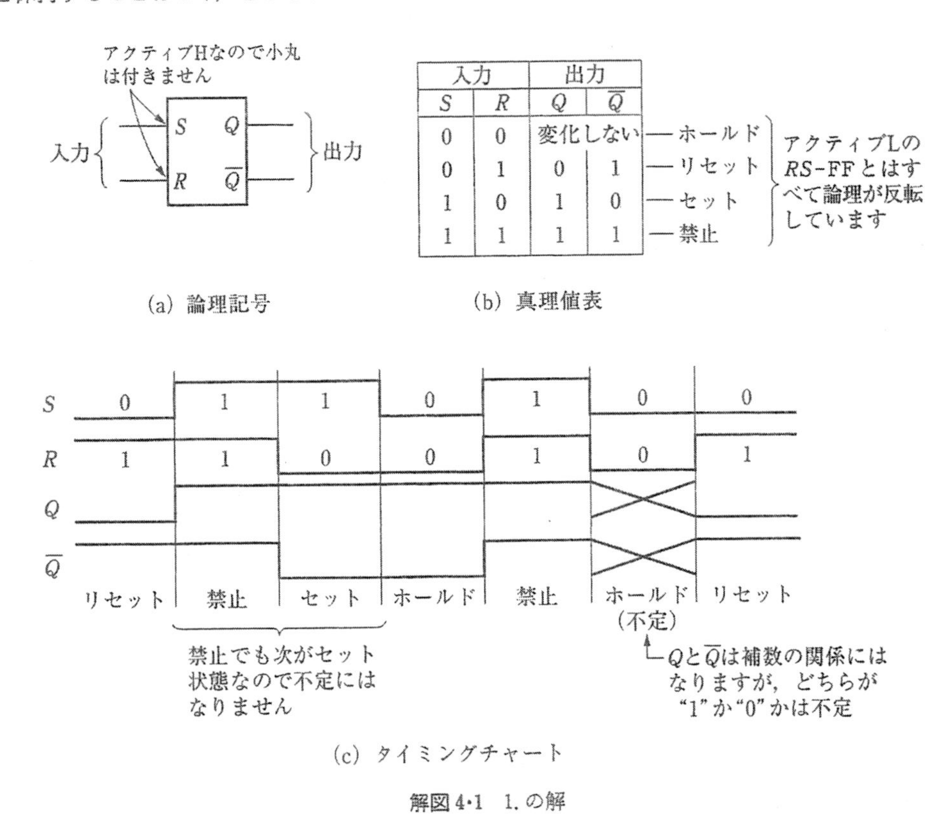

入力		出力	
S	R	Q	$\overline{Q}$
0	0	変化しない	
0	1	0	1
1	0	1	0
1	1	1	1

（a）論理記号　　（b）真理値表

（c）タイミングチャート

解図4･1　1.の解

2. 接点bからaに切り替わる場合，図4･7で示したように，接点b側は不規則な“0”と“1”を繰り返しますが，接点a側は“1”のままです．したがって，**解図4･2**に示すように入力$S=1$，$R=0$のセット状態と$S=1$，$R=1$の禁止状態を不規則に繰り返すことになります．このようにホールド状態ではなく禁止状態のために，Qの出力にチャタリングが現れてしまいます．接点がaに接触時はリセットと禁止状態の不規則な繰返しなため，出力$\overline{Q}$にチャタリングが生じます．接点aからbへの切替え時も同様にチャタリングが現れますので，この回路ではチャタリングは防止できません．まったく同じ回路において機能の異なるゲートと入れ替えただけなので当然です．

3. 前問の結果，NAND構成RS-FFを用いたチャタリング防止回路をそのままNOR構成RS-FFに入れ替えてもチャタリングは防止できませんでした．NANDとNORゲートでは機能が異なるため，当然のことです．NORゲート用に回路を変更する必要があります．NAND構成の場合はセットまたはリセット状態に対して，ホールド状態との繰返しであったため，出力は変化しないのでチャタリングが防止できたのです．接点がbとaの間にあるとき禁止ではなくホールド状態になるよう

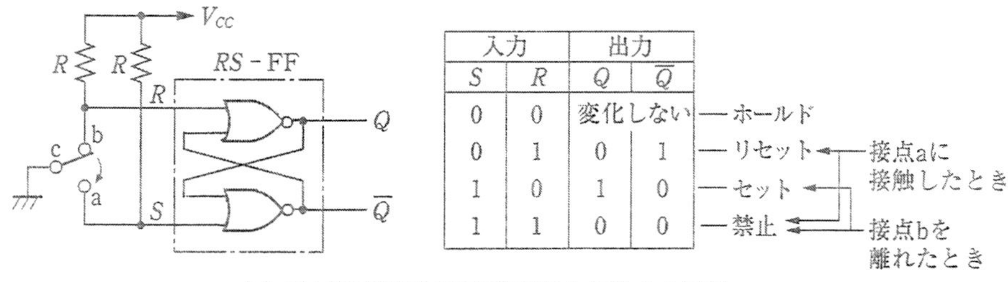

(a) NAND構成をNOR構成に入れ換えた回路

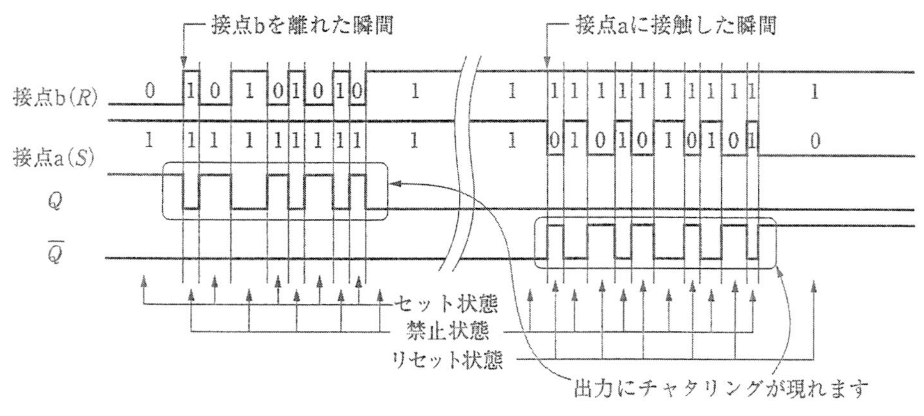

(b) 出力結果のタイミングチャート

解図4·2 2.の解

にすれば良いのです．NOR構成RS-FFのホールド状態は入力SとRがともに"0"のときですので，解図4·3のように両接点を抵抗でプルダウンします．これにより接点bに接触中は入力$S=0$，$R=1$のリセット状態で，接点bとaの間はSとRはともに"0"でホールド状態，そして接点aに接触後は$S=1$，$R=0$でセット状態となります．SとRがともに"1"になる禁止状態は生じないので，チャタリングは防止されます．

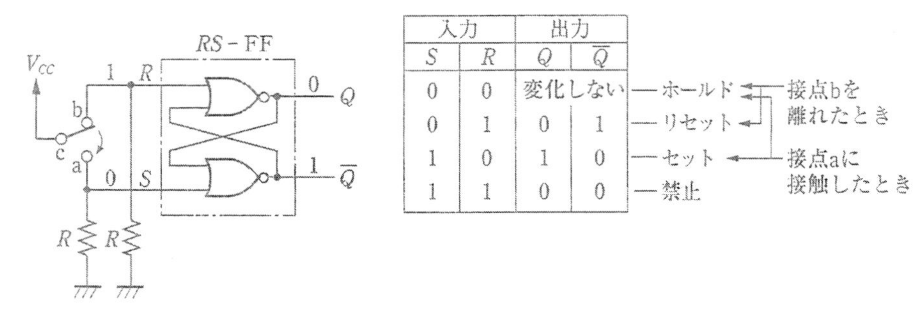

解図4·3 3.の解（NOR構成のチャタリング防止回路）

4. 初段のRST-FFは入力AがS，CがRとしてクロックBに同期して，レベルトリガで動作します．解図4·4で，クロックであるBが"1"の期間の入力AとCによって出力が影響します．後段のD-FFはRST-FFの出力Q（F）の立上りエッジでトリガされますが，Fの最初の立上り時は非同期クリアが働いているので無視されます．非同期クリアが解除後はFの立上り時のCの値が出力

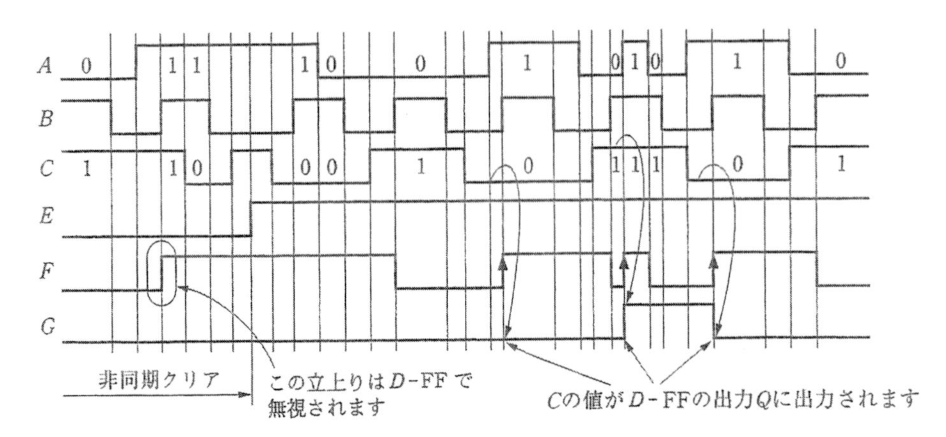

解図4･4 4. の解

Q (G) に出力されます.

5. 両D-FFのプリセット (PR) は"1"に固定なので常に非アクティブ状態です. 初めは入力CRが両FFの非同期クリア入力に"0"を与えているので, 出力Q_0とQ_1は"0" ($\overline{Q_1}$は"1") です. CRが"1"で非同期クリアが解除後は, クロックCKの立上りエッジで両FFが同時にトリガされます. トリガ時は入力Iの値が出力Q_0に, 前段のD-FFがトリガされる前のQ_0の値がQ_1に出力されます. そして, Q_0と$\overline{Q_1}$のNANDが出力OUTとして得られます. この動作は解図4･5に示すように, 非同期な入力Iに対して, クロックに同期してクロックパルスの1周期分の1パルスを出力することから同期微分回路といいます. システムの初期化やデータのセットパルスなどに応用されています.

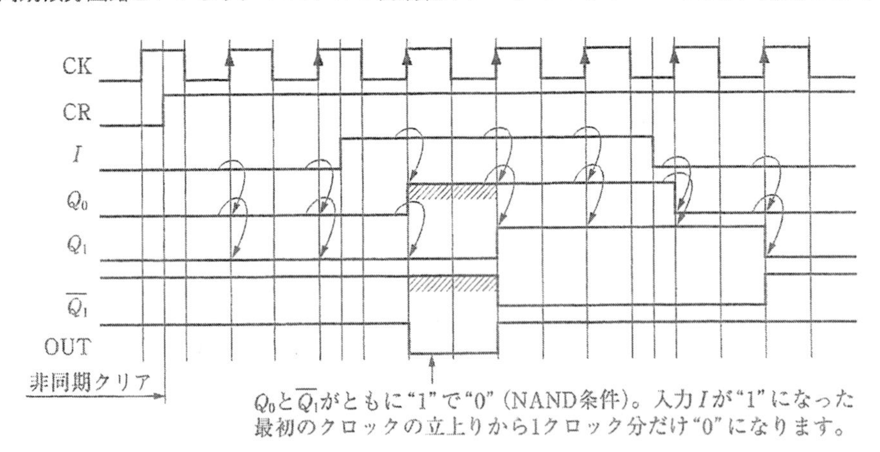

解図4･5 5. の解 (同期微分回路)

6. 両FFのプリセット (PR) は"1"に固定なので常に非アクティブ状態で, 後段のFFの入力J_1とK_1も常に"1"なので反転状態にあります. 初め両FFは入力CRによって非同期クリア状態になっており, 出力Q_0とQ_1はともに"0"です. このとき$\overline{Q_1}$は"1"でJ_0とK_0を"1"にしているので, Q_0はCKの立下りで反転します. Q_1はQ_0の立下りでやはり反転して"1"になりますが, $\overline{Q_1}$は"0"となるので初段のJ_0とK_0をともに"0"としてホールド状態にします. したがって, 以後トリガパルスが与えられても初段FFの出力は変化しません. その結果, 後段のFFにはトリガパルスが与え

られないので，後段のFFの出力も変化しなくなります（**解図4•6**）．このような2段構成の場合は前問と同じように，非同期入力CRに対する同期微分回路と同じ動作になりますが，複数段のFF構成やある処理を行った後で自動的に停止する回路などに応用できます．

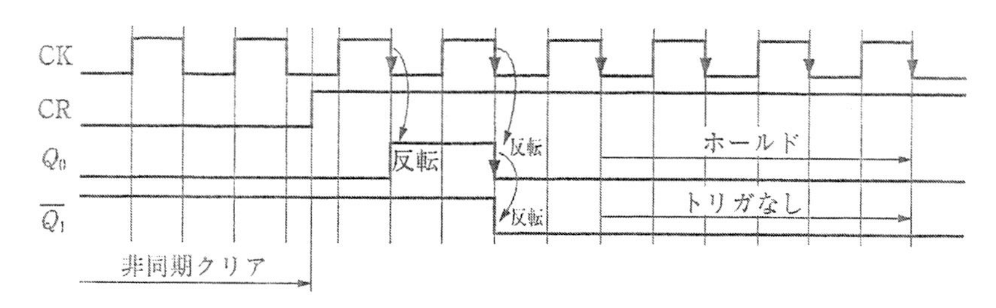

解図4•6　6.の解（初段のFFを止める回路）

7. D-FFのプリセット（PR_0）とJK-FFのクリア（CLR_1）は常に非アクティブ状態で，入力K_1は“1”に固定です．したがって，JK-FFはD-FFの出力Q_0の立下りでトリガされますが，リセット（$J_1=0$, $K_1=1$）かトグル（$J_1=1$, $K_1=1$）のみの動作になります．しかし，入力IがJ_1に与えられるため，Q_0の立下り時は$I=0$のときだけなのでリセット状態だけで，J_1とK_1がともに“1”になることはなくトグル状態は生じません．

初め，入力CR = 0によってD-FFは非同期クリア状態なので$Q_0=0$，JK-FFは非同期プリセット状態なので$Q_1=1$です．CRが“1”で非同期機能解除後はD-FFはCKの立上りエッジで入力Iの値をQ_0に出力し，そのQ_0の立下りでJK-FFがトリガされます（**解図4•7**）．

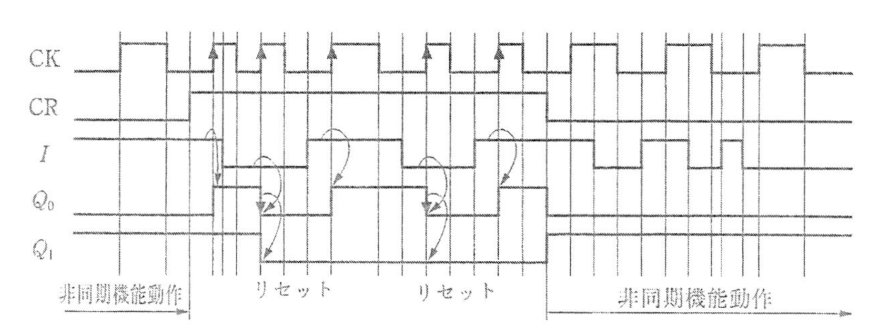

解図4•7　7.の解

■第5章解答

1. 表5•1の真理値表から，入出力ともにアクティブHで入力I_1～I_0の入力があると出力A～Dのいずれかには必ず“1”が出力されます．言い換えるとAまたはBまたはCまたはDの“1”で“1”になる条件，つまりA～DのORになります．さらに，ゼロの入力I_0が“1”のORを条件に加えます．グループセレクトGSの論理式は次式になり，回路図を**解図5•1**に示します．

$$\mathrm{GS} = A + B + C + D + I_0$$

2. 5•1 2の4進→2進エンコーダの設計手順で設計してみます．入出力アクティブHのブロック図と真理値表を**解図5•2**に示します．

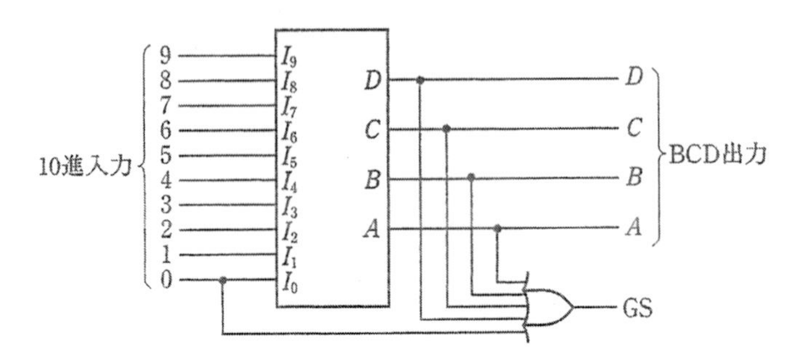

解図 5・1　グループセレクト回路を付加（1. の解）

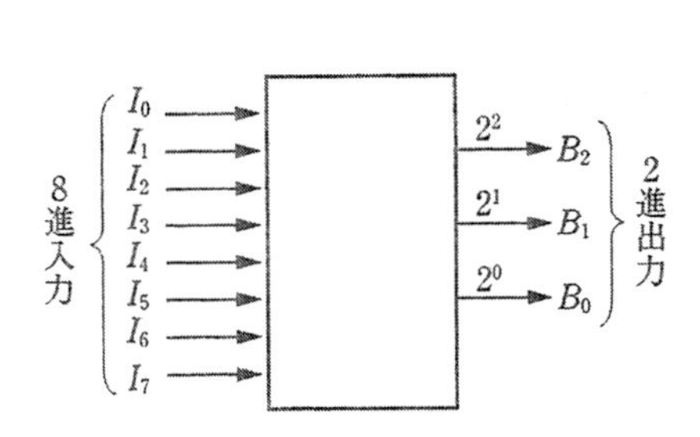

(a) ブロック図

入力								出力		
I_0	I_1	I_2	I_3	I_4	I_5	I_6	I_7	B_2	B_1	B_0
1	0	0	0	0	0	0	0	0	0	0
0	1	0	0	0	0	0	0	0	0	1
0	0	1	0	0	0	0	0	0	1	0
0	0	0	1	0	0	0	0	0	1	1
0	0	0	0	1	0	0	0	1	0	0
0	0	0	0	0	1	0	0	1	0	1
0	0	0	0	0	0	1	0	1	1	0
0	0	0	0	0	0	0	1	1	1	1

(b) 真理値表

解図 5・2　8 進→2 進エンコーダのブロック図と真理値表

真理値表から各出力の論理式を導きます.

$B_2 = I_4+I_5+I_6+I_7$, $B_1 = I_2+I_3+I_6+I_7$, $B_0 = I_1+I_3+I_5+I_7$

解図 5・3 に論理式をそのまま回路化したものと NAND, NOR, NOT の基本ゲートで構成した回路を示します.

3. SN 74147 は入出力アクティブ L のプライオリティエンコーダなのでアクティブな入力 4 と 7 では優先度の高い 7 がエンコードされ, $D=1$, $C=0$, $B=0$, $A=0$ が出力されます. 出力 GS は入力 0 を含めて, いずれかの "0" でアクティブ L 出力なので,

$\overline{\mathrm{GS}} = \overline{\mathrm{D}}+\overline{\mathrm{C}}+\overline{\mathrm{B}}+\overline{\mathrm{A}}+\overline{0}$（ゼロの入力）

の論理式より, GS = 0 を出力します.

4. SN 74148 は入出力ともにアクティブ L のプライオリティエンコーダです. 図 5・12 で入力 EN を "1" にすると両エンコーダは非アクティブになり, エンコーダとしては機能せず全出力が "1" になります. したがって, 入力 EN = 0 のとき下段のエンコーダが働き, 13 の入力である 5 がエンコードされて, 下段の A2〜A0 は "101" の反転した "010" を出力します. 当然, 下段のエンコーダに入力があったので下段の出力 GS は "0" を出力します. このとき, 下段の出力 EO は "1" を出力するため上段のエンコーダはエンコーダとして機能せず, 入力 4 と 7 が無視されて, 上段のエンコーダの出力はすべて "1" になります. その結果, 2 進出力の A3〜A0 は 13 に相当するアクティブ L の "0010" を出力し, 結果の GS も "0" を出力します.

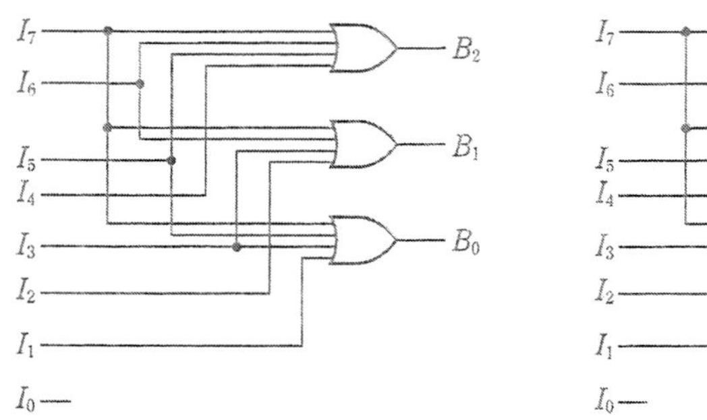

(a) 論理式をそのまま回路化

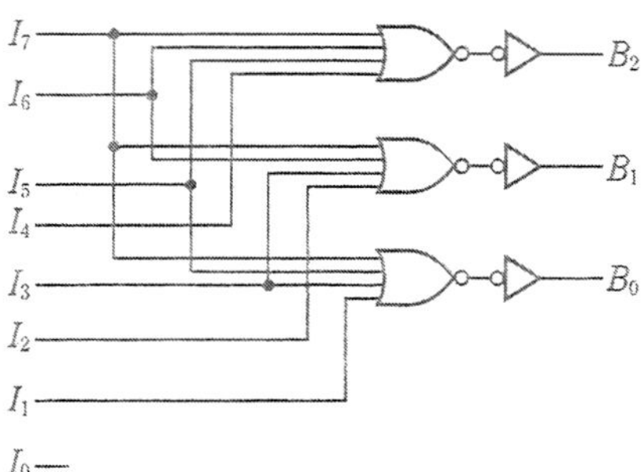

(b) NOR-NOT構成

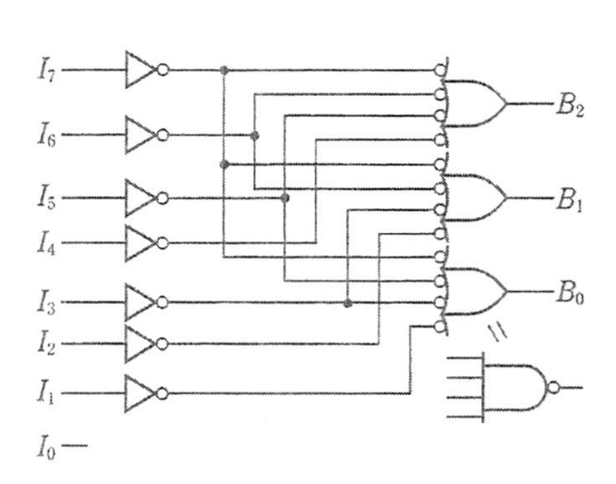

(C) NOT-NAND構成

解図 5・3　2. の解

5. 5・3 [2] の2進→4進デコーダの設計手順を参考に設計します．入出力アクティブLのブロック図と真理値表を解図 5・4 に示します．

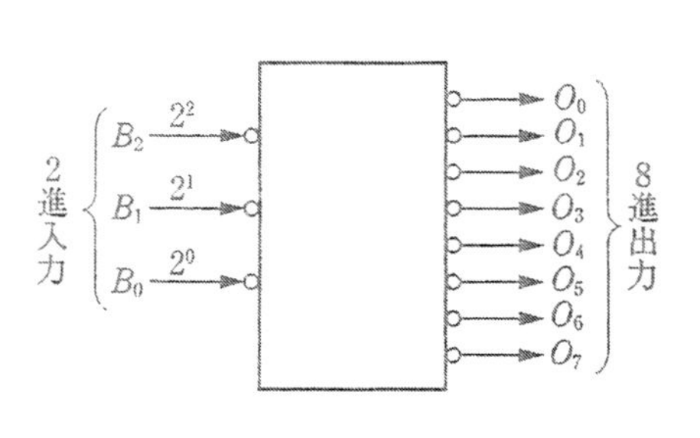

(a) ブロック図

入	力		出				力			
B_2	B_1	B_0	O_0	O_1	O_2	O_3	O_4	O_5	O_6	O_7
1	1	1	0	1	1	1	1	1	1	1
1	1	0	1	0	1	1	1	1	1	1
1	0	1	1	1	0	1	1	1	1	1
1	0	0	1	1	1	0	1	1	1	1
0	1	1	1	1	1	1	0	1	1	1
0	1	0	1	1	1	1	1	0	1	1
0	0	1	1	1	1	1	1	1	0	1
0	0	0	1	1	1	1	1	1	1	0

(b) 真理値表

解図 5・4　2進→8進デコーダのブロック図と真理値表

真理値表から各出力が "0" になる論理式を導きます．

$$\overline{O_0} = B_2 \cdot B_1 \cdot B_0, \quad \overline{O_1} = B_2 \cdot B_1 \cdot \overline{B_0}, \quad \overline{O_2} = B_2 \cdot \overline{B_1} \cdot B_0,$$

$$\overline{O_3} = B_2 \cdot \overline{B_1} \cdot \overline{B_0}, \quad \overline{O_4} = \overline{B_2} \cdot B_1 \cdot B_0, \quad \overline{O_5} = \overline{B_2} \cdot B_1 \cdot \overline{B_0},$$

$$\overline{O_6} = \overline{B_2} \cdot \overline{B_1} \cdot B_0, \quad \overline{O_7} = \overline{B_2} \cdot \overline{B_1} \cdot \overline{B_0}$$

論理式をそのまま回路化したものと入力のファンイン数を1とするためのバッファを挿入した回路を**解図5･5**に示します．

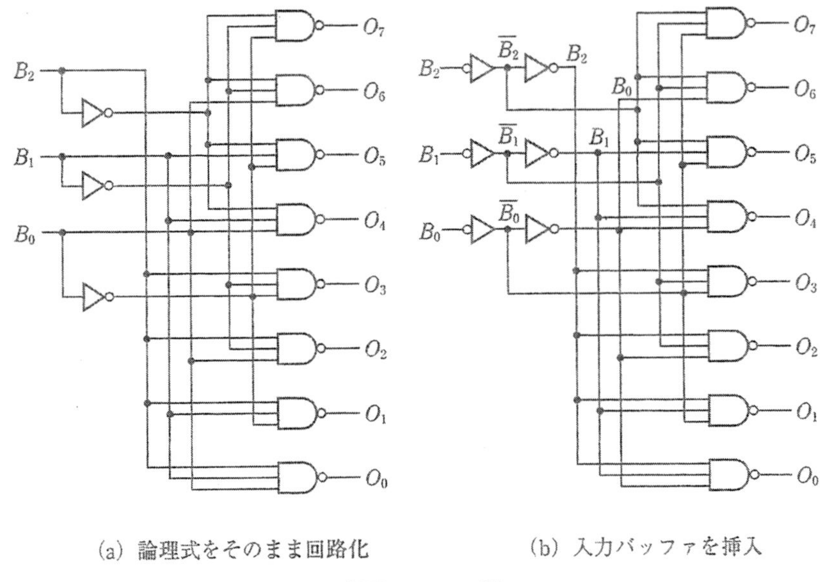

(a) 論理式をそのまま回路化　　(b) 入力バッファを挿入

解図5･5　5. の解

6. SN 7442 のデコーダ1個で8進なので，32進を得るには4個必要です．2進入力は $32 = 2^5$ なので，5ビットになります．5ビットを A (2^0)～E (2^4) とすると，E～A の“00000”～“11111”の32通りのビットパターンは**解表5･1**のように，4個のデコーダの下位3ビットがすべて同じです．上位2ビットをストローブ信号として用いて4個のデコーダを切り換えます．

解表5･1　32出力を4分割したビットパターン

入力					出力
E	D	C	B	A	
0	0	0	0	0	0
0	0	0	0	1	1
↓	↓		≀		≀
0	0	1	1	1	7
0	1	0	0	0	8
0	1	0	0	1	9
↓	↓		≀		≀
0	1	1	1	1	15

入力					出力
E	D	C	B	A	
1	0	0	0	0	16
1	0	0	0	1	17
↓	↓		≀		≀
1	0	1	1	1	23
1	1	0	0	0	24
1	1	0	0	1	25
↓	↓		≀		≀
1	1	1	1	1	31

同じパターン

0～7では上位2ビットはともに“0”，7～15では“01”，16～23では“10”，24～31では“11”であり，それぞれのストローブ信号として各デコーダの入力 D に与えます．例えば，0～7のストローブ信号は $\overline{E}\cdot\overline{D}$ のとき，入力 D が“0”になる回路にします（**解図5･6**）．

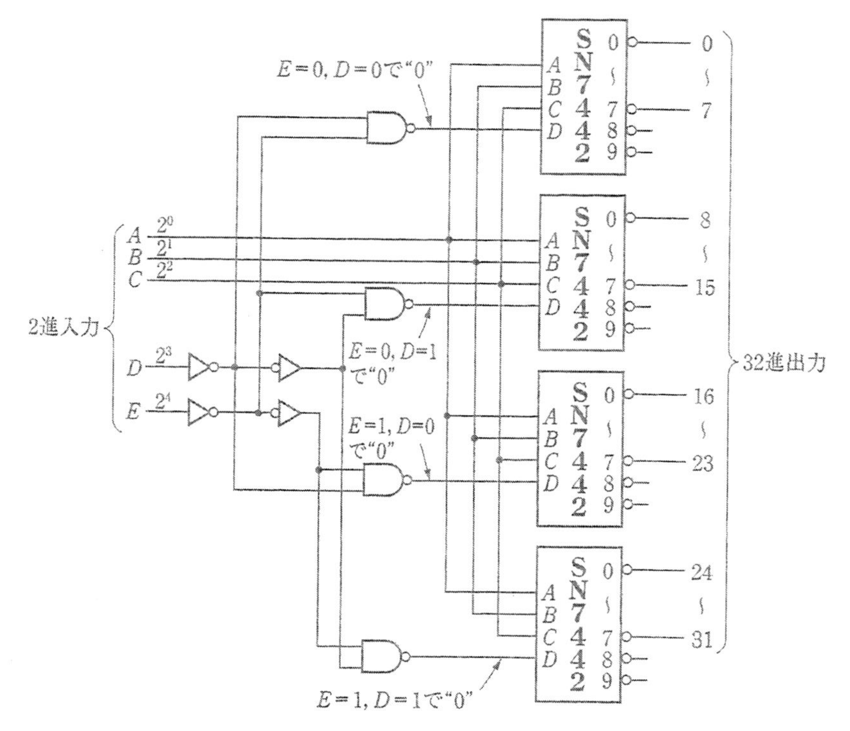

解図5･6　SN 7442を4個用いて，2進→32進デコーダの構成（6. の解）

7. SN 74138は2進→8進デコーダなので前問の6. と同じ条件です．解表5･1のように5ビットの入力中，上位2ビットが"00"，"01"，"10"，"11"でそれぞれ0〜7，8〜15，16〜23，24〜31をデコードするようにイネーブル入力を制御します．SN 74138にはG1･$\overline{\text{G2A}}$･$\overline{\text{G2B}}$というイネーブル入力があるので，外部にはNOTゲート1個ですみます（解図5･7）．

8. (a)　SN 7442を2進→8進デコーダとして用いる場合，ストローブ入力$D=0$で機能し，$D=1$ではデコーダとして機能しません．したがって，ストローブ入力が"0"のときで出力0，3，7がアクティブになるデータ入力はC〜Aがそれぞれ"000"，"011"，"111"のときなので，

$$f=\overline{C}\cdot\overline{B}\cdot\overline{A}+\overline{C}\cdot B\cdot A+C\cdot B\cdot A$$

(b)　SN 74138のイネーブル条件はG1･$\overline{\text{G2A}}$･$\overline{\text{G2B}}$です．G2AとG2Bはともに"0"に固定なのでG1が"1"でデコーダとして働き，"0"ではデコーダとして機能しません．したがって，ストローブ入力が"1"のときで，出力1，2，4，5，6がアクティブになる条件から

$$f=\overline{C}\cdot\overline{B}\cdot A+\overline{C}\cdot B\cdot\overline{A}+C\cdot\overline{B}\cdot\overline{A}+C\cdot\overline{B}\cdot A+C\cdot B\cdot\overline{A}$$

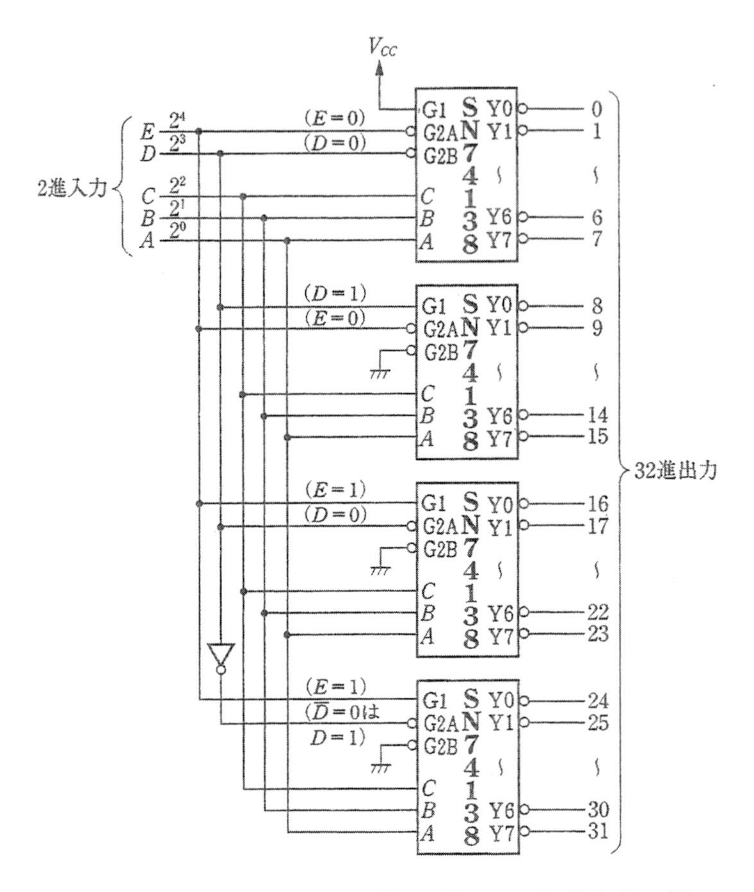

解図 5·7　SN 74138 を 4 個用いて，2 進→32 進デコーダの構成（7. の解）

第 6 章解答

1. スイッチは ON で“0”，OFF で“1”がマルチプレクサの入力に与えられる回路になっています．その入力をデータセレクト入力 A～C で選択して Y に出力します．セレクト入力 C，B，A が“000”～“111”のときの出力が“01001111”になるためには S_0～S_7 を“0”は ON，“1”が OFF に対応してセットします．

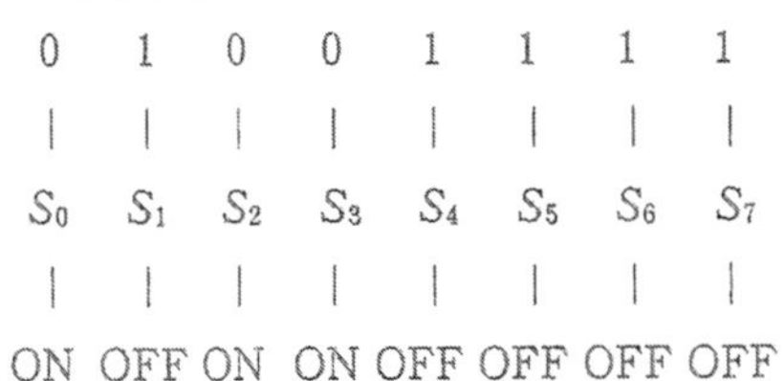

2. 16 入力を選択するには 4 本（2^4）のセレクト信号が必要になります．それを LSB から A～D とすると，0～7 と 8～15 に分けて考えると MSB の D が 0～7 では“0”，8～15 では“1”です．そして下位 3 ビットのビットパターンは同じです．そこで**解図 6·1** のように，SN 74151 を 2 個用意し，セレクト入力 A～C を共通に接続して，セレクト入力の MSB である D をストローブとして用い，2 個のマルチプレクサを切り換えます．マルチプレクサの出力はアクティブ L の出力 W を用いて両出力

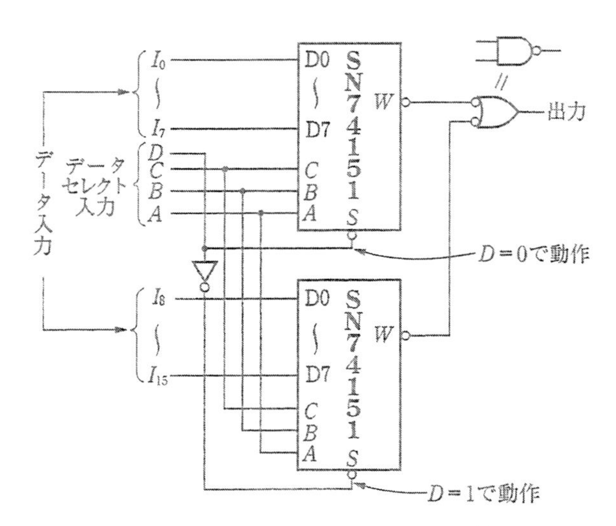

解図 6·1　SN 74151 の 16-1 マルチプレクサへの拡張（2. の解）

をアクティブ L で OR に構成すれば，基本ゲートの NAND になります．

3. SN 74150 はストローブ入力 S が“0”で動作し，E0～E15 の 16 入力をデータセレクト入力 A～D で選択する 16-1 マルチプレクサです．それを 2 個用いて 32-1 マルチプレクサに拡張した図 6·7 はデータセレクト入力 K_0～K_4 の MSB である K_4 が“0”で上部のマルチプレクサが動作して I_0～I_{15} を選択し，$K_4=1$ で下部のマルチプレクサが動作して I_{16}～I_{31} を選択します．両マルチプレクサのストローブ入力 STB は“1”でアクティブです．

表 6·6 の（1）はセレクト入力が“01100”で $(12)_{10}$ を選択しているので f は I_{12} を出力します．（2）は f が I_{15} を出力しているということはマルチプレクサとして機能しているので，ストローブ入力 STB は“1”で，$(15)_{10}$ を選択するセレクト入力 K_4～K_0 は“01111”です．（3）ではストローブ入力が“0”なのでセレクト入力には無関係に非アクティブの“0”になります．（4）ではセレクト入力が“11010”で $(26)_{10}$ を選択しているので f は I_{26} を出力します．

4. 1 入力 8 出力デマルチプレクサ，入出力アクティブ H の真理値表を解表 6·1 に示します．8 出力なのでセレクト入力は 3 本必要となり A～C とします．

解表 6·1　1-8 デマルチプレクサの真理値表

入力			出力							
C	B	A	O_7	O_6	O_5	O_4	O_3	O_2	O_1	O_0
0	0	0	0	0	0	0	0	0	0	I
0	0	1	0	0	0	0	0	0	I	0
0	1	0	0	0	0	0	0	I	0	0
0	1	1	0	0	0	0	I	0	0	0
1	0	0	0	0	0	I	0	0	0	0
1	0	1	0	0	I	0	0	0	0	0
1	1	0	0	I	0	0	0	0	0	0
1	1	1	I	0	0	0	0	0	0	0

真理値表から各論理式を導きます．例えば，$O_0=\overline{C}\cdot\overline{B}\cdot\overline{A}$，$O_7=C\cdot B\cdot A$．それぞれの出力の論理式を回路化したのが**解図 6•2** です．セレクト入力回路にはバッファとしての機能を持たせてあります．

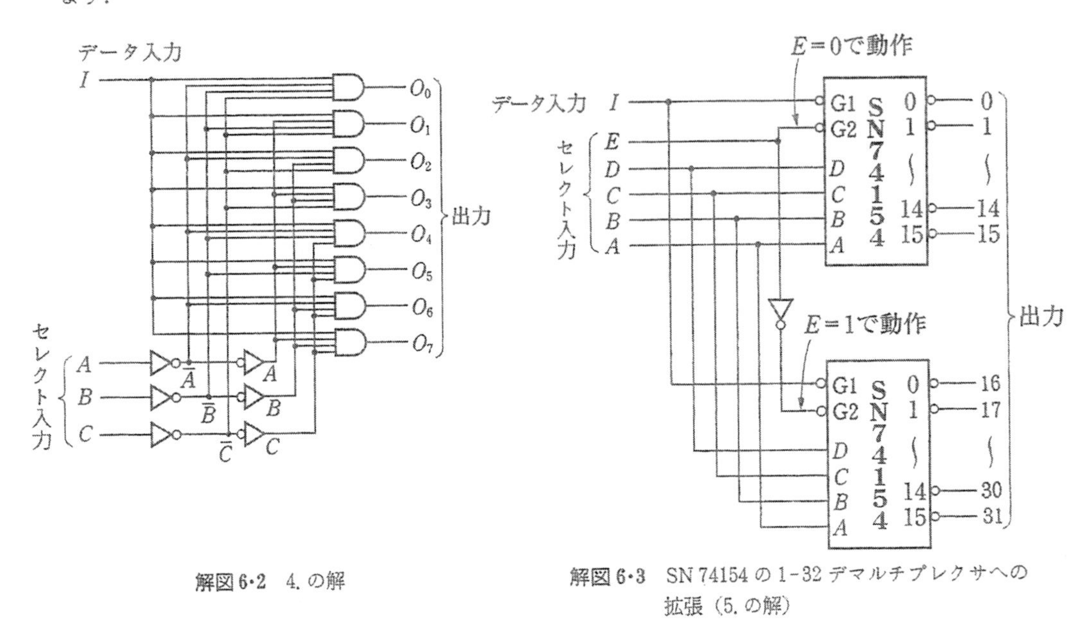

解図 6•2　4. の解

解図 6•3　SN 74154 の 1-32 デマルチプレクサへの拡張（5. の解）

5. 32 出力を選択するには 5 本（2^5）のセレクト入力が必要になります．そのセレクト入力を LSB から A～E とします．SN 74154 は 16 出力なので 0～15，16～31 に 2 分割して考えます．0～15 では MSB の E は“0”，16～31 では $E=1$ ですので，E によって 2 個のデマルチプレクサを切り換えます（**解図 6•3**）．

6. SN 74155 は出力 1Y0～1Y3 側にストローブ 1G とデータ 1C の $\overline{1G}\cdot 1C$ 条件によって出力ゲートが開き，もう一方の出力 2Y0～2Y3 は同様に $\overline{2G}\cdot\overline{2C}$ の条件でゲートが開くようになっています．そして，出力の選択にはセレクト入力 A と B が共通に使われます．問題は出力 2Y0～2Y3 側にデータを出力するということなので，入力 2G を“0”にした状態で入力 2C にデータを与えます（逆でも可）．参考例として，入力 1G と 2G のデータを切換信号 SW で切り換えて，両出力に出力する回路を**解図 6•4** に示します．

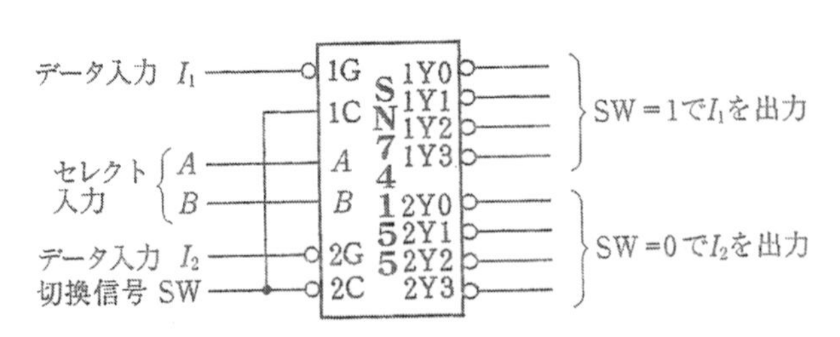

解図 6•4　2 回路の出力を切り換えて使用する例

7. SN 74138 は 8 出力のデコーダ/デマルチプレクサで，その 8 出力用の NAND ゲートはイネーブル

条件 G1・$\overline{\text{G2A}}$・$\overline{\text{G2B}}$ で開きます．0〜7と8〜15をセレクト入力のMSBである D で2つのデマルチプレクサを切り換えます（解図6・5）．

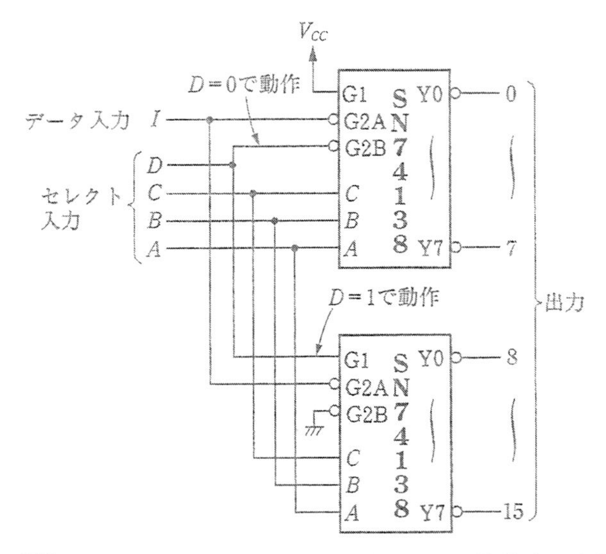

解図6・5　SN 74138 の 1-16 デマルチプレクサへの拡張（7. の解）

■第7章解答

1. (1)　図7・2で n ビットの一致回路を示してあるように，各けたの比較用に XOR，または XNOR ゲートを用意します．問題は6ビットの一致回路なので全ビットが一致したときに"1"を出力する回路になります．出力側の多入力ゲートはいろいろな入力数のゲートとの組合せがあります．解答はその一例です．解図7・1 (a) に XOR 構成，(b) に XNOR 構成の例を示します．

(2)　SN 74ALS520 は8ビットの A と B が不一致のときに出力 $A=B$ が"1"を出力する不一致回路機能を持ったICです．6ビット一致回路とするため，出力を反転します．余った2対の入力は同じ値になるように処理します．解図7・2では余った入力をグランドにプルダウンした例を示します．コンパレータとして機能させる場合はストローブ入力に"0"を与えます．

2. A と B に与えられるデータは2進数に変換すると次のようになります．

$$A=(4096)_{10}=(1000000000000)_2=(\overset{A_{15}\quad A_8}{00010000}\ \overset{A_7\quad A_0}{00000000})_2$$

$$B=(4224)_{10}=(1000010000000)_2=(\underbrace{00010000}_{\substack{B_{15}\quad B_8\\ \text{上位8ビット}}}\ \underbrace{10000000}_{\substack{B_7\quad B_0\\ \text{下位8ビット}}})_2$$

上位8ビットの"00010000"は図7・10の下段のコンパレータICに与えられ，ともに同じビット列なので $\overline{A=B}$ 端子から"0"が出力されます．下位の A が"00000000"と B の"10000000"は図の上段のコンパレータに与えられ，両ビットパターンは同じでないので上段の出力 $\overline{A=B}$ からは"1"が出力されます．一致出力は両コンパレータの出力が"0"のとき（上位と下位の8ビットがそれぞれ等しいとき，つまり，16ビットのビット列が等しかったとき），出力 $A=B$ は"1"を，不一致出力 $\overline{A=B}$ は"0"を出力する回路です．問題の場合，下位8ビットの不一致による結果，出力 $A=B$

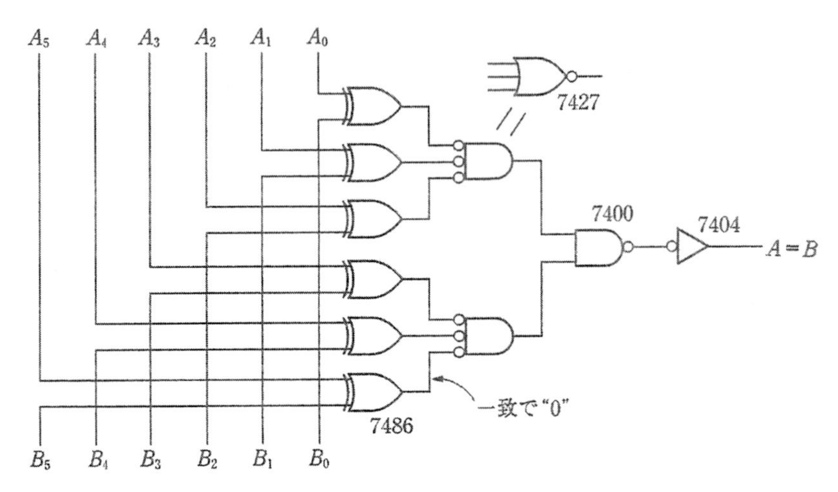

(a) XOR構成

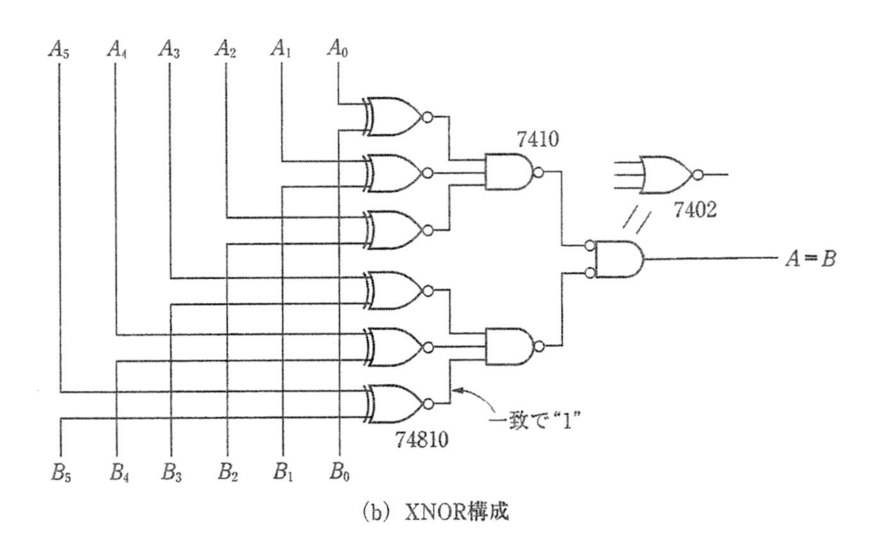

(b) XNOR構成

解図7·1 6ビット一致回路（1.(1) の解）

は"0"，$\overline{A=B}$は"1"になります．このときストローブ入力Gには"0"を与えておきます．

3. AとBの12ビットは図7·12の3つのコンパレータに4ビットずつ上段，中段そして下段に与えられます．最上位4ビットはA，Bともに"1011"で$A=B$のため，中段の比較結果に依存します．中段では$A=1110$，$B=1011$であるため$A>B$と判定され，カスケード出力を通して上段に与えられます．このとき，下段の判定は不要なため下段からのカスケード情報はしゃ断されます．したがって，中段の判定結果である$A>B$が上段の出力から出力され，12ビットの比較結果は出力$A>B$だけが"1"になり，$A>B$であったことを知らせます．

4. SN 54L85は4ビット大小比較器なので，**解図7·3**のように2個カスケード接続します．余った3ビットは同じビット列にするため，図ではグランドにプルダウンした例を示してあります．

5. 図7·13はSN 7442とSN 74151構成による3ビットの一致回路です．12ビットの比較には4ブロッ

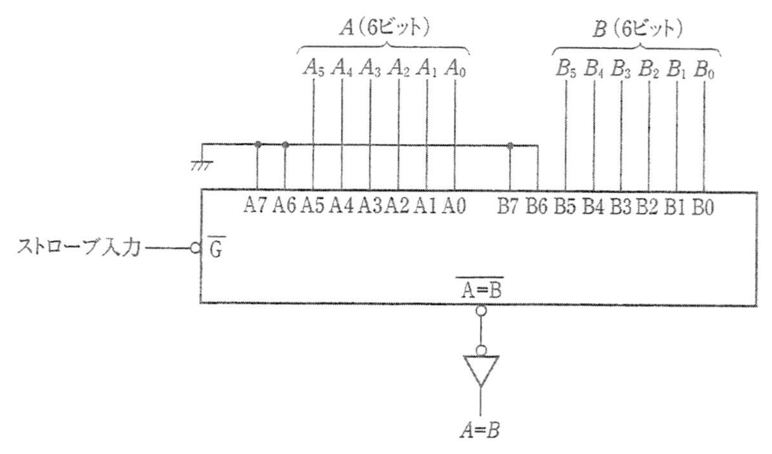

解図7·2　SN 74ALS520を6ビット一致回路として使用（1.(2)の解）

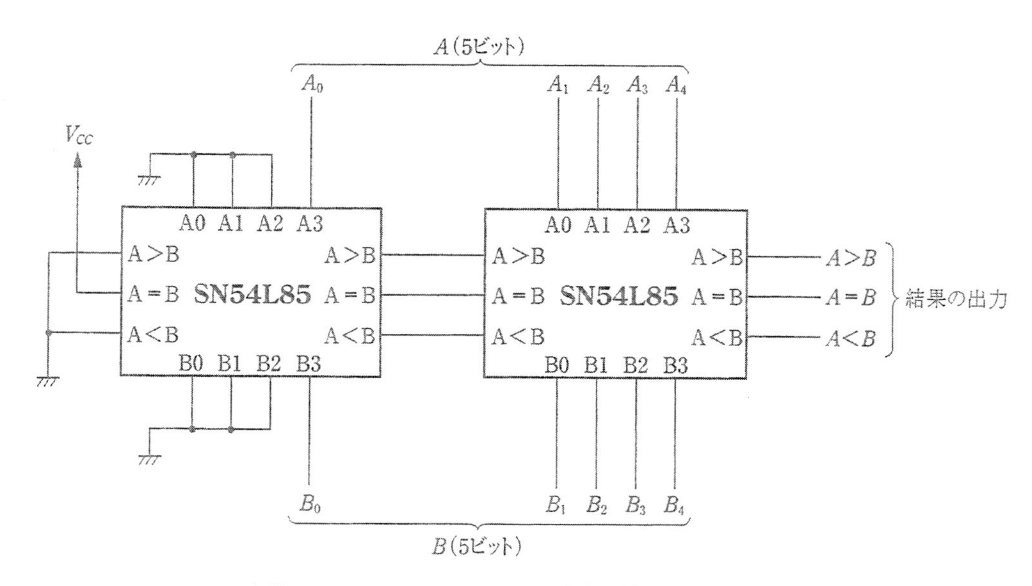

解図7·3　SN 54L85で5ビットの大小比較器構成（4.の解）

クのカスケード接続になります．4つのブロックがそれぞれ一致，つまり12ビットが一致したとき“1”を出力する$A=B$（一致）と“0”を出力（不一致で“1”）$\overline{A=B}$を解図7·4に示します．

6. 3つの出力の論理式を以下のように導き，変形します．

$C=\overline{A\cdot\overline{A\cdot B}}$

$=\overline{A\cdot(\overline{A}+\overline{B})}$ ………ド・モルガンの定理$\overline{A\cdot B}=\overline{A}+\overline{B}$より

$=\overline{A\cdot\overline{A}+A\cdot\overline{B}}$ ………$A\cdot\overline{A}=0$

$=\overline{A\cdot\overline{B}}$

$E=\overline{B\cdot\overline{A\cdot B}}=\overline{B\cdot(\overline{A}+\overline{B})}$

$=\overline{\overline{A}\cdot B}$

$D=\overline{C\cdot E}=\overline{C}+\overline{E}$

$=\overline{\overline{A\cdot\overline{B}}}+\overline{\overline{\overline{A}\cdot B}}$ ………2重否定は論理的に否定なしと同じ

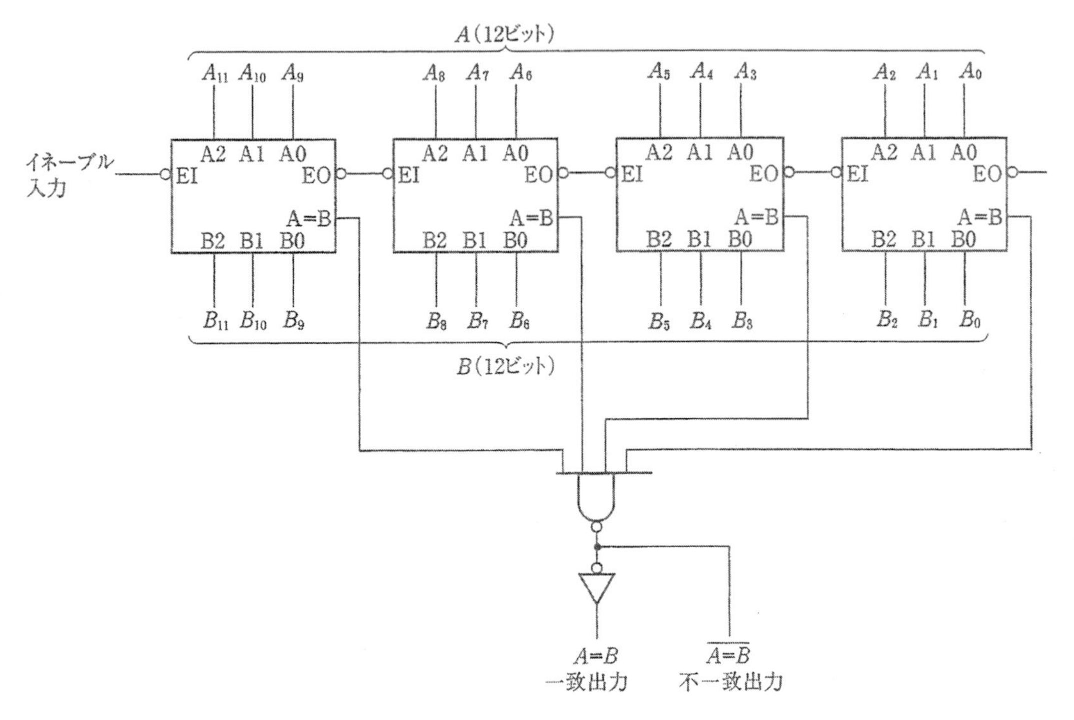

解図 7・4　4ビット一致/不一致回路構成（5. の解）

$$=A\cdot\overline{B}+\overline{A}\cdot B$$

$$=A\oplus B$$

$A\cdot\overline{B}$ は $A>B$，$\overline{A}\cdot B$ は $A<B$ なので

$$C=\overline{A\cdot\overline{B}}=\overline{A>B},\quad E=\overline{\overline{A}\cdot B}=\overline{A<B}$$

$A\oplus B$ は一致で "0" なので

$$D=A\oplus B=\overline{A=B}$$

したがって，図7・5のNOR構成とは逆の論理で，アクティブLの大小比較出力になります（解図7・5）.

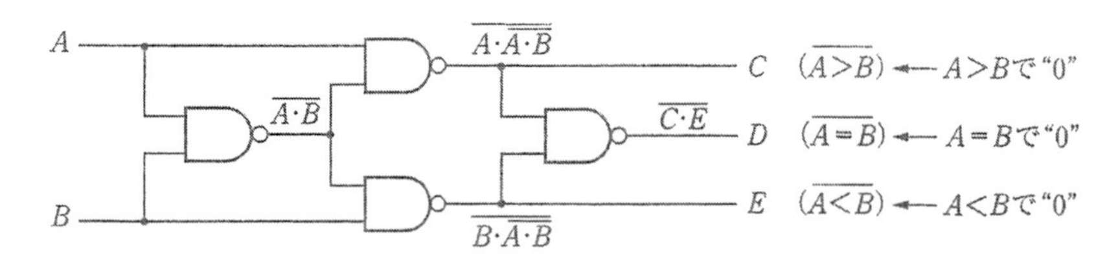

解図 7・5　NAND構成1ビット大小比較回路（6. の解）

■第8章解答

1. NORゲート構成ということなので，NOR構成向きの最大項形式（第3章3・1 ①参照）で和 S の論理式を表し，以下のように変形します．けた上げ C は2重否定後，ド・モルガンの定理で変形するとNOR構成になります．

$\overline{S}=\overline{X}\cdot\overline{Y}+X\cdot Y$ ……… S が"0"になる条件

$S=\overline{\overline{X}\cdot\overline{Y}+X\cdot Y}$ ………両辺を否定すると，$\overline{\overline{S}}=S$ の式になります．

$=\overline{\overline{X}\cdot\overline{Y}}\cdot\overline{X\cdot Y}$

$=(X+Y)\cdot(\overline{X}+\overline{Y})$ ………ド・モルガンの定理より

このように導いた最大項形式の右辺を2重否定します．

$S=\overline{\overline{(X+Y)\cdot(\overline{X}+\overline{Y})}}$

$=\overline{\overline{X+Y}+\overline{\overline{X}+\overline{Y}}}$ ………ド・モルガンの定理で展開

$\overline{X}$ と $\overline{Y}$ の NOR
X と Y の NOR
} 結果同士の NOR を意味しています．

一方，C の論理式は

$C=X\cdot Y$

$=\overline{\overline{X\cdot Y}}=\overline{\overline{X}+\overline{Y}}$ ← $\overline{X}$ と $\overline{Y}$ の NOR を意味しています．

以上の結果，各論理式はすべて NOR 構成を意味しており，そのまま回路化したのが解図8·1です．

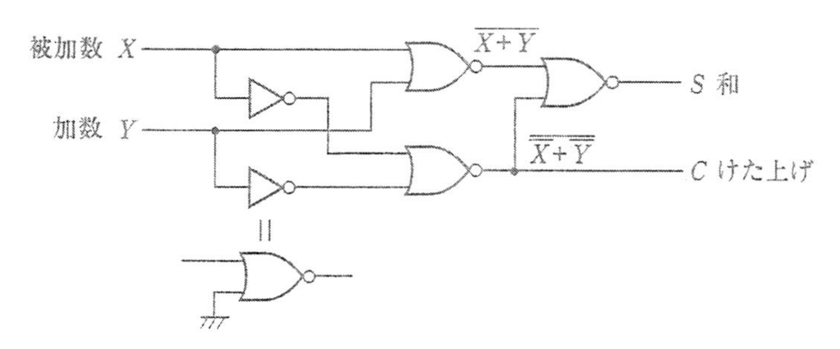

解図8·1 半加算器の NOR ゲート構成（1. の解）

2. 半減算器の差 D は半加算器の和 S と同じ論理式です．したがって，D は前問で導いた S の式で，けた借り $B=\overline{X}\cdot Y$ をド・モルガンの定理で変形して NOR 構成にし，回路化したのが解図8·2です．

$D=\overline{\overline{X+Y}+\overline{\overline{X}+\overline{Y}}}$ ……前問の S の式と同じ

$B=\overline{X}\cdot Y=\overline{\overline{\overline{X}\cdot Y}}=\overline{X+\overline{Y}}$ ← X と $\overline{Y}$ の NOR．

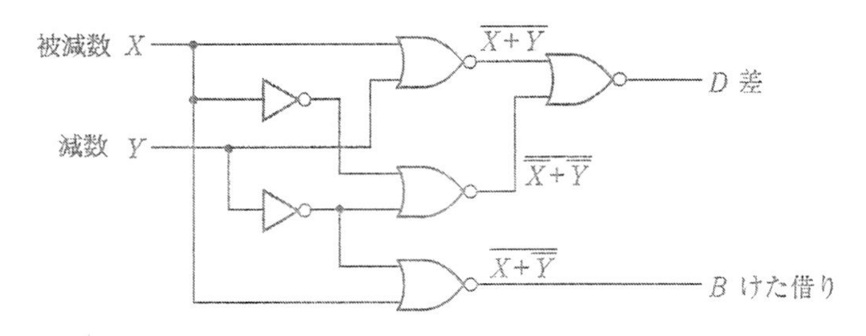

解図8·2 半減算器の NOR ゲート構成（2. の解）

3. 論理レベルが合っているので，各出力の論理式が容易に導けます（解図8·3）．

(a) $T=X\cdot\overline{Y}+\overline{X}\cdot Y$, $U=\overline{X}\cdot Y$

両論理式はTが差のD，Uがけた借りのBを意味していることから半減算器です．NOTゲートをNORゲートに置き換えるとすべてNORゲート構成になります．すると前問と同じで，ゲート数も6と同じです．

(b) $V=(X+Y)\cdot\overline{X\cdot Y}$

$=(X+Y)\cdot(\overline{X}+\overline{Y})$ ………ド・モルガンの定理より

$=X\cdot\overline{X}+X\cdot\overline{Y}+\overline{X}\cdot Y+Y\cdot\overline{Y}$ ………分配の法則より

（$X\cdot\overline{X}=0$，$Y\cdot\overline{Y}=0$）

$=X\cdot\overline{Y}+\overline{X}\cdot Y$

$W=X\cdot Y$

両式から，VとWはそれぞれ半加算器の和Sとけた上げCを意味しています．

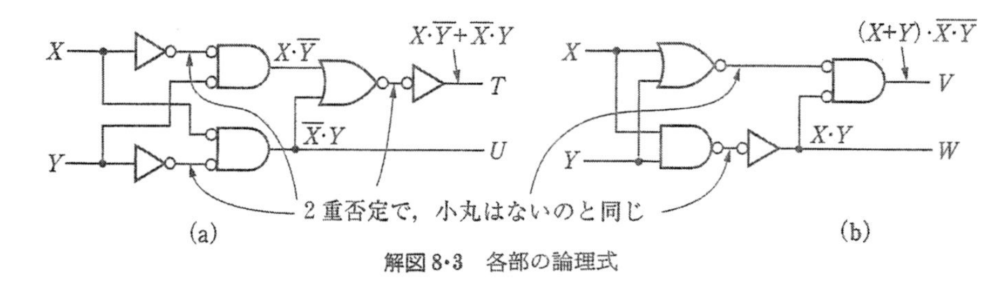

解図8·3　各部の論理式

4. 全減算器の真理値表は図8·8（b）に示してあります．全加算器のSと全減算器のDは全く同じパターンです．8·1②の全加算器の場合と全く同じ手順で全減算器の論理式を導き，回路化します．

(1) けた借りBと差Dのカルノー図を**解図8·4**に示します．

カルノー図から，DとBの論理式が以下のように導かれます．

$D=\overline{X}\cdot\overline{Y}\cdot B_0+\overline{X}\cdot Y\cdot\overline{B_0}+X\cdot\overline{Y}\cdot\overline{B_0}+X\cdot Y\cdot B_0$

$B=\overline{X}\cdot B_0+\overline{X}\cdot Y+Y\cdot B_0$

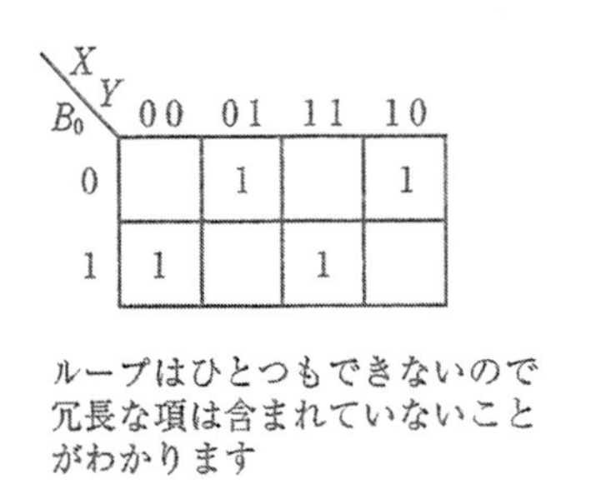

(a) Dのカルノー図

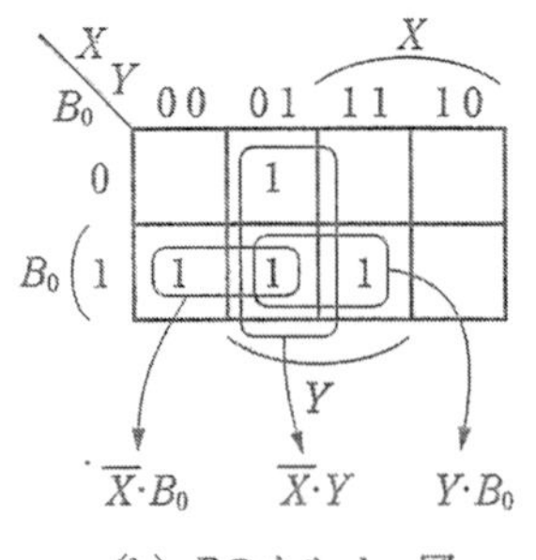

(b) Bのカルノー図

解図8·4　BとDのカルノー図

以上の論理式を回路化したのが**解図8·5**です．出力側のAND-OR構成は2重否定してNAND構成に変換してあります．

(2) DとBの論理式を真理値表からそのまま以下のように導き，変形します．Dは全加算器のSと全く同じパターンなのでC_0をB_0に置き換えたのがDの論理式です．

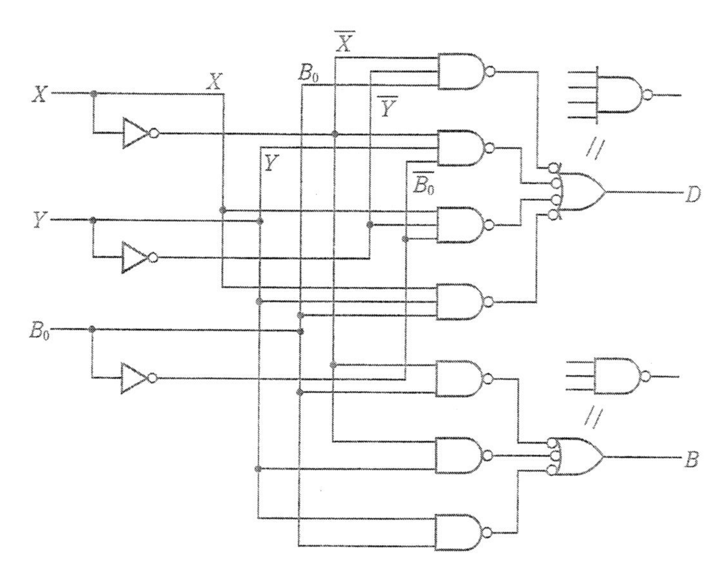

解図8・5 全減算器（4.(1) の解）

$$D=\overline{X}\cdot\overline{Y}\cdot B_0+\overline{X}\cdot Y\cdot\overline{B_0}+X\cdot\overline{Y}\cdot\overline{B_0}+X\cdot Y\cdot B_0$$

$$=(\overline{X}\cdot\overline{Y}+X\cdot Y)\cdot B_0+(\overline{X}\cdot Y+X\cdot\overline{Y})\cdot\overline{B_0}$$

$$=(\overline{X\oplus Y})\cdot B_0\qquad+(X\oplus Y)\cdot\overline{B_0}$$

$$=(X\oplus Y)\oplus B_0$$

$$B=\overline{X}\cdot\overline{Y}\cdot B_0+\overline{X}\cdot Y\cdot\overline{B_0}+\overline{X}\cdot Y\cdot B_0+X\cdot Y\cdot B_0$$

$$=(\overline{X}\cdot\overline{Y}+X\cdot Y)\cdot B_0+\overline{X}\cdot Y\cdot\underbrace{(\overline{B_0}+B_0)}_{1}$$

$$=\overline{(X\oplus Y)}\cdot B_0+\overline{X}\cdot Y$$

半減算器はXとYの入力に対し，差$D=X\oplus Y$，けた借り$B=\overline{X}\cdot Y$です．全減算器の論理式DはXとYの半減算器の出力DをさらにB_0との半減算器を通すことにより得られます．この結果，初段の半減算器の出力Bからは$\overline{X}\cdot Y$が，後段の半減算器の出力Bからは（$\overline{X\oplus Y}$）$\cdot B_0$がそれぞれ出力されています．全減算器のけた借りBはそれらのORを意味しています．以上の結果の回路が図8・10になります．

5. nビット並列加算器のブロック図，図8・7から4ビット並列加算器が解図8・6のような構成になることは容易に理解できると思います．被加数“1011”と加数“0110”は各全加算器と半加算器（LSB用）に図のように与えられます．

まず，LSB同士の加算$X+Y=CS$は$1+0=01$で，けた上げ$C=0$がその上位けたの加算器にC_0として伝搬し，FA1では$X+Y+C_0=CS$の演算を$1+1+0=10$として実行し，このときのけた上げ$C=1$がその上位けたの加算器FA2に伝搬します．この動作を表に表したのが解表8・1です．加算結果の“10001”が得られます．

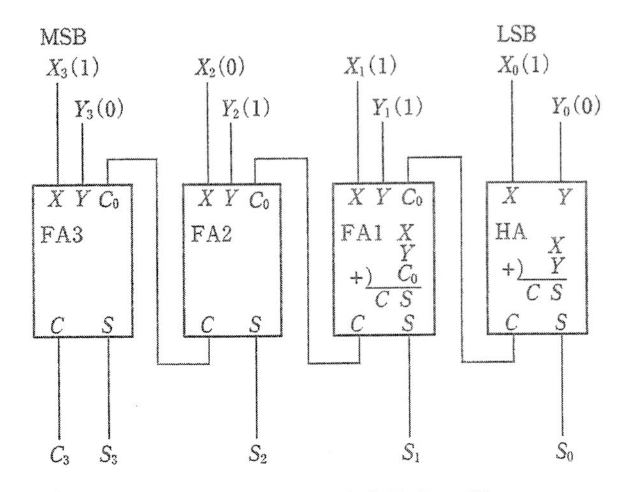

解図 8·6　4 ビット並列加算器（5. の解）

解表 8·1　4 ビット加算の演算処理過程

	入力			出力	
	被加数	加数	けた上げ	けた上げ	和
加算器	X	Y	C_0	C	S
HA (LSB)	1	0	−	0	1
FA1	1	1	0	1	0
FA2	0	1	1	1	0
FA3 (MSB)	1	0	1	1	0

1　0　0　0　1　←　加算結果

```
  1 1 1
   1 0 1 1  (11)10
+)   1 1 0  ( 6)10
 1 0 0 0 1  (17)10
```

6. 5 ビット並列減算器なので，**解図 8·7** に示すように全減算器 4 個と半減算器 1 個構成になります（図 8·11 参照）．

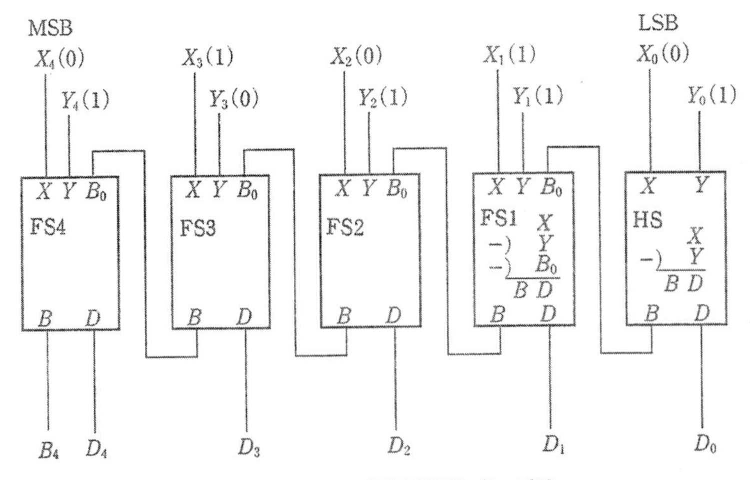

解図 8·7　5 ビット並列減算器（6. の解）

減算はLSBの$X-Y=BD$は$0-1=11$の結果，けた借り出力$B=1$は上位けたのけた借り入力B_0として伝搬します．前問と同様に各けたの動作を**解表8・2**に示します．

解表8・2　5ビット減算の演算処理過程

	入力			出力	
	被減数	減数	けた借り	けた借り	差
減算器	X	Y	B_0	B	D
HS（LSB）	0	1	－	1	1
FS1	1	1	1	1	1
FS2	0	1	1	1	0
FS3	1	0	1	0	0
FS4（MSB）	0	1	0	1	1

1　1　0　0　1　1　←　減算結果

$$\begin{array}{rl} 1\,0\,1\,0 & (10)_{10} \\ -)\ \underline{1\,0\,1\,1\,1} & (23)_{10} \\ 1\,1\,0\,0\,1\,1 & (-13)_{10} \end{array}$$

10－23の減算を行ったため，結果は負になり2の補数表現で得られます．減算結果の“110011”の2の補数は“001101”で“13”に相当するので“－13”を意味した2進数が得られています．

7. 直接減算では結果が負の場合は2の補数で得られます．補数減算で1の補数を用いた場合と2の補数を用いた場合ではそれぞれ結果が負になると用いた補数で得られます．いずれにしても補数減算では減算結果（補数との加算結果）が正ではけた上げを生じ（符号けたが“1”），負ではけた上げを生じません（符号けたが“0”）．したがって，符号が“1”のときはそのまま減算結果を出力し，“0”でさらに補数回路を通すような回路構成にします．直接減算では負でけた借りを生じ，正でけた借りを生じませんので，結果が負で“1”，正で“0”と補数減算の場合とは逆になることに注意して下さい．要するに結果が正でそのまま出力し，負でさらに補数器を通すことになります（**解図8・8**）．

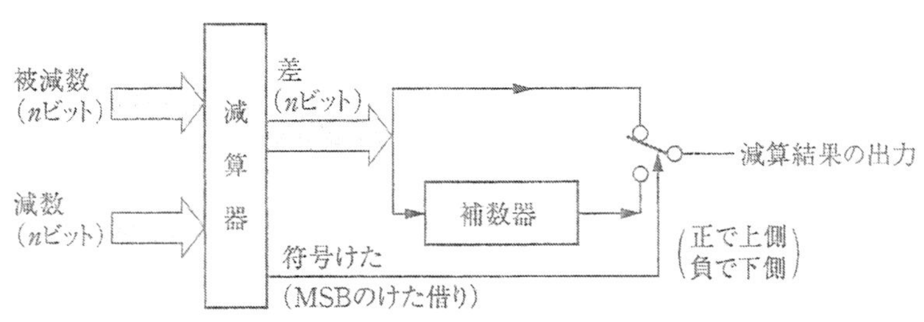

解図8・8　減算結果の切換回路

実際には，補数の出力を制御する機能の付いた補数器を用いれば解図8・8の切換回路は不要になります．補数減算で**1の補数を用いた場合**，減算結果をそのまま出力するか，さらに1の補数を出力するかの制御は図8・13（b）のXORゲート構成を用いると簡単に実現できます．XORは制御入力が“1”で補数を出力します．その制御信号は図8・14の1の補数を用いた減算回路のEACの否定を用います（**解図8・9**）．

2の補数を用いた回路（図8・16）に，図8・15（b）の2の補数を出力するか否かを制御する補数器を用いた例を**解図8・10**に示します．図の補数器は制御信号Cが“1”で2の補数を出力するので減算結果の符号を否定して与えます．

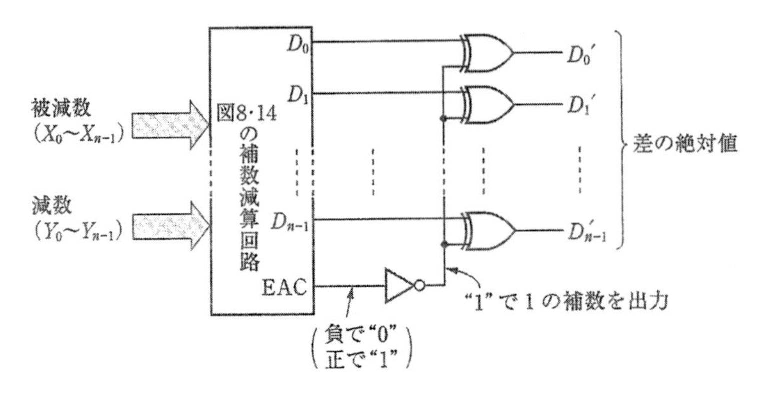

解図 8・9　1の補数減算の例

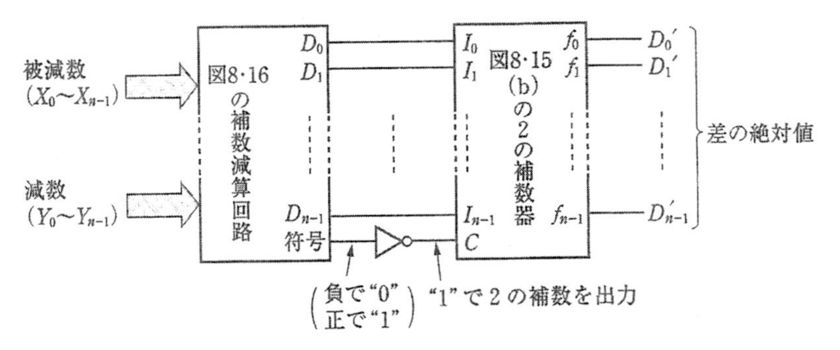

解図 8・10　2の補数減算の例

直接減算の図 8・11 では符号ビットをそのまま2の補数の制御信号として用います（**解図 8・11**）．

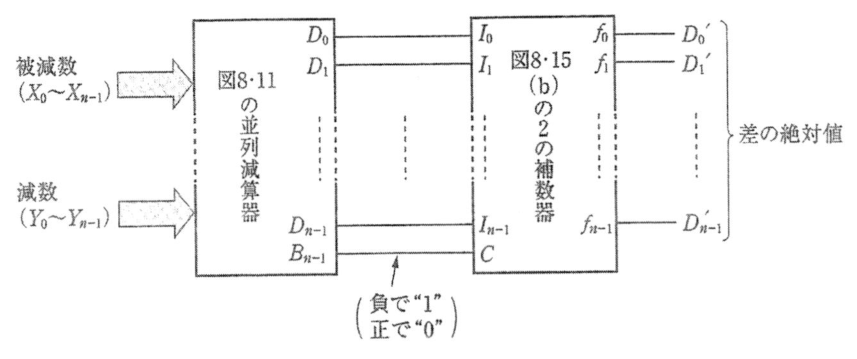

解図 8・11　直接減算の例

8. SN 7483 は4ビット並列加算器で，制御機能付き1の補数器を用いることで，減算時は減算指示信号の"1"を最下位けたで加えることにより，結果的に2の補数減算回路を構成することができます．4ビット加減算器を図 8・21 に示してあります．問題は12ビット加減算器なので3回路のカスケード接続になります（**解図 8・12**）．

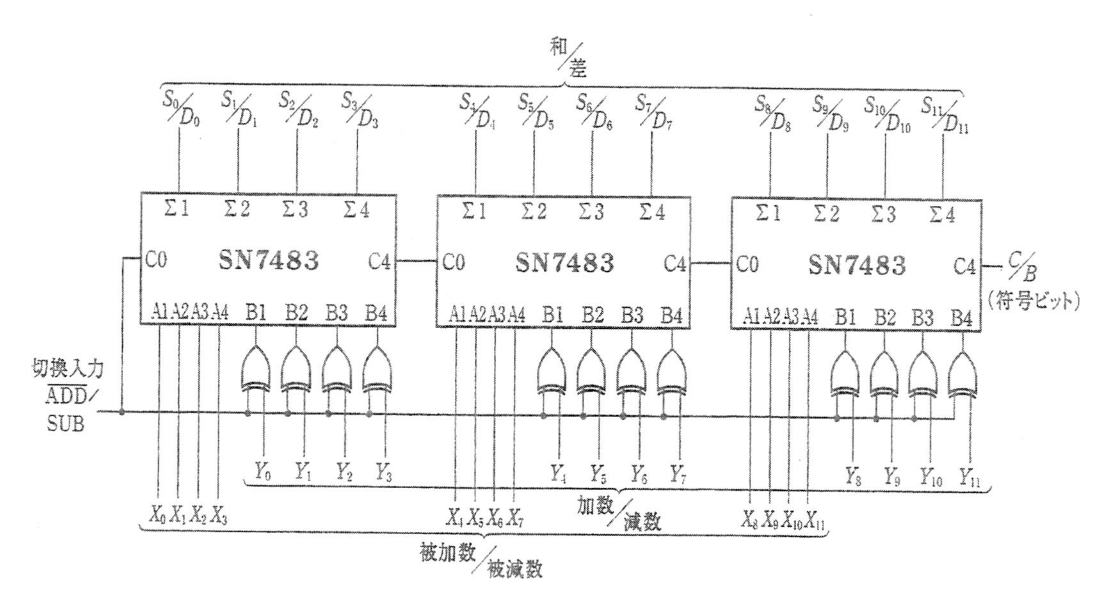

解図8・12　12ビット加減算器（8. の解）

■第9章解答

1. 直列入力は V_{CC} にプルアップされた状態であるため，シフトパルスが与えられると“1”が入力されます．8段のFFにそれぞれ“10100111”がセットされた状態は直列入力されたものではなく並列入力機能を持ったシフトレジスタを意味しています．1シフトパルスが与えられるごとに1回右シフトされますが，初段には常に“1”が入力され続け**解表9・1**に示すように，8ビット分のシフトパルスにより初めにセットされていた“10100111”のデータはすべて最終段のFFから直列出力されます．その結果全FFの出力はすべて“1”になります．もし，直列入力がGNDにプルダウンされているなら，すべて“0”になります．

解表9・1　右シフト動作（1. の解）

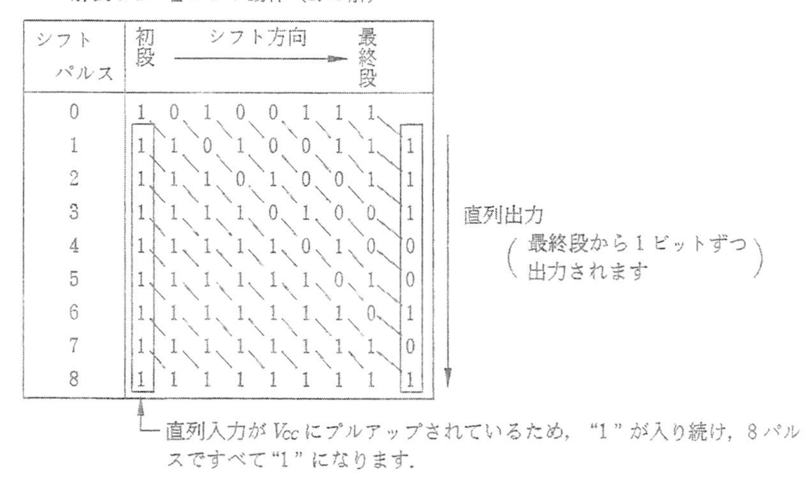

シフトパルス	初段	シフト方向 →						最終段	直列出力（最終段から1ビットずつ出力されます）
0	1	0	1	0	0	1	1	1	
1	1	1	0	1	0	0	1	1	1
2	1	1	1	0	1	0	0	1	1
3	1	1	1	1	0	1	0	0	1
4	1	1	1	1	1	0	1	0	0
5	1	1	1	1	1	1	0	1	0
6	1	1	1	1	1	1	1	0	1
7	1	1	1	1	1	1	1	1	0
8	1	1	1	1	1	1	1	1	1

↑直列入力が V_{CC} にプルアップされているため，“1”が入り続け，8パルスですべて“1”になります．

2. 並列データはデータセットパルス（DSP）を“1”にしたとき，NANDゲートを開いてFFのプリセット（PR）に反転して伝えます．それはDSPが“1”の期間であり，並列データ入力後はDSPを

図のように“0”にします．DSPが“0”であれば並列データ入力用のNANDゲートはすべて閉じ，並列データの入力は禁止されますので，並列データは与えっぱなしでも問題はありません．

3. 直列入力がGNDにプルダウンされているのでシフトパルスが与えられるごとに“0”が初段に入力され続けます．その結果**解表9·2**に示すように，すべての出力は“0”になります．

解表9·2　左シフト動作（3. の解）

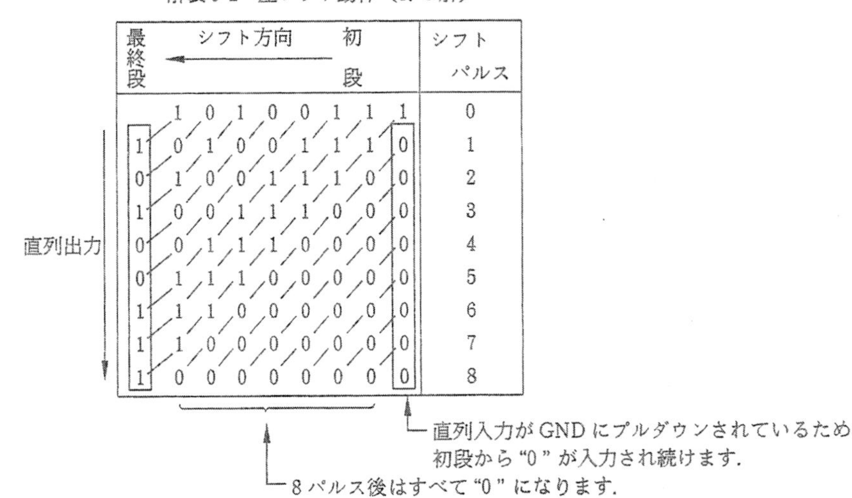

4. 図9·9のnビット可逆シフトレジスタから5ビットの場合は**解図9·1**に示すようにFF5段構成になることがわかると思います．題意から右シフト入力を“0”，左シフト入力を“1”にしてあります．シフト方向の切換信号を$L/\overline{R}$とすると“1”で左シフト，“0”で右シフトレジスタとしてクロック（CK）の立上りで動作します．タイミングチャートは題意からすでに“01101”が各FFにセットされた状態で$L/\overline{R}$を“0”にして右に3シフト，続けて$L/\overline{R}$を“1”に換えて左に4シフトした動作を示しています．

5. SN 74164は8ビットの直列－並列変換も可能なシフトレジスタです．**解図9·2**に示すように，直列出力Q_Hを次段の直列入力に接続することによりさらに拡張した使用が可能になります．ほとんどのシフトレジスタ用ICはこのような多段接続による拡張した使用ができるように作られています．SN 74165およびSN 7495も同様な拡張した使用が可能ですので検討してみて下さい．

6. SN 74165は8ビットの並列－直列変換機能を持ったシフトレジスタです．A～Hの8ビットの並列データの入力にはシフト/ロード（S/L）に“0”を与えることにより各FFに取り込まれます．シフト動作はS/Lを“1”にし，シフトパルスを制御するクロック禁止（CIH）が“0”のとき，クロック（CLK）の立上りで最終段のFFの出力Q_Hから順に出力されます．

問題の“11100100”の並列データは左端がMSBで，右端がLSBです．直列出力はMSBからということなのでS/L＝1，CIH＝1の状態で①A～Hには“00100111”の順で与えます．②S/Lを0→1にして8ビットの並列データを入力します．③CIHを“0”にしてシフトパルスの入力ができる状態にして，CLKからシフトパルスを8パルス与えるとシフトパルスの立上りでMSBから順に，出力Q_Hから直列出力されます．

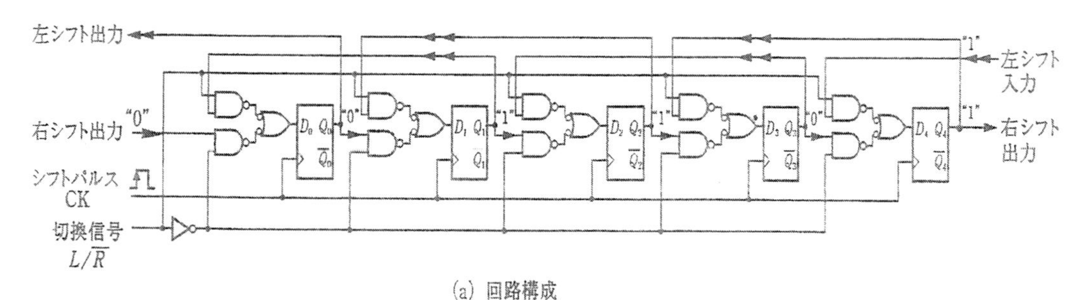

(a) 回路構成

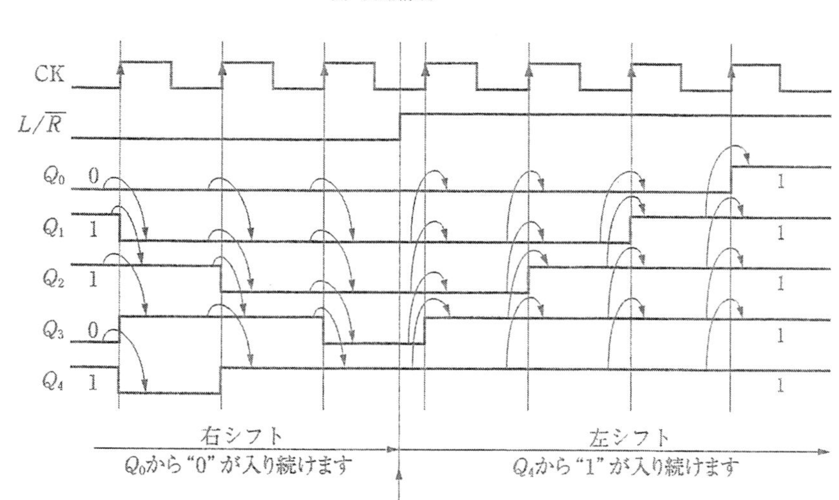

(b) タイミングチャート

解図9・1　5ビット可逆シフトレジスタ（4.の解）

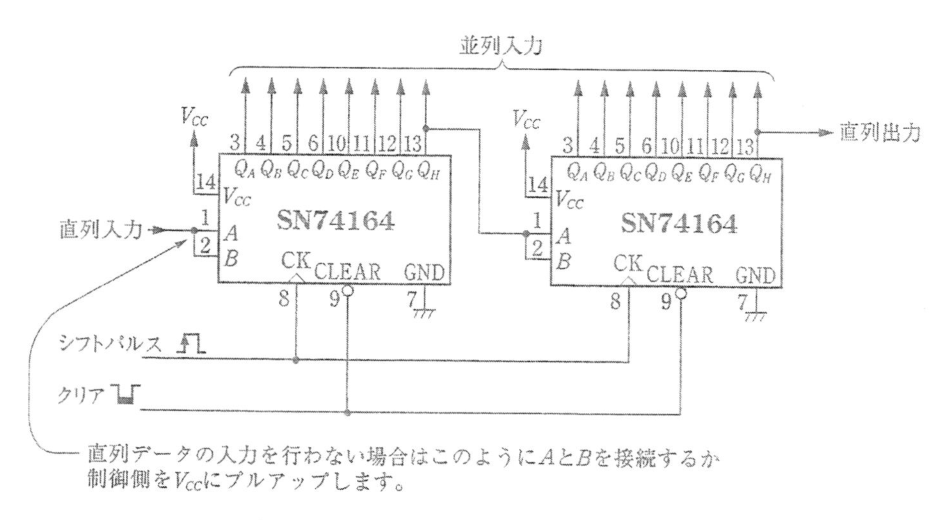

解図9・2　SN 74164のカスケード接続（5.の解）

7. SN 7495は4ビットの並列ー直列変換も可能な可逆シフトレジスタとして使うことができます．問題では並列入力ではなく，左シフトで"0101"を入力するということなので図9・13の①モード制御MCを"1"にして左シフトに切り換え，左シフト入力にまず"0"を与えてからCK2を1パルス，次に左シフト入力を“1”にしてCK2を1パルスと順次直列入力“0”と“1”に対して入力操作を行えばQ_A～Q_Dに“0101”がCK2の4パルスで取り込まれます．②4ビットの入力後は右シフトするためにMCを“0”にして，CK1を4パルス与えれば出力Q_Dから1→0→1→0と順に直列出力されます．

第10章解答

1. 図10•1のn進リングカウンタの構成から，5進の場合は5段のD-FF構成になることがわかります．初期化は“01111”とのことなので初段だけクリア（CLR）で，2段目以降はプリセット（PR）に初期化信号を与えます（**解図10•1**）．初期化信号を“0”にして，各FFの出力を初段から“01111”にセットし，初期化信号を非アクティブ（“1”）にした後，カウントパルスを与えると“01111”→“10111”→“11011”と，ひとつの“0”が巡回します．

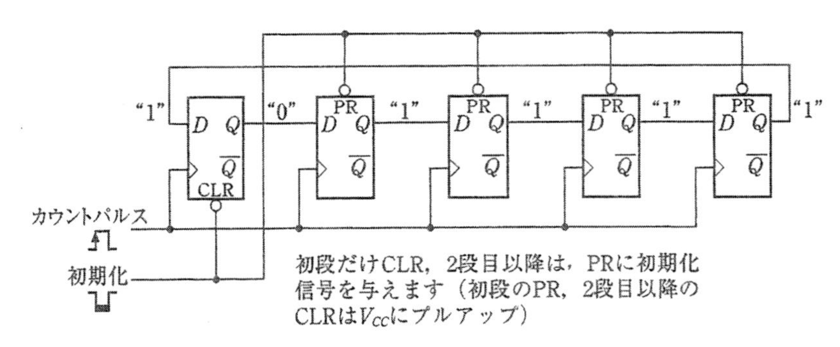

解図10•1　5進リングカウン（1. の解）

2. 図10•3にJK-FFn段，$2n$進ジョンソンカウンタの構成法が示してあります．8進ということなので4段の構成になります．JK-FFは立下りでトリガされますがクロックを反転して与えると立上りになります．**解図10•2**にカウントパルスの立上りで動作するよう，トリガ入力にNOTゲートを挿入した8進ジョンソンカウンタを示します．

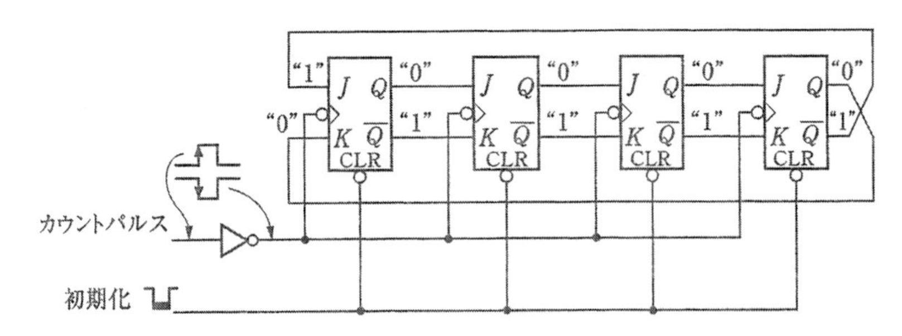

解図10•2　8進ジョンソンカウンタ（2. の解）

3. 初段のJ_0とK_0にはそれぞれ以下の条件がフィードバックされています．

$$J_0 = \overline{Q_2}\cdot\overline{Q_3},\quad K_0 = Q_2$$

後2段のQ_2とQ_3がともに“0”のときは$J_0 = 1$，$K_0 = 0$でセット状態になっているためQ_0は“1”になります．**解表10•1**のカウント0～2まではこの状態が続き“1”が入力されていき，カウント3

解表 10・1　7進ジョンソンカウンタの動作

カウント	Q_0	Q_1	Q_2	Q_3
0	0	0	0	0
1	1	0	0	0
2	1	1	0	0
3	1	1	1	0
4	0	1	1	1
5	0	0	1	1
6	0	0	0	1

（カウント 0～2）$J_0=1$, $K_0=0$ のセット状態なので，次のカウントパルスで $Q_0=1$

全出力が"1"の状態をスキップした動作

（カウント 3～5）$J_0=0$, $K_0=1$ のリセット状態なので，次のカウント時に $Q_0=0$

（カウント 6）$J_0=0$, $K_0=0$ のホールド状態なので，次のカウントでは $Q_0=0$ を保持

で $Q_2=1$, $Q_3=0$ となって J_0 の条件がくずれて $J_0=0$, $K_0=1$ のリセット状態になるため次のカウントパルス，つまりカウント4では Q_0 が"0"になります．カウント4と5では同様に $J_0=0$, $K_0=1$ でリセット状態ですので"0"が入り続け，カウント6で $Q_2=0$, $Q_3=1$ になると $J_0=0$, $K_0=0$ の保持状態なので $Q_0=0$ を保持します．したがって，FF n 段で $2n$ 進ジョンソンカウンタのオール1の状態をスキップして，1カウント少なくした $(2n-1)$ 進構成法です．N 進ジョンソンカウンタは他の場合も同様にして構成できます．

4. カウントパルスの立上りで動作するカウンタはポジティブエッジトリガの D-FFを用いることになります（JK-FFでもポジティブタイプのものもあります）．図10・12は D-FF構成8進ダウンカウンタですが，後段へのトリガパルスの伝搬を前段の Q 出力からではなく $\overline{Q}$ 出力からと論理を逆にするとアップカウンタになります（**解図10・3**）．

図10・13を参考にカウント動作を解析してみて下さい．

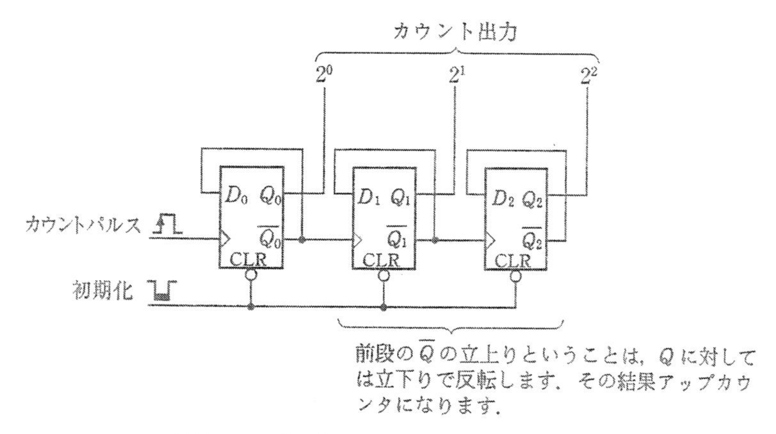

解図 10・3　非同期式8進アップカウンタ（4. の解）

5. $(9)_{10}=(1001)_2$ であるのでFF4段構成の16進アップカウンタから初段と最終段出力のNAND条件をとって $(2^0+2^3=9)$ 9をデコードして全FFを強制リセットします．そのときに初段の出力にグリッチが生じます（**解図10・4**）．

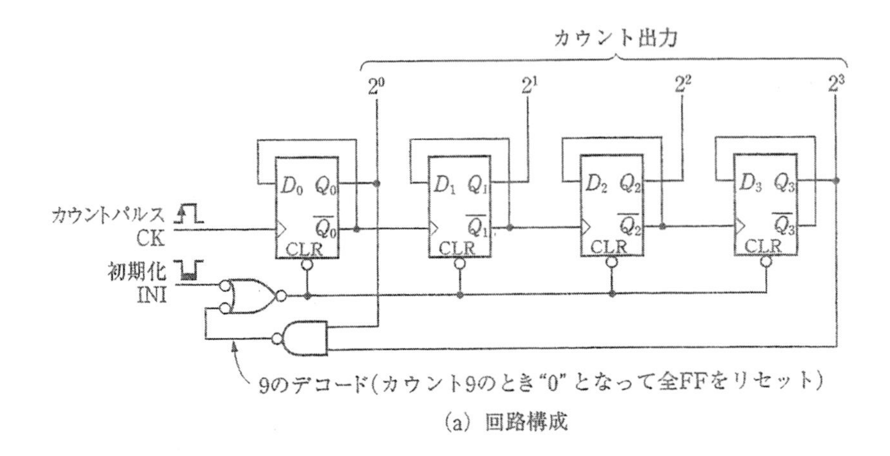

(a) 回路構成

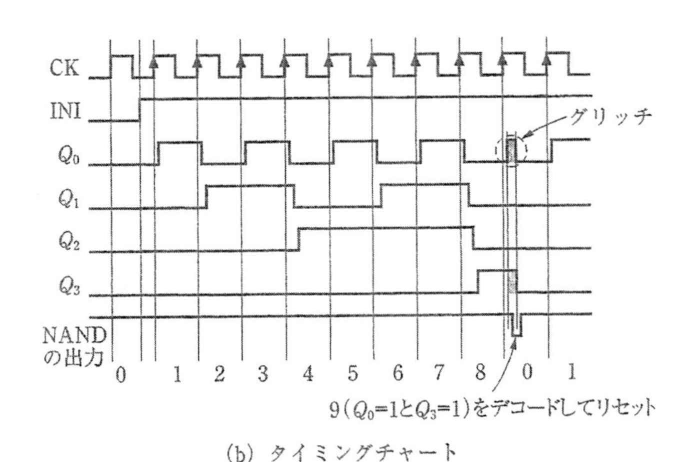

(b) タイミングチャート

解図 10・4 D-FF 構成非同期式 9 進アップカウンタ（5. の解）

同様に 14 進は$(1110)_2$なので FF4 段構成になり，2 段目以降の出力の NAND をとって全 FF をリセットします．グリッチは 2 段目の出力に発生します（解図 10・5）．

6. アップカウンタの構成法を 10・4 ③で解説してあります．同様な手順で設計してみましょう．8 進ダウンカウンタの状態遷移表と，カウント Q_n のとき Q_{n+1} の状態に各入力 D がセットされているべき条件から，それぞれの D の論理式を求め，回路化します（**解図 10・6**）．

以上の結果から，2^n 進ダウンカウンタの 4 段目の D_3 は

$$D_3 = (\overline{Q_0} \cdot \overline{Q_1} \cdot \overline{Q_2}) \oplus Q_3$$

になることが推察されます．つまり，前段までの全 $\overline{Q}$ の論理積と自出力 Q との排他的論理和を入力 D に与える構成になります．したがって，i 段目の D の論理式は次式で示されます．

$$D_i = (\overline{Q_0} \cdot \overline{Q_1} \cdot \overline{Q_2} \cdots\cdots \overline{Q_{i-1}}) \oplus Q_i$$

7. JK-FF 構成同期式 N 進カウンタの設計法，10・4 ④(1) と同じ手順で 5 進アップカウンタを設計します．カウント動作は 0〜4 の繰返しで，4 の次は 0 になります．Q_n 時に Q_{n+1} の状態になるべく各 J，K の状態を表にすると**解表 10・2** になります．

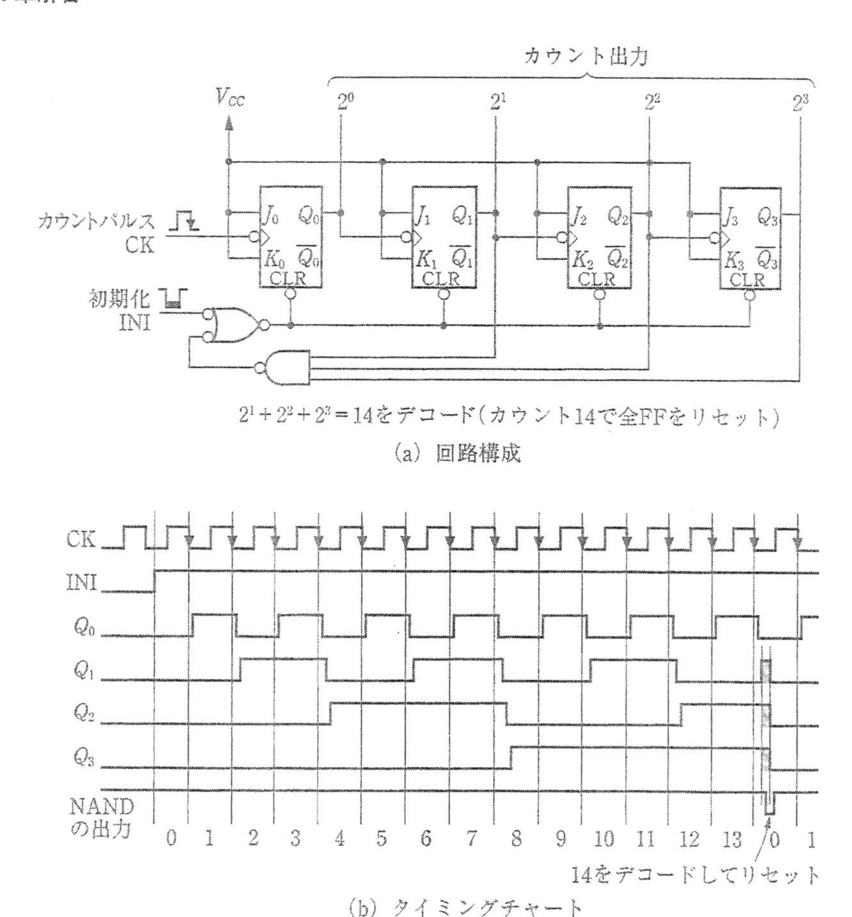

(a) 回路構成

(b) タイミングチャート

解図10・5 JK-FF構成非同期式14進アップカウンタ(5.の解)

解表10・2 5進アップカウンタの状態遷移表

カウント	現在の状態(Q_n)			次の状態(Q_{n+1})			Q_nのときのJとKの状態					
	Q_0	Q_1	Q_2	Q_0	Q_1	Q_2	J_0	K_0	J_1	K_1	J_2	K_2
0	0	0	0	1	0	0	1	−	0	−	0	−
1	1	0	0	0	1	0	−	1	1	−	0	−
2	0	1	0	1	1	0	1	−	−	0	0	−
3	1	1	0	0	0	1	−	1	−	1	1	−
4	0	0	1	0	0	0	0	−	0	−	−	1

4の次は0

解表10・2から各JとKの論理式を導出します．FF3段構成になるのでカウント5〜7はdon't careとして，カルノー図で扱います．表でK_0とK_2は"0"がまったくないので"1"になります．導いた論理式から回路化した図を解図10・7に示します．

次に，D-FF構成を設計します．カウント動作の遷移表は解表10・2を用います．Q_{n+1}のQ_0〜Q_2がQ_n時に，D_0〜D_2にセットされている論理式を導き，回路化します(解図10・8)．

カウント	現在の状態(Q_n)			次の状態(Q_{n+1})		
	Q_0	Q_1	Q_2	Q_0	Q_1	Q_2
7	1	1	1	0	1	1
6	0	1	1	1	0	1
5	1	0	1	0	0	1
4	0	0	1	1	1	0
3	1	1	0	0	1	0
2	0	1	0	1	0	0
1	1	0	0	0	0	0
0	0	0	0	1	1	1

⇩ D_0　⇩ D_1　⇩ D_2

(a) カウント動作の遷移表

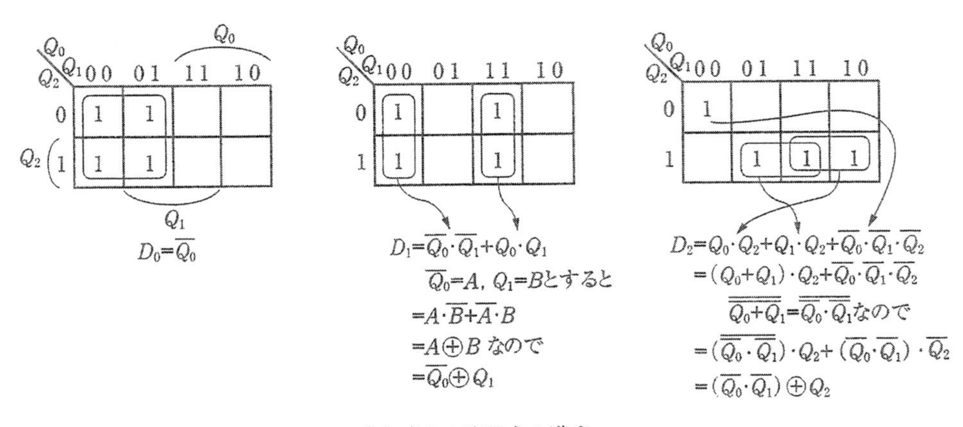

(b) 各Dの論理式の導出

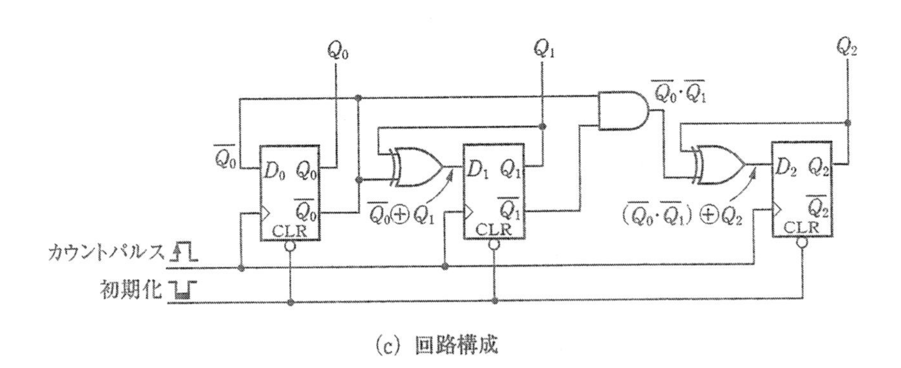

(c) 回路構成

解図 10・6　D -FF 構成同期式 8 進ダウンカウンタ（6. の解）

8. SN 7490 の回路（図 10・27（d））から，初段と最終段は PR と CLR が働き Q と $\overline{Q}$ はともに“1”になります（$Q_A=1$，$Q_D=1$）．2 段目と 3 段目はいずれにおいても CLR が働くので $Q=0$，$\overline{Q}=1$ にリセットされます（$Q_B=0$，$Q_C=0$）．したがって，Q_A ～ Q_D は“1001”つまり 9 がセットされます．このように，リセットよりも 9 のセットが優先された回路になっています．図（c）の動作表では R_9（1）と R_9（2）が“1”のときは R_0（1）と R_0（2）は ×，つまり R_0 の入力には無関係に 9 がセットされることを示しています．

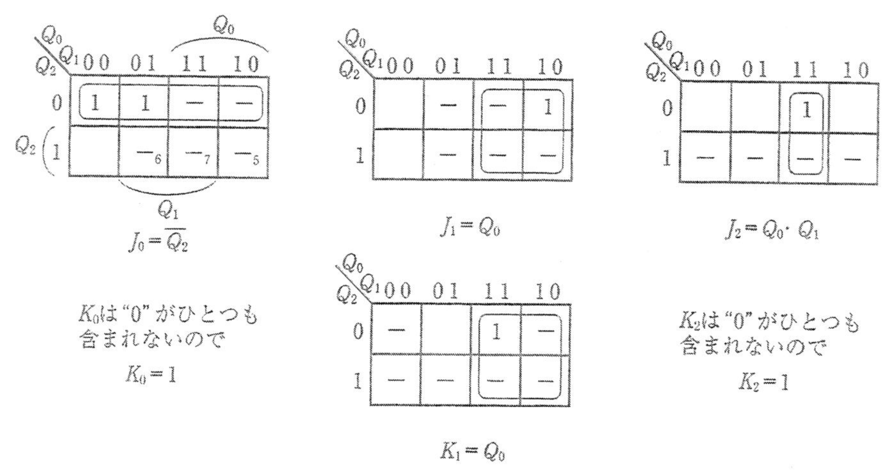

(a) カルノー図より各JとKの論理式を導出

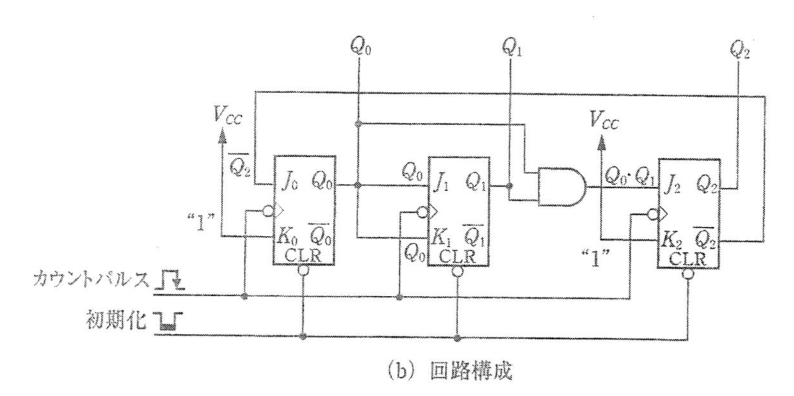

(b) 回路構成

解図10・7　JK-FF構成同期式5進アップカウンタ（7.の解）

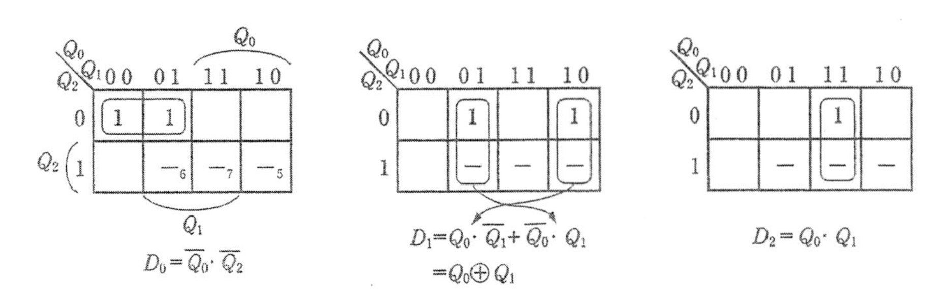

(a) カルノー図から各Dの論理式を導出

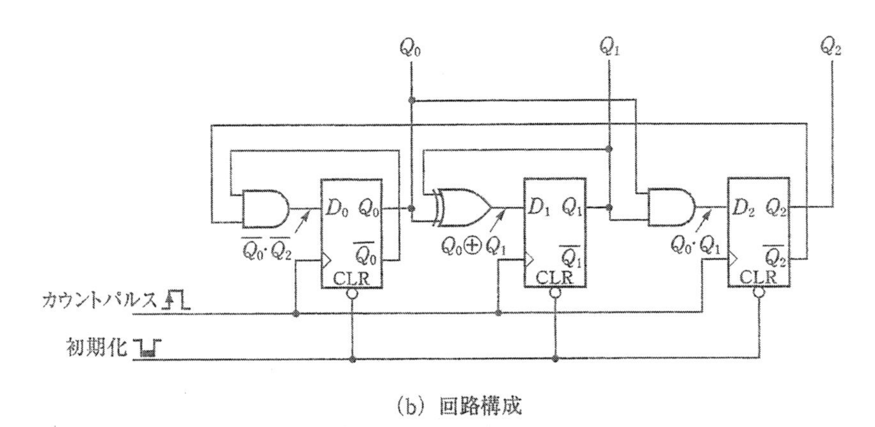

(b) 回路構成

解図 10･8 D -FF 構成同期式 5 進アップカウンタ（7. の解）

9. SN 7492 は図 10･31 (c) の回路で示してあるように，2 進と 2 進×3 進の 6 進カウンタから成り，2 進と 6 進を接続して 12 進カウンタとしても使用できます．カウント動作は図 (b) のようにQ_Dの重みが 8 ではなく 6 になっていることに注意して下さい．7 進とは 6+1 なのでQ_DとQ_Aのデコードにより全 FF がリセットするようにリセット入力R_0 (1) とR_0 (2) に接続します（**解図 10･9**）.

以上は 2 進×6 進接続の場合ですが，6 進×2 進とするとカウント動作は**解図 10･10** (a) のようになり，カウント 7 はQ_AとQ_Bがともに“1”のときなので図 (b) の構成からも 7 進が得られます．

10. SN 7493 は 2 進と 8 進のカウンタから成り，それらを接続して 16 進カウンタとしても使用できますが，図 10･32 (c) の回路からもわかるように，2 進×8 進にするとJK -FF4 段構成の 2^n 進カウンタです．11 は $2^0+2^1+2^3$ なのでQ_A，Q_B，Q_Dをデコードし，全 FF をリセットすることになりますが，内部リセット用入力は 2 入力なので，外部に**解図 10･11** のようにゲートを付加します．

11. SN 74162 は同期式 10 進カウンタです．ENABLE T と P は“1”を与えるとカウント動作が可能となります．図 10･37 では初段は常に動作状態（ENABLE T と P がV_{CC}にプルアップ）です．2 段目以降は前段のカウントアップ時に出力される RIPPLE CARRY OUT の“H”により，カウントアップします．したがって，図のように 3 段構成では 10 進×10 進×10 進 = 1000 進カウンタとして働きますので，最終段の出力からはカウントパルスを 1/1 000 分周した波形が得られます．

1〔MHz〕×1/1 000 = 1 000〔Hz〕

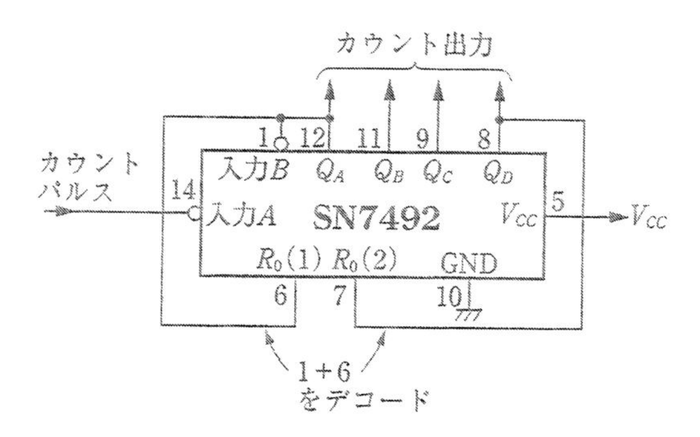

解図 10·9　SN 7492 を 7 進カウンタとして使用（I）（9. の解）

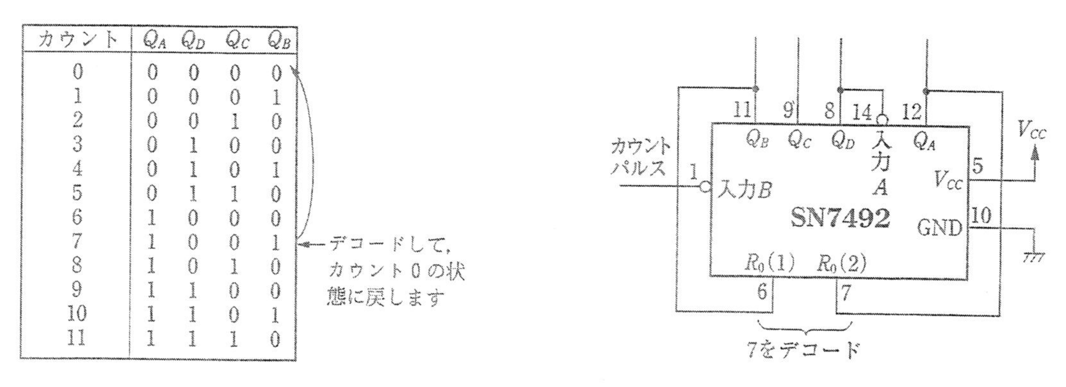

カウント	Q_A	Q_D	Q_C	Q_B
0	0	0	0	0
1	0	0	0	1
2	0	0	1	0
3	0	1	0	0
4	0	1	0	1
5	0	1	1	0
6	1	0	0	0
7	1	0	0	1
8	1	0	1	0
9	1	1	0	0
10	1	1	0	1
11	1	1	1	0

（a）6進×2進とした場合のカウント動作　　（b）回路構成

解図 10·10　SN 7492 で 7 進を構成（II）（9. の解）

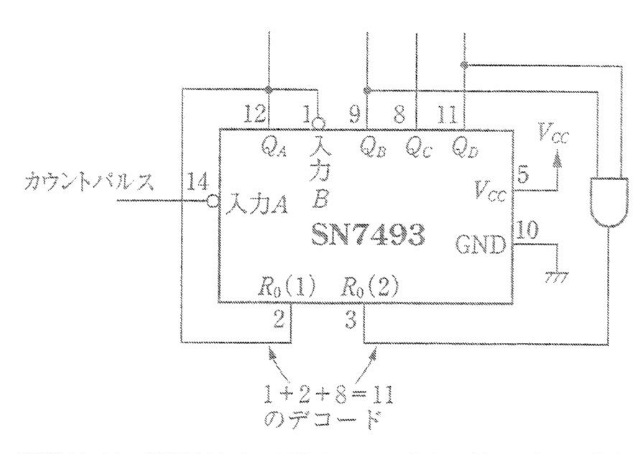

解図 10·11　SN 7493 を 11 進カウンタとして使用（10. の解）

付　　録

1. 主要 TTL ピン配置図

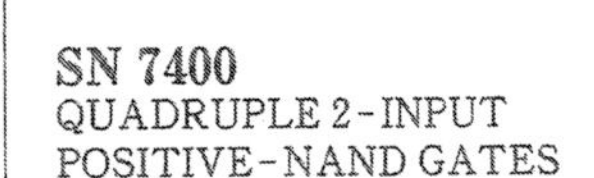

SN 7400
QUADRUPLE 2-INPUT
POSITIVE-NAND GATES

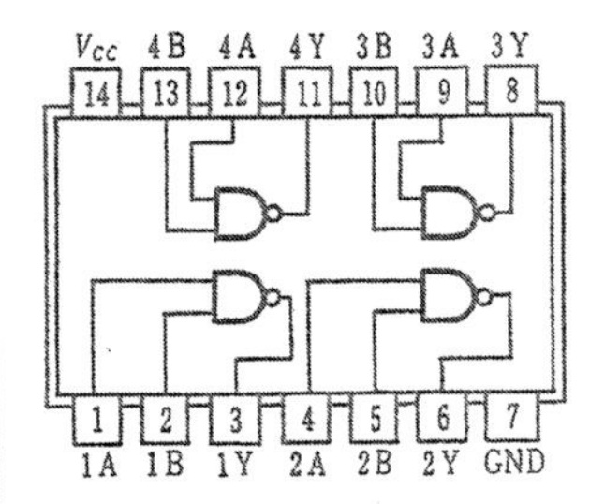

SN 7402
QUADRUPLE 2-INPUT
POSITIVE-NOR GATES

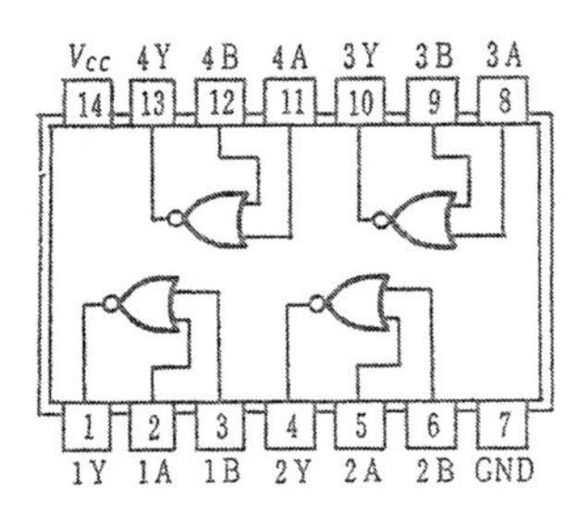

SN 7404
HEX INVERTERS

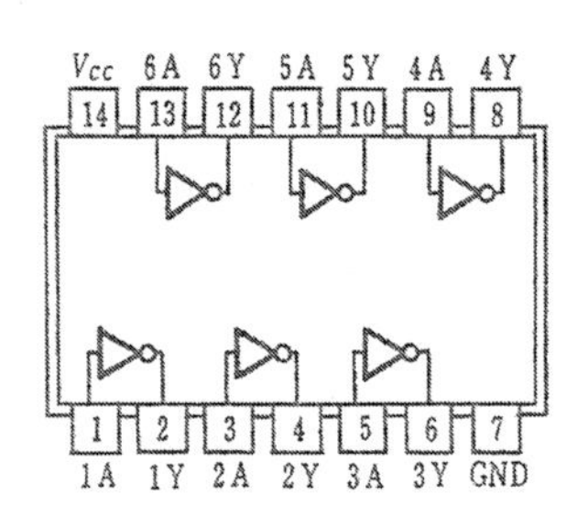

SN 7408
QUADRUPLE 2-INPUT
POSITIVE-AND GATES

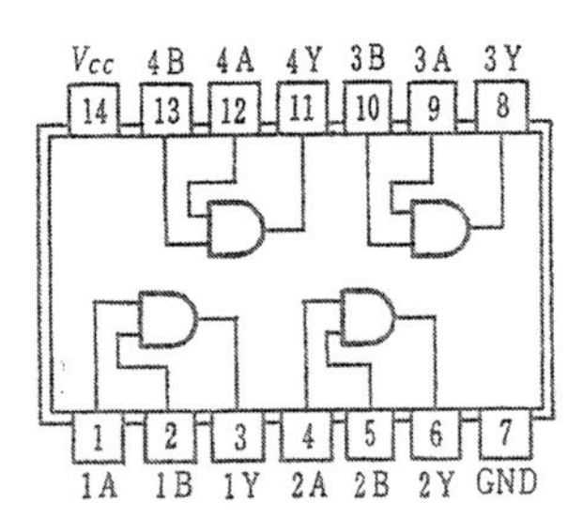

SN 7410
TRIPLE 3-INPUT
POSITIVE-NAND GATES

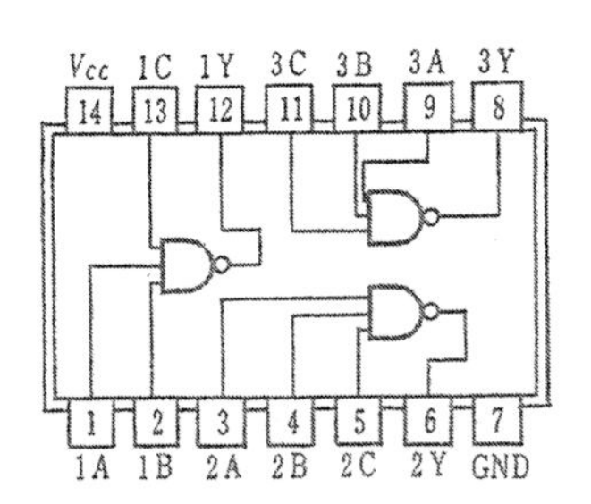

SN 7411
TRIPLE 3-INPUT
POSITIVE-AND GATES

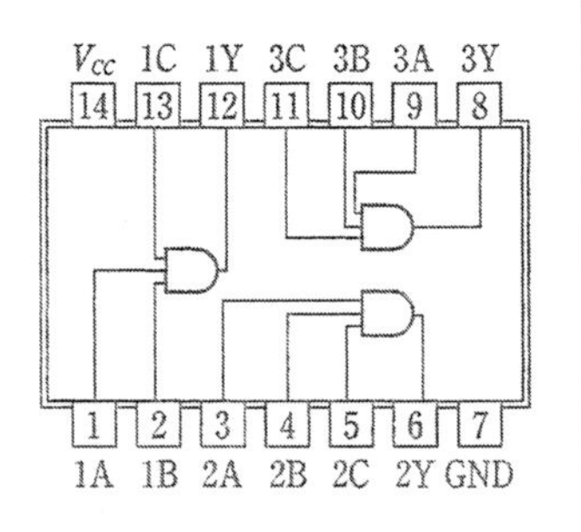

SN 7413
DUAL 4-INPUT
POSITIVE-NAND
SCHMITT TRIGGERS

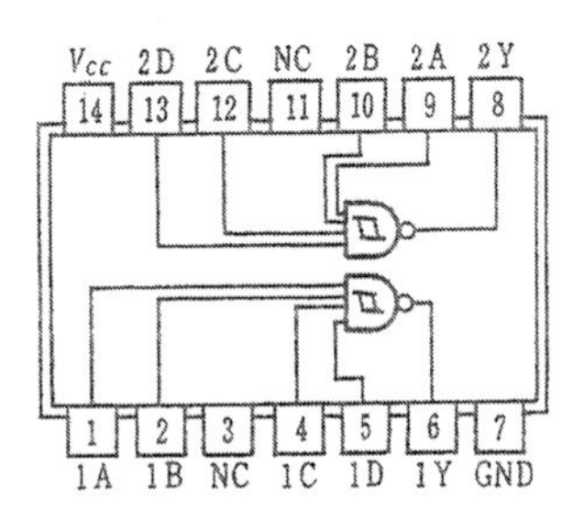

SN 7414
SN 7419
HEX SCHMITT-TRIGGER
INVERTERS

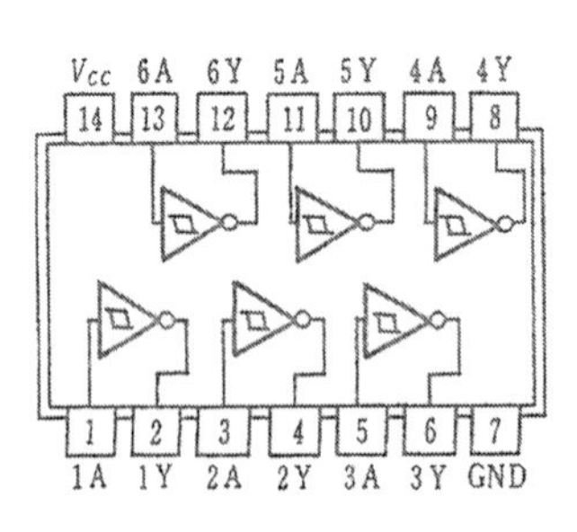

SN 7420
DUAL 4-INPUT
POSITIVE-NAND GATES

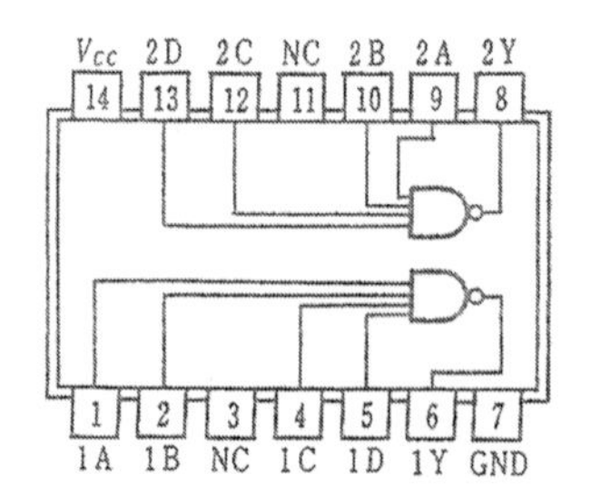

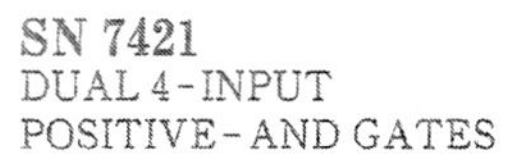

SN 7421
DUAL 4-INPUT
POSITIVE-AND GATES

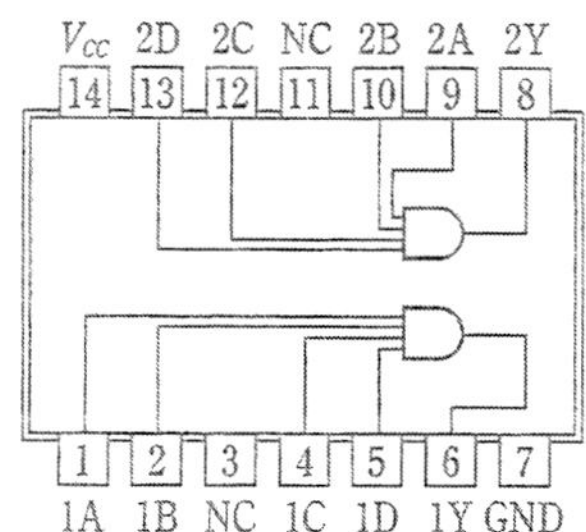

SN 7427
TRIPLE 3-INPUT
POSITIVE-NOR GATES

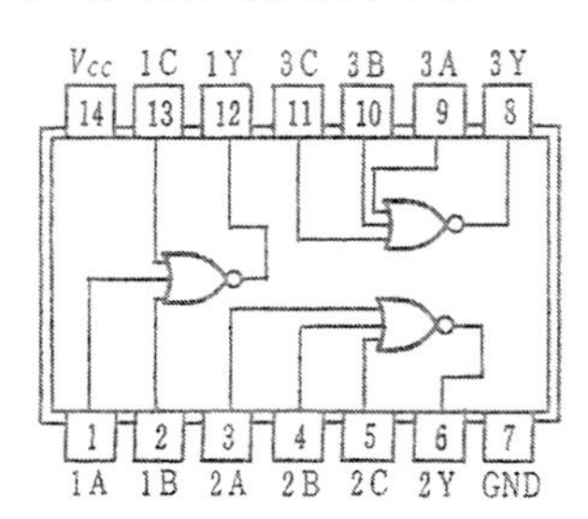

SN 7430
8-INPUT
POSITIVE-NAND GATES

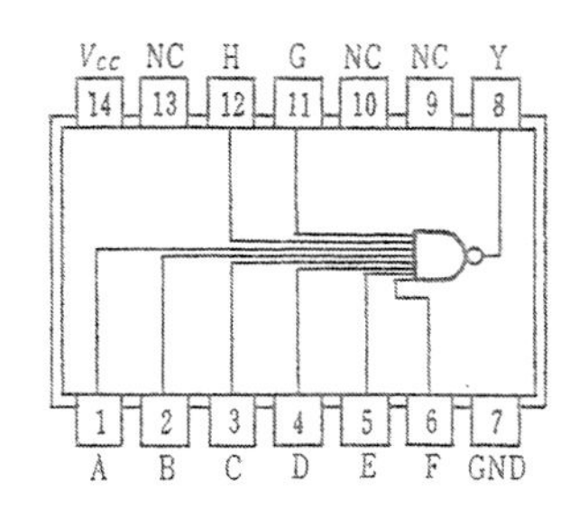

SN 7432
QUADRUPLE 2-INPUT
POSITIVE-OR GATES

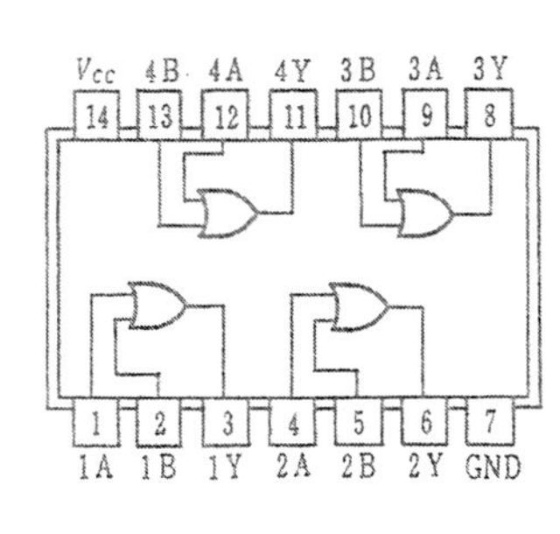

SN 7442
4-LINE-TO-10-LINE
DECODERS
BCD-TO-DECIMAL

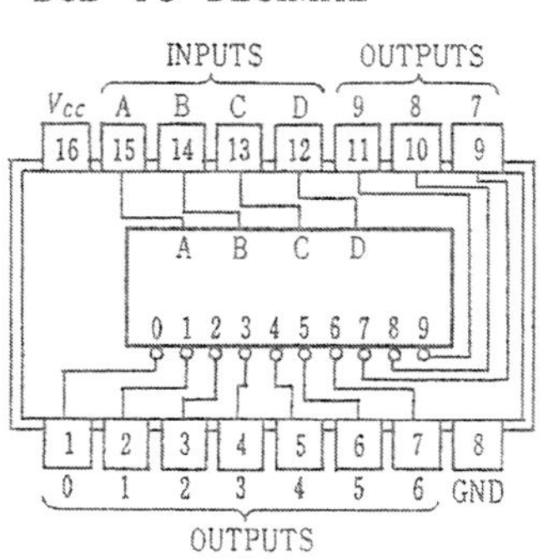

SN 7474
DUAL D-TYPE POSITIVE
EDGE-TRIGGERED FLIP-
FLOPS WITH PRESET
AND CLEAR

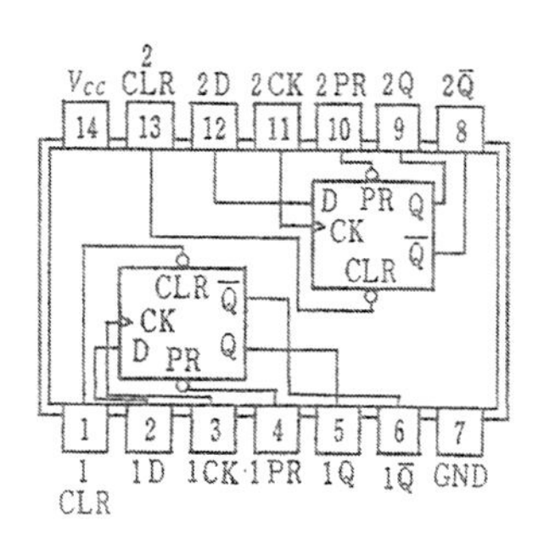

SN 7476
DUAL J-K FLIP-FLOPS
WITH PRESET AND
CLEAR

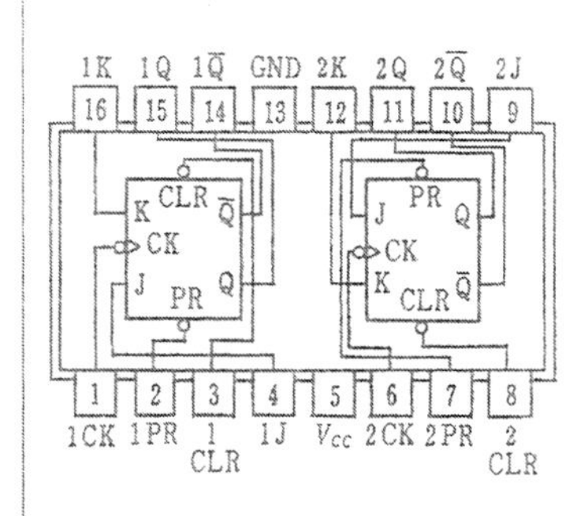

SN 7486
QUADRUPLE 2-INPUT
EXCLUSIVE-OR GATES

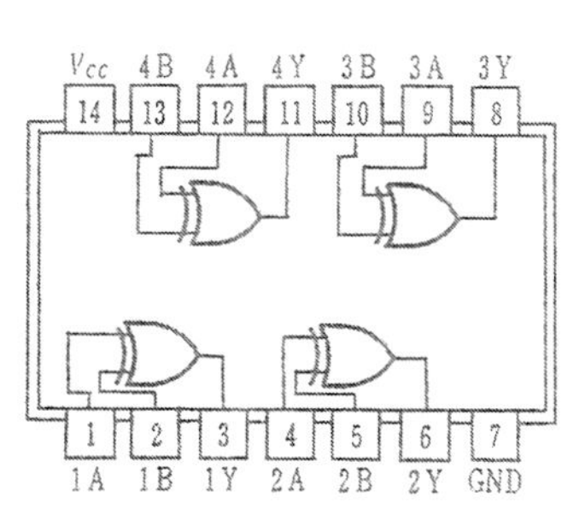

SN 7490
DECADE COUNTERS
DIVIDE-BY-TWO AND
DIVIDE-BY FIVE

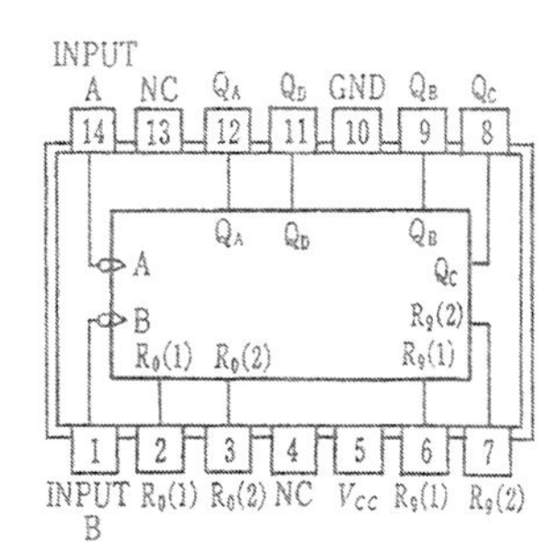

SN 7491
8-BIT SHIFT REGISTERS
SERIAL-IN SERIAL-OUT
GATED INPUT

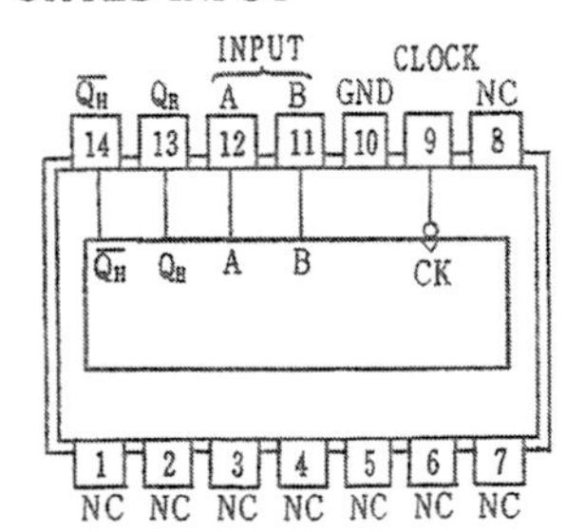

SN 7492
DIVIDE-BY-TWELVE
COUNTERS
DIVIDE-BY-TWO AND
DIVIDE-BY-SIX

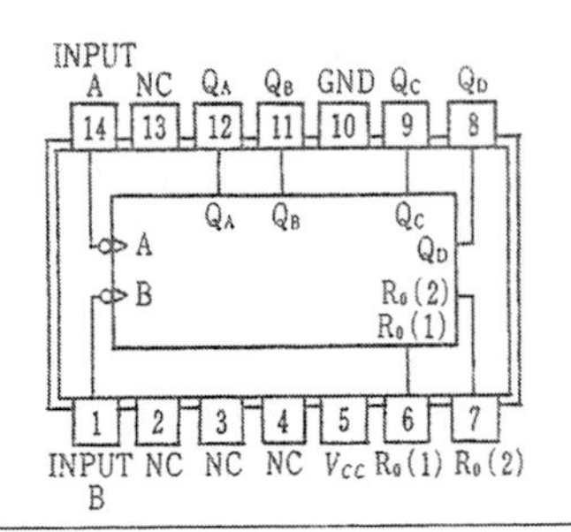

SN 7493
4-BIT BINARY COUNTERS
DIVIDE BY-TWO AND
DIVIDE-BY-EIGHT

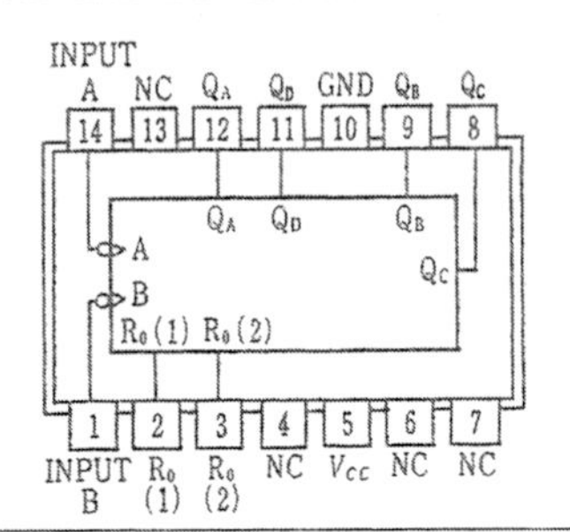

SN 7495
4-BIT SHIFT REGISTERS
PARALLEL IN/PARALLEL
OUT SHIFT RIGHT, SHIFT
LEFT SERIAL INPUT

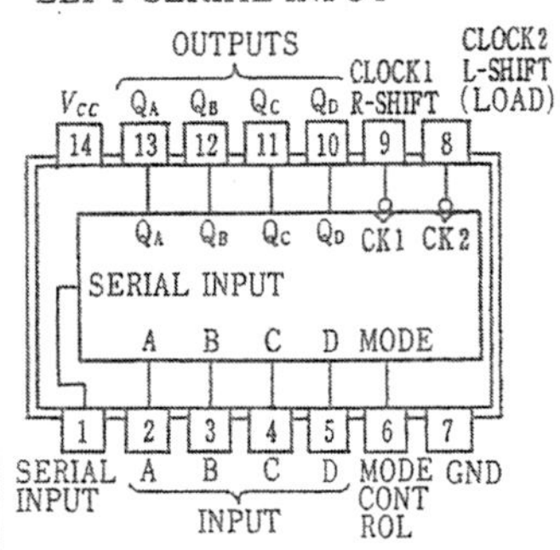

SN74LS 138
3-TO-8 LINE DECODERS/
MULTIPLEXERS

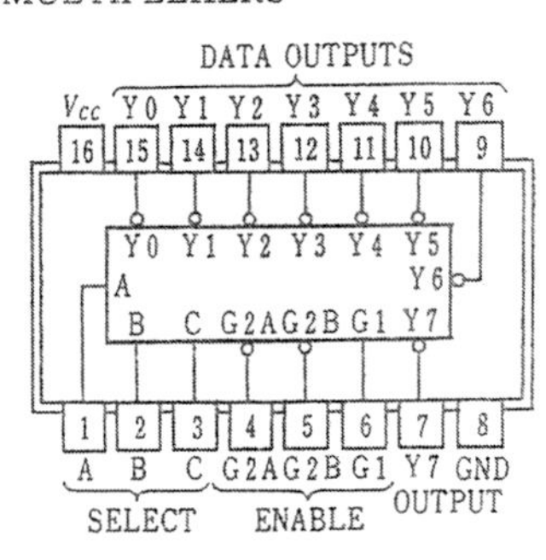

SN74LS 139
DUAL 2-TO-4 LINE
DECODERS/MULTIPLEXERS

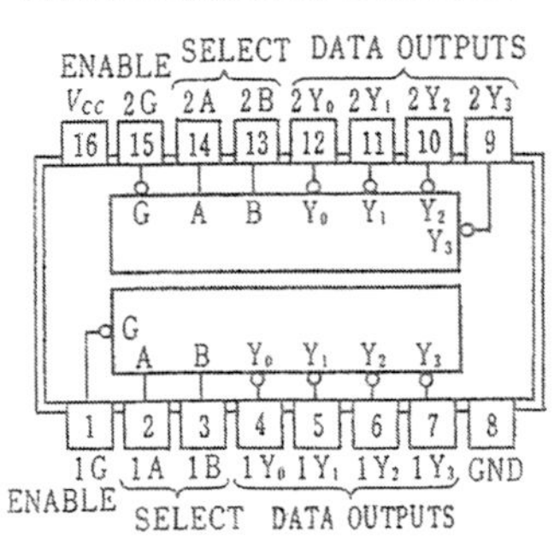

SN 74150
1-OF-16 DATA SELECTORS/
MULTIPLEXERS

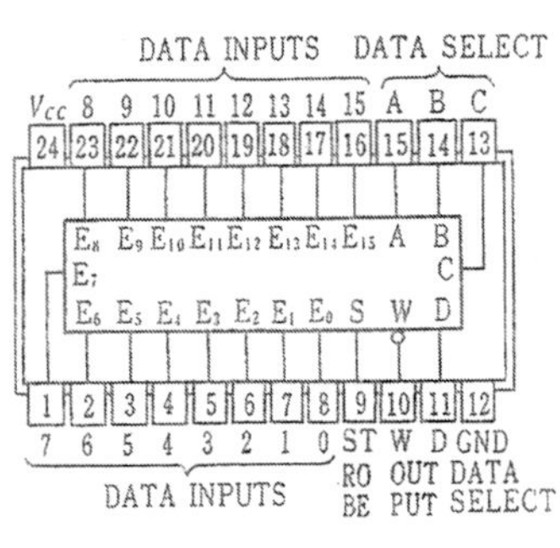

SN 74151
1-OF-8 DATA SELECTORS/
MULTIPLEXERS

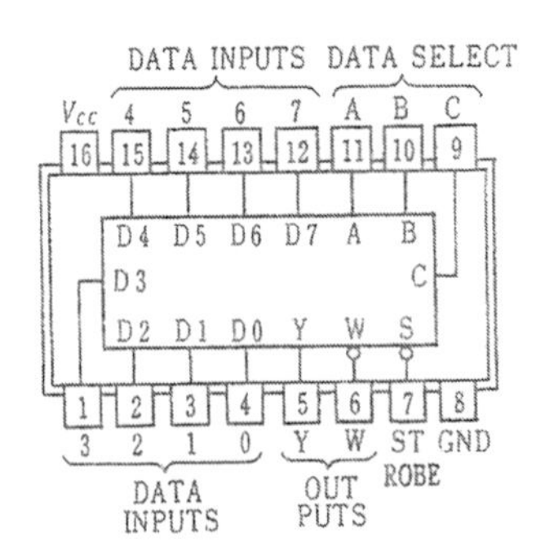

SYNCHRONOUS 4-BIT
COUNTERS

SN 74160
DECADE, DIRECT CLEAR
SN 74161
BINARY, DIRECT CLEAR
SN 74162
DECADE, SYNCHRONOUS
CLEAR
SN 74163
BINARY, SYNCHRONOUS
CLEAR

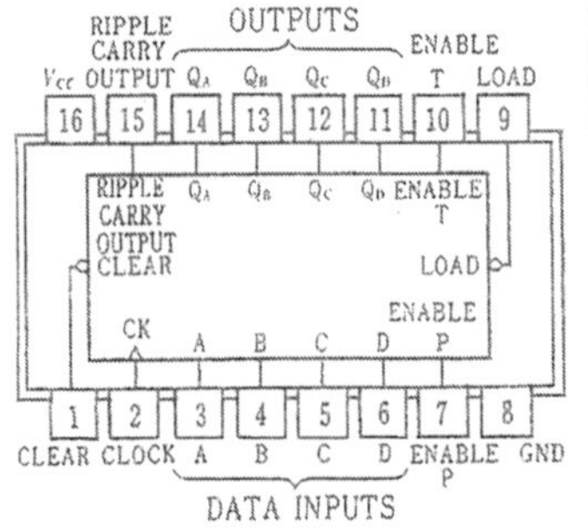

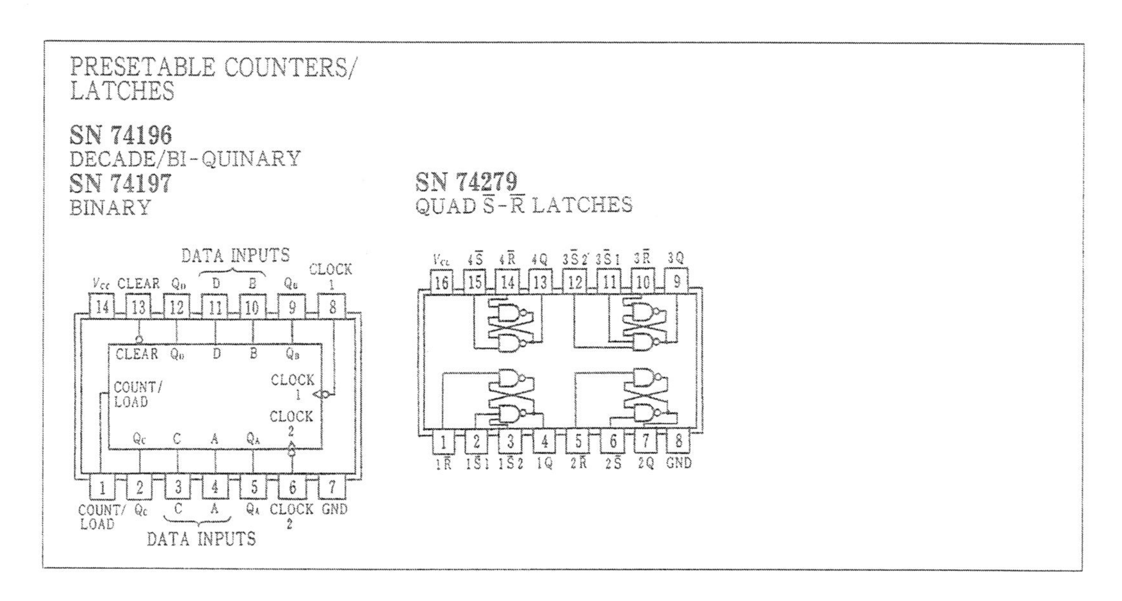
PRESETABLE COUNTERS/
LATCHES
SN 74196
DECADE/BI-QUINARY
SN 74197
BINARY
DATA INPUTS
CLOCK 1
CLEAR
COUNT/LOAD
CLOCK 2
GND
SN 74279
QUAD $\overline{S}$-$\overline{R}$ LATCHES
V_{CC}
GND

2. 主要 CMOS ピン配置図

4000 B/UB
Dual 3-Input NOR Gate plus Inverter

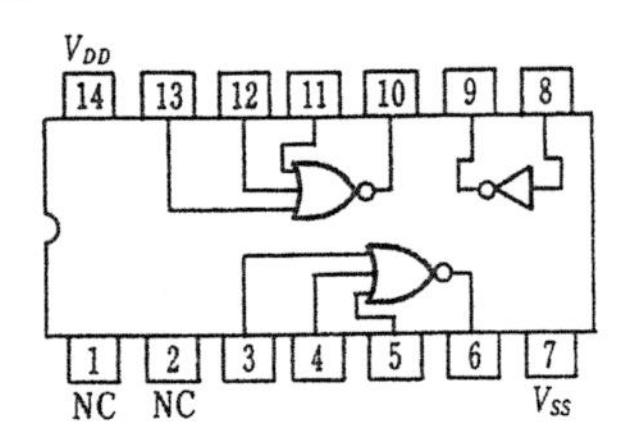

4002 B/UB
Dual 4-Input NOR Gate

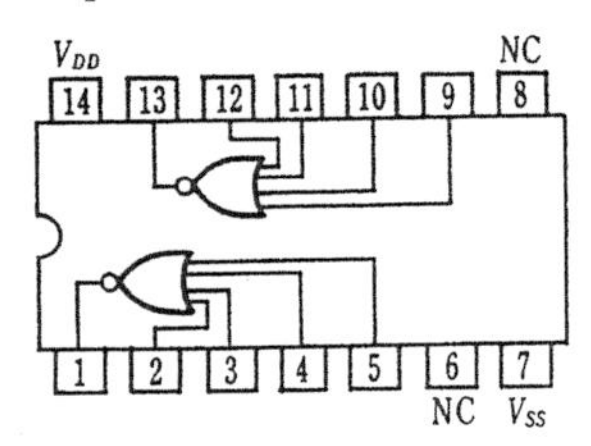

4008 B
4-Bit Full Adder with Parallel Carry Out

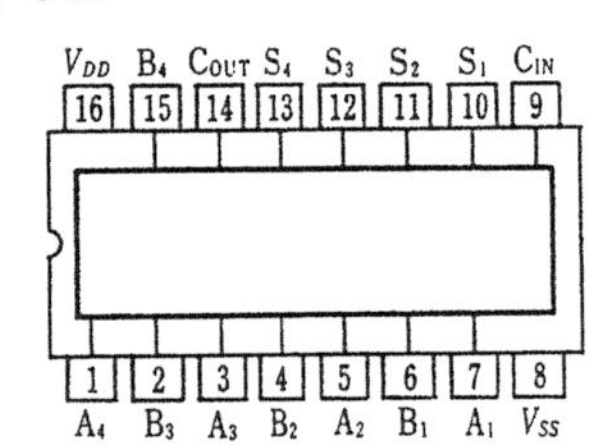

4010 B
Hex Buffer/Converter (Non Inverting)

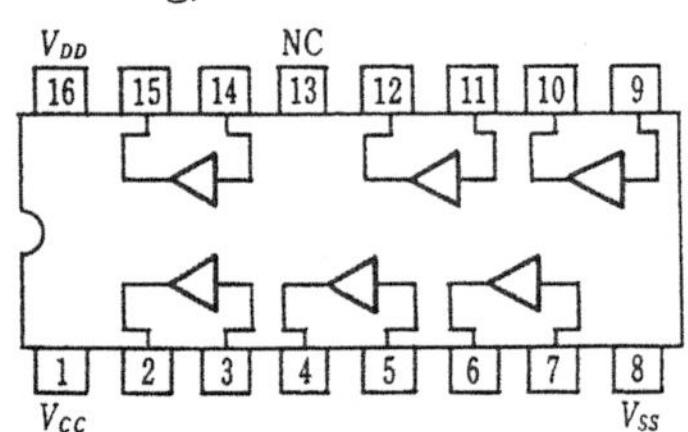

4012 B/UB
Dual 4-Input NAND Gate

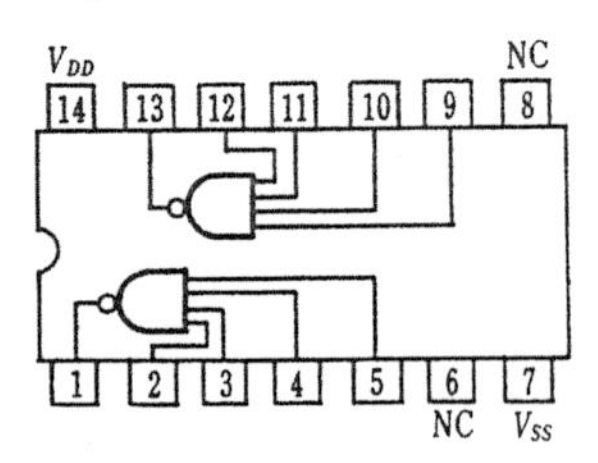

4001 B/UB
Quad 2-Input NOR Gate

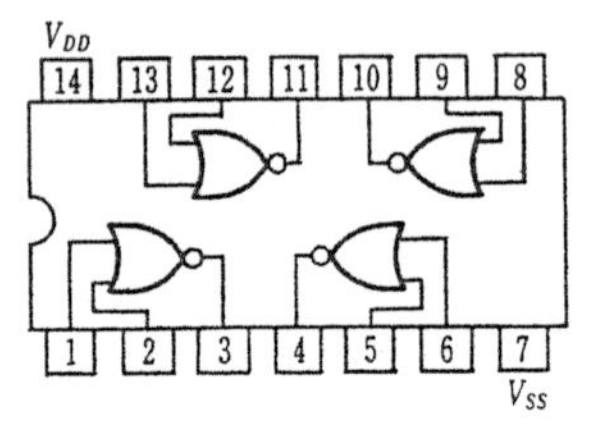

4006 B
18-Stage Static Shift Register

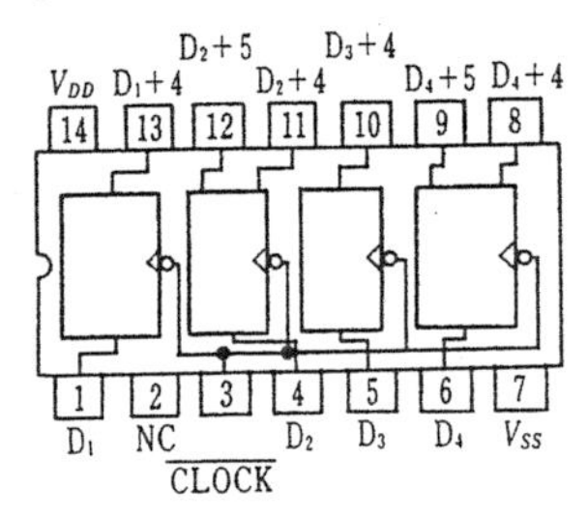

4009 UB
Hex Buffer/Converter(Inverting)

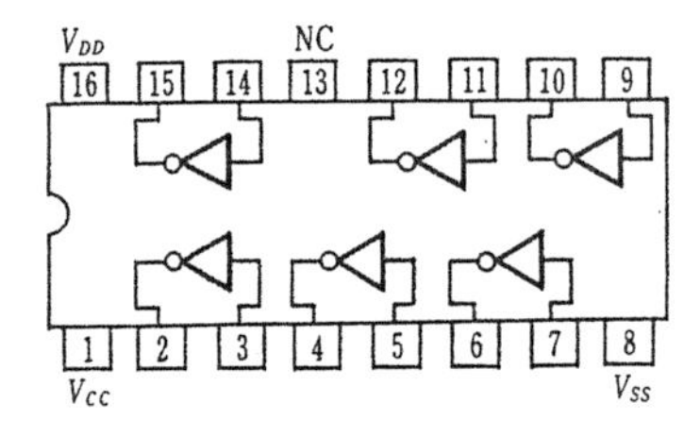

4011 B/UB
Quad 2-Input NAND Gate

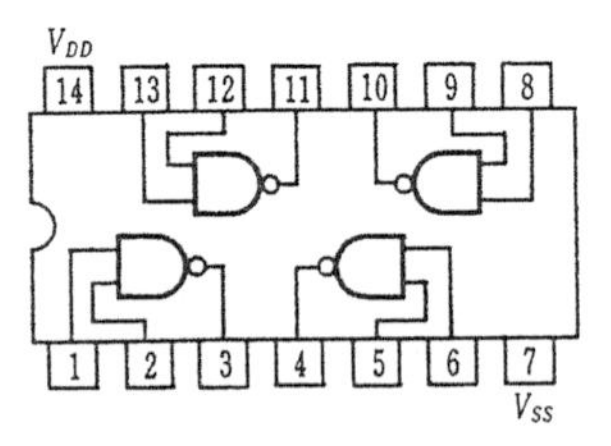

4013 B
Dual "D" Flip-Flop with Set/Reset Capability

2DATA
V_{DD} 2Q 2$\overline{Q}$ 2CK 2CL 2PR
1Q 1$\overline{Q}$ 1CK 1CL 1PR V_{SS}
1DATA

4015 B
Dual 4-Stage Shift Register with Serial Input/Parallel Output

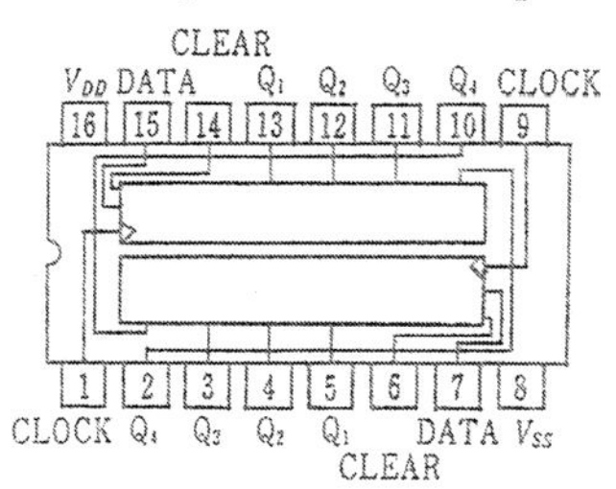

4020 B
14-Stage Binary Ripple Counter

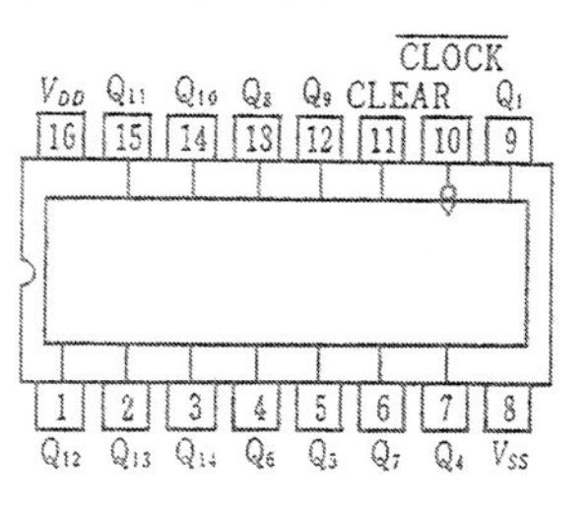

4021 B
8-Stage Static Shift Register Asynchronous Parallel or Synchronous Serial Input/Serial Output

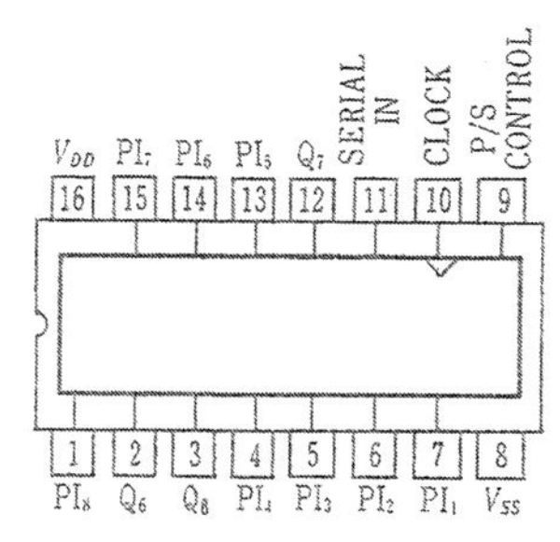

4023 B/UB
Triple 3-Input NAND Gate

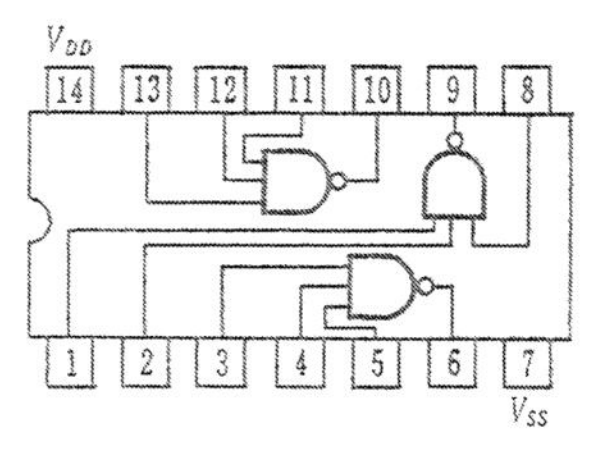

4025 B/UB
Triple 3-Input NOR Gate

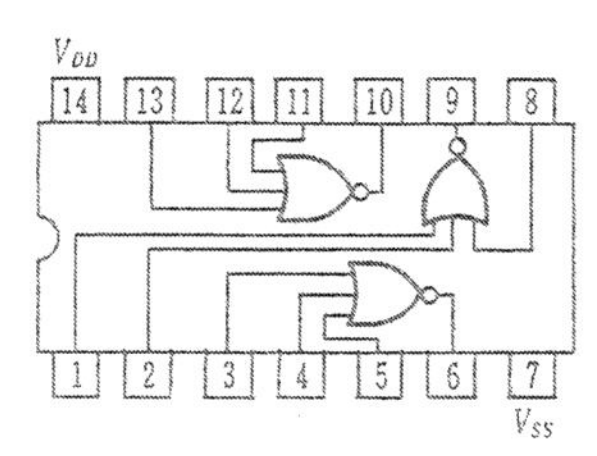

4027 B
Dual J-K Master-Slave Flip-Flop with Set/Reset Capability

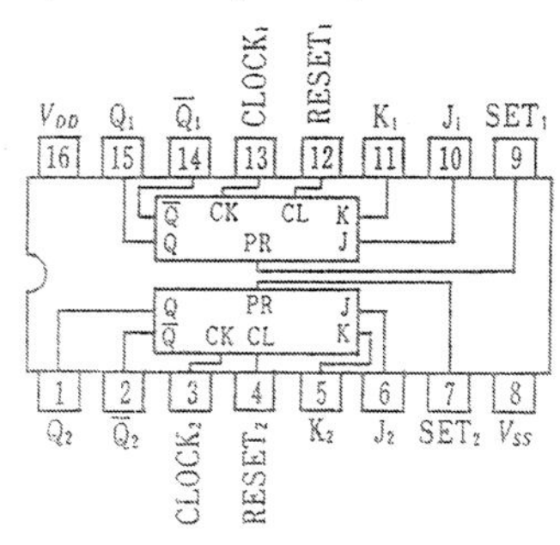

4028 B
BCD-to-Decimal Decoder

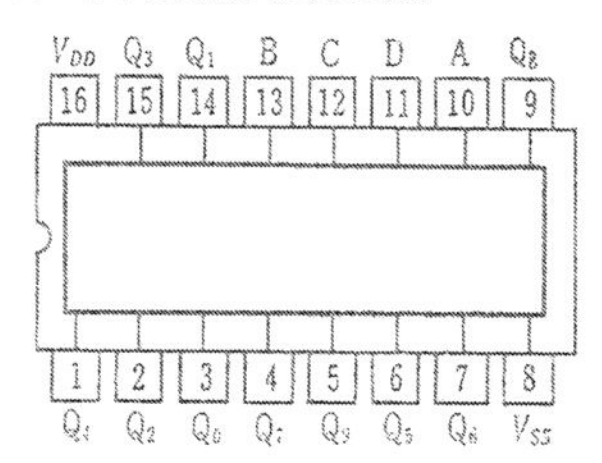

4030 B
Quad Exclusive-OR Gate

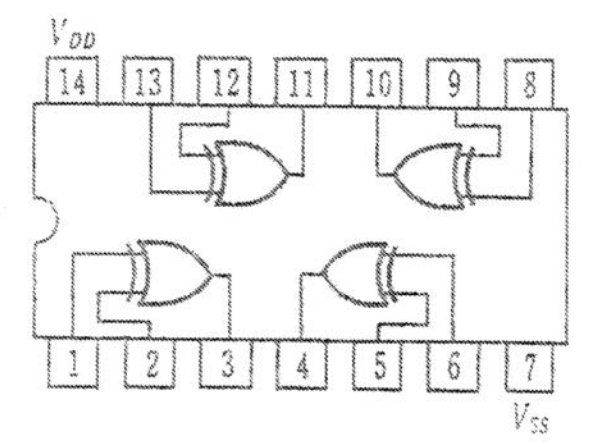

4068 B
8-Input NAND/AND Gate

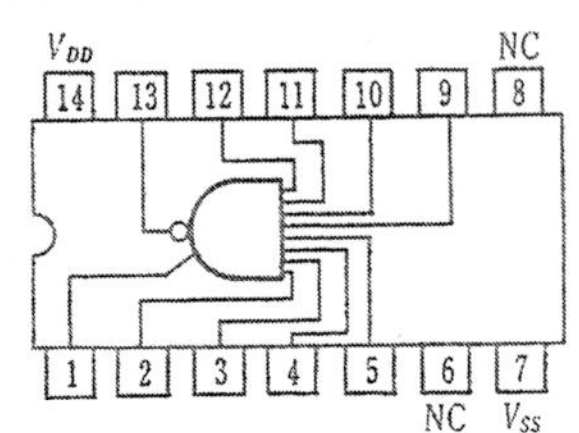

4071 B
Quad 2-Input OR Gate

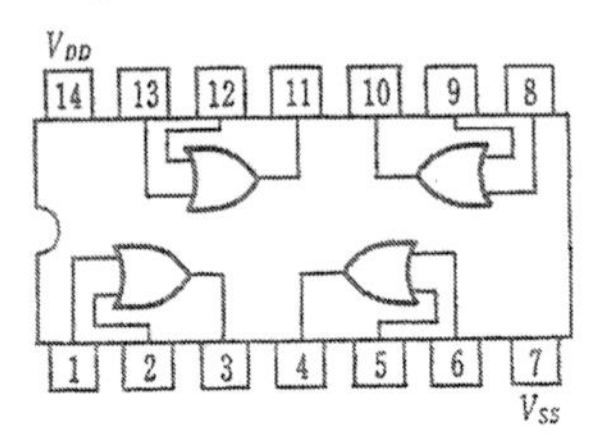

4073 B
Triple 3-Input AND Gate

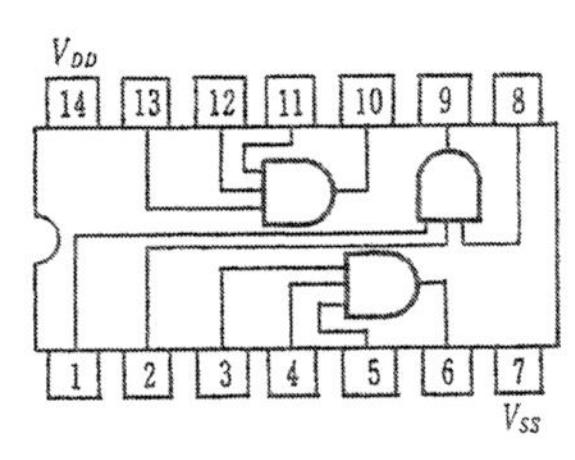

4075 B
Triple 3-Input OR Gate

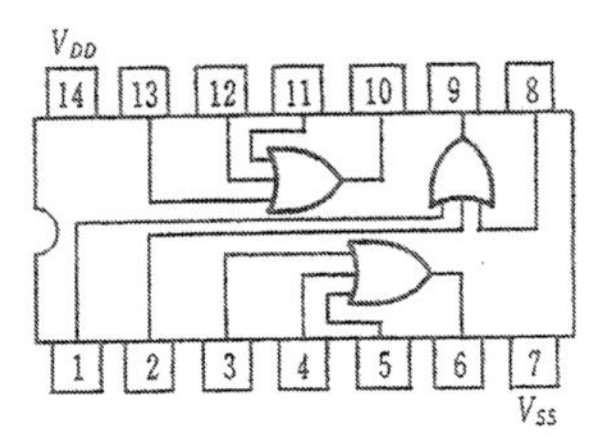

4077 B
Quad Exclusive-NOR Gate

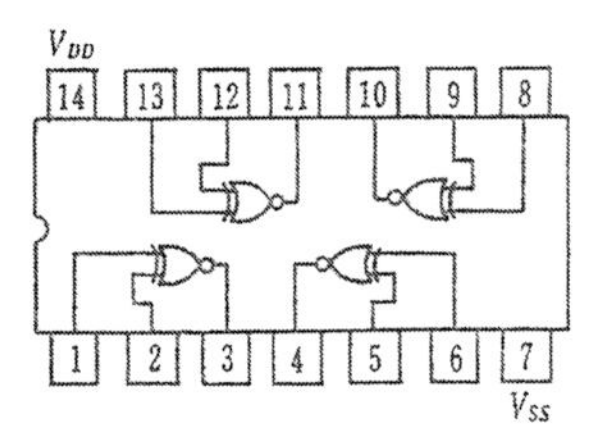

4078 B
8-Input NOR/OR Gate

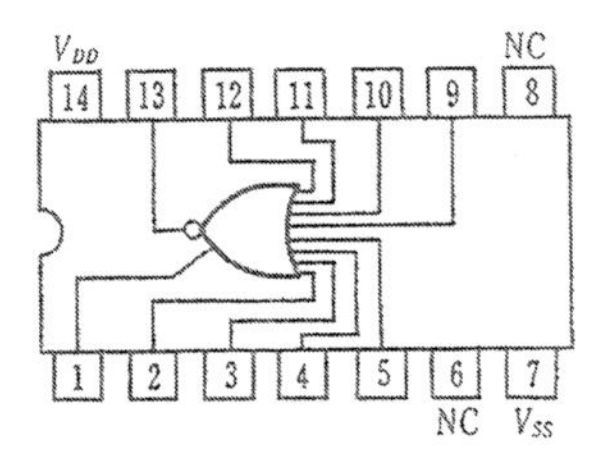

4081 B
Quad 2-Input AND Gate

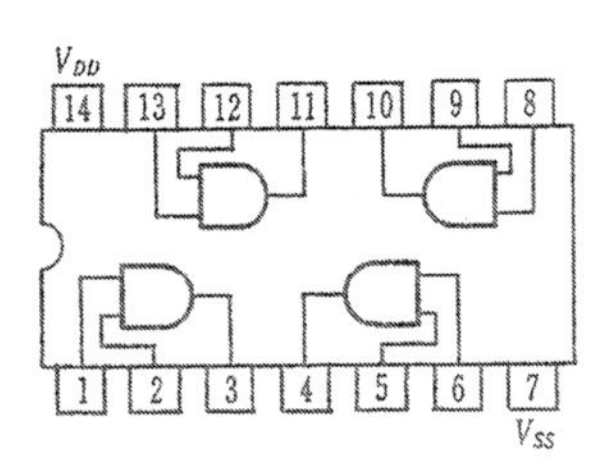

4082 B
Dual 4-Input AND Gate

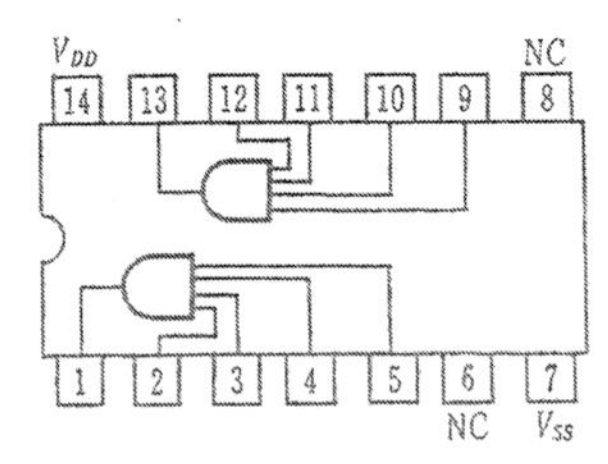

4093 B
Quad 2-Input NAND Schmitt Trigger

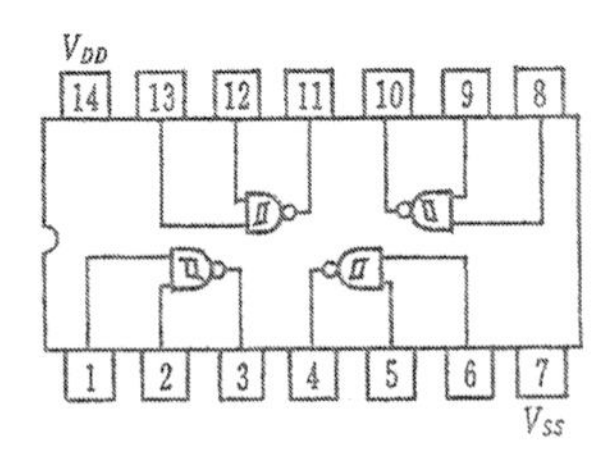

3. 2，8および16のべき乗

2のべき乗

2^n	n	2^{-n}
1	0	1.0
2	1	0.5
4	2	0.25
8	3	0.125
16	4	0.062 5
32	5	0.031 25
64	6	0.015 625
128	7	0.007 812 5
256	8	0.003 906 25
512	9	0.001 953 125
1 024	10	0.000 976 562 5
2 048	11	0.000 488 281 25
4 096	12	0.000 244 140 625
8 192	13	0.000 122 070 312 5
16 384	14	0.000 061 035 156 25
32 768	15	0.000 030 517 578 125
65 536	16	0.000 015 258 789 062 5
131 072	17	0.000 007 629 394 531 25
262 144	18	0.000 003 814 697 265 625
524 288	19	0.000 001 907 348 632 812 5
1 048 576	20	0.000 000 953 674 316 406 25
2 097 152	21	0.000 000 476 837 158 203 125
4 194 304	22	0.000 000 238 418 579 101 562 5
8 388 608	23	0.000 000 119 209 289 550 781 25
16 777 216	24	0.000 000 059 604 644 775 390 625
33 554 432	25	0.000 000 029 802 322 387 695 312 5
67 108 864	26	0.000 000 014 901 161 193 847 656 25
134 217 728	27	0.000 000 007 450 580 596 923 828 125
268 435 456	28	0.000 000 003 725 290 298 461 914 062 5
536 870 912	29	0.000 000 001 862 645 149 230 957 031 25
1 073 741 824	30	0.000 000 000 931 322 574 615 478 515 625
2 147 483 648	31	0.000 000 000 465 661 287 307 739 257 812 5

8のべき乗

8^n	n	8^{-n}
1	0	1
8	1	0.125
64	2	0.015 625
512	3	0.001 953 125
4 096	4	0.000 244 140 625
32 768	5	0.000 030 517 578 12
262 144	6	3.814 697 265 625 $\times 10^{-6}$
2 097 152	7	4.768 371 582 031 25 $\times 10^{-7}$
16 777 216	8	5.960 464 477 539 063 $\times 10^{-8}$
134 217 728	9	7.450 580 596 923 828 $\times 10^{-9}$
1 073 741 824	10	9.313 225 746 154 785 $\times 10^{-10}$
8 589 934 592	11	1.164 153 218 269 348 $\times 10^{-10}$
68 719 476 736	12	1.455 191 522 836 685 $\times 10^{-11}$
549 755 813 888	13	1.818 989 403 545 856 $\times 10^{-12}$
4 398 046 511 104	14	2.273 736 754 432 321 $\times 10^{-13}$
35 184 372 088 832	15	2.842 170 943 040 401 $\times 10^{-14}$
281 474 976 710 656	16	3.552 713 678 800 501 $\times 10^{-15}$
2 251 799 813 685 248	17	4.440 892 098 500 626 $\times 10^{-16}$
18 014 398 509 481 984	18	5.551 115 123 125 783 $\times 10^{-17}$

16のべき乗

16^n	n	16^{-n}
1	0	1
16	1	0.625 $\times 10^{-1}$
256	2	0.390 625 $\times 10^{-2}$
4 096	3	0.244 140 625 $\times 10^{-3}$
65 536	4	0.152 587 890 625 $\times 10^{-4}$
1 048 576	5	0.953 674 316 406 25 $\times 10^{-6}$
16 777 216	6	0.596 046 447 753 906 25 $\times 10^{-7}$
268 435 456	7	0.372 529 029 846 191 406 25 $\times 10^{-8}$
4 294 967 296	8	0.232 830 643 653 869 628 91 $\times 10^{-9}$
68 719 476 736	9	0.145 519 152 283 668 518 07 $\times 10^{-10}$
1 099 511 627 776	10	0.909 494 701 772 928 237 92 $\times 10^{-12}$
17 592 186 044 416	11	0.568 434 188 608 080 148 70 $\times 10^{-13}$
281 474 976 710 656	12	0.355 271 367 880 050 092 94 $\times 10^{-14}$
4 503 599 627 370 496	13	0.222 044 604 925 031 308 08 $\times 10^{-15}$
72 057 594 037 927 936	14	0.138 777 878 078 144 567 55 $\times 10^{-16}$
1 152 921 504 606 846 976	15	0.867 361 737 988 403 547 21 $\times 10^{-18}$

索　引

【五十音順】

【アルファベット順】

■ 著者紹介

中村　次男（なかむら　つぎお）

1971年　東京電機大学工学部一部電気工学科卒業．同年，日本電気精器（株）入社．電源機器の設計，コンピュータ応用機器の研究開発に従事．その後，東京電機大学大学院修士課程修了．芝浦工業大学工学部電気工学科教授．博士（工学）．
現在，東京電機大学工学部電気電子工学科非常勤講師．

著書「ディジタル回路設計法 ― ワンチップ化の実例集 ―」（日本理工出版会）
「ディジタル回路の基礎」（日本理工出版会）
「パソコンで実習しながら学べる暗号のしくみと実装」（日本理工出版会）
「電子回路（2）― ディジタル編」（コロナ社）
「電気・電子なぜなぜおもしろ読本」（山海堂）

• 本書籍は，日本理工出版会から発行されていた『図解 ディジタル回路入門』をオーム社から発行するものです．

図解 ディジタル回路入門

2022年9月10日　第1版第1刷発行
2024年8月10日　第1版第3刷発行

著　者　中村次男
発行者　村上和夫
発行所　株式会社 オーム社
郵便番号　101-8460
東京都千代田区神田錦町3-1
電話　03(3233)0641(代表)
URL　https://www.ohmsha.co.jp/

印刷・製本　デジタルパブリッシングサービス
ISBN978-4-274-22926-8　Printed in Japan